Primera edición: junio de 2024

Publicado por Cuantum Technologies LLC.

Dallas, TX.

ISBN 979-8-89496-997-8

"Artificial intelligence is the new electricity."

- Andrew Ng, Co-founder of Coursera and Adjunct Professor at Stanford University

Quiénes somos

Bienvenido a este libro creado por Cuantum Technologies. Somos un equipo de desarrolladores apasionados, comprometidos con la creación de software que ofrece experiencias creativas y resuelve problemas del mundo real. Nos enfocamos en construir aplicaciones web de alta calidad que proporcionan una experiencia de usuario perfecta y satisfacen las necesidades de nuestros clientes.

En nuestra empresa, creemos que la programación no se trata solo de escribir código. Se trata de resolver problemas y crear soluciones que marquen la diferencia en la vida de las personas. Estamos constantemente explorando nuevas tecnologías y técnicas para mantenernos a la vanguardia de la industria, y estamos emocionados de compartir nuestro conocimiento y experiencia contigo a través de este libro.

Nuestro enfoque hacia el desarrollo de software se centra en la colaboración y la creatividad. Trabajamos estrechamente con nuestros clientes para comprender sus necesidades y crear soluciones que se adapten a sus requisitos específicos. Creemos que el software debe ser intuitivo, fácil de usar y visualmente atractivo, y nos esforzamos por crear aplicaciones que cumplan con estos criterios.

Este libro tiene como objetivo proporcionar un enfoque práctico y práctico para comenzar a dominar JavaScript. Ya sea que seas un principiante sin experiencia en programación o un programador experimentado que busca expandir sus habilidades, este libro está diseñado para ayudarte a desarrollar tus habilidades y construir una base sólida en el desarrollo web con JavaScript.

Nuestra Filosofía:

En el corazón de Cuantum, creemos que la mejor manera de crear software es a través de la colaboración y la creatividad. Valoramos la opinión de nuestros clientes y trabajamos estrechamente con ellos para crear soluciones que satisfagan sus necesidades. También creemos que el software debe ser intuitivo, fácil de usar y visualmente atractivo, y nos esforzamos por crear aplicaciones que cumplan con estos criterios.

También creemos que la programación es una habilidad que se puede aprender y desarrollar con el tiempo. Alentamos a nuestros desarrolladores a explorar nuevas tecnologías y técnicas, y les proporcionamos las herramientas y recursos que necesitan para mantenerse a la vanguardia de la industria. También creemos que la programación debe ser divertida y gratificante, y nos esforzamos por crear un entorno de trabajo que fomente la creatividad y la innovación.

Nuestra Experiencia:

En nuestra empresa de software, nos especializamos en construir aplicaciones web que ofrecen experiencias creativas y resuelven problemas del mundo real. Nuestros desarrolladores tienen experiencia en una amplia gama de lenguajes y marcos de programación, incluyendo Python, IA, ChatGPT, Django, React, Three.js y Vue.js, entre otros. Estamos constantemente explorando nuevas tecnologías y técnicas para mantenernos a la vanguardia de la industria, y nos enorgullecemos de nuestra capacidad para crear soluciones que satisfacen las necesidades de nuestros clientes.

También tenemos una amplia experiencia en análisis y visualización de datos, aprendizaje automático e inteligencia artificial. Creemos que estas tecnologías tienen el potencial de transformar la forma en que vivimos y trabajamos, y estamos emocionados de estar a la vanguardia de esta revolución.

En conclusión, nuestra empresa se dedica a crear software web que fomenta experiencias creativas y resuelve problemas del mundo real. Priorizamos la colaboración y la creatividad, y nos esforzamos por desarrollar soluciones que sean intuitivas, fáciles de usar y visualmente atractivas. Nos apasiona la programación y estamos ansiosos por compartir nuestro conocimiento y experiencia contigo a través de este libro. Ya seas un principiante o un programador experimentado, esperamos que encuentres este libro como un recurso valioso en tu camino hacia convertirte en un experto en JavaScript de Cero a Superhéroe: Desbloquea tus superpoderes en el desarrollo web.

YOUR JOURNEY STARTS HERE…

Here are your free repository codes :D

ALGORITHMS
AND DATA STRUCTURES

CHATGPT
API BIBLE

INTRODUCTION TO
NATURAL LANGUAGE
PROCESSING

You might also find these books interesting
Here, you can access free chapters, obtain additional information, or purchase any of our published books.

ALGORITHMS
AND DATA STRUCTURES

CHATGPT
API BIBLE

DATA ANALYSIS
FOUNDATIONS

FUNDAMENTALS OF
WEB ANIMATION
WITH GSAP

GENERATIVE
DEEP LEARNING
WITH PYTHON

<HTML/>
& CSS

INTRODUCTION TO
ALGORITHMS

INTRODUCTION TO
NATURAL LANGUAGE
PROCESSING

MACHINE
LEARNING

NATURAL
LANGUAGE
PROCESSING
WITH PYTHON

PYTHON
& SQL BIBLE

PYTHON
BECOME A MASTER

PYTHON
PROGRAMMING

Get access to all the benefits of being one of our valuable readers through our new **eLearning Platform**:

1. Free code repository of this book

2. Access to a **free example chapter** of any of our books.

3. Access to the **free repository code** of any of our books.

4. Premium customer support by writing to **books@cuantum.tech**

And much more…

HERE IS YOUR
FREE ACCESS

www.cuantum.tech/books/javascript-from-zero-to-superhero/code/

TABLE OF CONTENTS

Introducción

Bienvenido a "**JavaScript de Cero a Superhéroe: Desbloquea tus superpoderes en el desarrollo web**", una guía completa diseñada para llevarte en un viaje transformador desde un principiante hasta un desarrollador JavaScript competente. Este libro no se trata solo de aprender JavaScript; se trata de dominarlo hasta el punto en que puedas construir de manera creativa y efectiva aplicaciones web que podrían cambiar el mundo.

JavaScript es el lenguaje de la web. Hasta el día de hoy, sigue siendo el único lenguaje de programación nativo de los navegadores web, esencial para agregar interactividad y funcionalidad a las páginas web. Ha pasado de ser una herramienta simple para hacer páginas web interactivas a ser una potencia capaz de impulsar aplicaciones complejas en numerosas plataformas. Esta omnipresencia hace que JavaScript sea una habilidad indispensable para cualquier aspirante a desarrollador web.

Sin embargo, sumergirse en JavaScript puede ser intimidante. El lenguaje ha evolucionado rápidamente, incorporando características que acomodan arquitecturas complejas y funcionalidades avanzadas. Este libro desmitifica estas complejidades desglosando los conceptos en piezas manejables y comprensibles. Ya sea que seas un principiante completo o alguien con conocimientos básicos de programación, nuestro objetivo es equiparte con las habilidades y la confianza necesarias para forjar tu camino en el dinámico mundo del desarrollo web.

"**JavaScript de Cero a Superhéroe**" está estructurado para proporcionar una progresión lógica desde conceptos fundamentales hasta temas avanzados. Comenzamos configurando tu entorno de desarrollo, un espacio donde puedes escribir, probar y depurar código. Comprender las herramientas y configuraciones antes de sumergirte en la codificación es crucial, ya que garantiza que estés bien preparado y enfocado únicamente en aprender JavaScript.

Desde ahí, nos adentramos en el núcleo de JavaScript. Aprenderás sobre variables, tipos de datos y operadores: bloques básicos que forman la base de cualquier aplicación JavaScript. Las estructuras de control y las funciones seguirán, enseñándote a escribir un código sucinto y efectivo. Cada capítulo se basa en el anterior, aumentando gradualmente en complejidad.

Para reforzar el aprendizaje, cada capítulo concluye con ejercicios prácticos que te desafían a aplicar lo que has aprendido en escenarios del mundo real. Al final de cada sección importante, un cuestionario ayudará a consolidar tus conocimientos, asegurando que los conceptos clave se dominen antes de pasar a temas más desafiantes.

A medida que nos adentramos en temas intermedios y avanzados, aprenderás sobre el Modelo de Objetos del Documento (DOM), que permite a JavaScript manipular las páginas web con las que interactúan los usuarios. Explorarás funciones avanzadas como devoluciones de llamada, promesas y async/await para manejar operaciones asíncronas, una habilidad crítica en el desarrollo web moderno.

En las últimas partes del libro, te presentamos JavaScript del lado del servidor con Node.js y te guiamos a través del desarrollo de aplicaciones de una sola página utilizando frameworks modernos como React, Vue y Angular. Para este momento, te sentirás cómodo usando JavaScript no solo para mejorar páginas web, sino también para construir sistemas sofisticados de frontend y backend.

La culminación de tu viaje de aprendizaje serán los tres proyectos completos incluidos a lo largo del libro. Estos proyectos están diseñados para sintetizar todos los conceptos cubiertos, brindándote experiencia práctica en la construcción e implementación de aplicaciones del mundo real.

Este libro también sirve como un reflejo del panorama tecnológico más amplio, alentándote a pensar críticamente sobre el código y su impacto en los usuarios y la sociedad. Consideraciones éticas, implicaciones de rendimiento y accesibilidad se entrelazan en las discusiones, preparándote no solo para ser un programador, sino un desarrollador consciente.

Al final de este libro, tendrás el conocimiento, las habilidades y la confianza para usar JavaScript de manera efectiva en una variedad de contextos. Podrás diseñar aplicaciones robustas, resolver desafíos de programación complejos y contribuir a proyectos que te emocionen, armado con un profundo entendimiento de uno de los lenguajes de programación más populares del mundo. Bienvenido al comienzo de tu viaje para desbloquear tus superpoderes en el desarrollo web con JavaScript.

Cómo usar este libro

"JavaScript de Cero a Superhéroe: Desbloquea tus superpoderes en el desarrollo web" está diseñado para ser tanto una guía completa como un conjunto de herramientas prácticas tanto para desarrolladores novatos como experimentados. Para aprovechar al máximo este libro, es importante abordarlo no solo como un lector, sino como un participante activo en tu propio viaje de aprendizaje. Así es cómo puedes utilizar efectivamente este libro para maximizar tu experiencia de aprendizaje.

1. Configura tu Entorno de Desarrollo

Antes de sumergirte en el primer capítulo, tómate el tiempo para configurar tu entorno de desarrollo según se describe en el Prefacio. Esta configuración incluye elegir un editor de código, configurar un navegador para pruebas y comprender herramientas básicas como la consola de JavaScript. Una configuración adecuada es crucial ya que será tu espacio de trabajo para los numerosos ejemplos de código y proyectos que emprenderás.

2. Progresión Lineal

Aunque pueda ser tentador saltar de un tema a otro basado en lo que te interese de inmediato, JavaScript es un lenguaje construido sobre conceptos fundamentales que se construyen unos sobre otros. Para comprender mejor, avanza capítulo por capítulo. La estructura de este libro está planeada deliberadamente para aumentar gradualmente en complejidad.

3. Participa en Ejercicios Prácticos

Al final de cada capítulo, hay ejercicios prácticos diseñados para poner a prueba y reforzar lo que has aprendido. No saltes estos ejercicios. Son cruciales para la transición de conocimientos teóricos a habilidades prácticas. Si un ejercicio parece desafiante, revisa los conceptos en el capítulo o incluso intenta reescribir los ejemplos proporcionados antes de abordar el ejercicio nuevamente.

4. Toma en Serio los Cuestionarios

Se proporcionan cuestionarios al final de cada sección importante y son esenciales para evaluar tu comprensión del material cubierto. Trata estos cuestionarios tanto como una herramienta de aprendizaje como un instrumento de diagnóstico para identificar áreas en las que puedas necesitar más enfoque o revisión.

5. Trabaja en los Proyectos

Este libro incluye tres proyectos principales distribuidos estratégicamente a lo largo del libro. Cada proyecto está diseñado para consolidar tus conocimientos y simular tareas de desarrollo de JavaScript del mundo real. Al trabajar en estos proyectos, ganas confianza en el manejo de bases de código más grandes y escenarios de resolución de problemas complejos.

6. Utiliza los Apéndices y los Recursos en Línea

Los apéndices y los recursos listados al final del libro son valiosos para profundizar tu conocimiento y mantenerte actualizado con lo último en desarrollo de JavaScript. Estos recursos incluyen lecturas adicionales, herramientas, foros comunitarios y oportunidades de educación continua.

7. Reflexiona sobre Consideraciones Éticas

A medida que aprendes, piensa en las implicaciones más amplias de tu código. Considera la accesibilidad, la privacidad del usuario y el uso ético del software. Cubrimos estos temas a lo largo del libro para asegurarnos de que, a medida que te conviertas en un desarrollador experto, también te conviertas en uno consciente.

Siguiendo estas pautas, "**JavaScript de Cero a Superhéroe: Desbloquea tus superpoderes en el desarrollo web**" no solo te enseñará JavaScript, sino también cómo pensar y resolver problemas como un desarrollador experimentado. Ya sea que tu objetivo sea construir sitios web dinámicos, contribuir a proyectos de código abierto o desarrollar aplicaciones empresariales escalables, este libro es tu primer paso hacia el dominio del arte y la ciencia del desarrollo web con JavaScript.

Herramientas y configuración requeridas

Embarcarte en tu viaje para aprender JavaScript requiere una base sólida, no solo en términos de habilidades y conceptos, sino también en las herramientas y el entorno que utilizas para el desarrollo. Esta sección describe las herramientas esenciales y la configuración necesaria para seguir efectivamente con "**JavaScript desde cero hasta superhéroe: Desbloquea tus superpoderes de desarrollo web**". Asegurarte de tener una configuración adecuada desde el principio facilitará una experiencia de aprendizaje más fluida y te permitirá concentrarte más en aprender y menos en resolver problemas técnicos.

1. Editor de Código

Un buen editor de código es indispensable para la programación. Para JavaScript y desarrollo web, hay varias opciones populares:

- **Visual Studio Code (VS Code)**: Altamente recomendado por sus robustas características, como el resaltado de sintaxis, IntelliSense (autocompletado de código) y un vasto ecosistema de extensiones. Es liviano, gratuito y está disponible para Windows, macOS y Linux.

- **Sublime Text**: Conocido por su velocidad y eficiencia, Sublime Text es otra excelente opción. Ofrece muchas de las mismas características que VS Code, pero puede ser más rápido en hardware más antiguo.

- **Atom**: Desarrollado por GitHub, Atom es un editor de texto personalizable para el siglo XXI. Es altamente personalizable, aunque a veces más lento que las otras opciones.

Elige uno que te parezca intuitivo y cómodo, ya que pasarás muchas horas trabajando con él.

Para obtener más información sobre cómo instalar VS Code, por favor visita nuestras publicaciones detalladas en el blog sobre este tema: https://www.cuantum.tech/post/stepbystep-guide-to-installing-visual-studio-code-vs-code-on-windows-mac-and-linux

2. Navegador Web

Un navegador web moderno es crucial para probar y ejecutar JavaScript. Si bien la mayoría de los navegadores soportan JavaScript, los siguientes son recomendados por sus herramientas amigables para desarrolladores:

- **Google Chrome**: Ampliamente usado debido a sus extensas herramientas para desarrolladores, que facilitan la depuración de JavaScript.

- **Mozilla Firefox**: Ofrece herramientas para desarrolladores robustas con algunas características únicas como un inspector de CSS Grid y una experiencia de navegación más enfocada en la privacidad.

- **Microsoft Edge**: Construido sobre el mismo motor que Chrome, Edge proporciona herramientas para desarrolladores similares con integraciones adicionales únicas para el sistema operativo Windows.

3. Node.js y npm

Node.js es un entorno de ejecución para JavaScript construido sobre el motor V8 de Chrome. Te permite ejecutar JavaScript en el lado del servidor o para desarrollar aplicaciones del lado del servidor. npm (Node Package Manager) está incluido con Node.js y es esencial para gestionar paquetes de terceros que puedas usar en tus proyectos.

Descarga e instala Node.js desde el sitio web oficial (https://nodejs.org/). Esta instalación también incluirá npm, que es vital para manejar las dependencias del proyecto.

Para más detalles sobre cómo instalar Node.js, por favor consulta la siguiente publicación informativa en el blog: https://www.cuantum.tech/post/how-to-install-nodejs-on-windows-mac-and-linux-a-stepbystep-guide

4. Sistema de Control de Versiones

Git es el sistema más utilizado para el control de versiones. Te ayuda a realizar un seguimiento de los cambios, revertir a estados anteriores y colaborar con otros en proyectos. Descarga e instala Git desde el sitio web oficial (https://git-scm.com/). Una vez instalado, puedes integrarlo con tu editor de código para optimizar tu flujo de trabajo.

Para obtener más información sobre el control de versiones, por favor visita la siguiente publicación informativa y útil en el blog: https://www.cuantum.tech/post/understanding-version-control-systems-what-they-are-and-why-you-need-one

5. Cuenta de GitHub

Aunque no es una herramienta en el sentido tradicional, tener una cuenta de GitHub será inmensamente útil. Te permite gestionar tus repositorios, colaborar y almacenar tus proyectos en la nube. Crea una cuenta gratuita en GitHub (https://github.com/) y comienza a familiarizarte con sus características.

6. Entorno de Servidor Local

Si bien muchas tareas simples de JavaScript se pueden ejecutar directamente en un navegador, desarrollar aplicaciones más complejas a menudo requiere un servidor local. Para principiantes, extensiones en Visual Studio Code, como Live Server, pueden recargar automáticamente tu navegador a medida que modificas archivos, simulando un entorno en vivo.

7. Extensiones y Plugins para Desarrolladores

Considera instalar extensiones adicionales para el navegador, como React Developer Tools o Vue.js devtools, si planeas trabajar con esos frameworks. Estas herramientas proporcionan una visión más profunda de las aplicaciones construidas con estas tecnologías.

Para saber qué son y cómo instalar React Developer Tools y Vue.js, por favor visita las siguientes publicaciones en el blog:

1. **React Developer Tools:** https://www.cuantum.tech/post/how-to-install-and-set-up-react-developer-tools-a-comprehensive-guide

2. **Vue.js:** https://www.cuantum.tech/post/how-to-install-and-set-up-vuejs-for-your-next-project

Con estas herramientas y configuraciones, tendrás un entorno de desarrollo robusto que respalda el aprendizaje y la creación de aplicaciones en JavaScript. Cada herramienta contribuye a una experiencia de desarrollo fluida, permitiéndote enfocarte en dominar JavaScript y construir proyectos web impresionantes.

Parte I: Empezando con JavaScript

Capítulo 1: Introducción a JavaScript

Bienvenido al capítulo introductorio de "**JavaScript de Cero a Superhéroe: Desbloquea tus superpoderes en el desarrollo web.**" Este capítulo sirve como tu puerta de entrada al cautivador mundo de JavaScript, un lenguaje de programación que no solo se ha convertido en piedra angular del desarrollo web, sino que también ha revolucionado la forma en que interactuamos con el ámbito digital.

Ya seas un desarrollador web aspirante, un programador experimentado buscando diversificar tus habilidades, o incluso un entusiasta de la tecnología con pasión por la codificación, obtener una comprensión sólida de JavaScript es un activo invaluable. El conocimiento de JavaScript te abrirá un sinfín de posibilidades, allanando el camino para la creatividad, la innovación y la resolución de problemas.

Mientras nos embarcamos en este emocionante viaje, comenzaremos con una inmersión profunda en la rica historia de JavaScript. Al comprender sus orígenes, trayectoria de desarrollo y evolución, podemos apreciar por qué ocupa una posición tan pivotal e irremplazable en el panorama tecnológico actual. Este resumen histórico proporcionará el contexto necesario para comprender el impacto profundo del lenguaje y su continua relevancia en una industria en constante evolución.

1.1 Historia de JavaScript

JavaScript, a menudo abreviado como JS, fue creado en 1995 por Brendan Eich mientras era ingeniero en Netscape. Inicialmente fue desarrollado bajo el nombre de Mocha, luego renombrado a LiveScript, y finalmente a JavaScript. Este cambio de nombre coincidió con Netscape añadiendo soporte para applets de Java en su navegador, lo que llevó a una idea errónea común de que JavaScript de alguna manera es una derivación de Java. En realidad, las similitudes entre los dos lenguajes son pocas, ya que fueron desarrollados de manera independiente uno del otro para diferentes propósitos.

La motivación principal detrás de la creación de JavaScript fue hacer que las páginas web fueran interactivas. Antes de JavaScript, las páginas web eran estáticas, lo que significa que cualquier interacción requería que un usuario recargara una página o enviara datos al servidor. JavaScript permitió a los desarrolladores agregar elementos interactivos a las páginas web que podían responder a las acciones del usuario sin necesidad de recargar la página. Esta capacidad cambió fundamentalmente la forma en que los desarrolladores y diseñadores pensaban en la construcción de sitios web, allanando el camino para las experiencias web dinámicas que tenemos hoy.

En 1997, JavaScript fue llevado a ECMA International, una organización de estándares, para elaborar una especificación estándar que asegurara que diferentes navegadores pudieran implementar el lenguaje de manera consistente. Esto llevó a la formación de ECMAScript, el estándar oficial para JavaScript. ECMAScript ha sufrido muchas revisiones para agregar nuevas características y mejoras, con versiones importantes conocidas como ES5 (ECMAScript 5), ES6 (también conocido como ECMAScript 2015), y así sucesivamente.

La introducción de AJAX (JavaScript Asíncrono y XML) a principios de los años 2000 fue otro momento crucial para JavaScript. AJAX permitió a las páginas web solicitar datos desde el servidor de manera asíncrona sin interferir con la visualización y el comportamiento de la página existente. Esto no solo mejoró la experiencia del usuario al hacer que las páginas web fueran más rápidas y receptivas, sino que también dio origen a las aplicaciones de una sola página (SPAs) —aplicaciones web que cargan una sola página HTML y actualizan dinámicamente esa página mientras el usuario interactúa con la aplicación.

Las capacidades de JavaScript se han extendido enormemente a lo largo de los años, desde una herramienta de secuencias de comandos simple hasta un lenguaje poderoso capaz de desarrollo de frontend y backend, gracias a Node.js. Introducido en 2009, Node.js es un entorno de tiempo de ejecución de JavaScript de código abierto y multiplataforma que permite a los desarrolladores ejecutar código JavaScript fuera de un navegador. Esta innovación ha sido crucial para popularizar aún más JavaScript, convirtiéndolo en un lenguaje de programación versátil y completo.

Código de Ejemplo: Interacción Básica de JavaScript

Veamos un ejemplo simple para ilustrar la capacidad de JavaScript para agregar interactividad a una página web. Considera una página web con un botón que, al hacer clic, muestra la fecha y hora actual:

```
<!DOCTYPE html>
<html>
<head>
    <title>Simple JavaScript Example</title>
</head>
<body>
```

```
<button onclick="displayDate()">What's the time?</button>
<p id="time"></p>

<script>
    function displayDate() {
        document.getElementById("time").innerHTML = new Date().toLocaleString();
    }
</script>
</body>
</html>
```

En este ejemplo, al hacer clic en el botón se activa la función displayDate(), que modifica el contenido del elemento de párrafo para mostrar la fecha y hora actual. Este es un ejemplo fundamental de cómo JavaScript puede interactuar con la estructura HTML de una página para modificar dinámicamente el contenido.

La interacción inicial con el código puede parecer abrumadora, pero no hay necesidad de preocuparse. Simplificaremos todo paso a paso en este libro. Por ahora, comencemos desglosando el código:

1. Construyendo la Estructura de la Página (HTML):

- El código comienza con <!DOCTYPE html>, que le indica al navegador web que este es un documento HTML.
- Las etiquetas <html> y </html> definen la estructura principal de la página web.
- Dentro de <html>, tenemos una sección <head> que contiene el título de la página que se muestra en la pestaña del navegador. Aquí, el título es "Ejemplo Simple de JavaScript".
- La parte más importante para nuestro propósito es la sección <body>. Aquí es donde se escribe el contenido que aparece en la página web.

1. Botón y Área de Visualización (HTML):

- Dentro de <body>, primero creamos un botón usando la etiqueta <button>. El texto que se muestra en el botón es "¿Qué hora es?"
- Un atributo importante para el botón es onclick. Esto le indica al navegador qué acción realizar cuando se hace clic en el botón. En este caso, el valor se establece en displayDate(), que se refiere a una función que definiremos más adelante.
- Luego, tenemos un elemento de párrafo (<p>) con un id de "time". Este párrafo se utilizará para mostrar la fecha y hora actual.

1. Haciéndolo Funcionar con JavaScript:

- La etiqueta <script> le indica al navegador que el código dentro de ella es JavaScript.
- Dentro de <script>, definimos una función llamada displayDate(). Esta función se ejecutará cada vez que se haga clic en el botón.
- La función utiliza document.getElementById("time") para encontrar el elemento de párrafo con el id "time" en la página web.
- La magia ocurre con .innerHTML. Esta propiedad nos permite cambiar el contenido mostrado dentro del elemento de párrafo.
- En nuestro caso, establecemos el contenido en new Date().toLocaleString(). Desglosemos esto más:
    - new Date(): Esto crea una nueva instancia del objeto Date integrado de JavaScript, que representa la fecha y hora actual.
    - .toLocaleString(): Este es un método del objeto Date que convierte la fecha y hora en un formato legible para humanos, dependiendo de la configuración de idioma de tu navegador.

Resumen:

Este código crea una página web simple con un botón. Al hacer clic en el botón, se activa una función de JavaScript que obtiene la fecha y hora actual, la formatea de manera amigable para el usuario y la muestra en la página web dentro del elemento de párrafo.

1.1.1 Figuras Influyentes

Si bien Brendan Eich es ampliamente reconocido como el creador original de JavaScript, al haberlo desarrollado durante su tiempo en Netscape en la década de 1990, ha habido varias otras figuras influyentes que han desempeñado roles pivotales en su evolución continua y su creciente sofisticación:

Douglas Crockford: Crockford es bien conocido en la comunidad de desarrollo por su importante trabajo en JSON (Notación de Objetos de JavaScript). Este formato de intercambio de datos ligero, que es fácil de leer y escribir para los humanos y fácil de analizar y generar para las máquinas, ahora se utiliza universalmente para el intercambio de datos en la web. Más allá de su trabajo con JSON, Crockford también ha escrito extensamente sobre JavaScript. Su influyente libro, "JavaScript: Las Partes Buenas", ha sido ampliamente leído y ha ayudado a muchos desarrolladores a entender y utilizar de manera efectiva las partes más robustas del lenguaje, lo que ha llevado a una mayor apreciación de las capacidades y el potencial de JavaScript.

Ryan Dahl: Como creador de Node.js, Dahl ha tenido un impacto significativo en la expansión de las capacidades de JavaScript, extendiendo su alcance más allá del navegador. Al habilitar la programación del lado del servidor, el trabajo de Dahl con Node.js ha transformado verdaderamente a JavaScript en un lenguaje de desarrollo de pila completa. Esto ha permitido que maneje desde interacciones de frontend hasta operaciones de base de datos de backend, aumentando en gran medida la versatilidad y la utilidad de JavaScript en el mundo del desarrollo web.

1.1.2 Comunidad y Cultura

La extensa y vibrante comunidad de JavaScript es, sin duda, uno de sus atributos más valiosos, fomentando una rica cultura de innovación, creatividad y apoyo que es esencial para el crecimiento y desarrollo continuo del lenguaje:

Proyectos de Código Abierto: La comunidad de JavaScript ha desarrollado y continúa manteniendo una vasta variedad de bibliotecas y frameworks. Estos incluyen jQuery, AngularJS, React y Vue.js, por nombrar solo algunos. Estos proyectos, impulsados por el espíritu pionero de la comunidad, están constantemente empujando los límites de lo que se puede lograr con JavaScript. Han desempeñado un papel sustancial en la formación de las capacidades del lenguaje y han llevado a avances significativos en el desarrollo web.

Foros y Plataformas de Aprendizaje: El intercambio de conocimientos es un elemento clave de la comunidad de JavaScript, facilitado por diversas plataformas en línea. Sitios web como Stack Overflow, Mozilla Developer Network (MDN) y freeCodeCamp proporcionan recursos invaluables donde tanto los nuevos aprendices como los desarrolladores experimentados pueden encontrar amplio apoyo. Estos sitios ofrecen tutoriales completos, artículos detallados y una plataforma para conocimientos y discusiones comunitarias, promoviendo así un entorno de aprendizaje propicio.

Conferencias: La comunidad de JavaScript también organiza conferencias anuales como JSConf y Node.js Interactive. Estos eventos sirven como centros vitales para el intercambio de conocimientos, la creación de redes industriales y la presentación de nuevas tecnologías y técnicas dentro del ecosistema de JavaScript. Reúnen a desarrolladores de todo el mundo, fomentando un sentido de unidad y colaboración, que a su vez contribuye al crecimiento y desarrollo colectivo del lenguaje JavaScript.

1.1.3 JavaScript en la Web Actualmente

JavaScript, un lenguaje de secuencias de comandos poderoso y versátil, es virtualmente omnipresente en el mundo actual del desarrollo web. Con casi todos los navegadores web incorporando motores de JavaScript dedicados para procesarlo e interpretarlo eficientemente, JavaScript se ha convertido en una parte integral del panorama digital:

Estadísticas y Adopción: Según las últimas encuestas y hallazgos de investigación, JavaScript es utilizado por más del 95% de todos los sitios web en todo el mundo. Esta presencia ubicua no solo destaca su papel crítico en el desarrollo web moderno, sino que también subraya su importancia como una tecnología clave en el mundo digital. La adopción generalizada de JavaScript es un testimonio de su versatilidad y robustez, convirtiéndolo en un pilar de la tecnología web.

Frameworks y Herramientas: La llegada de los modernos frameworks de JavaScript como React, Angular y Vue ha revolucionado el desarrollo web, haciendo más fácil que nunca construir aplicaciones web complejas y de alto rendimiento. Estas innovadoras herramientas abstraen muchas de las complejidades y desafíos asociados con JavaScript crudo, brindando a los desarrolladores capacidades poderosas y sofisticadas para crear experiencias de usuario receptivas y dinámicas.

Permiten a los desarrolladores concentrarse en crear interfaces atractivas e intuitivas, garantizando al mismo tiempo un rendimiento y una capacidad de respuesta óptimos. Esta nueva generación de herramientas de JavaScript ha inaugurado una nueva era en el desarrollo web, capacitando a los desarrolladores para crear aplicaciones web más eficientes, efectivas y amigables para el usuario.

1.1.4 Controversias y Desafíos

JavaScript, a pesar de su uso generalizado e inmensa popularidad en el ámbito del desarrollo web, ha tenido su cuota de críticas. Estas críticas giran principalmente en torno a problemas de seguridad, preocupaciones de rendimiento y la complejidad de las mejores prácticas.

Una de las críticas más significativas está relacionada con los **Problemas de Seguridad**. La capacidad de JavaScript para interactuar directamente con los navegadores web puede ser una espada de doble filo. Si bien proporciona un alto nivel de interacción y experiencia de usuario, también puede ser explotado con fines maliciosos si no se gestiona adecuadamente. Una vulnerabilidad común que las aplicaciones de JavaScript deben tener en cuenta y protegerse contra ella es la inyección de scripts entre sitios (XSS). En este caso, los scripts maliciosos se insertan en sitios web de confianza, que luego se pueden utilizar para robar información sensible.

Otra área de preocupación que se ha planteado a lo largo de los años son las **Preocupaciones de Rendimiento**. En sus primeras iteraciones, JavaScript era considerablemente más lento, lo que limitaba consecuentemente lo que se podía hacer de manera eficiente. Sin embargo, la llegada de motores de JavaScript modernos como V8, utilizado en Google Chrome, y SpiderMonkey, utilizado en Firefox, ha mejorado drásticamente las velocidades de ejecución, haciendo que JavaScript sea mucho más eficiente.

La creciente complejidad de JavaScript y las mejores prácticas asociadas también son áreas de crítica. A medida que JavaScript ha evolucionado y crecido en funcionalidad y casos de uso, también lo ha hecho la **Complejidad de las Mejores Prácticas** asociadas con él. Esta creciente complejidad puede ser desalentadora para los principiantes que intentan dar sus primeros pasos en la programación JavaScript y es un tema frecuente de debate dentro de la comunidad de desarrolladores.

1.1.5 Perspectivas Futuras

A medida que miramos hacia el futuro, el papel de JavaScript en el desarrollo web y de aplicaciones parece expandirse y volverse aún más prominente por varias razones:

Evolución de ECMAScript: JavaScript es un lenguaje dinámico que continúa evolucionando con la adición de nuevas características y mejoras. Estas se agregan al estándar de JavaScript, conocido como ECMAScript. Se espera que las futuras versiones de ECMAScript mejoren las capacidades en torno a la modularidad, el rendimiento y el azúcar sintáctico. Estas actualizaciones y revisiones están diseñadas para hacer que el lenguaje sea más poderoso, versátil y fácil de usar, satisfaciendo los requisitos del desarrollo web moderno.

Más Allá de la Web: El uso de JavaScript se está extendiendo más allá del desarrollo web tradicional. Está demostrando su versatilidad y adaptabilidad al llegar a nuevas áreas como el desarrollo de aplicaciones móviles. Especialmente, a través de frameworks como React Native, JavaScript está dejando su huella en este espacio. Además, JavaScript también se está extendiendo al ámbito del IoT (Internet de las Cosas), demostrando su capacidad para adaptarse y mantenerse relevante en un panorama tecnológico que cambia rápidamente.

WebAssembly: La introducción de WebAssembly ha sido un cambio de juego para las aplicaciones web. WebAssembly permite ejecutar código escrito en lenguajes distintos de JavaScript a velocidad casi nativa.

Este avance significativo puede complementar y mejorar las capacidades de JavaScript en las aplicaciones web, proporcionando una combinación poderosa de velocidad y funcionalidad. Esto significa que JavaScript puede trabajar mano a mano con otros lenguajes de programación, mejorando así el rendimiento de las aplicaciones web y proporcionando una experiencia de usuario más rica.

1.2 ¿Qué Puede Hacer JavaScript?

En otro tiempo, JavaScript simplemente se concibió como un lenguaje de secuencias de comandos sencillo. Fue diseñado con un propósito singular en mente: mejorar la funcionalidad de los navegadores web infundiéndolos con capacidades dinámicas. Sin embargo, con el tiempo y la evolución de la tecnología, JavaScript ha crecido significativamente, transformándose en una herramienta potente con un inmenso poder. Hoy en día, no sirve simplemente para agregar dinamismo a los navegadores web. En cambio, impulsa aplicaciones complejas e intrincadas y se extiende por una multitud de entornos, mucho más allá de los límites de su propósito original.

Para apreciar verdaderamente la adaptabilidad de JavaScript y la razón detrás de su surgimiento como un pilar en el ámbito del desarrollo web moderno, uno debe desentrañar y comprender sus capacidades expansivas. Como lenguaje, JavaScript ha evolucionado y se ha adaptado, al igual que un organismo vivo, para satisfacer las demandas de un panorama digital en rápida evolución, demostrando su valía una y otra vez.

Profundicemos y exploremos el fascinante mundo de las capacidades de JavaScript. Esta sección nos llevará más allá del ámbito del desarrollo web convencional, presentándonos una amplia gama de dominios donde JavaScript juega un papel crucial y deja un impacto significativo y perdurable.

Nota: Algunos ejemplos en esta sección pueden parecer abrumadores o confusos. Se utilizan simplemente para ilustrar las capacidades de JavaScript. No te preocupes si no los entiendes completamente aún. A lo largo del libro, adquirirás el conocimiento para dominar JavaScript y sus usos.

1.2.1 Interactividad en Páginas Web

JavaScript, en su núcleo, desempeña un papel crucial y revolucionario en la mejora de las experiencias de usuario en la plataforma digital. Logra esto proporcionando a las páginas web la capacidad de responder en tiempo real a las interacciones del usuario, eliminando efectivamente el tedioso proceso de recargar toda la página, asegurando así una experiencia de usuario más fluida y eficiente.

Este elemento de respuesta instantánea va más allá de ser simplemente una característica o complemento, es de hecho una capacidad inherente y fundamental en el panorama del diseño web contemporáneo. Sirve como un testimonio del poder de las tecnologías modernas y cómo pueden mejorar significativamente la forma en que interactuamos con las plataformas digitales. Esta naturaleza dinámica de JavaScript, que permite la creación e implementación de contenido interactivo, tiene el potencial de transformar páginas web estáticas y potencialmente monótonas en plataformas vivas, atractivas e interactivas.

Por lo tanto, la importancia de JavaScript no solo es significativa, sino más bien monumental en la era digital actual. En un mundo donde la interacción y la experiencia del usuario son primordiales, donde la experiencia digital puede hacer o deshacer un negocio o servicio, el papel de JavaScript es fundamental. Su capacidad para crear una plataforma más interactiva y atractiva es un impulsor clave en el éxito del diseño web moderno, y como tal, su importancia no puede ser subestimada.

Ejemplo: Formularios Interactivos Considera un formulario de registro donde JavaScript se utiliza para validar la entrada antes de enviarla al servidor. Este feedback inmediato puede guiar a los usuarios y prevenir errores en la presentación de datos.

```html
<!DOCTYPE html>
<html>
<head>
    <title>Signup Form Example</title>
</head>
<body>
    <form id="signupForm">
        Username: <input type="text" id="username" required>
        <button type="button" onclick="validateForm()">Submit</button>
        <p id="message"></p>
    </form>

    <script>
        function validateForm() {
            var username = document.getElementById("username").value;
            if(username.length < 6) {
                document.getElementById("message").innerHTML = "Username must be at
least 6 characters long.";
            } else {
                document.getElementById("message").innerHTML = "Username is valid!";
            }
        }
    </script>
</body>
</html>
```

En este ejemplo, la función de JavaScript validateForm() verifica la longitud del nombre de usuario y proporciona retroalimentación inmediata en la misma página, mejorando la experiencia del usuario al ofrecer retroalimentación útil e inmediata sin recargar la página.

Desglose del código:

1. Construcción del Formulario de Registro (HTML):

- Similar al ejemplo anterior, comenzamos con la estructura HTML básica.
- Esta vez, el título es "Ejemplo de Formulario de Registro".

- Dentro del <body>, creamos un elemento de formulario utilizando la etiqueta <form>. El elemento de formulario se utiliza para recopilar la entrada del usuario. Le asignamos un id de "signupForm" para hacer referencia más fácilmente más adelante.

2. Entrada de Nombre de Usuario y Botón de Envío (HTML):

- Dentro del formulario, tenemos una etiqueta "Nombre de usuario:" seguida de un elemento <input>. Aquí es donde el usuario ingresará su nombre de usuario.
  - o El atributo type está establecido en "text", lo que indica que es un campo de texto para ingresar caracteres.
  - o El atributo id está establecido en "username" para identificar este campo de entrada específico.
  - o El atributo required asegura que el usuario ingrese un nombre de usuario antes de enviar el formulario.
- Luego, tenemos un elemento de botón con el texto "Enviar". Sin embargo, esta vez, el atributo type está establecido en "button" en lugar de "submit". Esto significa que hacer clic en el botón no enviará el formulario por defecto, lo que nos permite controlar el proceso de envío con JavaScript.
- El botón tiene un atributo onclick establecido en validateForm(). Esto llama a una función de JavaScript que definiremos más adelante para validar el nombre de usuario antes del envío.
- Finalmente, tenemos un elemento de párrafo con el id "message". Este párrafo se utilizará para mostrar cualquier mensaje relacionado con la validación del nombre de usuario.

3. Validación de Nombre de Usuario con JavaScript:

- La etiqueta <script> sigue siendo la misma, indicando que el código dentro es JavaScript.
- Definimos una función llamada validateForm(). Esta función se ejecutará cada vez que se haga clic en el botón "Enviar".
- Dentro de la función:
  - o Usamos var username = document.getElementById("username").value; para recuperar el valor ingresado por el usuario en el campo de nombre de usuario.
    - ▪ document.getElementById("username") encuentra el elemento con el id "username" en la página web (el campo de entrada de nombre de usuario).
    - ▪ .value extrae el texto real que el usuario escribió en ese campo.
  - o Usamos una declaración if para verificar si la longitud del nombre de usuario es menor que 6 caracteres usando .length.

- Si el nombre de usuario es demasiado corto, mostramos un mensaje usando document.getElementById("message").innerHTML. Establecemos el contenido del mensaje para informar al usuario sobre el requisito mínimo de longitud del nombre de usuario.
  - De lo contrario (bloque else), mostramos un mensaje de éxito indicando que el nombre de usuario es válido.

Resumen:

Este código crea un formulario de registro con un campo de nombre de usuario y un botón de envío. Cuando se hace clic en el botón, una función de JavaScript valida la longitud del nombre de usuario. Si el nombre de usuario tiene menos de 6 caracteres, se muestra un mensaje de error. De lo contrario, se muestra un mensaje de éxito.

1.2.2 Aplicaciones de Internet Ricas (RIAs)

JavaScript es la columna vertebral fundamental, el bloque de construcción esencial, de las aplicaciones de una sola página (SPA) que son una característica común en el panorama de las aplicaciones web modernas. Vemos ejemplos de estas aplicaciones sofisticadas en plataformas populares como Google Maps o Facebook. En estas aplicaciones altamente interactivas y ricas en funciones, JavaScript desempeña un papel increíblemente crucial donde se encarga de una miríada de responsabilidades. Estas van desde solicitudes de datos, gestión de enrutamiento del lado del cliente y control de transiciones de página, hasta una serie de otras tareas que son vitales para el rendimiento de la aplicación.

Las funcionalidades de JavaScript van mucho más allá de la simple ejecución de tareas. Es instrumental en proporcionar una experiencia fluida, casi de escritorio, directamente dentro de los confines de un navegador web. Esta mejora significativa en la experiencia del usuario se logra al hacer que la interfaz sea más fluida e interactiva. Reproduce con éxito la fluidez y la capacidad de respuesta que uno esperaría naturalmente de una aplicación de escritorio completa, reduciendo así la brecha entre las experiencias web y de aplicaciones de escritorio.

Sin el poder y la flexibilidad de JavaScript, estas aplicaciones de una sola página no podrían ofrecer el tipo de experiencia de usuario fluida e inmersiva por la que son conocidas. Es JavaScript el que da vida a estas aplicaciones, haciendo que sean más que simples páginas web estáticas, transformándolas en experiencias digitales dinámicas e interactivas que cautivan y deleitan a los usuarios.

Ejemplo: Carga de Contenido Dinámico

JavaScript puede cargar dinámicamente contenido en una página sin una recarga completa. Esto se utiliza extensamente en SPAs donde las acciones del usuario desencadenan cambios de contenido directamente.

```javascript
document.getElementById('loadButton').addEventListener('click', function() {
    fetch('data/page2.html')
        .then(response => response.text())
        .then(html => document.getElementById('content').innerHTML = html)
        .catch(error => console.error('Error loading the page: ', error));
});
```

En este fragmento, cuando se hace clic en un botón, JavaScript obtiene nuevo contenido HTML e inyecta en un div de contenido, actualizando la página dinámicamente.

Desglose del código:

1. Desencadenando la Acción (JavaScript):

- Este fragmento de código utiliza JavaScript para agregar funcionalidad a un botón.

2. Encontrando el Botón y Agregando un Escuchador (addEventListener):

- La primera línea, document.getElementById('loadButton'), encuentra el elemento de botón en la página web utilizando su id, que podemos suponer que está configurado como "loadButton" en el código HTML (no mostrado aquí).
- .addEventListener('click', function() {...}) es una función poderosa que nos permite adjuntar un escuchador de eventos al botón.
    - En este caso, el evento al que estamos escuchando es "click". Entonces, cada vez que el usuario haga clic en este botón, se ejecutará el código dentro de las llaves ({...}).

3. Obteniendo Contenido Externo (fetch):

- Dentro de la función desencadenada por el evento de clic, usamos la función fetch. Esta es una forma moderna y poderosa de recuperar datos del servidor.
- En nuestro caso, fetch('data/page2.html') intenta obtener el contenido de un archivo llamado "page2.html" ubicado en una carpeta llamada "data" (en relación con el archivo HTML actual).

4. Procesando los Datos Obtenidos (then):

- La función fetch devuelve una promesa. Una promesa es una forma de manejar operaciones asíncronas (operaciones que llevan tiempo completarse) en JavaScript.
- Aquí, usamos el método .then en la promesa devuelta por fetch. Esto nos permite definir qué hacer con los datos una vez que se obtienen correctamente.
  - Dentro del método .then, recibimos un objeto "response". Este objeto contiene información sobre los datos obtenidos.
- Usamos otro método .then en el objeto "response". Esta vez, llamamos al método response.text(). Esto extrae el contenido de texto real de la respuesta, asumiendo que es HTML en este caso.

5. Actualizando el Contenido de la Página (innerHTML):

- Recibimos el contenido HTML obtenido (texto) del método .then anterior.
- Usamos document.getElementById('content') para encontrar el elemento con el id "content" en la página web (presumiblemente un elemento contenedor donde queremos mostrar el contenido cargado).
- Establecemos la propiedad innerHTML del elemento "content" en el contenido HTML obtenido (html). Esto básicamente reemplaza el contenido existente dentro del elemento "content" con el contenido de "page2.html".

6. Manejando Errores (catch):

- La operación fetch podría fallar por varias razones, como errores del servidor o problemas de red.
- Para manejar posibles errores, usamos el método .catch en la llamada inicial de fetch.
- El método .catch recibe un objeto "error" si la operación de obtención falla.
- Dentro del bloque .catch, usamos console.error('Error cargando la página: ', error) para registrar el mensaje de error en la consola del navegador. Esto ayuda a los desarrolladores a identificar y solucionar problemas durante el desarrollo.

Resumen:

Este código demuestra cómo cargar contenido desde un archivo HTML externo usando la API fetch y actualizar la página web actual dinámicamente según la interacción del usuario (haciendo clic en un botón). También introduce el concepto de promesas para manejar operaciones asíncronas y el manejo de errores usando .catch.

1.2.3 Desarrollo del Lado del Servidor

Node.js representa una notable evolución en las capacidades de JavaScript, liberándolo de las restricciones que una vez lo relegaron estrictamente a los confines del navegador. Con la llegada de Node.js, los desarrolladores ahora pueden aprovechar el poder de JavaScript para diseñar una miríada de nuevas aplicaciones, incluida la construcción de aplicaciones del lado del servidor.

Una de esas aplicaciones es el manejo de solicitudes HTTP, una característica integral de cualquier aplicación web contemporánea. Esta funcionalidad permite a los desarrolladores crear una experiencia de usuario más interactiva y receptiva. Habilita actualizaciones en tiempo real y comunicación asincrónica, transformando así páginas web estáticas en plataformas dinámicas para la participación del usuario.

Además, Node.js también facilita la interacción con bases de datos. Proporciona una interfaz fluida para consultar y recuperar datos, mostrando aún más su versatilidad y fortaleza como una herramienta robusta para el desarrollo del backend. Esta capacidad hace de Node.js una elección ideal para construir aplicaciones que requieren el manejo de datos en tiempo real, como aplicaciones de chat, herramientas colaborativas y plataformas de transmisión de datos.

Las capacidades expandidas de Node.js abren un universo de oportunidades para los desarrolladores, mejorando el poder y la flexibilidad de JavaScript como lenguaje de programación. Esta evolución redefine el papel de JavaScript en el desarrollo web, elevándolo desde un simple lenguaje de script hasta una herramienta versátil para construir aplicaciones complejas y escalables.

Ejemplo: Servidor HTTP Simple Este ejemplo utiliza Node.js para crear un servidor HTTP básico que responde a todas las solicitudes con un mensaje amigable:

```javascript
const http = require('http');

const server = http.createServer((req, res) => {
    res.writeHead(200, {'Content-Type': 'text/plain'});
    res.end('Hello, welcome to our server!');
});

server.listen(3000, () => {
    console.log('Server is running on <http://localhost:3000>');
});
```

Cuando ejecutas este script con Node.js, se inicia un servidor web que envía "¡Hola, bienvenido a nuestro servidor!" a cualquier solicitud de cliente.

Desglose del código:

1. Entrando en el mundo de Node.js:

- Este fragmento de código está escrito en JavaScript, pero está específicamente diseñado para ejecutarse en un entorno de Node.js. Node.js permite que JavaScript se utilice para el desarrollo del lado del servidor, lo que significa que puede crear servidores web y manejar las solicitudes de los usuarios.

2. Incluyendo el módulo HTTP (require):

- La primera línea, const http = require('http');, es esencial para trabajar con HTTP en Node.js.
  - const se utiliza para declarar una variable.
  - require('http'); importa el módulo HTTP integrado proporcionado por Node.js. Este módulo nos proporciona las herramientas para crear un servidor HTTP.

3. Creando el servidor (http.createServer):

- La siguiente línea, const server = http.createServer((req, res) => {...});, crea el servidor HTTP real.
  - http.createServer es una función del módulo HTTP importado.
  - Toma una función de devolución de llamada (la parte entre paréntesis) que define cómo responderá el servidor a las solicitudes entrantes.
  - Dentro de la función de devolución de llamada, recibimos dos argumentos:
    - req (solicitud): Este objeto representa la solicitud HTTP entrante de un cliente (como un navegador web).
    - res (respuesta): Este objeto nos permite enviar una respuesta de vuelta al cliente.

4. Enviando una respuesta simple:

- Dentro de la función de devolución de llamada:
  - res.writeHead(200, {'Content-Type': 'text/plain'}); establece los encabezados de la respuesta.
    - El primer argumento, 200, es el código de estado que indica una respuesta exitosa.
    - El segundo argumento es un objeto que define los encabezados de la respuesta. Aquí, establecemos Content-Type en text/plain, lo que indica que el contenido de la respuesta es texto plano.

o   res.end('¡Hola, bienvenido a nuestro servidor!'); envía el contenido de la respuesta real como una cadena al cliente.

5. Iniciando el servidor (server.listen):

- Las dos últimas líneas, server.listen(3000, () => {...});, inician el servidor y registran un mensaje en la consola.
  - o   server.listen es un método en el objeto del servidor. Toma dos argumentos:
    - El primer argumento, 3000, es el número de puerto en el que el servidor escuchará las solicitudes entrantes.
    - El segundo argumento es una función de devolución de llamada que se ejecuta una vez que el servidor comienza a escuchar correctamente.
  - o   Dentro de la función de devolución de llamada, usamos console.log para imprimir un mensaje que indica que el servidor está en funcionamiento y accesible en http://localhost:3000. Esto incluye la parte "http://" porque es un servidor web y "localhost" se refiere a tu propia máquina.

Resumen:

Este código crea un servidor HTTP básico en Node.js. Demuestra cómo manejar solicitudes entrantes, establecer encabezados de respuesta, enviar contenido de vuelta al cliente e iniciar el servidor en un puerto específico. Este es un bloque de construcción fundamental para crear aplicaciones web más complejas con Node.js y JavaScript.

1.2.4 Internet de las cosas (IoT)

JavaScript no es solo un lenguaje de programación versátil y ampliamente utilizado, sino que también ha ampliado significativamente su alcance en el campo en rápido crecimiento e innovador del Internet de las cosas (IoT). En este sector de vanguardia, el uso de JavaScript se extiende más allá de las aplicaciones web y móviles tradicionales, lo que permite a los desarrolladores controlar una variedad de dispositivos de hardware, recopilar datos de una multitud de fuentes diversas y realizar una serie de otras funciones críticas que son fundamentales en la era digital tecnológicamente avanzada en la que vivimos hoy.

Apoyando la incursión de JavaScript en IoT se encuentran numerosos marcos de trabajo, siendo uno de los más prominentes Johnny-Five. Este marco en particular mejora significativamente las capacidades de JavaScript, transformándolo de un simple lenguaje de script a una herramienta valiosa y poderosa que se utiliza extensamente en la creación y prototipado de aplicaciones de IoT robustas, eficientes y escalables.

Estas aplicaciones no se limitan a un dominio específico, sino que abarcan una amplia variedad de sectores. Incluyen desde sistemas de automatización del hogar que mejoran la calidad de vida al automatizar tareas rutinarias, hasta aplicaciones industriales de IoT que optimizan y simplifican procesos industriales complejos. Estas diversas aplicaciones muestran perfectamente la inmensa flexibilidad y potencia que JavaScript posee en el paisaje en constante evolución del IoT.

1.2.5 Animación y Juegos

JavaScript, un lenguaje de programación notablemente versátil, está lejos de estar confinado al ámbito habitual de las páginas web estáticas y la gestión simplista de datos. En realidad, es mucho más expansivo, siendo ampliamente utilizado en el diseño complejo y la implementación meticulosa de animaciones y desarrollo de juegos. Su uso agrega una capa significativa de dinamismo y componentes interactivos a varias plataformas digitales, mejorando así el compromiso y la experiencia del usuario.

Los desarrolladores pueden aprovechar las potentes capacidades de JavaScript en combinación con bibliotecas robustas como Three.js y Phaser. Estas bibliotecas proporcionan un conjunto rico de herramientas y funcionalidades que capacitan a los desarrolladores no solo para construir, sino también para diseñar intrincadamente animaciones 3D complejas y juegos interactivos, agregando una nueva dimensión a las plataformas digitales.

El uso de estas bibliotecas trasciende los límites tradicionales de la programación. Proporcionan las herramientas necesarias para dar vida a escenas digitales estáticas. Con su ayuda, los desarrolladores tienen la capacidad de transformar estas escenas estáticas en realidades virtuales inmersivas, juegos interactivos e interfaces web visualmente impresionantes que cautivan a la audiencia. Estas herramientas abren nuevas vías para la creatividad e innovación en el mundo digital, lo que hace posible crear experiencias atractivas y visualmente atractivas para los usuarios.

1.2.6 Herramientas Educativas y de Colaboración

JavaScript, un lenguaje de programación potente y versátil, sirve como el pilar de muchas plataformas educativas modernas y herramientas de colaboración en tiempo real. Es este lenguaje multifacético el que da vida a una amplia variedad de características avanzadas que, en nuestra era digital actual, se han vuelto casi naturales para nosotros.

Toma, por ejemplo, la función de compartir documentos. Este avance tecnológico ha transformado por completo tanto nuestro panorama profesional como educativo al proporcionar una plataforma para el intercambio de información sin problemas y fomentar un entorno colaborativo. ¿Y el héroe anónimo detrás de esta revolución? Nada menos que JavaScript.

Además, considera la herramienta de videoconferencia. En nuestra era actual, marcada por el trabajo remoto y el aprendizaje a distancia, la videoconferencia ha demostrado ser un recurso invaluable. Nos permite mantener una apariencia de normalidad, facilitando interacciones cara a cara a pesar de las barreras geográficas. Y la magia tecnológica que hace esto posible es, una vez más, JavaScript.

Por último, veamos las actualizaciones en tiempo real. Esta característica, a menudo pasada por alto, garantiza que siempre tengamos acceso a la información más reciente y precisa. Ya sea las últimas noticias, fluctuaciones del mercado de valores o simplemente el marcador en un evento deportivo en vivo, las actualizaciones en tiempo real nos mantienen informados y al tanto. Y es JavaScript, con sus capacidades robustas, el que proporciona esta función.

En resumen, JavaScript, con su poder y versatilidad, está en el corazón de las herramientas y plataformas digitales que a menudo damos por sentado. Su influencia se extiende a través de varios aspectos de nuestras vidas digitales, permitiendo funcionalidades que se han vuelto integrales para nuestras rutinas diarias.

1.2.7 Aplicaciones Web Progresivas (PWAs)

JavaScript juega un papel crucial en el desarrollo de Aplicaciones Web Progresivas (PWAs), que son un aspecto importante del desarrollo web moderno. Las PWAs utilizan las últimas capacidades web para proporcionar una experiencia que se siente muy similar al uso de una aplicación nativa, aunque se ejecutan en un navegador web.

Esta es una combinación poderosa que ofrece numerosas ventajas a los usuarios, incluida la capacidad de funcionar sin conexión, rendir bien incluso en redes lentas y ser instaladas en la pantalla de inicio del usuario como una aplicación nativa. Una parte clave de esto es el uso de JavaScript, que es responsable de administrar los service workers.

Los service workers son esencialmente scripts que tu navegador ejecuta en segundo plano, separados de una página web, abriendo la puerta a funciones que no necesitan una página web o interacción del usuario. Entre otras cosas, permiten características como las notificaciones push y la sincronización en segundo plano, ambas de las cuales mejoran significativamente la experiencia del usuario.

Estos service workers son una característica clave de las PWAs, y es JavaScript el que controla su funcionamiento.

Ejemplo: Registrando un Service Worker

```
if ('serviceWorker' in navigator) {
    navigator.serviceWorker.register('/service-worker.js')
    .then(function(registration) {
        console.log('Service Worker registered with scope:', registration.scope);
    }).catch(function(error) {
        console.log('Service Worker registration failed:', error);
    });
}
```

Este ejemplo muestra cómo registrar un service worker usando JavaScript, lo cual es fundamental para habilitar experiencias sin conexión y tareas en segundo plano en las PWAs.

Desglose del código:

1. Comprobación de Soporte para Service Worker (declaración if):

- Este código verifica si el navegador admite los service workers.
  - if ('serviceWorker' in navigator) es la declaración condicional que inicia todo.
    - 'serviceWorker' in navigator verifica si el objeto navigator (que proporciona información sobre el navegador) tiene una propiedad llamada serviceWorker. Esta propiedad indica si los service workers son compatibles en ese navegador específico.

2. Registro del Service Worker (navigator.serviceWorker.register):

- Si los service workers son compatibles (la condición if es verdadera), el código procede a registrar un service worker usando navigator.serviceWorker.register('/service-worker.js').
  - navigator.serviceWorker.register es un método proporcionado por el objeto navigator para registrar un script de service worker.
  - /service-worker.js es la ruta al archivo JavaScript que contiene la lógica del service worker. Este archivo probablemente resida en el mismo directorio (o un subdirectorio) que el archivo HTML donde se coloca este código.

3. Manejo del Éxito y el Fracaso del Registro (then y catch):

- El método .register devuelve una promesa. Una promesa es una forma de manejar operaciones asíncronas (operaciones que tardan en completarse) en JavaScript.

- o .then(function(registration) {...}) define qué hacer si el registro del service worker es exitoso.
  - ▪ La función recibe un objeto registration como argumento. Este objeto contiene información sobre el service worker registrado.
- o .catch(function(error) {...}) define qué hacer si el registro del service worker falla.
  - ▪ La función recibe un objeto error como argumento, que contiene detalles sobre el error encontrado.

4. Registro de Estado del Registro:

- Dentro de los bloques .then y .catch, usamos console.log para registrar mensajes en la consola del navegador.
  - o En el caso de éxito, registramos un mensaje que indica un registro exitoso junto con el alcance del service worker usando registration.scope. El alcance determina las URL que el service worker puede controlar.
  - o En el caso de fallo, registramos un mensaje que indica el fallo del registro y los detalles específicos del error del objeto error.

Resumen:

Este fragmento de código registra un script de service worker si el navegador los admite. Aprovecha las promesas para manejar la naturaleza asíncrona del proceso de registro y registra mensajes de éxito o fallo en la consola para fines de depuración e informativos. Los service workers son herramientas poderosas para mejorar las aplicaciones web con capacidades sin conexión, notificaciones push y funcionalidades en segundo plano. Este código proporciona un paso fundamental para utilizarlos en tus proyectos web.

1.2.8 Aprendizaje Automático e Inteligencia Artificial

Con la llegada de bibliotecas avanzadas como TensorFlow.js, los desarrolladores que se especializan en JavaScript ahora tienen la capacidad de incorporar sin problemas capacidades de aprendizaje automático directamente en sus aplicaciones web.

Esto abre un nuevo campo de posibilidades y permite la integración de características sofisticadas y de vanguardia como el reconocimiento de imágenes, que permite a la aplicación identificar y procesar objetos en imágenes, procesamiento de lenguaje natural, una tecnología que permite a la aplicación comprender e interactuar en lenguaje humano, y análisis predictivo, una función que utiliza datos, algoritmos estadísticos y técnicas de aprendizaje automático para identificar la probabilidad de resultados futuros.

Todo esto se puede lograr sin que los desarrolladores necesiten tener un conocimiento especializado en aprendizaje automático o inteligencia artificial. Este es un paso significativo en hacer que el aprendizaje automático sea más accesible y ampliamente utilizado en el desarrollo de aplicaciones web.

Ejemplo: Modelo Básico TensorFlow.js

```javascript
async function run() {
    const model = tf.sequential();
    model.add(tf.layers.dense({units: 1, inputShape: [1]}));
    model.compile({loss: 'meanSquaredError', optimizer: 'sgd'});

    const xs = tf.tensor2d([1, 2, 3, 4], [4, 1]);
    const ys = tf.tensor2d([1, 3, 5, 7], [4, 1]);

    await model.fit(xs, ys, {epochs: 500});
    document.getElementById('output').innerText = model.predict(tf.tensor2d([5], [1, 1])).toString();
}

run();
```

Este script configura un modelo de red neuronal simple que aprende a predecir salidas basadas en datos de entrada, demostrando cómo JavaScript puede ser utilizado para tareas básicas de IA directamente en el navegador.

Desglose del código:

1. Adentrándose en el Mundo del Aprendizaje Automático:

- Este código se adentra en el mundo del aprendizaje automático utilizando TensorFlow.js, una biblioteca popular que permite entrenar modelos de aprendizaje automático directamente en el navegador con JavaScript.

2. Definiendo una Función Asíncrona (async function run):

- El código comienza con async function run() {...}, que define una función asíncrona llamada run. Las funciones asíncronas nos permiten manejar el código que tarda tiempo en completarse sin bloquear el hilo principal. Esto es importante para tareas de aprendizaje automático que a menudo implican entrenar modelos con datos.

3. Construyendo el Modelo de Aprendizaje Automático (tf.sequential):

- Dentro de la función run:
  - const model = tf.sequential(); crea un objeto de modelo secuencial utilizando TensorFlow.js (tf). Este objeto contendrá las capas y la configuración de nuestro modelo de aprendizaje automático.
  - model.add(tf.layers.dense({units: 1, inputShape: [1]})); añade una capa densa al modelo.
    - Las capas densas son un bloque de construcción fundamental para las redes neuronales. Realizan transformaciones lineales en los datos.
    - Aquí, units: 1 especifica que la capa tiene una unidad de salida.
    - inputShape: [1] define la forma de entrada esperada para este modelo. En este caso, espera un solo número como entrada.

4. Configurando el Modelo (model.compile):

- model.compile({loss: 'meanSquaredError', optimizer: 'sgd'}); configura el proceso de entrenamiento para el modelo.
  - loss: 'meanSquaredError' define la función de pérdida utilizada para medir qué tan bien las predicciones del modelo coinciden con los valores reales. El error cuadrático medio es una opción común para problemas de regresión.
  - optimizer: 'sgd' especifica el algoritmo optimizador utilizado para ajustar los pesos del modelo durante el entrenamiento. SGD (descenso de gradiente estocástico) es una elección popular.

5. Preparando los Datos de Entrenamiento (tf.tensor2d):

- const xs = tf.tensor2d([1, 2, 3, 4], [4, 1]); crea un tensor 2D llamado xs utilizando TensorFlow.js. Este tensor representa nuestros datos de entrenamiento para las entradas del modelo.
  - Los datos son una matriz de números: [1, 2, 3, 4].
  - [4, 1] define la forma del tensor. Tiene 4 filas (que representan 4 ejemplos de entrenamiento) y 1 columna (que representa el único valor de entrada para cada ejemplo).
- const ys = tf.tensor2d([1, 3, 5, 7], [4, 1]); crea otro tensor 2D llamado ys para las salidas de destino (etiquetas) de los datos de entrenamiento.
  - Los datos son una matriz de números: [1, 3, 5, 7].
  - La forma coincide nuevamente con [4, 1], correspondiendo a los 4 valores de destino para cada entrada en el tensor xs.

6. Entrenando el Modelo (model.fit):

- await model.fit(xs, ys, {epochs: 500}); entrena el modelo de forma asíncrona.
  - model.fit es el método utilizado para entrenar el modelo. Toma tres argumentos:
    - xs: El tensor de datos de entrenamiento de entrada (xs).
    - ys: El tensor de salida de destino (etiqueta) (ys).
    - {epochs: 500}: Un objeto que define las opciones de entrenamiento. Aquí, epochs: 500 especifica el número de iteraciones de entrenamiento (épocas) a realizar. Durante cada época, el modelo recorrerá todos los ejemplos de entrenamiento y ajustará sus pesos internos para minimizar la función de pérdida.

7. Realizando una Predicción (model.predict):

- document.getElementById('output').innerText = model.predict(tf.tensor2d([5], [1, 1])).toString(); utiliza el modelo entrenado para hacer una predicción.
  - model.predict(tf.tensor2d([5], [1, 1])) predice la salida para un nuevo valor de entrada de 5. Crea un nuevo tensor con la forma [1, 1] que representa un solo valor de entrada.
  - .toString() convierte el valor predicho (un tensor) en una cadena para su visualización.
  - Finalmente, establecemos la propiedad innerText del elemento con el id "output" (presumiblemente un elemento de párrafo) para mostrar el valor predicho en la página web.

1.2.9 Mejoras de Accesibilidad

JavaScript juega un papel absolutamente fundamental en el mejoramiento de la accesibilidad web, un aspecto crucial del diseño web moderno. Sus capacidades se extienden mucho más allá de la mera funcionalidad, ya que puede actualizar y modificar dinámicamente el contenido web en tiempo real para cumplir meticulosamente con los estándares de accesibilidad.

Esto no solo garantiza que el contenido web sea compatible con las pautas internacionales, sino que también mejora enormemente la experiencia general del usuario. Esta naturaleza dinámica de JavaScript es particularmente beneficiosa para los usuarios con discapacidades, ya que les proporciona opciones de navegación e interactividad mucho mejores.

Al hacerlo, les permite interactuar con la Web de una manera mucho más inclusiva y amigable para el usuario, haciendo que el mundo digital sea un lugar más accesible.

Ejemplo: Mejorando la Accesibilidad

```javascript
document.getElementById('themeButton').addEventListener('click', function() {
    const body = document.body;
```

```
    body.style.backgroundColor = body.style.backgroundColor === 'black' ? 'white' :
'black';
    body.style.color = body.style.color === 'white' ? 'black' : 'white';
});
```

Este ejemplo muestra cómo JavaScript puede usarse para alternar temas de alto contraste, lo cual es útil para usuarios con discapacidades visuales.

Desglose del código:

1. Desencadenando el Cambio de Tema (Escucha de Eventos):

- Este fragmento de código utiliza JavaScript para agregar interactividad a un botón.
- La primera línea, document.getElementById('themeButton').addEventListener('click', function() {...});, establece un escucha de eventos para el botón con el id "themeButton".
    - .addEventListener('click', function() {...}) es una función poderosa que nos permite adjuntar un escucha de eventos al botón.
    - En este caso, el evento que estamos escuchando es "click". Por lo tanto, cada vez que el usuario hace clic en este botón, se ejecutará el código dentro de las llaves ({...}).

2. Alternando el Color de Fondo y el Texto:

- Dentro de la función desencadenada por el evento de clic, definimos la lógica para cambiar el tema (color de fondo y texto).
- const body = document.body; obtiene una referencia al elemento <body> de la página web, donde queremos aplicar los cambios de tema.
- Las dos líneas siguientes: body.style.backgroundColor = body.style.backgroundColor === 'black' ? 'white' : 'black'; body.style.color = body.style.color === 'white' ? 'black' : 'white'; utilizan una técnica inteligente para alternar entre dos esquemas de color (fondo negro con texto blanco y fondo blanco con texto negro) según el color de fondo actual.

JavaScript

```
body.style.backgroundColor = body.style.backgroundColor === 'black' ? 'white' : 'black';
body.style.color = body.style.color === 'white' ? 'black' : 'white';
```

    - .style.backgroundColor y .style.color acceden a las propiedades de estilo CSS para background-color y color del elemento body, respectivamente.

- o La asignación utiliza un operador ternario (? :). Esta es una forma abreviada de escribir una declaración if-else. Así es como funciona:
  - body.style.backgroundColor === 'black' verifica si el color de fondo actual es negro.
  - Si es negro (=== 'black'), entonces el color de fondo se establece en 'white' (cambia al tema blanco).
  - De lo contrario (usando : después de la primera condición), el color de fondo se establece en 'black' (cambia al tema negro).
- o La misma lógica se aplica a la propiedad color, alternando entre 'white' y 'black' según el color de texto actual.

Resumen:

Este código demuestra cómo escuchar la interacción del usuario (clic en un botón) y cambiar dinámicamente el tema de la página web (color de fondo y texto) utilizando técnicas de manipulación del DOM de JavaScript y un uso inteligente del operador ternario para asignaciones condicionales. Este es un excelente ejemplo de cómo agregar interactividad del usuario y control básico de estilo a una página web.

1.3 Ejercicios Prácticos

Al final de este capítulo, proporcionamos ejercicios prácticos que te permiten aplicar lo que has aprendido sobre la historia y capacidades de JavaScript. Estos ejercicios están diseñados para reforzar tu comprensión y ayudarte a obtener experiencia práctica con JavaScript.

Si encuentras algunos de los ejercicios abrumadores, no te preocupes. Puedes volver a ellos después de completar los siguientes capítulos.

Ejercicio 1: Cuestionario Histórico

- P1: ¿Quién creó JavaScript y en qué año?
- P2: ¿Cómo se llamaba originalmente JavaScript?
- P3: Describe un hito importante en la evolución de JavaScript.

Ejercicio 2: Validación de Formulario

Crea un formulario HTML simple para el registro de usuarios que incluya campos para nombre de usuario y correo electrónico. Utiliza JavaScript para validar el formulario de modo que:

- El nombre de usuario debe tener al menos 6 caracteres.

- El correo electrónico debe incluir un símbolo "@". Muestra mensajes de error al lado de cada campo si la validación falla.

Solución:

```html
<!DOCTYPE html>
<html>
<head>
    <title>Registration Form Validation</title>
    <script>
        function validateForm() {
            var username = document.getElementById("username").value;
            var email = document.getElementById("email").value;
            var errorMessage = "";

            if(username.length < 6) {
                errorMessage += "Username must be at least 6 characters long.\\\\n";
                document.getElementById("usernameError").innerText = errorMessage;
            } else {
                document.getElementById("usernameError").innerText = "";
            }

            if(email.indexOf('@') === -1) {
                errorMessage += "Email must include an '@' symbol.\\\\n";
                document.getElementById("emailError").innerText = errorMessage;
            } else {
                document.getElementById("emailError").innerText = "";
            }

            if(errorMessage.length > 0) {
                return false;
            }
        }
    </script>
</head>
<body>
    <form id="registrationForm" onsubmit="return validateForm()">
        Username: <input type="text" id="username" required>
        <span id="usernameError" style="color: red;"></span><br>
        Email: <input type="text" id="email" required>
        <span id="emailError" style="color: red;"></span><br>
        <button type="submit">Register</button>
    </form>
</body>
</html>
```

Ejercicio 3: Carga de Contenido

Usando JavaScript, escribe una función para cargar contenido desde un archivo de texto en un elemento div en tu página web cuando se hace clic en un botón. Supón que el archivo de texto se llama "contenido.txt".

Solución:

```
<!DOCTYPE html>
<html>
<head>
    <title>Dynamic Content Loading</title>
    <script>
        function loadContent() {
            fetch('content.txt')
            .then(response => response.text())
            .then(data => {
                document.getElementById('contentDiv').innerHTML = data;
            })
            .catch(error => {
                console.log('Error loading the content:', error);
                document.getElementById('contentDiv').innerHTML = 'Failed to load
content.';
            });
        }
    </script>
</head>
<body>
    <button onclick="loadContent()">Load Content</button>
    <div id="contentDiv"></div>
</body>
</html>
```

Ejercicio 4: Cambiador de Temas

Escribe una función en JavaScript para alternar el tema de color de una página web entre modos claro (fondo blanco con texto negro) y oscuro (fondo negro con texto blanco).

Solución:

```
<!DOCTYPE html>
<html>
<head>
    <title>Theme Switcher</title>
    <script>
        function toggleTheme() {
            var body = document.body;
            body.style.backgroundColor = body.style.backgroundColor === 'black' ?
'white' : 'black';
            body.style.color = body.style.color === 'white' ? 'black' : 'white';
        }
```

```
    </script>
</head>
<body>
    <button onclick="toggleTheme()">Toggle Theme</button>
</body>
</html>
```

Estos ejercicios proporcionan escenarios prácticos para ayudarte a aplicar y profundizar tu comprensión de JavaScript. Al intentar estos ejercicios, mejorarás tu habilidad para resolver problemas del mundo real utilizando JavaScript.

Resumen del Capítulo

En este capítulo inicial de "JavaScript desde Cero: Desbloquea tus Superpoderes en Desarrollo Web", emprendimos un viaje para comprender JavaScript, un lenguaje que se erige como piedra angular del desarrollo web moderno. Este capítulo sentó los conocimientos fundamentales necesarios para apreciar las capacidades de JavaScript y su papel pivotal tanto en el contexto histórico como en el actual del web.

Comenzamos adentrándonos en la historia de JavaScript, el cual fue desarrollado por Brendan Eich en 1995. Concebido originalmente bajo el nombre de Mocha, luego renombrado a LiveScript y finalmente a JavaScript, este lenguaje fue creado para añadir interactividad a las páginas web, un concepto novedoso en ese entonces. La evolución de JavaScript estuvo significativamente marcada por su estandarización como ECMAScript, la cual garantizó una interpretación consistente en diferentes navegadores web. Esta estandarización ha sido crucial para la comunidad de desarrollo, fomentando un entorno confiable donde JavaScript pudo prosperar y expandir sus capacidades.

Además, exploramos las extensas funcionalidades de JavaScript. Diseñado inicialmente para hacer páginas HTML estáticas interactivas, hoy en día JavaScript alimenta aplicaciones complejas en múltiples plataformas. Sus capacidades se extienden desde simples mejoras de páginas hasta el manejo de servicios back-end mediante Node.js, e incluso a aplicaciones en inteligencia artificial y en el Internet de las cosas. Los ejemplos proporcionados, desde formularios interactivos hasta carga dinámica de contenido, ilustraron la capacidad de JavaScript para mejorar la experiencia del usuario y optimizar las funcionalidades web.

En términos prácticos, JavaScript permite a los desarrolladores crear aplicaciones web ricas (RIAs) como aplicaciones de página única que ofrecen experiencias de usuario fluidas similares a las aplicaciones de escritorio. También mencionamos el papel de JavaScript en el desarrollo del lado del servidor, mostrando su versatilidad más allá de la escritura de scripts del lado del cliente.

Los ejercicios al final del capítulo fueron diseñados para reforzar los conocimientos adquiridos, con tareas prácticas que van desde la validación de formularios hasta el cambio de temas. Estos ejercicios no solo ayudaron a afianzar tu comprensión de las funcionalidades básicas de JavaScript, sino que también te animaron a pensar creativamente sobre cómo JavaScript puede ser utilizado para resolver problemas del mundo real.

Al concluir este capítulo, deberías tener un entendimiento sólido de qué es JavaScript, de dónde proviene y de la multitud de tareas que puede realizar. Los conocimientos históricos, combinados con las aplicaciones prácticas, preparan el escenario para una exploración más profunda en los capítulos siguientes. Con esta base, estás ahora mejor preparado para adentrarte en los aspectos más complejos de JavaScript, desde la manipulación del DOM hasta los frameworks modernos que están dando forma al futuro del desarrollo web.

Este capítulo es solo el comienzo de tu viaje con JavaScript. A medida que avancemos, cada capítulo se construirá sobre esta base, presentando conceptos y técnicas más sofisticados. Tu camino desde aprender los fundamentos hasta dominar las funcionalidades avanzadas de JavaScript estará lleno de desafíos emocionantes y oportunidades de crecimiento.

Capítulo 2: Fundamentos de JavaScript

Bienvenido al Capítulo 2. Este capítulo está diseñado para brindarte una exploración profunda de los conceptos fundamentales de JavaScript, sentando las bases esenciales para temas más complejos y diversas aplicaciones que encontrarás más adelante en tu viaje de codificación.

Comprender estos conceptos básicos no es solo un ejercicio académico, sino un paso crucial en tu desarrollo como programador. Forman los cimientos de cualquier programa de JavaScript, y un conocimiento sólido de ellos te permitirá escribir código más eficiente y efectivo.

Desde lo aparentemente simple, como variables y tipos de datos, hasta lo más sutil, como operadores y estructuras de control, cada concepto será explorado a fondo. Nuestro objetivo es proporcionarte una base sólida e inquebrantable en la programación de JavaScript.

Comenzamos este capítulo presentando lo más básico: variables y tipos de datos. Estos son componentes esenciales que usarás en cada programa de JavaScript que escribas. Este conocimiento no solo es fundamental, sino también vital para comprender cómo JavaScript interpreta y procesa los datos. Al final de este capítulo, deberías tener una comprensión clara de estos conceptos, listo para aplicarlos a tus propios proyectos de codificación.

2.1 Variables y Tipos de Datos

En JavaScript, una variable sirve como un nombre simbólico o identificador para un valor. El papel de las variables es central en la programación, ya que se utilizan para almacenar datos, que forman la base de cualquier programa. Estos datos almacenados pueden ser de varios tipos, ya sean números, cadenas de texto o estructuras de datos más complejas, y pueden modificarse, manipularse y utilizarse en diferentes puntos durante la ejecución del programa.

Una de las características clave de JavaScript es que es un lenguaje de tipado dinámico. Lo que esto significa es que no tienes que declarar explícitamente el tipo de la variable cuando la inicializas, a diferencia de los lenguajes de tipado estático donde tal declaración es obligatoria. Esto otorga una cantidad significativa de flexibilidad, lo que permite la escritura rápida de scripts, y hace de JavaScript un lenguaje accesible para principiantes debido a su sintaxis menos estricta.

Sin embargo, esta flexibilidad también demanda un sólido entendimiento y manejo cuidadoso de los diversos tipos de datos con los que JavaScript puede lidiar. Sin un entendimiento claro de los tipos de datos, existe el riesgo de comportamientos inesperados o errores en el programa. Por lo tanto, aunque la naturaleza dinámica de JavaScript puede acelerar el proceso de escritura de scripts, también enfatiza la importancia de un conocimiento exhaustivo de los tipos de datos.

2.1.1 Entendiendo las Declaraciones de Variables

JavaScript, proporciona tres palabras clave distintas para declarar variables: var, let o const. Cada una de estas tiene sus propias características y alcances únicos.

Variable var

La palabra clave var ha sido un elemento perdurable en el ámbito de JavaScript, utilizada tradicionalmente con el propósito de la declaración de variables. Es una característica que ha estado presente en el lenguaje desde su mismo nacimiento. El alcance de una variable var, que se refiere al contexto en el que la variable existe, es su contexto de ejecución actual. Este contexto podría ser la función en la que está encerrada o, en casos donde la variable se declara fuera de los límites de cualquier función, se le asigna un alcance global.

Para explicarlo de manera más simple, una variable var solo puede ser vista o accedida dentro de la función en la que fue declarada. Sin embargo, cuando una variable var se declara fuera de los límites de una función específica, su visibilidad se extiende por todo el programa. Esta visibilidad universal, abarcando todo el programa, asigna a la variable un alcance global. Esto significa que se puede acceder y manipular la variable desde cualquier parte del código, lo que hace que las variables var sean extremadamente versátiles en su uso.

Ejemplo:

La palabra clave var se utiliza para declarar una variable en JavaScript. Las variables declaradas con var tienen un alcance de función o un alcance global (si se declaran fuera de una función).

```
// Global scope
var globalVar = "I'm a global variable";

function example() {
  // Function scope
  var functionVar = "I'm a function variable";
```

```
    console.log(functionVar); // Output: "I'm a function variable"
}

example();
console.log(globalVar); // Output: "I'm a global variable"
```

Desglose del código:

1. Variable Global:

-   El código comienza con var globalVar = "I'm a global variable";. Esta línea declara una variable llamada globalVar y le asigna el valor de cadena "I'm a global variable".
    -   La palabra clave var se usa para la declaración de variables (forma antigua en JavaScript, la forma moderna usa let o const).
    -   Dado que no hay let o const antes de ella, y no está dentro de ninguna función, globalVar se declara en el ámbito global. Esto significa que es accesible desde cualquier lugar en tu código.

1. Ámbito de Función:

-   Luego, el código define una función llamada example().
-   Dentro de la función:
    -   var functionVar = "I'm a function variable"; declara otra variable llamada functionVar con el valor "I'm a function variable".
    -   Aquí, functionVar se declara con var dentro de la función, por lo que tiene **ámbito de función**. Esto significa que solo es accesible dentro de la función example y no fuera de ella.
-   La función también incluye console.log(functionVar); que imprime el valor de functionVar en la consola, y verás la salida esperada "I'm a function variable".

1. Acceso a Variables:

-   Después de la definición de la función, el código llama a la función con example();. Esto ejecuta el código dentro de la función.
-   Fuera de la función, hay otra línea: console.log(globalVar);. Esto intenta imprimir el valor de globalVar. Dado que globalVar se declaró globalmente, es accesible aquí, y verás la salida "I'm a global variable".

Resumen:

Este código muestra la diferencia entre variables globales y variables con ámbito de función. Las variables globales se pueden acceder desde cualquier lugar en tu código, mientras que las variables con ámbito de función solo son accesibles dentro de la función donde se declaran.

Variable let

let – Introducido en ECMAScript 6 (ES6), también conocido como ECMAScript 2015, let proporciona una forma contemporánea y avanzada de declarar variables en JavaScript. Esto es un avance respecto a la declaración tradicional con var.

La diferencia clave entre los dos radica en sus reglas de alcance. A diferencia del alcance de función de var, let tiene un alcance de bloque. El alcance de bloque significa que una variable declarada con let solo es visible dentro del bloque donde se declara, así como en cualquier sub-bloque contenido dentro de este. Esto es una mejora significativa sobre var, que tiene un alcance de función y puede llevar a que las variables sean visibles fuera de su alcance previsto.

Como resultado, el uso de let para la declaración de variables mejora la legibilidad y el mantenimiento del código, ya que ofrece un comportamiento más predecible y reduce el riesgo de declarar accidentalmente variables globales. Esto hace que let sea una opción ideal cuando se trata de datos variables que pueden cambiar con el tiempo, particularmente en bases de código más grandes donde gestionar el alcance puede ser un desafío.

Ejemplo:

La palabra clave let se usa para declarar una variable con alcance de bloque ({ }). Las variables declaradas con let están limitadas en alcance al bloque en el que se definen.

```javascript
function example() {
  if (true) {
    // Block scope
    let blockVar = "I'm a block variable";
    console.log(blockVar); // Output: "I'm a block variable"
  }
  // console.log(blockVar); // Error: blockVar is not defined
}

example();
```

Desglose del código:

1. Alcance de Bloque con let:

-   El código define una función llamada example().

- Dentro de la función, hay una declaración if: if (true) {...}. La condición siempre es verdadera, por lo que el código dentro de las llaves ({...}) siempre se ejecutará.
- Dentro del bloque if:
  - let blockVar = "I'm a block variable"; declara una variable llamada blockVar usando la palabra clave let y asigna el valor de cadena "I'm a block variable".
  - Aquí está el punto clave: let crea un alcance de bloque, lo que significa que blockVar solo es accesible dentro del bloque de código donde se declara (en este caso, el bloque if).

1. Acceso a blockVar:

- Dentro del bloque if, hay console.log(blockVar);. Esta línea puede acceder a blockVar porque se declara dentro del mismo bloque. Verás la salida "I'm a block variable" como se esperaba.

1. Intentando Acceder Fuera del Bloque (Error):

- Observa la línea comentada, // console.log(blockVar); // Error: blockVar is not defined. Si descomentas esta línea y tratas de ejecutar el código, obtendrás un mensaje de error como "blockVar is not defined".
- Esto se debe a que blockVar se declara con let dentro del bloque if, y su alcance se limita a ese bloque. Una vez que la ejecución del código se mueve fuera del bloque (después de la llave de cierre de la declaración if), blockVar ya no es accesible.

Resumen:

Este código demuestra el alcance de bloque usando let. Las variables declaradas con let solo son accesibles dentro del bloque en el que se definen, promoviendo una mejor organización del código y reduciendo el riesgo de conflictos de nombres entre variables con el mismo nombre en diferentes partes de tu código.

Variable const

Introducido en ES6, const es un tipo específico de declaración de variables que se utiliza para variables que no están destinadas a cambiar después de su asignación inicial. const comparte las características de alcance de bloque de la declaración let, lo que significa que el alcance de la variable const se limita al bloque en el que se define y no puede ser accedida o utilizada fuera de ese bloque particular de código.

Sin embargo, la declaración const aporta una capa adicional de protección. Esta protección adicional asegura que el valor asignado a una variable const permanezca constante e inalterable a lo largo de todo el código. Esta es una característica crucial porque previene que el valor de la variable const se altere o modifique inadvertidamente en algún punto del código, lo cual podría llevar a errores u otras consecuencias no deseadas en el programa.

En esencia, la declaración const es una herramienta importante en el lenguaje JavaScript que ayuda a los programadores a mantener la integridad de su código al asegurar que ciertas variables permanezcan constantes e inmutables, previniendo así posibles errores o fallos que podrían ocurrir como resultado de cambios no deseados o involuntarios en estas variables.

Ejemplo:

La palabra clave const se usa para declarar una variable constante. Las constantes deben recibir un valor en el momento de la declaración y sus valores no pueden ser reasignados.

```
const PI = 3.14159; // Constant value
console.log(PI); // Output: 3.14159

// PI = 3.14; // Error: Assignment to constant variable

const person = {
  name: "John Doe"
};
console.log(person.name); // Output: "John Doe"

person.name = "Jane Smith"; // Allowed, but modifies the object property
console.log(person.name); // Output: "Jane Smith"
```

Desglose del código:

1. Variables Constantes con const:

- La primera línea, const PI = 3.14159;, declara una variable constante llamada PI utilizando la palabra clave const. Se le asigna el valor 3.14159, que representa la constante matemática pi.
  - const se usa para crear variables cuyos valores no pueden cambiar después de ser asignados. Esto asegura que el valor de pi permanezca constante en todo tu código.
- La siguiente línea, console.log(PI);, imprime el valor de PI en la consola, y verás la salida 3.14159.
- La línea comentada, // PI = 3.14; // Error: Assignment to constant variable, intenta reasignar un nuevo valor a PI. Esto resultará en un error porque las constantes no pueden cambiar después de su asignación inicial.

1. Objetos y Modificación de Propiedades:

- Luego, el código define una variable constante llamada person utilizando const. Sin embargo, en este caso, const no significa que todo el objeto en sí sea inmutable. Significa que la referencia al objeto (person) no puede reasignarse a un nuevo objeto.
- const person = { name: "John Doe" }; crea un objeto con una propiedad llamada name y le asigna el valor "John Doe".
- console.log(person.name); imprime el valor de la propiedad name del objeto referenciado por person, y verás la salida "John Doe".
- Aquí está la distinción clave:
  - Mientras que person en sí es constante (su referencia no puede cambiar), el objeto al que hace referencia aún puede ser modificado.
- Es por eso que la siguiente línea, person.name = "Jane Smith";, está permitida. Modifica el valor de la propiedad name dentro del objeto que person referencia.
- Finalmente, console.log(person.name); imprime nuevamente la propiedad name, pero esta vez verás el valor actualizado "Jane Smith".

Resumen:

Este código demuestra variables constantes con const y la diferencia entre referencias de variables constantes y propiedades de objetos mutables. Mientras que const previene la reasignación de la variable en sí, no impide modificaciones de los datos dentro del objeto al que hace referencia si el objeto es mutable (como un array u otro objeto).

Para escribir código en JavaScript limpio, eficiente y libre de errores, es esencial comprender completamente las diferencias entre los tres métodos de declaración de variables: var, let y const. Cada uno de estos métodos tiene sus propias características y particularidades, y cada uno está adaptado a diferentes situaciones.

Las sutilezas de estos métodos pueden parecer pequeñas, pero pueden tener un impacto significativo en cómo se comporta tu código. Al elegir cuidadosamente el método correcto de declaración de variables para cada situación, puedes hacer que tu código sea más intuitivo y fácil de leer, lo que a su vez hace que sea más fácil de depurar y mantener.

A largo plazo, esta comprensión puede ahorrarte a ti y a cualquier otra persona que trabaje con tu código una cantidad significativa de tiempo y esfuerzo.

2.1.2 Tipos de Datos

En el mundo de JavaScript, las variables actúan como un componente absolutamente esencial y fundamental para la programación. Son los contenedores que almacenan diferentes tipos de datos, sirviendo como la columna vertebral de numerosas operaciones dentro de cualquier pieza de código. La belleza de estas variables radica en su capacidad para acomodar una amplia gama de tipos de datos, desde los más simples y directos números y cadenas de texto hasta estructuras de datos intrincadas y complejas como objetos.

Además de estos, la naturaleza de las variables de JavaScript es tal que no están estrictamente confinadas a contener estos tipos específicos de datos. Por el contrario, su funcionalidad se extiende para abarcar una gama mucho más amplia de tipos de datos.

Este aspecto asegura que las variables de JavaScript proporcionen la máxima flexibilidad a los programadores, permitiéndoles alterar dinámicamente el tipo de datos que una variable contiene de acuerdo a las necesidades cambiantes de su código. Esto les da a los programadores la libertad de manipular sus variables de una manera que mejor se adapte a los requisitos particulares de su contexto de programación.

Aquí están los tipos de datos básicos en JavaScript:

Tipos Primitivos:

String: En el mundo de la programación en JavaScript, una "string" es un tipo de datos crítico que se utiliza para representar y manipular una secuencia de caracteres, formando datos textuales. Por ejemplo, una cadena simple podría verse así: 'hello'. Esto podría representar un saludo, el nombre de un usuario u otro texto que el programa podría necesitar almacenar y acceder en un punto posterior. La versatilidad y utilidad del tipo de datos string lo convierten en un elemento básico en la gran mayoría del código de JavaScript.

Number: Esto representa un tipo de datos específico dentro de la programación que indica tanto números enteros como números de punto flotante. Un entero es un número entero sin componente fraccional, como 10, mientras que un número de punto flotante incluye un componente decimal, como se ve en 20.5. El tipo de datos number es extremadamente versátil y crucial en la programación, ya que puede representar cualquier valor numérico, siendo integral para cálculos y manipulación de datos.

Boolean: En el ámbito de la informática, un Boolean es un tipo de datos lógicos específicos que solo puede adoptar uno de dos valores posibles, a saber, true o false. Este tipo de datos particular deriva su nombre de George Boole, un matemático y lógico. El tipo de datos Boolean desempeña un papel fundamental en una rama del álgebra conocida como álgebra de Boole, que forma la columna vertebral del diseño de circuitos digitales y la programación informática.

Se emplea frecuentemente para pruebas condicionales en la programación, donde resulta invaluable en estructuras de decisión como las declaraciones if-else, permitiendo que el programa elija diferentes cursos de acción en función de varias condiciones. En esencia, el tipo de datos Boolean es una herramienta simple pero poderosa en manos de los programadores, permitiéndoles reflejar eficazmente la naturaleza binaria de los sistemas informáticos.

Undefined: Este es un tipo de datos especial y único en la programación que se asigna específicamente a una variable que se declara pero aún no se le ha dado un valor. Es un estado de una variable que significa su existencia, pero aún no tiene un valor o significado asociado asignado a ella.

Un valor undefined es una indicación o una sugerencia clara de que, aunque la variable ha sido reconocida y existe en la memoria, aún carece de un valor definido o no ha sido inicializada. En esencia, se refiere al escenario cuando una variable se declara en el programa pero no se le ha asignado ningún valor, por lo tanto, está undefined.

Null: Null es un tipo de datos único y especial que se utiliza en la programación para indicar una ausencia deliberada e intencional de cualquier valor de objeto específico. En otras palabras, se usa para representar 'nada' o 'sin valor'. Tiene un lugar significativo en varios lenguajes de programación debido a su capacidad para denotar o verificar la inexistencia de algo.

Por ejemplo, puede usarse en situaciones donde un objeto no existe o como el valor predeterminado para variables no asignadas. Es un concepto fundamental que los programadores utilizan para gestionar el estado y el comportamiento de sus programas.

Symbol: Introducido en ES6, el Symbol es un tipo de datos único e inmutable. Es distintivo en su singularidad, ya que no hay dos símbolos que puedan tener la misma descripción. Esta característica lo hace particularmente útil para crear identificadores únicos para objetos, asegurando que no haya alteraciones o duplicaciones accidentales. Esto proporciona a los desarrolladores una herramienta poderosa para mantener la integridad de los datos y el control sobre las propiedades de los objetos, mejorando así la robustez general del código.

Objetos:

En el vasto mundo de la programación en JavaScript, existen varios conceptos clave que son absolutamente cruciales para que los desarrolladores los comprendan. Entre estos, quizás uno de los más significativos es la noción de objetos.

En un nivel básico, los objetos pueden considerarse como colecciones organizadas de propiedades. Para elaborar, cada propiedad es un par único, compuesto por una clave (también conocida como nombre) y un valor correspondiente. Esta estructura sencilla pero eficiente forma la esencia de lo que llamamos un objeto.

La clave o nombre, dentro de este par, es invariablemente una cadena. Esto asegura un método consistente de identificación en todo el objeto. Por otro lado, el valor asociado con esta clave puede ser de cualquier tipo de datos. Ya sea cadenas, números, booleanos o incluso otros objetos, las posibilidades son prácticamente ilimitadas.

Esta característica notable de los objetos, que facilita la estructuración y el acceso a los datos de una manera altamente versátil, es lo que los convierte en un componente indispensable en la programación de JavaScript. Al utilizar eficazmente objetos, los desarrolladores pueden gestionar los datos de una manera estructurada y coherente, mejorando así la calidad y eficiencia general de su código.

Ejemplo: Tipos de Datos

```
let message = "Hello, world!"; // String
let age = 25; // Number
let isAdult = true; // Boolean
let occupation; // Undefined
let computer = null; // Null

// Object
let person = {
    name: "Jane Doe",
    age: 28
};
```

2.1.3 Tipado Dinámico

JavaScript, un popular lenguaje de programación, es conocido por ser un lenguaje de tipado dinámico. Este atributo particular se refiere al hecho de que el tipo de una variable no se verifica hasta que el programa está en ejecución, una fase también conocida como tiempo de ejecución. Si bien esta característica proporciona cierta flexibilidad, también puede potencialmente llevar a comportamientos inesperados, lo que puede ser un desafío para los desarrolladores.

Como desarrollador de software o programador, tener una comprensión profunda de la naturaleza del tipado dinámico en JavaScript es imperativo. Esto se debe a que puede generar errores que son increíblemente difíciles de identificar y corregir, particularmente si no estás consciente de esta característica. El tipado dinámico, aunque ofrece versatilidad, puede ser un arma de doble filo, causando errores esquivos que podrían llevar a fallos del sistema o resultados incorrectos, afectando negativamente la experiencia general del usuario.

Por lo tanto, al embarcarte en la creación de tus aplicaciones o trabajar en proyectos de JavaScript, es crucial ser particularmente vigilante sobre esta característica. Asegurarte de manejar las variables correctamente, entender las posibles trampas y las formas de evitarlas, no solo ayudará a reducir el riesgo de errores, sino que también mejorará la eficiencia y el rendimiento de tus aplicaciones.

Ejemplo: Tipado Dinámico

```
let data = 20; // Initially a number
data = "Now I'm a string"; // Now a string
console.log(data); // Outputs: Now I'm a string
```

Desglose del código:

1.   Tipado Dinámico en JavaScript:

- JavaScript es un lenguaje de tipado dinámico. Esto significa que el tipo de datos (como número o cadena) de una variable no se declara explícitamente, sino que se determina por el valor asignado a ella en tiempo de ejecución.
- El código demuestra este concepto:
  - o   let data = 20; declara una variable llamada data usando let y le asigna el número 20. Aquí, data tiene el tipo de datos número.
  - o   En la siguiente línea, data = "Now I'm a string";, la misma variable data se reasigna con un nuevo valor, que es una cadena. JavaScript entiende automáticamente que data ahora se refiere a un valor de cadena.

1.   Reasignación de Variables con Diferentes Tipos de Datos:

- A diferencia de algunos otros lenguajes de programación donde las variables tienen un tipo de datos fijo, JavaScript permite reasignar variables con diferentes tipos de datos a lo largo del código. Esto proporciona flexibilidad, pero a veces puede llevar a comportamientos inesperados si no se tiene cuidado.

1.   La Salida:

- La última línea, console.log(data);, imprime el valor actual de data en la consola. Dado que se le asignó un valor de cadena por última vez, verás la salida "Now I'm a string".

En Resumen:

Este fragmento de código destaca el tipado dinámico en JavaScript. Las variables pueden contener diferentes tipos de datos a lo largo del código, y su tipo se determina por el valor asignado en tiempo de ejecución. Esta flexibilidad es una característica central de JavaScript, pero es esencial ser consciente de ella para escribir código predecible y mantenible.

2.1.4 Coerción de Tipos

La coerción de tipos se destaca como una característica distintiva de JavaScript, donde el intérprete del lenguaje se encarga de convertir automáticamente los tipos de datos de una forma a otra cuando lo considera necesario.

Esto se observa a menudo durante las comparaciones donde, por ejemplo, se puede comparar una cadena y un número, y JavaScript convertirá automáticamente la cadena a un número para hacer una comparación significativa. Si bien, por un lado, esto puede ser bastante útil y añade flexibilidad al lenguaje, especialmente para los principiantes que pueden no estar completamente versados en manejar diferentes tipos de datos, también puede llevar a resultados inesperados y a menudo desconcertantes.

Esto se debe a que la conversión automática puede no siempre alinearse con la intención del programador, lo que lleva a errores que pueden ser difíciles de detectar y corregir. Por lo tanto, aunque la coerción de tipos puede ser una herramienta útil, también es importante entender sus implicaciones y usarla con prudencia.

Ejemplo: Coerción de Tipos

```
let result = '10' + 5; // The number 5 is coerced into a string
console.log(result); // Outputs: "105"
```

Para evitar los resultados no anticipados que pueden ocurrir debido a la coerción de tipos en JavaScript, se recomienda encarecidamente usar siempre el operador de igualdad estricta, denotado como ===. Este operador se considera superior al operador de igualdad estándar, representado por ==, debido a sus criterios de evaluación más estrictos.

El operador de igualdad estricta no solo compara los valores de los dos operandos, sino que también tiene en cuenta su tipo de datos. Esto significa que si el valor y el tipo de datos de los operandos no coinciden exactamente, la comparación devolverá false. Este nivel de estrictitud ayuda a prevenir errores y fallos que pueden surgir de conversiones de tipos inesperadas.

Ejemplo: Evitando la Coerción de Tipos

```
let value1 = 0;
let value2 = '0';
```

```
console.log(value1 == value2);  // Outputs: true (type coercion occurs)
console.log(value1 === value2); // Outputs: false (no type coercion)
```

2.1.5 Declaraciones Const y Inmutabilidad

En el ámbito de JavaScript, la utilización del término const lleva una distinción significativa que frecuentemente se malinterpreta. Muchas personas interpretan comúnmente const como una clara indicación de inmutabilidad completa, una afirmación de que el valor en cuestión es inmutable y fijo. Sin embargo, esta interpretación no es del todo precisa. En realidad, la función principal de const es prohibir la reasignación del identificador de la variable a un nuevo valor. Es esencial notar que no garantiza la inmutabilidad del valor mismo al cual la referencia de la variable está apuntando.

Para ilustrar esto, consideremos un ejemplo. Si declaras un objeto o un array como const, es crucial comprender que la palabra clave const no extenderá su escudo protector sobre los contenidos de ese objeto o array para evitar que sean modificados o manipulados. Lo que esto implica es que, mientras el identificador de la variable en sí está protegido contra la reasignación, el objeto o array al que se refiere aún puede tener sus propiedades o elementos alterados, cambiados o modificados.

En esencia, la palabra clave const en JavaScript asegura que la vinculación entre el identificador de la variable y su valor permanezca constante. Sin embargo, los contenidos del valor, especialmente cuando se trata de tipos de datos complejos como objetos y arrays, aún pueden estar sujetos a alteración.

Ejemplo: Const y Inmutabilidad

```
const person = { name: "John" };
person.name = "Doe"; // This is allowed
console.log(person); // Outputs: { name: "Doe" }

// person = { name: "Jane" }; // This would cause an error
```

Desglose del código:

1. Creando un Objeto Constante (const person)

-   El código comienza con const person = { name: "John" }. Aquí, estamos usando la palabra clave const para declarar una variable constante llamada person.

- o Recuerda, const significa que el valor de la variable en sí no puede ser cambiado después de que se asigna.
- Pero en este caso, el valor que estamos asignando es un literal de objeto ({ name: "John" }). Este objeto almacena una propiedad llamada name con el valor "John".

1. Modificando Propiedades del Objeto (¡Permitido!)

- Aunque person es una constante, el código procede a person.name = "Doe". Esta línea actualiza el valor de la propiedad name dentro del objeto al que person hace referencia.
  - o Es importante entender que const impide reasignar la variable person en sí misma a un nuevo objeto. Pero no congela todo el objeto referenciado por person.
- Los objetos son mutables en JavaScript, lo que significa que sus propiedades pueden ser cambiadas después de ser creados. Entonces, aquí se permite modificar la propiedad name.

1. Intentando Reasignar Todo el Objeto (¡Error!)

- La línea comentada, // person = { name: "Jane" }, demuestra lo que no está permitido. Esta línea intenta reasignar un objeto completamente nuevo a la variable person.
- Dado que person se declaró con const, esta reasignación violaría la regla de la constante. Obtendrás un error si intentas ejecutar esta línea porque no puedes cambiar la referencia a la que apunta person después de la asignación inicial.

1. Observando la Salida (console.log(person))

- La línea final, console.log(person);, registra el valor de la variable person en la consola. Aunque modificamos la propiedad name, sigue siendo el mismo objeto referenciado por person. Entonces, verás el objeto actualizado: { name: "Doe" }.

Resumen:

Este código muestra cómo funcionan los objetos constantes en JavaScript. Aunque no puedes reasignar todo el objeto referenciado por una variable constante, aún puedes modificar las propiedades dentro de ese objeto porque los objetos en sí son mutables. Esta distinción entre referencias de variables constantes y propiedades de objetos mutables es esencial de entender cuando se trabaja con const y objetos en JavaScript.

2.1.6 Usando Object.freeze()

Una estrategia efectiva para asegurar la naturaleza inmutable de objetos o arrays dentro de tu base de código es mediante el uso de un método específico de JavaScript conocido como Object.freeze(). Este método desempeña un papel integral en preservar el estado de objetos y arrays, ya que efectivamente impide cualquier posible modificación que se pueda hacer.

La esencia de la utilidad de Object.freeze() proviene de su capacidad para mantener un estado constante del objeto o array durante toda la ejecución del programa, sin importar las condiciones que pueda encontrar. Al invocar este método, detienes cualquier cambio que podría alterar el estado del objeto o array.

Esta característica de inmutabilidad proporcionada por Object.freeze() puede ser significativamente ventajosa en el desarrollo de software, principalmente en la prevención de errores. Más específicamente, las mutaciones inesperadas dentro de objetos y arrays son una fuente común de errores en JavaScript. Estos pueden llevar a una variedad de problemas, desde fallos menores hasta problemas funcionales importantes dentro de la aplicación.

Al usar Object.freeze(), puedes prevenir que ocurran tales mutaciones, mejorando así la estabilidad de tu programa y reduciendo la probabilidad de encontrar errores relacionados con mutaciones. Por lo tanto, el método Object.freeze() ofrece una solución robusta y eficiente para imponer la inmutabilidad y, en consecuencia, prevenir posibles problemas que podrían surgir de mutaciones no deseadas.

Ejemplo:

```
const frozenObject = Object.freeze({ name: "John Doe", age: 30 });

// Trying to modify the object
frozenObject.name = "Jane Smith"; // This won't have any effect
console.log(frozenObject.name); // Outputs: "John Doe"

// Trying to add a new property
frozenObject.gender = "Male"; // This won't work
console.log(frozenObject.gender); // Outputs: undefined

// Trying to delete a property
delete frozenObject.age; // This won't work
console.log(frozenObject.age); // Outputs: 30
```

Desglose del código:

1. Creando un Objeto Congelado (const frozenObject):

El código comienza con const frozenObject = Object.freeze({ name: "John Doe", age: 30 });. Aquí, estamos utilizando el método Object.freeze() para crear un objeto congelado que no puede ser modificado, y estamos almacenando el objeto congelado en una variable constante llamada frozenObject.

2. Intentando Modificar el Objeto (Sin efecto):

El código procede a frozenObject.name = "Jane Smith";. Esta línea intenta cambiar el valor de la propiedad name dentro del objeto congelado.

Dado que se utilizó Object.freeze(), esta operación no tiene efecto. El objeto permanece como estaba cuando se congeló.

3. Intentando Añadir una Nueva Propiedad (No funcionará):

La siguiente línea, frozenObject.gender = "Male";, intenta añadir una nueva propiedad gender al objeto congelado.

Nuevamente, porque el objeto está congelado, esta operación no tiene éxito.

4. Intentando Eliminar una Propiedad (Sin efecto):

El código luego intenta eliminar una propiedad con delete frozenObject.age;. Esta operación intenta eliminar la propiedad age del objeto congelado.

5. Observando las Salidas (console.log() statements):

Las diversas declaraciones de console.log() en el código imprimen el estado del objeto después de cada operación.

Como puedes ver, ninguna de las operaciones altera el estado del objeto congelado. Las salidas confirman que el objeto permanece como estaba cuando se creó y congeló por primera vez.

Resumen:

Este código demuestra cómo funciona el método Object.freeze() en JavaScript. Una vez que un objeto está congelado, no puede ser modificado, extendido o reducido de ninguna manera. Esta inmutabilidad se extiende a todas las propiedades del objeto, salvaguardando la integridad del objeto.

2.1.7 Manejo de Null y Undefined

En JavaScript, null y undefined son ambos tipos de datos especiales que representan la ausencia de valor. Sin embargo, no son completamente intercambiables y generalmente se usan en diferentes contextos para transmitir conceptos distintos:

undefined usualmente implica que una variable ha sido declarada en el código, pero aún no se le ha asignado un valor. Es una forma de decirle al programador que esta variable existe, pero no tiene un valor en este momento. Esto podría deberse a que la variable aún no se ha inicializado o porque es un parámetro de función que no se proporcionó cuando se llamó a la función.

Por otro lado, null se usa explícitamente para denotar que una variable se ha configurado intencionalmente para no tener valor. Cuando un programador asigna null a una variable, está indicando claramente que la variable no debe tener ningún valor u objeto asignado, posiblemente indicando que el valor u objeto al que apuntaba previamente ya no es necesario o relevante. Es una declaración consciente por parte del programador de que la variable debe estar vacía.

Ejemplo: Manejo de Null y Undefined

```
let uninitialized;
console.log(uninitialized); // Outputs: undefined

let empty = null;
console.log(empty); // Outputs: null
```

Este ejemplo demuestra la diferencia entre variables no inicializadas y variables con valor nulo. La variable 'uninitialized' se declara pero no se le asigna un valor, por lo tanto, su valor es 'undefined'. La variable 'empty' se le asigna el valor 'null', que es un valor especial que representa ausencia de valor o de objeto.

2.1.8 Uso de Literales de Plantilla para Cadenas de Texto

Introducidos como parte de la sexta edición del estándar ECMAScript, conocido como ES6, los literales de plantilla han emergido como una herramienta poderosa para manejar tareas de manipulación de cadenas. Proporcionan un método significativamente simplificado para crear cadenas complejas en JavaScript.

A diferencia de los métodos tradicionales de concatenación de cadenas, los literales de plantilla permiten la creación de cadenas de múltiples líneas sin recurrir a operadores de concatenación o secuencias de escape, lo que hace que el código sea más limpio y legible.

Además, presentan la capacidad de incrustar expresiones dentro de la cadena. Estas expresiones incrustadas son luego procesadas, evaluadas y, finalmente, convertidas en una cadena. Esta funcionalidad puede simplificar enormemente el proceso de integración de variables y cálculos dentro de una cadena.

Ejemplo: Literales de Plantilla

```
let name = "Jane";
let greeting = `Hello, ${name}! How are you today?`;
console.log(greeting); // Outputs: "Hello, Jane! How are you today?"
```

En este ejemplo, declaramos una variable llamada "name" y le asignamos el valor de cadena "Jane". Luego, declaramos otra variable llamada "greeting" y le asignamos un valor de cadena que utiliza un literal de plantilla para incluir el valor de la variable "name". La frase "Hello, Jane! How are you today?" se crea utilizando este literal de plantilla. La última línea del código muestra este saludo en la consola.

2.2 Operadores

En el ámbito de JavaScript, los operadores son herramientas indispensables que te permiten realizar una gran cantidad de operaciones sobre variables y valores. Te hacen posible realizar desde las operaciones aritméticas más básicas hasta comparaciones lógicas inmensamente complejas.

Dominar cómo utilizar estos operadores de manera correcta y eficiente es absolutamente crucial para la programación efectiva y, a menudo, es un factor diferenciador en el éxito de un proyecto.

Esta sección está dedicada a descubrir y explorar la diversa gama de operadores presentes en JavaScript, proporcionándote una comprensión integral de sus funcionalidades y capacidades específicas.

Además, profundizaremos en ejemplos extraídos de escenarios del mundo real, permitiéndote comprender cómo estos operadores pueden aplicarse y aprovecharse adecuadamente. Este enfoque práctico y aplicado asegura que no solo entiendas estos conceptos teóricamente, sino también cómo se usan en la práctica.

2.2.1 Operadores Aritméticos

En el campo de la programación, los operadores aritméticos juegan un papel crucial ya que se utilizan para realizar cálculos matemáticos. Los operadores aritméticos básicos, que son la base de cualquier cálculo matemático, incluyen la suma (+), la resta (-), la multiplicación (*) y la división (/). Cada uno de estos operadores realiza sus respectivas operaciones matemáticas sobre valores numéricos.

La suma (+) combina dos números, la resta (-) quita un número de otro, la multiplicación (*) multiplica dos números entre sí y la división (/) divide un número por otro.

Además de estos operadores aritméticos fundamentales, JavaScript, un lenguaje de programación ampliamente utilizado, incluye algunos otros operadores para mejorar sus capacidades matemáticas. Uno de ellos es el operador de módulo (%). Este operador se utiliza para obtener el resto de una operación de división, lo cual puede ser útil en varios escenarios de programación.

Además, JavaScript incluye los operadores de incremento (++) y decremento (--). Estos operadores se utilizan para aumentar o disminuir un valor numérico en uno, respectivamente, y se utilizan frecuentemente en estructuras de bucle y varios otros constructos de programación. El operador de incremento (++) suma uno a su operando, mientras que el operador de decremento (--) resta uno.

Ejemplo: Uso de Operadores Aritméticos

```
let a = 10;
let b = 3;

console.log(a + b);   // Outputs: 13
console.log(a - b);   // Outputs: 7
console.log(a * b);   // Outputs: 30
console.log(a / b);   // Outputs: 3.3333333333333335
console.log(a % b);   // Outputs: 1

let counter = 0;
counter++;
console.log(counter);   // Outputs: 1
counter--;
```

```
console.log(counter);  // Outputs: 0
```

Este es un ejemplo simple de JavaScript (JSX) que demuestra operaciones aritméticas básicas. Aquí, dos variables 'a' y 'b' son declaradas con los valores 10 y 3, respectivamente. Luego, el código registra el resultado de las operaciones de suma, resta, multiplicación, división y módulo (resto de la división) realizadas en 'a' y 'b'.

Después de eso, se declara una variable 'counter' con el valor 0. El 'counter' se incrementa en 1 usando 'counter++', lo que da como resultado un nuevo valor de 1. Luego, el 'counter' se decrementa en 1 usando 'counter--', llevándolo de nuevo a su valor inicial de 0.

2.2.2 Operadores de Asignación

En la programación en JavaScript, los operadores de asignación juegan un papel crucial ya que se utilizan para asignar valores a variables. El operador de asignación más comúnmente utilizado es el signo igual simple (=), que asigna el valor a su derecha a la variable a su izquierda.

Sin embargo, JavaScript también incluye una variedad de operadores de asignación compuesta, que son capaces de realizar una operación y una asignación en un solo paso, simplificando así el código y mejorando la legibilidad. Algunos de estos operadores de asignación compuesta incluyen +=, -=, *=, /= y %=.

Estos operadores, respectivamente, suman, restan, multiplican, dividen o calculan el módulo del valor actual de la variable y el valor a la derecha, y luego asignan el resultado a la variable. No solo hacen el código más limpio y fácil de entender, sino que también aumentan la eficiencia al reducir la cantidad de código necesario para realizar estas operaciones.

Ejemplo: Uso de Operadores de Asignación

```
let x = 10;
x += 5;  // Equivalent to x = x + 5
console.log(x);  // Outputs: 15

x *= 3;  // Equivalent to x = x * 3
console.log(x);  // Outputs: 45
```

En este ejemplo, el código inicialmente define una variable 'x' y le asigna un valor de 10. El operador '+=', conocido como asignación de suma, añade el número 5 al valor actual de 'x'. Así, después de ejecutar esta instrucción, el valor de 'x' se convierte en 15. Esto luego se muestra en la consola.

El operador '*=', conocido como asignación de multiplicación, multiplica el valor actual de 'x' por 3. Después de ejecutar esto, el valor de 'x' se convierte en 45, lo cual también se muestra en la consola.

2.2.3 Operadores de Comparación

En JavaScript, los operadores de comparación juegan un papel crítico al comparar dos valores y, posteriormente, devolver un valor booleano que es verdadero o falso. Son fundamentales para el control de flujo y las estructuras de toma de decisiones en el código. Los diferentes tipos de operadores de comparación que abarca JavaScript son los siguientes:

- El primero es 'Igual a', que está representado por ==. Evalúa si dos valores son iguales en valor independientemente de su tipo. Junto a este, está 'Estrictamente igual a', denotado por ===. Es más estricto en el sentido de que verifica tanto el valor como el tipo de las dos entidades que se comparan.
- El operador 'No igual a' está representado por !=. Devuelve verdadero si los dos valores comparados no son iguales en valor, independientemente de su tipo. 'Estrictamente no igual a', por otro lado, que está representado por !==, verifica tanto el valor como el tipo, devolviendo verdadero solo si uno o ambos no son iguales.
- El operador 'Mayor que' (>) y el operador 'Menor que' (<) son autoexplicativos. Comparan dos valores y devuelven verdadero si el valor en el lado izquierdo del operador es mayor o menor que el del lado derecho, respectivamente.
- Por último, tenemos los operadores 'Mayor o igual a' (>=) y 'Menor o igual a' (<=). Estos operadores devuelven verdadero no solo cuando el valor en el lado izquierdo es mayor o menor que el del lado derecho, sino también cuando ambos valores son iguales.

Ejemplo: Uso de Operadores de Comparación

```
let age = 30;
console.log(age == 30);   // Outputs: true
console.log(age === '30');   // Outputs: false (strict comparison checks type)
console.log(age != 25);   // Outputs: true
console.log(age > 20);   // Outputs: true
```

En este ejemplo, demostramos varios tipos de operadores de comparación.

- "age == 30" verifica si la variable 'age' es igual a 30 y devuelve verdadero.
- "age === '30'" realiza una comparación estricta (verificando tanto el valor como el tipo), por lo que devuelve falso porque 'age' es un número, no una cadena.
- "age != 25" devuelve verdadero porque 'age' no es igual a 25.

- "age > 20" verifica si 'age' es mayor que 20 y devuelve verdadero.

2.2.4 Operadores Lógicos

En el mundo de la programación, los operadores lógicos ocupan una posición vital. Son instrumentales en establecer la lógica entre variables o valores, desempeñando así un papel clave en definir el comportamiento y la salida de un código.

Los operadores lógicos, en esencia, sirven como los bloques de construcción que ayudan a formular condiciones más complejas y dinámicas, convirtiéndose en herramientas indispensables en el arsenal de todo programador. JavaScript ofrece soporte para varios operadores lógicos que ayudan a crear construcciones lógicas intrincadas dentro del código.

Estos incluyen el operador lógico Y (&&), una herramienta poderosa que devuelve verdadero solo si ambos operandos que está evaluando son verdaderos. Este operador se usa a menudo cuando múltiples condiciones deben cumplirse simultáneamente.

El siguiente es el operador lógico O (||), otro operador de uso común, que devuelve verdadero si al menos uno de los operandos que está evaluando es verdadero. Este operador se usa típicamente en escenarios donde satisfacer solo una de muchas condiciones es suficiente para que el código proceda.

Por último, pero no menos importante, tenemos el operador lógico NO (!), un operador único que invierte la veracidad del operando al que se aplica: si el operando era verdadero, lo convierte en falso, y viceversa. Este operador es particularmente útil para negar rápidamente condiciones o para verificar lo opuesto de una cierta condición.

Dominar el uso de estos operadores lógicos puede abrir nuevas vías de eficiencia y confiabilidad dentro del código de un programador. El uso adecuado de estos operadores puede llevar a un código que no solo sea más fácil de entender y mantener, sino también más robusto y menos propenso a errores, mejorando así la calidad y el rendimiento general del software.

Ejemplo: Uso de Operadores Lógicos

```
let isAdult = true;
let hasPermission = false;

console.log(isAdult && hasPermission);  // Outputs: false
console.log(isAdult || hasPermission);  // Outputs: true
console.log(!isAdult);  // Outputs: false
```

En este ejemplo:

1. El operador '&&' devuelve verdadero solo si ambos operandos son verdaderos. Aquí, 'isAdult' es verdadero y 'hasPermission' es falso, por lo que el resultado es falso.
2. El operador '||' devuelve verdadero si al menos uno de los operandos es verdadero. Aquí, 'isAdult' es verdadero, por lo que el resultado es verdadero independientemente del valor de 'hasPermission'.
3. El operador '!' niega el valor del operando. Aquí, 'isAdult' es verdadero, por lo que '!isAdult' es falso.

2.2.5 Operador Condicional (Ternario)

El operador condicional (ternario), que es único en JavaScript debido a su requerimiento de tres operandos, se presenta como una excepción a los operadores binarios comunes que generalmente toman dos operandos.

Este operador se utiliza frecuentemente como una alternativa más concisa a la declaración estándar if-else. Cumple este rol de manera efectiva debido a su capacidad para evaluar condiciones y devolver valores basados en el resultado de la condición de una manera más sucinta que las estructuras tradicionales de control de flujo.

Ejemplo: Uso del Operador Condicional

```
let age = 18;
let beverage = (age >= 18) ? "Beer" : "Juice";
console.log(beverage);   // Outputs: "Beer"
```

En este ejemplo, se declara una variable 'age' con un valor de 18. Luego, se usa un operador ternario para declarar otra variable 'beverage'. Si la edad es 18 o mayor, 'beverage' se asigna el valor "Beer". Si la edad es menor de 18, 'beverage' se asigna el valor "Juice". Finalmente, el valor de 'beverage' se muestra en la consola. En este caso, dado que la edad es 18, "Beer" se muestra en la consola.

2.2.6 Operadores a Nivel de Bits

Los operadores a nivel de bits, como sugiere el término, son operadores que realizan operaciones directamente sobre la representación binaria o a nivel de bits de los números. Estos números se representan típicamente en un formato que una computadora puede entender, como binario o base 2.

Los operadores a nivel de bits pueden ser excepcionalmente útiles en ciertas tareas de programación de bajo nivel. Específicamente, brillan en áreas como la programación gráfica o el control de dispositivos, donde a menudo es necesario manipular o controlar datos hasta el nivel de los bits individuales.

Estas tareas a menudo requieren un alto grado de precisión y control, que es exactamente lo que proporcionan los operadores a nivel de bits. Con ellos, los programadores pueden manipular datos de manera fácil en formas que serían complejas o imprácticas con operaciones de nivel más alto.

Ejemplo: Uso de Operadores a Nivel de Bits

```
let a = 5;  // binary 0101
let b = 3;  // binary 0011

console.log(a & b);  // AND operator, outputs: 1 (binary 0001)
console.log(a | b);  // OR operator, outputs: 7 (binary 0111)
console.log(a ^ b);  // XOR operator, outputs: 6 (binary 0110)
console.log(~a);     // NOT operator, outputs: -6 (binary 1010, two's complement)
```

En este ejemplo, demostramos el uso de operadores a nivel de bits.

a & b utiliza el operador AND, que compara cada bit del primer operando (a) con el bit correspondiente del segundo operando (b). Si ambos bits son 1, el bit correspondiente del resultado se establece en 1. De lo contrario, el resultado es 0.

a | b utiliza el operador OR. Compara cada bit de a con el bit correspondiente de b. Si cualquiera de los bits es 1, el bit correspondiente del resultado se establece en 1. De lo contrario, el resultado es 0.

a ^ b utiliza el operador XOR. Compara cada bit de a con el bit correspondiente de b. Si los bits no son iguales, el bit correspondiente del resultado se establece en 1. De lo contrario, el resultado es 0.

~a utiliza el operador NOT. Invierte los bits del operando.

2.2.7 Operadores de Cadenas de Texto

En JavaScript, el operador + sirve para dos propósitos. No solo realiza la función matemática estándar de la suma cuando se usa con valores numéricos, sino que también es capaz de concatenar cadenas de texto cuando se usa con tipos de datos de cadena.

La concatenación, en el contexto de la programación, se refiere al proceso de unir dos o más cadenas de texto para formar una sola cadena continua. Esta característica del operador + es particularmente útil en varios escenarios de programación, como cuando necesitas combinar datos de entrada del usuario o generar texto dinámicamente.

Ejemplo: Concatenación de Cadenas de Texto

```
let firstName = "John";
let lastName = "Doe";
let fullName = firstName + " " + lastName;

console.log(fullName);  // Outputs: "John Doe"
```

En este ejemplo, comenzamos declarando dos variables, "firstName" y "lastName", y les asignamos los valores de cadena "John" y "Doe" respectivamente. Luego declaramos otra variable, "fullName", y le asignamos el valor combinado de "firstName", un espacio, y "lastName". Finalmente, imprimimos el valor de "fullName" en la consola, resultando en la salida "John Doe".

2.2.8 Operador Coma

El operador coma, una característica algo subutilizada en muchos lenguajes de programación, cumple un propósito interesante. Proporciona una forma de que múltiples expresiones se evalúen dentro de una sola declaración, lo cual puede ser increíblemente útil en ciertas situaciones.

Cuando se despliega este operador, las expresiones se evalúan en secuencia, de izquierda a derecha, y el resultado de la última expresión es el que se devuelve. Esto significa que el valor de la declaración en su conjunto siempre será el valor de la última expresión.

A pesar de su uso poco frecuente, el operador coma puede, cuando se aplica de manera juiciosa, hacer que el código sea más conciso, limpio y eficiente. Sin duda, vale la pena entenderlo para esas situaciones en las que puede proporcionar una solución más elegante a un problema de codificación.

Ejemplo: Uso del Operador Coma

```
let a = 1, b = 2, c = 3;
(a++, b = a + c, c = b * a);
console.log(a, b, c);  // Outputs: 2, 5, 10
```

En este ejemplo, las variables a, b y c se declaran inicialmente y se les asignan los valores de 1, 2 y 3, respectivamente. Dentro de los paréntesis, ocurren tres operaciones simultáneamente. Primero, 'a' se incrementa en 1, haciendo que su valor sea 2. Luego, la suma de 'a' y 'c', que es igual a 5, se asigna a 'b'. Finalmente, el producto de 'b' y 'a', que es igual a 10, se asigna a 'c'. La instrucción 'console.log' muestra los nuevos valores de 'a', 'b' y 'c', que ahora son 2, 5 y 10, respectivamente.

2.2.9 Operador de Fusión Nula (??)

El operador de fusión nula (??), que fue introducido en la versión ES2020 de JavaScript, desempeña un papel esencial como operador lógico en la programación. Este operador funciona devolviendo su operando del lado derecho, pero solo en los casos en que su operando del lado izquierdo sea null o undefined. En todos los demás escenarios, devolverá el operando del lado izquierdo.

La ventaja de este operador se ve principalmente en su capacidad para asignar valores predeterminados. Esto es especialmente útil en escenarios donde una variable puede ser null o undefined. En lugar de escribir una declaración condicional para verificar si la variable tiene un valor, puedes usar el operador de fusión nula para asignar un valor predeterminado, simplificando tu código y haciéndolo más legible.

Ejemplo: Operador de Fusión Nula

```
let userComment = null;
let defaultComment = "No comment provided.";

let displayComment = userComment ?? defaultComment;
console.log(displayComment);  // Outputs: "No comment provided."
```

En este ejemplo, declaramos dos variables, 'userComment' y 'defaultComment'. 'userComment' se establece inicialmente en null, y 'defaultComment' es una cadena que dice "No comment provided."

El operador '??' es el operador de fusión nula. Devuelve el operando del lado derecho (que es 'defaultComment' aquí) si el operando del lado izquierdo (que es 'userComment') es null o undefined.

La variable 'displayComment' se establece en el valor de 'userComment' si no es null o undefined. Si 'userComment' es null o undefined, entonces 'displayComment' se establece en el valor de 'defaultComment'.

Finalmente, el valor de 'displayComment' se muestra en la consola. En este caso, dado que 'userComment' es null, se muestra "No comment provided." en la consola.

2.2.10 Operador de Encadenamiento Opcional (?.)

En ES2020, se introdujo otra característica emocionante: el operador de encadenamiento opcional (?.). Esta poderosa herramienta simplifica el proceso de acceder a propiedades profundamente anidadas dentro de una estructura de objetos. Sin este operador, normalmente tendrías que verificar manualmente cada referencia en la cadena para asegurarte de que no sea nullish (es decir, null o undefined).

Esto puede ser un proceso tedioso y propenso a errores, especialmente para estructuras complejas. Sin embargo, con el operador de encadenamiento opcional, ahora puedes navegar de manera segura a través de estas estructuras, y el operador devolverá automáticamente undefined siempre que encuentre una referencia nullish.

Esto ayuda a prevenir errores en tiempo de ejecución y hace que tu código sea más limpio y legible.

Ejemplo: Encadenamiento Opcional

```javascript
let user = {
    name: "John",
    address: {
        street: "123 Main St",
        city: "Anytown"
    }
};

let street = user.address?.street;
console.log(street);  // Outputs: "123 Main St"

let zipcode = user.address?.zipcode;
console.log(zipcode);  // Outputs: undefined (safely handled)
```

En este ejemplo, usamos el encadenamiento opcional (?.). El operador de encadenamiento opcional permite leer el valor de una propiedad ubicada profundamente dentro de una cadena de objetos conectados sin tener que verificar que cada referencia en la cadena sea válida.

El objeto 'user' contiene un objeto 'address' anidado. Las variables 'street' y 'zipcode' se asignan a los valores de las propiedades correspondientes en el objeto 'address'. Si la propiedad no existe, en lugar de causar un error, la expresión se corta y devuelve undefined.

2.3 Estructuras de Control (if, else, switch, loops)

Las estructuras de control juegan un papel fundamental en la programación en JavaScript. Sirven como la columna vertebral de tus scripts, permitiéndote controlar cómo y cuándo se ejecutan segmentos específicos de código en función de una variedad de condiciones. Este control sobre el flujo de tu programa es lo que hace que tus scripts sean dinámicos y receptivos, permitiéndoles adaptarse a diferentes entradas y situaciones.

En JavaScript, hay varios tipos de estructuras de control que puedes usar dependiendo de los requisitos específicos de tu código. Estas estructuras te permiten agregar complejidad y funcionalidad a tus scripts, haciéndolos más eficientes y efectivos.

En esta sección, profundizaremos en estas estructuras de control. Nos centraremos en tres tipos principales: declaraciones condicionales, declaraciones switch y bucles. Cada una de estas estructuras sirve a un propósito único y se puede usar en diferentes escenarios.

Las declaraciones condicionales, como la declaración if-else, te permiten ejecutar diferentes bloques de código en función de si una determinada condición es verdadera o falsa. Esto proporciona una gran flexibilidad y puede hacer que tus scripts sean mucho más dinámicos.

Por otro lado, las declaraciones switch te permiten elegir entre varios bloques de código para ejecutar en función del valor de una variable o expresión. Esto puede ser particularmente útil cuando tienes múltiples condiciones para verificar.

Finalmente, los bucles ofrecen una manera de ejecutar repetidamente un bloque de código hasta que se cumpla una cierta condición. Esto puede ser increíblemente útil para tareas que requieren repetición, como iterar sobre un array.

A lo largo de esta sección, no solo explicaremos cómo usar estas estructuras de control, sino que también ofreceremos ejemplos detallados de cada una. Estos ejemplos servirán para ilustrar cómo funcionan estas estructuras en la práctica, mejorando así tu comprensión y ayudándote a convertirte en un programador de JavaScript más competente.

2.3.1 Declaraciones Condicionales (if, else)

Las declaraciones condicionales sirven como la piedra angular de la programación lógica, permitiéndonos verificar condiciones específicas y realizar diferentes acciones según los resultados de estas verificaciones. La forma más simple y básica de estas declaraciones condicionales es la declaración if.

La declaración if prueba una condición dada, y si el resultado de esta prueba es verdadero, entonces ejecuta un bloque específico de código asociado con esta condición. Esto permite un mayor control y flexibilidad en el código. Para mejorar aún más esta flexibilidad, también podemos agregar bloques else a nuestras declaraciones condicionales.

Estos bloques else están diseñados para manejar escenarios donde la condición inicial probada en la declaración if no se cumple o es falsa. De esta manera, podemos asegurarnos de que nuestro programa tenga un mecanismo de respuesta robusto y completo a diversas situaciones, mejorando aún más su funcionalidad y efectividad.

Ejemplo: Uso de if y else

```
let score = 85;

if (score >= 90) {
    console.log("Excellent");
} else if (score >= 75) {
    console.log("Very Good");
} else if (score >= 60) {
    console.log("Good");
} else {
    console.log("Needs Improvement");
}
```

En este ejemplo, un programa evalúa una puntuación y muestra un mensaje correspondiente. Utiliza un método simple pero efectivo para manejar múltiples condiciones. El programa comienza inicializando una variable llamada "score" con un valor de 85. Luego utiliza una estructura if-else para imprimir diferentes mensajes según el valor de "score". Si la puntuación es 90 o superior, imprime "Excelente". Para puntuaciones entre 75 y 89, imprime "Muy bueno". Si la puntuación está entre 60 y 74, imprime "Bueno". Para puntuaciones por debajo de 60, muestra "Necesita mejorar".

2.3.2 Declaraciones Switch

En programación, cuando te encuentras en una situación donde hay múltiples condiciones que dependen de la misma variable, usar una declaración switch puede convertirse en un método más eficiente y limpio que recurrir a múltiples declaraciones if. La declaración switch es una declaración de bifurcación múltiple.

Proporciona un método más fácil de verificar secuencialmente cada condición de nuestra variable. Comienza comparando el valor de una variable con los valores de múltiples variantes o casos. Si se encuentra una coincidencia, se ejecuta el bloque de código correspondiente. Esto mejora la legibilidad y eficiencia de tu código, convirtiéndolo en una opción preferida en tales escenarios.

Ejemplo: Uso de switch

```javascript
let day = new Date().getDay(); // Returns 0-6 (Sunday to Saturday)

switch(day) {
    case 0:
        console.log("Sunday");
        break;
    case 1:
        console.log("Monday");
        break;
    case 2:
        console.log("Tuesday");
        break;
    case 3:
        console.log("Wednesday");
        break;
    case 4:
        console.log("Thursday");
        break;
    case 5:
        console.log("Friday");
        break;
    case 6:
        console.log("Saturday");
        break;
    default:
        console.log("Invalid day");
}
```

Este código JavaScript genera una variable llamada 'day' que identifica el día actual de la semana como un número (0-6, representando de domingo a sábado). Luego emplea una declaración switch para mostrar el nombre correspondiente del día. Si el número del día está fuera del rango 0-6, imprime "Invalid day" en la consola.

2.3.3 Bucles

En programación, los bucles son herramientas increíblemente útiles que permiten repetir un bloque de código varias veces. Esta repetición puede ser utilizada para iterar a través de arrays, realizar cálculos múltiples veces o incluso crear animaciones.

JavaScript, un lenguaje de programación versátil y ampliamente utilizado, soporta varios tipos de bucles. Estos incluyen el bucle for, que se usa a menudo cuando se sabe el número exacto de veces que se quiere ejecutar el bucle.

El bucle while, por otro lado, continúa ejecutándose mientras una condición especificada sea verdadera. Y finalmente, el bucle do...while es similar al bucle while, pero asegura que el bucle se ejecutará al menos una vez, ya que verifica la condición después de ejecutar el bloque de código del bucle.

Bucle For

Esta es una estructura de bucle ideal para utilizar cuando el número total de iteraciones se conoce de antemano, antes del inicio del bucle. El 'Bucle For' proporciona una forma concisa de escribir un bucle que necesita ejecutarse un número específico de veces, lo que lo hace particularmente útil en escenarios donde necesitas iterar a través de elementos de un array o realizar operaciones repetitivas un cierto número de veces.

Ejemplo:

```
for (let i = 1; i <= 5; i++) {
    console.log("Iteration number " + i);
}
```

Este bucle imprime el número de iteración cinco veces. Es un bucle for básico que comienza con un índice (i) de 1 y se ejecuta hasta que i es menor o igual a 5. Durante cada iteración, muestra la frase "Número de iteración " seguida del número de iteración actual en la consola.

Bucle While

Este es un concepto de programación que se utiliza cuando no se conoce el número preciso de iteraciones necesarias antes de iniciar el bucle. Es un mecanismo que ejecuta continuamente un bloque específico de código mientras se cumpla una condición dada. Esta condición forma la base del bucle y, mientras siga siendo verdadera, el bucle seguirá ejecutándose, repitiendo el bloque de código dentro de él una y otra vez.

Una vez que la condición evalúa como falsa, el bucle se detiene. Esto hace que este tipo de bucle sea una opción óptima para situaciones en las que el número de iteraciones no está fijo, sino que depende de factores dinámicos o entradas que pueden cambiar durante la ejecución del programa. Por lo tanto, proporciona mucha flexibilidad y control, convirtiéndolo en una herramienta valiosa en el arsenal del programador.

Ejemplo:

```
let i = 1, n = 5;
while (i <= n) {
    console.log("Iteration number " + i);
    i++;
}
```

Este método logra el mismo resultado que un bucle for, pero se usa comúnmente cuando la condición de terminación depende de algo diferente a un contador básico. Este programa establece dos variables, i y n, con los valores de 1 y 5 respectivamente. El bucle while se ejecuta mientras i sea menor o igual a n. Dentro del bucle, registra el número de iteración actual y aumenta i en uno por cada iteración. En consecuencia, imprime "Número de iteración 1" a "Número de iteración 5" en la consola.

Bucle Do...While

El bucle do...while es una declaración de control de flujo que funciona de manera similar al bucle while, pero tiene una distinción significativa. La característica principal del bucle do...while es que primero ejecuta el bloque de código que encierra y solo después de esta ejecución se verifica la condición del bucle. Esto asegura que el bloque de código se ejecute al menos una vez, independientemente de si la condición es verdadera o falsa.

Esto contrasta con el bucle while donde la condición se evalúa antes de la ejecución del bloque de código y, si la condición es falsa desde el principio, el bloque de código puede no ejecutarse en absoluto. Por lo tanto, el bucle do...while proporciona una ventaja en escenarios específicos donde es necesario que el bloque de código se ejecute al menos una vez antes de evaluar la condición del bucle.

Esto puede ser aplicable en casos donde se necesita realizar una operación o un método antes de que se pueda probar una condición o se pueda obtener un valor determinado para la prueba. Por lo tanto, comprender el bucle do...while puede ser una herramienta esencial en el kit del programador para manejar tales escenarios de manera eficiente.

Ejemplo:

```
let result;
do {
    result = prompt("Enter a number greater than 10", "");
} while (result <= 10);
```

Este bucle solicitará repetidamente al usuario hasta que introduzca un número mayor que 10. Utiliza un bucle do-while para solicitar continuamente al usuario que introduzca un número. Este bucle seguirá repitiéndose hasta que el usuario introduzca un número mayor que 10. La entrada se almacena en la variable 'result'.

2.3.4 Estructuras de Control Anidadas

Las estructuras de control son bloques fundamentales en la programación que pueden anidarse unas dentro de otras para crear procesos de toma de decisiones más intrincados y sofisticados junto con un control de flujo detallado.

Esta capacidad de anidamiento proporciona al programador la flexibilidad para dictar con precisión cómo debe funcionar y responder un programa en diferentes circunstancias. Un ejemplo ilustrativo de esto se puede ver al trabajar con bucles anidados.

Estos son particularmente útiles, y en muchos casos necesarios, cuando se trabaja con matrices multidimensionales o estructuras de datos más complejas. El bucle anidado permite la navegación a través de estas estructuras más intrincadas, habilitando la manipulación, análisis o visualización de sus datos de manera detallada y completa.

Ejemplo: Bucles For Anidados

```javascript
for (let i = 0; i < 3; i++) {
    for (let j = 0; j < 3; j++) {
        console.log(`Row ${i}, Column ${j}`);
    }
}
```

Este ejemplo emplea bucles for anidados para recorrer una cuadrícula de 3x3, que podría representar las filas y columnas de un tablero de juego o una cuadrícula de píxeles en el procesamiento de imágenes. El bucle exterior se ejecuta tres veces, iterando los valores de i de 0 a 2. Por cada iteración de i, el bucle interior también se ejecuta tres veces, iterando los valores de j de 0 a 2. Cada iteración del bucle interior genera una declaración de registro en la consola que muestra la fila (i) y la columna (j) actuales. Esto produce un total de 9 declaraciones de registro en la consola, una para cada par de valores de i y j.

2.3.5 Uso de Declaraciones Condicionales con Operadores Lógicos

En el ámbito de la programación, es crucial subrayar la importancia de utilizar declaraciones condicionales en armonía con operadores lógicos, como '&&' (que representa 'y') o '||' (que representa 'o'). Esto puede conducir a una estructura de código que no solo es más optimizada y eficiente, sino también más comprensible y mantenible.

El valor de este enfoque se vuelve particularmente evidente cuando se tiene la tarea de evaluar múltiples condiciones dentro de una sola declaración 'if'. Al aprovechar el poder de esta combinación, se pueden lograr una serie de beneficios.

Primero, la legibilidad de tu código puede mejorar sustancialmente. Esto facilita que otros comprendan tu trabajo, lo cual es un aspecto a menudo pasado por alto pero críticamente importante de la programación profesional.

Segundo, la manejabilidad de tu código puede mejorarse. Una base de código bien estructurada puede ser más fácil de navegar, actualizar y depurar, lo que reduce la probabilidad de errores y hace que tu trabajo sea más confiable.

Por último, el rendimiento de tu código puede mejorarse significativamente. Al simplificar la estructura de tu código y eliminar posibles redundancias, puedes reducir su complejidad. Esto puede llevar a tiempos de ejecución más rápidos y menos tensión en los recursos del sistema, lo cual es particularmente importante en entornos donde la eficiencia es primordial.

El uso de declaraciones condicionales y operadores lógicos puede ser una poderosa herramienta en el arsenal del programador, proporcionando una gama de beneficios que pueden mejorar la calidad, legibilidad, manejabilidad y rendimiento de tu código.

Ejemplo: Combinación de Condiciones

```javascript
let age = 25;
let resident = true;

if (age > 18 && resident) {
    console.log("Eligible to vote");
}
```

Este ejemplo demuestra el uso de operadores lógicos para simplificar las comprobaciones de condiciones. Involucra dos variables: 'age', a la que se le asigna un valor de 25, y 'resident', a la que se le asigna un valor de true. El sistema luego verifica si la edad es mayor de 18 y si la persona es residente. Si ambas condiciones se cumplen, se imprime "Eligible to vote" en la consola.

2.3.6 Control de Bucle con break y continue

En programación, las declaraciones break y continue son cruciales ya que permiten controlar y modificar el flujo de los bucles:

La declaración break sirve como una herramienta poderosa en la programación, proporcionando una salida inmediata del bucle, sin tener en cuenta las iteraciones restantes que pudieran haber sido programadas. Esto implica que tan pronto como se encuentra la declaración break en el flujo del programa, la ejecución de la parte restante del bucle se detiene instantáneamente.

El programa entonces sale de la estructura del bucle sin más demora y procede a ejecutar el resto del código que se encuentra más allá del bucle. Esta característica de la declaración break permite a los programadores tener un grado significativo de control sobre el flujo de ejecución y puede ser particularmente útil en numerosos escenarios, como cuando se detecta una condición de error dentro de un bucle o cuando se ha satisfecho una condición particular, haciendo innecesarias más iteraciones.

La declaración continue en los lenguajes de programación tiene un papel único y significativo. A diferencia de la declaración break, que rompe completamente el bucle, la declaración continue solo omite la parte restante de la iteración actual y avanza rápidamente a la siguiente iteración.

Por lo tanto, cuando el flujo de ejecución de un programa encuentra una declaración continue, no termina todo el bucle. En su lugar, omite el resto del código en la iteración actual y avanza rápidamente al punto de inicio del siguiente ciclo en el bucle.

Esto significa que todo el código después de la declaración continue en la iteración actual no se ejecutará, pero el bucle en sí continuará con su próxima iteración, haciendo de la declaración continue una herramienta poderosa para controlar el flujo de los bucles en la programación.

Ejemplo: Uso de break y continue

```
for (let i = 0; i < 10; i++) {
    if (i === 5) {
        break;  // Exits the loop when i is 5
    }
    if (i % 2 === 0) {
        continue;  // Skips the current iteration if i is even
    }
    console.log(i);  // This line will only run for odd values of i less than 5
}
```

En este ejemplo, break detiene el bucle de forma anticipada, y continue se utiliza para omitir números pares, filtrando efectivamente la salida a números impares menores que 5. Este programa usa un bucle for para iterar de 0 a 9. Dentro del bucle, hay dos declaraciones condicionales.

La primera declaración condicional rompe el bucle cuando el valor de i es igual a 5. Esto significa que el bucle dejará de ejecutarse tan pronto como i alcance 5, y el código después del bucle comenzará a ejecutarse.

La segunda declaración condicional utiliza la declaración continue para omitir el resto de la iteración actual del bucle si i es un número par. Esto significa que si i es un número par, la línea console.log(i) se omitirá, y el bucle pasará inmediatamente a la siguiente iteración.

Por lo tanto, la línea console.log(i) solo se ejecutará para valores impares de i que sean menores que 5 (es decir, 1 y 3 se imprimirán en la consola).

2.3.7 Manejo de Errores con Try-Catch en Bucles

Al ejecutar un bucle, especialmente aquellos que manejan fuentes de datos externas o que realizan cálculos complejos, existen muchas situaciones donde pueden ocurrir errores. Estos errores podrían deberse a una variedad de razones como datos defectuosos, errores en el código o entradas inesperadas.

En tales casos, es crucial tener un mecanismo que pueda manejar estos errores de manera eficiente para que todo el bucle no falle debido a un solo error. Uno de estos mecanismos eficientes de manejo de errores es la estructura try-catch.

Al envolver el bucle o su cuerpo dentro de esta estructura, el programa puede capturar cualquier error que ocurra y manejarlos en consecuencia, sin causar que todo el bucle falle. Esto también asegura que el resto del bucle pueda continuar funcionando como se espera, incluso si una iteración encuentra un error.

Ejemplo: Manejo de Errores en Bucles

```javascript
for (let i = 0; i < data.length; i++) {
    try {
        processData(data[i]);
    } catch (error) {
        console.error(`Error processing data at index ${i}: ${error}`);
    }
}
```

Este bucle continúa procesando datos incluso si ocurre un error en processData, registrando el error y pasando a la siguiente iteración. Este es un programa donde se utiliza un bucle for para iterar sobre una matriz de datos. Para cada elemento en la matriz, se llama a una función llamada 'processData'. Si ocurre un error durante el procesamiento de los datos, el error se captura y se registra en la consola con el índice de la matriz donde ocurrió el error.

2.4 Funciones y Ámbito

En el mundo de JavaScript, las funciones representan uno de los bloques de construcción más fundamentales del lenguaje. Permiten a los programadores encapsular fragmentos de código que pueden ser reutilizados y ejecutados cuando sea necesario, aportando modularidad y eficiencia a tus scripts. Tener un conocimiento sólido de cómo definir y utilizar estas funciones de manera efectiva es una habilidad esencial para cualquier programador de JavaScript y un elemento clave para escribir código limpio y eficiente.

Además de esto, tener una comprensión clara del concepto de ámbito es igualmente importante. El ámbito determina la visibilidad o accesibilidad de las variables dentro de tu código. Este concepto es absolutamente vital cuando se trata de gestionar datos dentro de tus funciones, así como a lo largo de todo tu programa. La gestión del ámbito puede dictar la estructura de tu código e impactar directamente en su rendimiento y eficiencia.

Esta sección está diseñada para profundizar en la mecánica de las funciones dentro de JavaScript, explorando los detalles de cómo se declaran, cómo se manejan las expresiones dentro de ellas y cómo funciona la gestión del ámbito. A través de una comprensión clara de estos elementos, podrás escribir código JavaScript más eficiente y efectivo.

2.4.1 Declaraciones de Funciones

Una declaración de función es un concepto fundamental en la programación que establece la base para crear una función con los parámetros definidos. Comienza con la palabra clave function, que señala el inicio de la definición de la función.

Esta palabra clave es seguida por el nombre de la función, que es un identificador único utilizado para llamar a la función en el programa. Después del nombre de la función, viene una lista de parámetros, encerrada entre paréntesis. Estos parámetros son las entradas para la función y permiten que la función realice acciones basadas en estos valores proporcionados.

Por último, un bloque de declaraciones, encerrado entre llaves, sigue a la lista de parámetros. Estas declaraciones forman el cuerpo de la función y definen lo que hace la función cuando se llama. Toda esta estructura forma la declaración de la función, que es un componente crítico en la estructura de cualquier programa.

Ejemplo: Declaración de Función

```javascript
function greet(name) {
    console.log("Hello, " + name + "!");
}

greet("Alice");  // Outputs: Hello, Alice!
```

Este ejemplo demuestra una función simple que toma un parámetro y muestra un mensaje de saludo. La función 'greet' toma un parámetro de entrada llamado 'name'. Cuando se llama a esta función, imprime un mensaje de saludo en la consola que incluye el nombre de entrada. La última línea del código llama a la función 'greet' con el argumento "Alice", lo que resulta en la salida: "Hello, Alice!".

2.4.2 Expresiones de Funciones

Una expresión de función es un concepto potente y valioso en el mundo de la programación. En esencia, una expresión de función es una técnica en la que una función se asigna directamente a una variable. La función que se va a asignar a la variable puede ser una función nombrada con su propio nombre designado, o puede ser una función anónima, que es una función sin un nombre específico identificado.

Este concepto y técnica de las expresiones de función abren una considerable cantidad de flexibilidad y adaptabilidad en el ámbito de la programación. Una vez que una función ha sido asignada a una variable, se puede pasar como un valor dentro del código. Esta capacidad de transportar y utilizar la función en todo el código no solo aumenta su utilidad, sino que también mejora la fluidez con la que opera el código.

En términos prácticos, esto significa que la función puede ser utilizada en una multitud de contextos diferentes y puede ser invocada en diferentes puntos a lo largo del código, basándose enteramente en las necesidades, requisitos y discreción del programador. Esta es una ventaja significativa ya que permite al programador adaptar el uso de la función para satisfacer mejor sus objetivos específicos.

Esta capacidad de asignar funciones a variables y usarlas de manera flexible en todo el código de programación es un testimonio de la complejidad y naturaleza dinámica de los lenguajes de programación, como JavaScript. Muestra las numerosas formas en las que estos lenguajes pueden ser manipulados para crear funcionalidades complejas, adaptarse a diferentes necesidades y ejecutar tareas de una manera más eficiente y efectiva.

Ejemplo: Expresión de Función

```javascript
const square = function(number) {
    return number * number;
};

console.log(square(4));  // Outputs: 16
```

Aquí, la función se almacena en una variable square, y calcula el cuadrado de un número. El código define una función llamada 'square' que toma un número como entrada y devuelve el cuadrado de ese número. Luego, utiliza la instrucción console.log para imprimir el resultado de la función square cuando la entrada es 4, que es 16.

2.4.3 Funciones Flecha

Introducidas en la sexta edición de ECMAScript (ES6), las funciones flecha trajeron una nueva y concisa sintaxis al panorama de JavaScript. Fueron diseñadas para proporcionar un método más compacto y simplificado de escribir funciones, particularmente en comparación con las expresiones de función tradicionales. Con su sintaxis menos verbosa y más legible, se convirtieron en una favorita instantánea entre los desarrolladores, especialmente cuando se trata de trabajar con expresiones cortas y de una sola línea.

Una de las características destacadas que distingue a las funciones flecha de sus contrapartes tradicionales es su capacidad única para compartir el mismo this léxico que su código circundante. En otras palabras, heredan el enlace this del contexto envolvente.

Esto es una desviación significativa de las funciones tradicionales que crean su propio contexto this. Con las funciones flecha, this mantiene el mismo significado dentro de la función que tiene fuera de ella. Esta característica no solo simplifica el código, sino que también lo hace más fácil de entender y depurar. Elimina errores comunes y confusiones que surgen del comportamiento diferente de la palabra clave this en diferentes contextos, mejorando así la experiencia general de programación.

Ejemplo: Función Flecha

```javascript
const add = (a, b) => a + b;

console.log(add(5, 3));  // Outputs: 8
```

Este ejemplo emplea una función flecha para una operación simple de adición. Establece una función constante llamada 'add', que acepta dos argumentos 'a' y 'b', y luego devuelve su suma.

La instrucción 'console.log' invoca esta función usando 5 y 3 como argumentos, resultando en la salida del número 8 en la consola.

2.4.4 Alcance en JavaScript

En JavaScript, el concepto de alcance se utiliza para definir el contexto donde las variables pueden ser accedidas. Este es un concepto fundamental que tiene un impacto significativo en cómo se comporta tu código. El alcance en JavaScript puede dividirse en dos tipos principales:

Ámbito Global

Cuando las variables se definen fuera de los confines de cualquier función específica, se dice que tienen un 'ámbito global'. Esta designación particular implica que estas variables, denominadas 'variables globales', pueden ser accedidas desde cualquier parte del código, independientemente de la ubicación o el contexto desde el cual se invocan o llaman.

Esta característica del ámbito global denota una accesibilidad universal, permitiendo que estas variables estén disponibles en toda tu base de código. Esta disponibilidad persiste a lo largo del ciclo de vida del programa, lo que hace que las variables globales sean una herramienta poderosa que debe usarse con prudencia para evitar efectos secundarios no anticipados.

Ámbito Local

Por otro lado, las variables que se definen dentro de la estructura de una función tienen lo que se conoce como un ámbito local. En esencia, esto significa que solo son accesibles o 'visibles' dentro de los confines de esa función específica en la que se declararon originalmente. No pueden ser invocadas o accedidas desde fuera de esa función.

Esta es una restricción significativa y deliberada, ya que impide que estas variables de ámbito local interactúen, interfieran o colisionen con otras partes de tu código que están más allá de los límites de la función.

Este principio de diseño ayuda a mantener la integridad de tu código, asegurando que las funciones operen de manera independiente y que las variables no cambien inesperadamente de valor debido a interacciones con otras partes del código.

Ejemplo: Ámbito Global vs. Ámbito Local

```
let globalVar = "I am global";

function testScope() {
```

```
    let localVar = "I am local";
    console.log(globalVar);   // Accessible here
    console.log(localVar);    // Accessible here
}

testScope();
console.log(globalVar);       // Accessible here
// console.log(localVar);     // Unaccessible here, would throw an error
```

Este ejemplo explica la distinción entre el alcance global y local. Se declara una variable global llamada "globalVar" y una función llamada "testScope". Dentro de la función, se declara una variable local llamada "localVar". La variable global puede ser accedida tanto dentro como fuera de la función, pero la variable local solo puede ser accedida dentro de la función donde se declara. Intentar acceder a la variable local fuera de la función causará un error.

2.4.5 Comprender let, const y var

La introducción de let y const en ES6 trajo un cambio significativo en el manejo del alcance de las variables en JavaScript. En lugar de estar limitadas al alcance a nivel de función, como es el caso con var, estas nuevas declaraciones introdujeron el concepto de alcance a nivel de bloque.

Esto significa que una variable declarada con let o const solo es accesible dentro del bloque de código en el que fue declarada. Esto difiere de var, que es accesible en cualquier parte dentro de la función en la que fue declarada, sin importar los límites de los bloques.

La naturaleza del alcance a nivel de función de var puede ser una fuente de confusión y resultados inesperados si no se usa con precaución, particularmente en bucles o bloques condicionales. Por lo tanto, el uso de let y const para el alcance a nivel de bloque puede llevar a un código más predecible y con menos errores.

Ejemplo: Alcance de Bloque con let

```
if (true) {
    let blockScoped = "I am inside a block";
    console.log(blockScoped);  // Outputs: I am inside a block
}

// console.log(blockScoped);  // Unaccessible here, would throw an error
```

Esto muestra el alcance a nivel de bloque de let, que limita la accesibilidad de blockScoped al bloque del if. Ilustra cómo usar la palabra clave let para declarar una variable con alcance de bloque, blockScoped, que solo es accesible dentro del bloque de su declaración (entre las llaves). Intentar acceder a ella fuera de este bloque, como se muestra en la línea comentada, resulta en un error debido a que está fuera del alcance.

2.4.6 Expresiones de Función Ejecutadas Inmediatamente (IIFE)

Una Expresión de Función Ejecutada Inmediatamente (IIFE, por sus siglas en inglés) es una función que se declara y se ejecuta simultáneamente. Este es un concepto importante en JavaScript, y es un patrón que los programadores suelen usar cuando quieren crear un nuevo alcance. Cuando se usa una IIFE, la función se ejecuta justo después de ser definida.

Esta característica única es particularmente beneficiosa para crear variables privadas y mantener un alcance global limpio. Al usar una IIFE, podemos prevenir cualquier acceso o modificación no deseada a nuestras variables, asegurando así la integridad y fiabilidad de nuestro código.

En otras palabras, mitiga el riesgo de contaminar el alcance global, que es un problema común en el desarrollo de JavaScript. Esto hace que las IIFE sean una herramienta esencial en el repertorio de cualquier desarrollador de JavaScript.

Ejemplo: IIFE

```
(function() {
    let privateVar = "I am private";
    console.log(privateVar);  // Outputs: I am private
})();
// The variable privateVar is not accessible outside the IIFE
```

Este ejemplo muestra cómo las IIFE ayudan a encapsular variables, haciéndolas privadas para la función e inaccesibles desde el exterior.

En este ejemplo, se declara una IIFE utilizando la sintaxis (function() { ... })(). Los paréntesis exteriores (...) se usan para agrupar la declaración de la función, convirtiéndola en una expresión. Los paréntesis finales () hacen que la expresión de la función se invoque o ejecute inmediatamente.

Dentro de la IIFE, hay una declaración de variable let privateVar = "I am private";. Esta variable privateVar es local a la IIFE y no se puede acceder fuera del alcance de la función. Esta es una técnica para encapsular variables y hacerlas privadas, lo cual es útil para prevenir accesos o modificaciones externas no deseadas y mantener un alcance global limpio.

Después de la declaración de la variable, hay una declaración de registro en la consola console.log(privateVar);, que muestra la cadena "I am private". Esta declaración de registro en la consola está dentro del alcance de la IIFE, por lo que tiene acceso a la variable privateVar.

Una vez que la IIFE se ha ejecutado, la variable privateVar sale del alcance y ya no es accesible. Como resultado, si intentas acceder a privateVar fuera de la IIFE, obtendrás un error.

2.4.7 Closures

Un closure, en el mundo de la programación, es un tipo particular de función que viene con su propio conjunto único de habilidades. Lo que distingue a un closure de otras funciones es su capacidad inherente para recordar y acceder a variables del ámbito en el que fue originalmente definido. Esto es cierto sin importar dónde se ejecute posteriormente, convirtiéndolo en una herramienta inmensamente poderosa en el arsenal del programador.

Esta característica distintiva de los closures forma la base para la creación de funciones que están equipadas con sus propias variables y métodos privados, creando efectivamente una unidad de código autocontenida. Estas variables y métodos no son accesibles externamente, mejorando así la encapsulación y modularidad del código. Esta característica de los closures es una bendición para los programadores, ya que les permite crear secciones de código que son seguras y autosuficientes.

Dentro de la esfera de la programación funcional, los closures no son solo un concepto importante, son una herramienta esencial. Ofrecen un nivel de poder y flexibilidad que puede aumentar significativamente la eficiencia y simplicidad del código. A través del uso de closures, los programadores pueden simplificar su código, reduciendo la complejidad innecesaria y haciéndolo más fácil de entender y mantener. Todos estos factores se combinan para hacer que los closures sean una parte indispensable de la programación moderna.

Ejemplo: Closure

```
function makeAdder(x) {
    return function(y) {
        return x + y;
    };
}

const addFive = makeAdder(5);
console.log(addFive(2));  // Outputs: 7
```

Aquí, addFive es un closure que recuerda el valor de x (5) y lo suma a su argumento cada vez que se llama. Este código JavaScript define una función llamada makeAdder que acepta un solo argumento x. Esta función devuelve otra función que toma otro argumento y, y devuelve la suma de x y y.

En el código, la función makeAdder se llama con 5 como argumento, y la función devuelta se almacena en la variable addFive. Esto convierte a addFive en una función que suma 5 a cualquier número que reciba como argumento.

Finalmente, addFive se llama con el argumento 2, lo que resulta en 7 (porque 5 + 2 es igual a 7), y este resultado se registra en la consola.

2.4.8 Parámetros Predeterminados

En el complejo y intrincado mundo de la programación, el concepto de parámetros predeterminados asume un papel crítico. Los parámetros predeterminados son una característica notable. Permiten que los parámetros nombrados se inicialicen automáticamente con valores predeterminados en situaciones donde no se proporciona un valor explícito, o en casos donde se pasa undefined.

Piensa en un escenario donde estás manejando numerosos parámetros en tu función, y algunos de ellos a menudo permanecen iguales o se utilizan repetidamente. En tales casos, ¿no sería conveniente que esos parámetros se asignaran automáticamente a sus valores habituales sin tener que especificarlos explícitamente cada vez? Eso es precisamente lo que permiten hacer los parámetros predeterminados.

Esta característica es particularmente beneficiosa en situaciones donde se usan ciertos valores con frecuencia. Por ejemplo, podrías tener una función que extrae datos de una base de datos. La mayoría de las veces, podrías estar extrayendo datos de la misma tabla, usando las mismas credenciales de usuario. En lugar de tener que especificar estos parámetros cada vez, podrías configurarlos como parámetros predeterminados, simplificando significativamente las llamadas a tu función.

Además, el uso de parámetros predeterminados asegura que tu código no solo sea más simple, sino también más robusto. Al asignar automáticamente valores a los parámetros, previenes posibles errores que podrían surgir de argumentos faltantes. Esto fortalece tu código, haciéndolo más resistente a errores y fallos, y en última instancia, llevando a un proceso de programación más eficiente y efectivo.

Ejemplo: Parámetros Predeterminados

```javascript
function greet(name = "Stranger") {
    console.log(`Hello, ${name}!`);
}

greet("Alice");   // Outputs: Hello, Alice!
greet();          // Outputs: Hello, Stranger!
```

Esta funcionalidad proporciona flexibilidad y seguridad para las funciones, asegurando que manejen los argumentos faltantes de manera elegante. Este es un programa que define una función llamada 'greet'. Esta función toma un parámetro 'name' y, si no se proporciona ningún argumento al llamar a la función, el valor predeterminado es 'Stranger'.

La función luego registra un saludo en la consola, incluyendo el nombre proporcionado o el valor predeterminado. Cuando la función se llama con "Alice" como argumento, muestra "Hello, Alice!". Cuando se llama sin ningún argumento, muestra "Hello, Stranger!".

2.4.9 Parámetros Rest y Sintaxis Spread

Los parámetros rest y la sintaxis spread son características muy útiles en JavaScript que pueden parecer similares a primera vista, pero sirven para propósitos diferentes, aunque complementarios:

Parámetros rest, denotados por una elipsis (...), proporcionan una manera de manejar parámetros de función que permite que un número variable de argumentos sea pasado a una función. Lo que esto significa es que los parámetros rest te permiten representar un número indefinido de argumentos como un array. Esto es especialmente útil cuando no sabes de antemano cuántos argumentos serán pasados a una función.

Por otro lado, la **sintaxis spread**, también denotada por una elipsis (...), realiza la función opuesta. Permite que un iterable, como un array o una cadena, se expanda en lugares donde se esperan cero o más argumentos (para llamadas a funciones) o elementos (para literales de arrays).

Esto puede ser útil en una variedad de escenarios, como combinar arrays, pasar elementos de un array como argumentos separados a una función, o incluso copiar un array.

Ejemplo: Parámetros Rest

```javascript
function sumAll(...numbers) {
    return numbers.reduce((acc, num) => acc + num, 0);
}
```

```
console.log(sumAll(1, 2, 3, 4));   // Outputs: 10
```

Esta es una función de JavaScript llamada 'sumAll' que usa la sintaxis de parámetros rest ('...numbers') para representar un número indefinido de argumentos como un array. Dentro de la función, se usa el método 'reduce' para sumar todos los números en el array y devolver la suma total. La línea 'console.log' es una prueba de esta función, pasando los números 1, 2, 3 y 4. El resultado de esta prueba debería ser 10, ya que 1+2+3+4 es igual a 10.

Ejemplo: Sintaxis Spread

```
let parts = ["shoulders", "knees"];
let body = ["head", ...parts, "toes"];

console.log(body);   // Outputs: ["head", "shoulders", "knees", "toes"]
```

Este es un programa que usa el operador spread (...) para combinar dos arrays. La variable 'parts' contiene el array ["shoulders", "knees"]. La variable 'body' crea un nuevo array que combina la cadena 'head', los elementos del array 'parts' y la cadena 'toes'. La declaración console.log luego imprime el array 'body' en la consola, mostrando: ["head", "shoulders", "knees", "toes"].

2.5 Eventos y Manejo de Eventos

Los eventos son la columna vertebral de las aplicaciones web interactivas. Son fundamentales para dar vida a las páginas web estáticas, permitiendo a los usuarios interactuar con los elementos web de diversas maneras. Con las robustas capacidades de manejo de eventos de JavaScript, los usuarios pueden interactuar con las páginas web a través de una amplia gama de acciones como hacer clic, entradas de teclado, movimientos del ratón, y más.

No es una exageración decir que entender cómo manejar correctamente estos eventos es absolutamente crítico para crear interfaces web responsivas, intuitivas y fáciles de usar. Sin una buena comprensión del manejo de eventos, las aplicaciones web corren el riesgo de volverse torpes y difíciles de navegar.

En esta sección comprensiva, profundizaremos en el mundo de los eventos. Exploraremos qué son exactamente los eventos en el contexto del desarrollo web, cómo se manejan en JavaScript, uno de los lenguajes de programación más populares utilizados en el desarrollo web hoy en día, y proporcionaremos ejemplos detallados y paso a paso para ilustrar efectivamente estos conceptos. Nuestro objetivo es proporcionar una base sólida sobre la cual puedas construir tu comprensión y habilidades en el manejo de eventos en JavaScript.

2.5.1 ¿Qué son los Eventos?

En el paisaje digital de Internet, el término 'eventos' se refiere a acciones u ocurrencias específicas que ocurren dentro del navegador web. Estas acciones pueden ser detectadas y respondidas por la página web. Los eventos son una parte integral de la interacción del usuario. Pueden ser iniciados por el usuario a través de diversas actividades como hacer clic en un elemento, desplazarse por la página o presionar una tecla específica.

Alternativamente, estos eventos pueden ser desencadenados por el propio navegador. Esto puede ocurrir a través de una multitud de escenarios, como cuando se carga una página web, cuando se redimensiona una ventana o cuando ha transcurrido un temporizador. Estos son eventos críticos que una página web bien diseñada debe estar preparada para manejar.

JavaScript, un lenguaje de programación poderoso y ampliamente utilizado en el desarrollo web, se emplea para responder a estos eventos. Lo hace mediante el uso de funciones específicamente diseñadas para manejar estas instancias, adecuadamente llamadas 'manejadores de eventos'. Estos manejadores de eventos se escriben en el código JavaScript de una página web y están configurados para ejecutarse cuando ocurre el evento que están diseñados para manejar.

2.5.2 Agregar Manejadores de Eventos

En el proceso de crear páginas web dinámicas e interactivas, los manejadores de eventos juegan un papel vital y pueden asignarse a elementos HTML a través de varios métodos:

Atributos de eventos en HTML

Estos son atributos únicos que se incrustan directamente dentro de los propios elementos HTML. Están diseñados para responder inmediatamente cuando ocurre un evento específico. Bajo estas condiciones, el atributo del evento llamará rápidamente al código JavaScript que se le ha asignado.

Este método de incrustar JavaScript es directo y fácil de entender, lo que lo convierte en una forma accesible para que los programadores agreguen características interactivas a un sitio web. Sin embargo, se debe tener precaución al usar este método.

Si los atributos de eventos en HTML se utilizan en exceso o sin una organización cuidadosa, pueden llevar a una situación donde el código se vuelva desordenado y desorganizado. Esto puede hacer que el código sea difícil de leer y depurar, socavando la efectividad y mantenibilidad del sitio web.

Ejemplo: Atributo de Evento en HTML

```
<button onclick="alert('Button clicked!')">Click Me!</button>
```

Este ejemplo utiliza un atributo HTML para asignar directamente un manejador de eventos a un botón. Cuando se hace clic en el botón, se desencadena una función de JavaScript que muestra una caja de alerta con el mensaje '¡Botón clicado!'.

Método de Propiedad DOM

Este método consiste en asignar el manejador de eventos directamente a la propiedad DOM de un elemento HTML específico. Este proceso de asignación se realiza dentro del propio código JavaScript. Esta técnica presenta una ventaja distinta en comparación con el enfoque de atributos de eventos HTML.

La principal ventaja es que proporciona una opción mucho más organizada y limpia para los desarrolladores. Esto se debe a que separa el código JavaScript del marcado HTML, mejorando la legibilidad y mantenibilidad del código. Sin embargo, es importante tener en cuenta una limitación significativa asociada con este método.

Solo se puede asignar un manejador de eventos a un elemento HTML específico para un evento particular. Esta limitación puede restringir potencialmente la funcionalidad y flexibilidad de la aplicación.

Ejemplo: Propiedad DOM

```
<script>
    window.onload = function() {
        alert('Page loaded!');
    };
</script>
```

Aquí, un manejador de eventos se asigna al evento load de la ventana usando una propiedad DOM. Este script mostrará una alerta emergente con el mensaje '¡Página cargada!' una vez que la página web se haya cargado completamente.

Listeners de Eventos

Estos son métodos poderosos y dinámicos que se invocan cada vez que ocurre un evento específico en el elemento asociado. La principal ventaja de usar listeners de eventos es su capacidad para manejar múltiples instancias del mismo evento en un solo elemento, lo que los distingue de otros métodos.

Esto significa que puedes asignar múltiples listeners de eventos para el mismo evento en un solo elemento, sin ninguna interferencia entre los diferentes listeners. Esta característica única hace que el método de listener de eventos sea el más flexible y adaptable de los tres métodos, particularmente cuando se trata de funcionalidades interactivas complejas o cuando se necesitan rastrear múltiples eventos en un solo elemento.

Ejemplo: Listener de Eventos

```javascript
document.getElementById('myButton').addEventListener('click', function() {
    alert('Button clicked!');
});
```

Este programa adjunta un listener de eventos al elemento HTML con el ID 'myButton'. Cuando se hace clic en el botón, aparecerá un mensaje emergente diciendo '¡Botón clicado!'.

Este ejemplo usa addEventListener para adjuntar una función anónima al evento click del botón, lo cual es un método más flexible ya que permite múltiples manejadores para el mismo evento y una configuración más detallada.

2.5.3 Propagación de Eventos: Captura y Burbujeo

En el Modelo de Objetos del Documento (DOM), los eventos pueden propagarse de dos maneras distintas, cada una sirviendo a un propósito único en la estructura y funcionalidad general de la aplicación.

El primer método se conoce como **Captura**. En esta fase, el evento comienza en el elemento más alto o en la raíz del árbol, luego desciende a través de los elementos anidados, siguiendo la jerarquía hasta que alcanza el elemento objetivo deseado. Este enfoque de arriba hacia abajo permite que se capturen interacciones específicas a medida que el evento se mueve a través de los niveles inferiores del árbol DOM.

El segundo método es **Burbujeo**. Contrario a la captura, el burbujeo se inicia desde el elemento objetivo, luego asciende a través de los elementos ancestros, moviéndose desde los elementos de nivel inferior hasta los superiores. Este enfoque de abajo hacia arriba asegura que el evento no permanezca aislado en el elemento objetivo y pueda influir en los elementos padres.

Entender ambas fases de propagación de eventos, captura y burbujeo, es crucial, especialmente para escenarios complejos de manejo de eventos. Permite a los desarrolladores controlar cómo y cuándo se manejan los eventos, proporcionando flexibilidad en la gestión de interacciones del usuario y el comportamiento general de la aplicación.

Ejemplo: Captura y Burbujeo

```
<div onclick="alert('Div clicked!');">
    <button id="myButton">Click Me!</button>
</div>
<script>
    // Stops the click event from bubbling
    document.getElementById('myButton').addEventListener('click', function(event) {
        alert('Button clicked!');
        event.stopPropagation();
    });
</script>
```

En este ejemplo, al hacer clic en el botón se activa su manejador y normalmente se propagaría hacia el manejador del div. Sin embargo, stopPropagation() lo previene, por lo que solo se muestra la alerta del botón.

Este programa crea un botón dentro de un elemento 'div'. Cuando se hace clic en el botón, se desencadena un mensaje de alerta que dice '¡Botón clicado!'. Además, detiene la propagación del evento, lo que significa que el evento onclick del 'div' (que desencadenaría una alerta que dice '¡Div clicado!') no se activa cuando se hace clic en el botón. Si haces clic en cualquier otro lugar del 'div' pero no en el botón, se desencadenará la alerta '¡Div clicado!'.

2.5.4 Prevenir el Comportamiento Predeterminado

El Modelo de Objetos del Documento (DOM), una parte crucial de la tecnología web, está compuesto por numerosos elementos que vienen equipados con sus propios comportamientos inherentes o predeterminados. Estos comportamientos predeterminados, diseñados para simplificar las interacciones del usuario, se activan automáticamente cuando un usuario interactúa con ciertos elementos en una página web.

Un ejemplo clásico de esta activación automática de comportamientos predeterminados se puede ver cuando un usuario hace clic en un hipervínculo incrustado dentro de una página web. En este escenario, la acción predeterminada del navegador web es navegar a la URL o dirección web especificada por el hipervínculo activado.

Sin embargo, existen circunstancias en las que puede ser necesario prevenir o anular esta acción predeterminada. Una razón común para necesitar detener el comportamiento predeterminado es cuando un desarrollador opta por utilizar las capacidades de JavaScript para controlar el proceso de navegación dentro de un sitio web y cargar nuevo contenido en la página existente sin requerir una actualización completa de la página.

Esta técnica de cargar dinámicamente nuevo contenido sin una recarga completa de la página se emplea comúnmente en el desarrollo web moderno. Es un enfoque que no solo mejora la experiencia general del usuario al ofrecer una interfaz más fluida y receptiva, sino que también reduce la carga en los servidores. En consecuencia, esto puede llevar a un mejor rendimiento del sitio web y potencialmente a una mayor satisfacción del usuario.

Ejemplo: Prevenir el Comportamiento Predeterminado

```
<a    href="<https://www.example.com>"    onclick="return    false;">Click    me    (going
nowhere!)</a>
```

Aquí, devolver false desde el manejador onclick evita que el navegador siga el enlace. La etiqueta de anclaje <a> se utiliza para crear el hipervínculo. El atributo href está configurado a una URL (https://www.example.com), que es donde normalmente se dirigiría al usuario cuando hace clic en el enlace. Sin embargo, el atributo onclick está configurado para return false;, lo que previene la acción predeterminada del enlace y hace que el usuario no sea redirigido a ninguna parte cuando hace clic en este enlace.

2.5.5 Manejo Avanzado de Eventos

El manejo de eventos en la programación no se restringe a escenarios simples; también puede involucrar situaciones más complejas. Una de estas situaciones incluye el manejo de eventos en elementos que se crean dinámicamente.

Los elementos creados dinámicamente son aquellos que se añaden a la página web después de la carga inicial de la página, y manejar eventos en estos elementos puede presentar desafíos únicos. Además, el manejo de eventos también puede implicar la optimización del rendimiento para eventos de alta frecuencia.

Estos son eventos que ocurren muy frecuentemente, como el redimensionamiento de una ventana o el desplazamiento por una página web. Tales eventos pueden potencialmente ralentizar el rendimiento de una página web si no se manejan correctamente, por lo que la optimización adecuada es crucial.

Ejemplo: Delegación de Eventos

```javascript
document.getElementById('myList').addEventListener('click', function(event) {
    if (event.target.tagName === 'LI') {
        alert('List item clicked: ' + event.target.textContent);
    }
});
```

Este es un programa que añade un listener de eventos a un elemento HTML con el id 'myList'. Cuando se hace clic en cualquier elemento de lista (LI) dentro de este elemento, se desencadena una función que abre una caja de alerta mostrando el contenido de texto del elemento de lista clicado.

Este es un ejemplo de delegación de eventos, donde un solo listener de eventos se añade a un elemento padre en lugar de manejadores individuales para cada hijo. Es particularmente útil para manejar eventos en elementos que pueden no existir en el momento en que se ejecuta el script.

2.5.6 Limitación y Anti-rebote

Gestionar eventos de alta frecuencia como redimensionar, desplazarse o el movimiento continuo del ratón puede representar un desafío significativo. Esto se debe a que estas acciones pueden llevar a problemas de rendimiento debido a la gran cantidad de llamadas a eventos que desencadenan. Para mitigar esto, se emplean comúnmente dos estrategias: limitación y anti-rebote. Estas técnicas se utilizan para limitar la frecuencia con la que se ejecuta una función, previniendo así un exceso de llamadas que podría ralentizar el rendimiento del sistema.

Limitación es una técnica que asegura que una función se ejecute como máximo una vez cada determinado número de milisegundos. Este método es particularmente efectivo cuando se trata de eventos de alta frecuencia porque nos permite establecer un límite máximo en la frecuencia con la que se ejecuta una función. Al hacerlo, podemos mantener un flujo constante y predecible de llamadas a funciones, y prevenir cualquier problema potencial de rendimiento que pueda surgir de demasiadas llamadas a funciones ejecutadas en un corto período de tiempo.

Por otro lado, **anti-rebote** es otra técnica que asegura que una función se ejecute solo una vez después de que haya transcurrido una cantidad especificada de tiempo desde su última invocación. Esto es particularmente útil para eventos que siguen disparándose mientras se cumplen ciertas condiciones, como un usuario que continúa redimensionando una ventana. Al implementar un anti-rebote, podemos asegurarnos de que la función no siga disparándose continuamente, sino que solo se ejecute una vez después de que el usuario haya dejado de redimensionar la ventana durante un cierto período de tiempo.

Ejemplo: Limitación

```javascript
function throttle(func, limit) {
    let lastFunc;
    let lastRan;
    return function() {
        const context = this;
        const args = arguments;
        if (!lastRan) {
            func.apply(context, args);
            lastRan = Date.now();
        } else {
            clearTimeout(lastFunc);
            lastFunc = setTimeout(function() {
                if ((Date.now() - lastRan) >= limit) {
                    func.apply(context, args);
                    lastRan = Date.now();
                }
            }, limit - (Date.now() - lastRan));
        }
    };
}

window.addEventListener('resize', throttle(function() {
    console.log('Resize event handler call every 1000 milliseconds');
}, 1000));
```

Desglose del código:

1. Llamadas de función de limitación (función throttle):

- El código define una función llamada throttle(func, limit). Esta función toma dos argumentos:
  - o func: Esta es la función que queremos limitar. Es la función cuyas llamadas queremos controlar.
  - o limit: Este es un número (en milisegundos) que especifica el intervalo de tiempo mínimo entre las llamadas permitidas a la función func.
- Dentro de la función throttle, hay varias variables y lógica para controlar la frecuencia de las llamadas a la función func proporcionada.

2. Seguimiento del tiempo de la última llamada (lastRan):

- La variable let lastRan; se declara para almacenar una marca de tiempo de la última vez que la función func fue llamada a través de la versión limitada.

3. a lógica de limitación (función interna):

- La función throttle devuelve otra función. Esta función interna actúa como la versión limitada de la función original func que se pasa como argumento.
  - Dentro de la función interna:
    - const context = this; captura el contexto (this) de la llamada a la función (importante para algunos tipos de funciones).
    - const args = arguments; captura los argumentos pasados a la función limitada.
    - La lógica luego verifica si es el momento de permitir una llamada a la función original func basada en el limit:
      - Si !lastRan (lo que significa que no hubo una llamada previa o ha pasado suficiente tiempo desde la última llamada), la función original func se llama directamente usando func.apply(context, args). Esto asegura que la función se llame al menos una vez inmediatamente.
      - lastRan se actualiza con la marca de tiempo actual usando Date.now().
    - De lo contrario (si lastRan existe), se utiliza un mecanismo de limitación más complejo:
      - Cualquier temporizador existente (establecido para llamar a func más tarde) se borra usando clearTimeout(lastFunc).
      - Se crea un nuevo temporizador usando setTimeout. Este temporizador llamará a otra función después de un retraso.
        - El retraso se calcula en función del limit y el tiempo transcurrido desde la última llamada (Date.now() - lastRan). Esto asegura que las llamadas estén espaciadas por al menos el intervalo de tiempo limit.
        - La función interna llamada después del temporizador verifica nuevamente si ha pasado suficiente tiempo desde la última llamada ((Date.now() - lastRan) >= limit). Si es así, llama a la función original func y actualiza lastRan.

4. Aplicar la limitación al evento de redimensionamiento (window.addEventListener):

- Las dos últimas líneas demuestran cómo usar la función throttle.

- window.addEventListener('resize', throttle(function() { ... }, 1000)); añade un listener para el evento resize en el objeto window.
  - La función del listener del evento que quieres llamar al redimensionar se pasa a través de la función throttle.
  - En este caso, la función limitada registra un mensaje "Resize event handler call every 1000 milliseconds" en la consola.
  - Los 1000 pasados como el segundo argumento a throttle especifican el límite (1 segundo o 1000 milisegundos) entre las llamadas permitidas a la función del listener del evento de redimensionamiento. Esto evita que el listener del evento de redimensionamiento se llame con demasiada frecuencia, mejorando el rendimiento.

Resumen:

Este código introduce la limitación de funciones, una técnica para limitar la frecuencia con la que se puede llamar a una función. La función throttle crea una función envoltura que asegura que la función original se llame como máximo una vez dentro de un intervalo de tiempo específico (definido por el limit). Esto es útil para los manejadores de eventos o cualquier función que no se quiera llamar con demasiada frecuencia para evitar abrumar al navegador o causar problemas de rendimiento.

Ejemplo: Debounce

```
function debounce(func, delay) {
    let debounceTimer;
    return function() {
        const context = this;
        const args = arguments;
        clearTimeout(debounceTimer);
        debounceTimer = setTimeout(() => func.apply(context, args), delay);
    };
}

input.addEventListener('keyup', debounce(function() {
    console.log('Input event handler call after 300 milliseconds of inactivity');
}, 300));
```

Desglose del código:

1. Llamadas de función de anti-rebote (función debounce):

- El código define una función llamada debounce(func, delay). Esta función toma dos argumentos:
  - func: Esta es la función que queremos anti-rebotar. Es la función cuyas llamadas queremos controlar.
  - delay: Este es un número (en milisegundos) que especifica el tiempo de espera después de la última llamada antes de ejecutar realmente la función func.
- Dentro de la función debounce, hay una variable y una lógica para manejar la ejecución retardada de la función func proporcionada.

2. Temporizador de anti-rebote (debounceTimer):

- La variable let debounceTimer; se declara para almacenar una referencia a un temporizador de tiempo de espera. Este temporizador se usa para controlar el retraso antes de llamar a la función func.

3. La lógica de anti-rebote (función interna):

- La función debounce devuelve otra función. Esta función interna actúa como la versión anti-rebotada de la función original func que se pasa como argumento.
  - Dentro de la función interna:
    - const context = this; captura el contexto (this) de la llamada a la función (importante para algunos tipos de funciones).
    - const args = arguments; captura los argumentos pasados a la función anti-rebotada.
    - La lógica de anti-rebote se implementa usando un temporizador:
      - clearTimeout(debounceTimer); borra cualquier temporizador existente establecido por la función debounce. Esto asegura que solo haya un temporizador esperando en cualquier momento.
      - Se crea un nuevo temporizador usando setTimeout. Este temporizador llama a una función anónima después de los milisegundos especificados en delay.
        - La función anónima llama a la función original func usando func.apply(context, args). También aplica la función con el contexto y los argumentos capturados.

4. Aplicar el anti-rebote al evento keyup (input.addEventListener):

- Las dos últimas líneas demuestran cómo usar la función debounce.

- input.addEventListener('keyup', debounce(function() { ... }, 300)); añade un listener para el evento keyup en el elemento input (asumiendo que hay un elemento de entrada con esta referencia).
  - La función del listener del evento que quieres llamar al presionar una tecla se pasa a través de la función debounce.
  - En este caso, la función anti-rebotada registra un mensaje "Input event handler call after 300 milliseconds of inactivity" en la consola.
  - Los 300 pasados como el segundo argumento a debounce especifican el retraso (300 milisegundos) antes de llamar a la función del listener del evento keyup. Esto evita que el manejador de eventos se llame por cada pulsación de tecla. En su lugar, espera una pausa de 300 milisegundos después de la última pulsación de tecla antes de ejecutar la función.

Resumen:

Este código muestra el anti-rebote, una técnica utilizada para retrasar la ejecución de una función hasta que haya pasado una cierta cantidad de tiempo desde la última llamada. Esto es útil para situaciones como las barras de búsqueda o los campos de entrada donde no se quiere realizar una acción (como enviar una solicitud de búsqueda) después de cada pulsación de tecla, sino solo después de un breve período de inactividad. El anti-rebote ayuda a mejorar el rendimiento y la experiencia del usuario al evitar llamadas innecesarias a la función.

2.5.7 Eventos personalizados

JavaScript, un lenguaje de programación poderoso y comúnmente usado en el mundo del desarrollo web, expande su rango de funcionalidad proporcionando la capacidad a los desarrolladores de crear sus propios eventos personalizados. Esto se logra usando la función CustomEvent, una característica integrada en el lenguaje JavaScript.

Con CustomEvent, estos eventos personalizados pueden ser despachados o activados en cualquier elemento que exista dentro del Modelo de Objetos del Documento (DOM). El DOM, en esencia, es una representación de la estructura de una página web y la función CustomEvent de JavaScript permite a los desarrolladores interactuar con esta estructura de una manera altamente personalizable.

Esta capacidad única de JavaScript para crear y despachar eventos personalizados tiene un valor significativo, especialmente cuando se trata de manejar interacciones complejas dentro de aplicaciones web. El desarrollo de aplicaciones web a menudo requiere la gestión de numerosos elementos interactivos e interfaces de usuario intrincadas. En tales casos, la capacidad de crear eventos personalizados puede simplificar enormemente el proceso de gestión de estas interacciones, haciendo que el proceso de desarrollo general sea más eficiente.

Además, el uso de eventos personalizados se vuelve aún más crítico cuando se integra con bibliotecas de terceros. En estos escenarios, los eventos personalizados sirven como los 'hooks' o puntos de conexión necesarios que permiten una interacción e integración exitosa con estas bibliotecas externas. Al proporcionar estos hooks, la función CustomEvent de JavaScript puede mejorar significativamente la funcionalidad general y la experiencia del usuario de la aplicación web, haciéndola más receptiva, interactiva y fácil de usar.

Ejemplo: Eventos Personalizados

```javascript
// Creating a custom event
let event = new CustomEvent('myEvent', { detail: { message: 'This is a custom event'
} });

// Listening for the custom event
document.addEventListener('myEvent', function(e) {
    console.log(e.detail.message);  // Outputs: This is a custom event
});

// Dispatching the custom event
document.dispatchEvent(event);
```

Este ejemplo utiliza la API de CustomEvent. Primero crea un nuevo evento personalizado llamado 'myEvent' con un objeto de detalles que contiene un mensaje. Luego, configura un listener de eventos en el documento para 'myEvent'. Cuando 'myEvent' se despacha en el documento, el listener de eventos se activa y el mensaje se registra en la consola.

2.5.8 Mejores Prácticas en el Manejo de Eventos

1. **Usar Delegación de Eventos**: Esta es una técnica particularmente útil cuando se trata de listas o contenido que se genera dinámicamente. En lugar de adjuntar listeners de eventos a cada elemento individual, es más eficiente adjuntar un único listener a un elemento padre. Este enfoque minimiza el número de listeners de eventos necesarios para la funcionalidad, mejorando así el rendimiento y la eficiencia de tu código.

2. **Limpiar los Listeners de Eventos**: Es importante siempre remover los listeners de eventos cuando ya no son necesarios, especialmente cuando se eliminan elementos del Modelo de Objetos del Documento (DOM). Mantener listeners de eventos innecesarios puede llevar a fugas de memoria y posibles errores en tu aplicación. Asegurar que tienes un proceso de limpieza ayudará a mantener la salud y el rendimiento de tu aplicación con el tiempo.

3. **Tener Cuidado con this en los Manejadores de Eventos**: Al trabajar con manejadores de eventos, es crucial ser consciente de que el valor de this se refiere al elemento que recibió el evento, a menos que se enlace de manera diferente. Esto a veces puede llevar

a comportamientos inesperados si no se maneja adecuadamente. Para mantener el control sobre el alcance de this, considera usar funciones de flecha o el método bind(), que permiten especificar el valor de this explícitamente.

2.6 Depuración de JavaScript

La depuración es una habilidad crítica y esencial que todo desarrollador, independientemente de su área de especialización, debe dominar, y la programación en JavaScript ciertamente no es una excepción a esta regla. La capacidad de identificar y rectificar errores o fallos en tu código de manera efectiva y eficiente es un factor crucial para asegurar que tu código no solo realice su función prevista correctamente, sino que también mantenga consistentemente un alto estándar de calidad.

Esto es crucial no solo para la tarea inmediata, sino también para la sostenibilidad y confiabilidad a largo plazo de tu código. En esta sección comprensiva, nos embarcaremos en una exploración profunda de una variedad de técnicas y herramientas disponibles para la depuración en JavaScript.

El objetivo de esta guía es equiparte con un conjunto robusto y versátil de herramientas que se pueden emplear para abordar tanto problemas comunes como complejos que pueden surgir durante el curso del desarrollo. Esto te proporcionará las habilidades y el conocimiento necesarios para asegurar que tu código no solo sea funcional, sino también esté optimizado y libre de errores.

2.6.1 Entendiendo la Consola

La consola, una herramienta indispensable en el kit de herramientas de un desarrollador, actúa como el escudo principal contra posibles errores que podrían interrumpir el funcionamiento suave de las aplicaciones web. La consola es una característica integral que está disponible en todos los navegadores web modernos, desde los populares como Google Chrome y Mozilla Firefox hasta los menos conocidos. La consola de JavaScript, en particular, es un activo irremplazable para cualquier desarrollador.

La funcionalidad de la consola se extiende más allá de solo servir como un mecanismo de defensa contra errores. También proporciona una plataforma completa para registrar información, un componente vital de la depuración y el monitoreo del rendimiento de las aplicaciones web. La capacidad de registrar información proporciona a los desarrolladores ideas sobre el comportamiento de sus aplicaciones, ayudándoles a identificar cualquier irregularidad que pueda estar afectando el rendimiento.

Además, la consola de JavaScript otorga a los desarrolladores una capacidad única: la capacidad de ejecutar código JavaScript en tiempo real. Esta función de ejecución en tiempo real puede ser un cambio absoluto en el campo del desarrollo web. Otorga a los desarrolladores la libertad no solo de probar su código, sino también de hacer modificaciones sobre la marcha.

Esta flexibilidad puede aumentar significativamente la productividad y la eficiencia, ya que elimina la necesidad de ciclos que consumen tiempo de codificación, prueba y depuración. En su lugar, los desarrolladores pueden interactuar directamente con su código en tiempo real, haciendo ajustes según sea necesario para asegurar un rendimiento óptimo.

Ejemplo: Uso de Métodos de la Consola

```javascript
console.log('Hello, World!'); // Standard log
console.error('This is an error message'); // Outputs an error
console.warn('This is a warning message'); // Outputs a warning

const name = 'Alice';
console.assert(name === 'Bob', `Expected name to be Bob, but got ${name}`); //
Conditionally outputs an error message
```

Este ejemplo usa el objeto consola para imprimir mensajes. 'console.log' se usa para la salida general de información de registro, 'console.error' se usa para mensajes de error, 'console.warn' se usa para advertencias. 'console.assert' se usa para pruebas: si la condición dentro de la función assert es falsa, se imprimirá un mensaje de error. Aquí, verifica si la variable 'name' es 'Bob'. Si no, muestra un mensaje de error.

2.6.2 Uso de la Declaración debugger

En JavaScript, la declaración debugger desempeña un papel instrumental e indispensable para ayudar en los procesos de depuración. Funciona actuando como un punto de interrupción estratégico en el código, similar a una señal de alto en una carretera concurrida. Esta característica esencial provoca una pausa oportuna en la ejecución del código dentro de la herramienta avanzada de depuración del navegador. Esta pausa proporciona al desarrollador una oportunidad de oro para profundizar en el estado actual del código y explorar sus operaciones a un nivel más profundo.

Esta característica es una herramienta poderosa en el arsenal de un desarrollador. Permite una inspección meticulosa de los valores de las variables en ese punto específico en el tiempo. Esto ofrece una visión esclarecedora y reveladora de las operaciones internas de cómo se manipulan y transforman los datos a lo largo del proceso de ejecución. Es como una ventana al alma de tu código, iluminando sus operaciones más íntimas.

Además, la declaración debugger permite recorrer la ejecución del código línea por línea. Esto es similar a seguir un mapa de carreteras, permitiendo al desarrollador rastrear el camino de la ejecución e identificar posibles problemas o áreas de mejora en el código. Es como tener un guía turístico a través de tu código, señalando áreas de interés y posibles señales de alerta que podrían estar causando problemas o ralentizando tu ejecución.

La declaración debugger en JavaScript es una herramienta esencial para cualquier desarrollador que busque comprender su código a un nivel más profundo, solucionar problemas potenciales y optimizar su código para que sea lo más eficiente y efectivo posible.

Ejemplo: Uso de debugger

```
function multiply(x, y) {
    debugger; // Execution will pause here
    return x * y;
}

multiply(5, 10);
```

Al ejecutar este código en un navegador con las herramientas de desarrollador abiertas, la ejecución se pausará en la declaración debugger, permitiéndote inspeccionar los argumentos de la función y recorrer el proceso de multiplicación.

Esta es una simple función de JavaScript llamada 'multiply'. Toma dos parámetros, 'x' e 'y', y devuelve el producto de estos dos números. El comando 'debugger' se usa para pausar la ejecución del código en ese punto, lo cual es útil para propósitos de depuración. La función luego se llama con los argumentos 5 y 10.

2.6.3 Herramientas de Desarrollador del Navegador

Los navegadores de internet modernos están ahora equipados con un conjunto de herramientas para desarrolladores, diseñadas para proporcionar un conjunto robusto de características esenciales para la depuración de JavaScript. Estas herramientas están integradas directamente en el navegador, haciendo que sea más fácil y eficiente para los desarrolladores depurar su código. Aquí hay una breve descripción de las características principales que ofrecen estas herramientas para desarrolladores:

- **Puntos de Interrupción**: Una de las características clave es la capacidad de establecer puntos de interrupción directamente en la vista del código fuente. Esto permite pausar la ejecución de tu código JavaScript en una línea particular, facilitando la inspección del estado de tu aplicación en ese momento.

- **Expresiones de Observación**: Otra característica útil es la capacidad de rastrear expresiones y variables. Al usar expresiones de observación, puedes ver cómo los valores de variables específicas cambian con el tiempo mientras tu código se ejecuta, lo cual puede ser invaluable para identificar comportamientos inesperados.
- **Pila de Llamadas**: La vista de la pila de llamadas te permite ver la pila de llamadas de funciones, dándote una comprensión clara de cómo la ejecución de tu código alcanzó su punto actual. Esto es especialmente útil para rastrear el flujo de ejecución, particularmente en aplicaciones complejas con numerosas llamadas a funciones.
- **Solicitudes de Red**: Finalmente, las herramientas de desarrollador proporcionan una forma de monitorear solicitudes y respuestas AJAX. Esta característica es crucial para la depuración de la comunicación con el servidor, ya que te permite ver los datos que se envían y reciben, la duración de la solicitud y cualquier error que ocurrió durante el proceso.

Ejemplo: Configuración de Puntos de Interrupción

1. Abre las herramientas de desarrollador en tu navegador (usualmente F12 o clic derecho -> Inspeccionar).
2. Ve a la pestaña "Sources".
3. Encuentra el archivo JavaScript o el script en línea que quieres depurar.
4. Haz clic en el número de línea donde quieres pausar la ejecución. Esto establece un punto de interrupción.
5. Ejecuta tu aplicación e interactúa con ella para activar el punto de interrupción.

2.6.4 Manejo de Excepciones con Try-Catch

En el ámbito de la programación, la declaración try-catch destaca como una herramienta notablemente poderosa. Proporciona un medio elegante y eficaz de manejar errores y excepciones que de otro modo podrían interrumpir el flujo suave de la ejecución.

El concepto es simple pero efectivo. Cuando escribimos nuestro código, se coloca dentro del bloque try. Este bloque se ejecuta secuencialmente, línea tras línea, como cualquier otro bloque de código ordinario. Este proceso continúa sin impedimentos, permitiendo que el programa funcione como se pretende. Sin embargo, si surge un error o una excepción en el proceso, la declaración try-catch entra en acción.

Contrario a lo que podría suceder sin esta disposición, la ocurrencia de un error no causa que la ejecución se detenga abruptamente. En su lugar, el flujo de control se desvía inmediatamente al bloque catch. Este bloque sirve como una red de seguridad, atrapando el error antes de que pueda causar alguna interrupción seria.

Una vez dentro del bloque catch, tienes la oportunidad de manejar el error constructivamente. Las opciones son numerosas. Podrías corregirlo en el acto, si eso es factible. Alternativamente, podrías optar por registrar el error para depuración futura, proporcionando así información valiosa que podría ayudar a identificar patrones o problemas recurrentes. También tienes la opción de comunicar el error al usuario en un formato que pueda entender, en lugar de confrontarlo con mensajes de error crudos y a menudo crípticos.

Al proporcionar esta red de seguridad, la declaración try-catch asegura la ejecución suave del código, incluso frente a situaciones imprevistas o excepcionales. Es una herramienta invaluable para mantener la robustez y confiabilidad de tu software.

Ejemplo: Uso de Try-Catch

```
try {
    let result = riskyFunction(); // Function that might throw an error
    console.log('Result:', result);
} catch (error) {
    console.error('Caught an error:', error);
}
```

Este ejemplo usa la declaración try-catch. El código dentro del bloque try (riskyFunction) se ejecuta. Si ocurre un error al ejecutar este código, la ejecución se detiene y el control se pasa al bloque catch. El bloque catch luego registra el mensaje de error.

2.6.5 Consejos para una Depuración Eficaz

- **Reproducir el Error**: El primer paso en el proceso de depuración debe ser asegurar que puedes reproducir consistentemente el problema antes de intentar solucionarlo. Esto garantizará que entiendes bien el problema y que no está relacionado con factores externos.
- **Aislar el Problema**: Una vez que hayas reproducido el error, el siguiente paso es aislar el problema. Esto significa que debes reducir tu código al conjunto más pequeño posible que todavía produzca el error. Al hacer esto, puedes identificar más fácilmente la causa raíz del problema.
- **Usar Control de Versiones**: Una de las herramientas más críticas en el kit de herramientas de un desarrollador es el control de versiones. Te permite realizar un seguimiento de los cambios que haces en tu código a lo largo del tiempo y revertir a versiones anteriores si es necesario. Esto puede ser particularmente útil cuando intentas entender cuándo y cómo se introdujo el error en la base de código.
- **Escribir Pruebas Unitarias**: Finalmente, escribir pruebas unitarias puede ser un método muy efectivo de depuración. Las pruebas pueden ayudar a delimitar dónde se

encuentra el problema y confirmar que está solucionado una vez que realices cambios. Esto no solo ayuda a resolver el problema actual, sino que también previene que el mismo error vuelva a ocurrir en el futuro.

Al dominar completamente estas técnicas avanzadas de depuración, mejorarás significativamente tu capacidad para mantener, solucionar problemas y mejorar tu código JavaScript. Esto no solo ayuda a hacer tu código más eficiente, sino que también ahorra tiempo considerable y reduce la posible frustración durante el proceso de desarrollo.

La depuración eficaz es una habilidad absolutamente crítica que cualquier programador debe adquirir. Permite una mejor comprensión del código, facilita una identificación y rectificación más rápida de los problemas, y finalmente resulta en la creación de un código más robusto, confiable y resistente. Esto es esencial para mejorar la calidad y el rendimiento general de tus aplicaciones, asegurando así una mejor experiencia de usuario.

Ejercicios Prácticos

Ahora que has aprendido los fundamentos de JavaScript en el Capítulo 2, aquí tienes algunos ejercicios prácticos diseñados para probar y reforzar tu comprensión de los conceptos discutidos. Estos ejercicios incluyen desafíos relacionados con variables y tipos de datos, operadores, estructuras de control, funciones, manejo de eventos y depuración.

Ejercicio 1: Manipulaciones de Variables

Crea variables para almacenar tu nombre, edad, y si eres estudiante (booleano). Imprime un mensaje de saludo usando estas variables.

Solución:

```
let name = "John Doe";
let age = 20;
let isStudent = true;

console.log(`Hello, my name is ${name}. I am ${age} years old and it is ${isStudent ?
'' : 'not '}true that I am a student.`);
```

Ejercicio 2: Uso de Operadores

Calcula el área de un círculo con un radio de 7 usando los operadores matemáticos apropiados de JavaScript. Muestra el resultado en la consola.

Solución:

```
let radius = 7;
let area = Math.PI * radius * radius;

console.log("The area of the circle is:", area);
```

Ejercicio 3: Estructura de Control - Bucle

Escribe un bucle for en JavaScript que cuente del 1 al 10 pero solo imprima los números impares en la consola.

Solución:

```
for (let i = 1; i <= 10; i++) {
    if (i % 2 !== 0) {
        console.log(i);
    }
}
```

Ejercicio 4: Funciones - Verificador de Números Primos

Crea una función para verificar si un número dado es un número primo o no. La función debe devolver true si el número es primo, de lo contrario false.

Solución:

```
function isPrime(number) {
    if (number <= 1) return false;
    if (number <= 3) return true;

    if (number % 2 === 0 || number % 3 === 0) return false;

    for (let i = 5; i * i <= number; i += 6) {
        if (number % i === 0 || number % (i + 2) === 0) {
            return false;
        }
    }
    return true;
}

console.log(isPrime(29));  // Outputs: true
console.log(isPrime(10));  // Outputs: false
```

Ejercicio 5: Manejo de Eventos

Crea un simple botón HTML que cambie su propio contenido de texto de "¡Haz clic en mí!" a "¡Clicado!" cuando se haga clic en él.

Solución:

```
<button id="clickButton">Click me!</button>
<script>
    document.getElementById('clickButton').addEventListener('click', function() {
        this.textContent = "Clicked!";
    });
</script>
```

Ejercicio 6: Desafío de Depuración

Encuentra y corrige el error en el siguiente fragmento de código:

```
function calculateProduct(a, b) {
    console.log(a * b);
}

calculateProuct(10, 2);
```

Solución:

```
function calculateProduct(a, b) {
    console.log(a * b);
}

calculateProduct(10, 2);  // Fixed the typo in the function call
```

Estos ejercicios proporcionan aplicaciones prácticas de los conceptos discutidos en el Capítulo 2, ayudándote a profundizar tu comprensión y competencia con JavaScript. Completarlos fortalecerá aún más tu base en JavaScript, preparándote para temas y proyectos más avanzados.

Resumen del Capítulo

En el Capítulo 2 exploramos los aspectos fundamentales de JavaScript, sentando una base sólida para construir aplicaciones web interactivas y dinámicas. Este capítulo proporcionó una base completa en los conceptos esenciales que todo programador de JavaScript debe entender, incluyendo variables, tipos de datos, operadores, estructuras de control, funciones, manejo de eventos y depuración. Vamos a resumir los puntos clave cubiertos en cada sección para reforzar lo que has aprendido y resaltar cómo estos elementos interactúan para formar la columna vertebral de la programación en JavaScript.

Variables y Tipos de Datos

Comenzamos entendiendo cómo declarar e inicializar variables usando var, let y const, cada una sirviendo diferentes ámbitos y usos en la programación en JavaScript. Examinamos la naturaleza de tipo suelto de JavaScript, explorando varios tipos de datos como cadenas, números, booleanos, null, undefined, arreglos y objetos. Este conocimiento es crucial para manejar datos efectivamente en tus aplicaciones.

Operadores

A continuación, profundizamos en los operadores, discutiendo cómo manipular datos usando operadores aritméticos, de asignación, comparación, lógicos y condicionales. Estas herramientas te permiten realizar cálculos, tomar decisiones y ejecutar lógica basada en condiciones, lo cual es vital para crear comportamientos dinámicos en tus scripts.

Estructuras de Control

Exploramos las estructuras de control como if, else, switch y bucles (for, while, do-while) para demostrar cómo puedes controlar el flujo de ejecución en tus programas. Entender estas estructuras es esencial para escribir código JavaScript eficiente y efectivo que responda a diferentes condiciones y repita tareas múltiples veces.

Funciones y Ámbito

Cubrimos las funciones, una de las características más poderosas de JavaScript, que te permite encapsular código en bloques reutilizables. Esta sección enfatizó la importancia del ámbito—global y local—ayudándote a manejar dónde pueden ser accedidas y modificadas las variables dentro de tus scripts.

Manejo de Eventos

El manejo de eventos se introdujo para equiparte con la capacidad de hacer que tus páginas web sean interactivas. Discutimos cómo responder a acciones del usuario como clics, entradas de teclado y otras formas de interacciones a través de listeners y manejadores de eventos, que son fundamentales para experiencias de usuario atractivas.

Depuración

Finalmente, la sección de depuración te equipó con estrategias para identificar y corregir problemas en tu código JavaScript. Usando la consola, declaraciones debugger y herramientas de desarrollador del navegador, aprendiste cómo solucionar problemas sistemáticamente y refinar tu código, asegurando su fiabilidad y funcionalidad.

A lo largo de este capítulo, se proporcionaron ejemplos prácticos y ejercicios para ayudarte a aplicar lo que has aprendido de manera práctica. Estas actividades están diseñadas no solo para reforzar tu comprensión sino también para animarte a experimentar y explorar las capacidades de JavaScript.

Al concluir este capítulo, deberías sentirte seguro en tu comprensión de los conceptos fundamentales de JavaScript. Estas bases servirán como escalones hacia temas más avanzados en los capítulos siguientes, donde construirás sobre este conocimiento para crear aplicaciones web más complejas y poderosas. Recuerda, la maestría viene con la práctica, así que continúa experimentando con el código y perfeccionando tus habilidades.

Capítulo 3: Trabajando con Datos

Bienvenido a un viaje fascinante que comienza con el Capítulo 3. En este capítulo intrincado y completo, vamos a profundizar en las diversas y apasionantes estructuras de datos y tipos diversos que sientan las bases para gestionar y manipular datos de manera altamente efectiva dentro del versátil lenguaje de programación JavaScript.

Entender cómo trabajar eficientemente con diferentes tipos de datos es un conjunto de habilidades crucial, fundamental para el desarrollo de aplicaciones que no solo sean eficientes, sino también escalables, adaptables a las crecientes necesidades y demandas. En este capítulo, exploraremos en detalle los elementos esenciales de las estructuras de datos de JavaScript como arreglos, objetos y el popular formato de datos JSON, entre otros.

Nuestro objetivo es equiparte con las herramientas y conocimientos necesarios para manejar operaciones de datos complejas con facilidad y competencia, mejorando tus capacidades de programación. Desglosaremos cada estructura y tipo, proporcionando ejemplos prácticos y explicaciones detalladas para asegurar una comprensión sólida.

Empecemos este viaje esclarecedor con una de las estructuras de datos más versátiles y ampliamente utilizadas en JavaScript: los arreglos, una herramienta poderosa que cualquier desarrollador de JavaScript competente debe dominar.

3.1 Arreglos

En el ámbito de JavaScript, los arreglos juegan un papel indispensable al proporcionar la función crucial de almacenar múltiples valores dentro de una sola variable. Esta característica no solo es útil, sino increíblemente beneficiosa para la tarea de gestionar y organizar diversos elementos de datos. Garantiza que estos elementos se mantengan de manera ordenada y sistemática dentro de un solo contenedor, promoviendo así la gestión eficiente de los datos.

La versatilidad de los arreglos es otro aspecto que los distingue. Estas estructuras de datos dinámicas tienen la capacidad de contener elementos de una amplia variedad de tipos de datos. Ya sean valores numéricos, cadenas de texto, objetos complejos o incluso otros arreglos, los arreglos de JavaScript son capaces de almacenarlos todos. Esta capacidad única de acomodar diferentes tipos de datos, sin restricciones, amplifica su funcionalidad, convirtiéndolos en una herramienta extremadamente poderosa en manos de los desarrolladores.

Los arreglos son de naturaleza estructurada, lo que los convierte en una opción ideal para almacenar y gestionar colecciones de datos ordenadas. Este enfoque estructurado simplifica la tarea de organización y manipulación de datos. Con los arreglos, la gestión de datos se convierte en un proceso simplificado y más eficiente.

Esto simplifica en gran medida muchos aspectos de la programación en JavaScript, permitiendo a los desarrolladores escribir código limpio y eficiente. Al ayudar a mantener los datos organizados y fácilmente accesibles, los arreglos desempeñan un papel fundamental en hacer de JavaScript un lenguaje de programación robusto y versátil.

3.1.1 Creación e Inicialización de Arreglos

Los arreglos, una estructura de datos crucial y fundamental disponible en una amplia gama de lenguajes de programación, son estructuras versátiles que pueden ser creadas a través de dos métodos principales.

El método inicial para crear arreglos es mediante el uso de literales de arreglo. Este método es simple pero efectivo, e implica listar los valores que deseas incluir en tu arreglo dentro de corchetes. Esta es una manera directa de especificar manualmente cada elemento que deseas en tu arreglo, y es perfecta para situaciones donde tienes una idea clara de los datos con los que trabajarás.

El segundo método implica el uso del constructor Array, una función especial que crea un arreglo basado en los argumentos que se le pasan. Este método es ligeramente más complejo pero ofrece una mayor flexibilidad, ya que te permite crear arreglos dinámicamente en función de la entrada variable. Esto es particularmente útil para situaciones donde el tamaño o el contenido de tu arreglo pueden cambiar en función de la entrada del usuario u otros factores.

Ambos métodos para crear arreglos son igualmente válidos y útiles, aunque el método más apropiado puede variar dependiendo del contexto específico y los requisitos de tu código. Al entender y utilizar ambos, puedes asegurarte de que estás usando el método más eficiente para tus necesidades específicas.

Ejemplo: Creación de Arreglos

```javascript
// Using an array literal
let fruits = ['Apple', 'Banana', 'Cherry'];
```

```
// Using the Array constructor
let numbers = new Array(1, 2, 3, 4, 5);

console.log(fruits);  // Outputs: ['Apple', 'Banana', 'Cherry']
console.log(numbers); // Outputs: [1, 2, 3, 4, 5]
```

Este es un código JavaScript que demuestra dos formas de crear un arreglo. La primera forma es usando un literal de arreglo representado por corchetes. La segunda forma es usando el constructor Array, que es una función incorporada en JavaScript para crear arreglos. Después de crear los arreglos, la función 'console.log' se utiliza para imprimir el contenido de los arreglos en la consola.

3.1.2 Acceso a Elementos del Arreglo

Dentro del amplio y complejo mundo de la programación, existe un concepto fundamental e indispensable, conocido como el uso de arreglos. Los arreglos, en términos simples, son una colección estructurada de elementos. Cada uno de estos elementos está identificado de manera única por un índice específico, un identificador numérico que denota su posición exacta dentro del arreglo.

El proceso de indexación, que es una piedra angular en los lenguajes de programación tradicionales, usualmente comienza en el dígito 0. Esta convención ampliamente aceptada implica que el primer elemento en cualquier arreglo dado está denotado por el índice 0, el siguiente por el 1, y así sucesivamente en una secuencia sistemática.

Este método de indexación metódica proporciona no solo una manera altamente sistemática, sino también una manera eficiente e intuitiva para que los programadores accedan a cada elemento individual dentro del arreglo. Ya sea que el arreglo consista en un puñado de elementos o se extienda a los miles, este sistema de indexación sigue siendo consistentemente efectivo.

Empodera a los programadores con la capacidad de iterar fácilmente sobre los elementos, realizar una plétora de operaciones sobre ellos o recuperar datos específicos según sea necesario. Esto puede variar desde tareas simples como ordenar o filtrar datos, hasta tareas más complejas como ejecutar algoritmos para análisis de datos.

Al obtener una comprensión integral y utilizar efectivamente el sistema de indexación, los programadores pueden manipular arreglos con facilidad. Esto les permite resolver una amplia variedad de problemas, manejar datos de manera altamente eficiente y, en última instancia, escribir código que sea tanto robusto como eficiente. El conocimiento de los arreglos y su indexación es, por lo tanto, una herramienta crucial en el kit de herramientas del programador, una que mejora enormemente su destreza en la codificación.

Ejemplo: Acceso a Elementos

```
let firstFruit = fruits[0];  // Accessing the first element
console.log(firstFruit);  // Outputs: 'Apple'

let secondNumber = numbers[1];  // Accessing the second element
console.log(secondNumber);  // Outputs: 2
```

El ejemplo demuestra cómo acceder a elementos de los arreglos. Los "fruits" y "numbers" son arreglos, y los elementos en un arreglo se acceden usando su índice (posición en el arreglo). Los índices de los arreglos comienzan en 0, por lo que fruits[0] se refiere al primer elemento en el arreglo "fruits". El código luego registra (imprime en la consola) estos elementos accedidos.

3.1.3 Modificando Arreglos

Los arreglos en JavaScript no solo son dinámicos, sino también flexibles, lo que implica que pueden expandirse y contraerse en tamaño de acuerdo con los requisitos específicos de tu programa. Esta es una característica excepcionalmente poderosa y eficiente, ya que nos permite trabajar con colecciones de datos que están sujetas a cambios a lo largo del tiempo, en lugar de tratar con datos que son estáticos o de tamaño fijo.

Esta naturaleza dinámica de los arreglos en JavaScript se facilita aún más gracias a una variedad de métodos proporcionados por JavaScript para manipular estos arreglos. Algunos de los métodos más comúnmente utilizados incluyen push(), pop(), shift(), unshift() y splice().

Estos métodos muestran una versatilidad increíble, permitiéndote añadir elementos al final o al principio del arreglo (push() y unshift(), respectivamente), eliminar elementos del final o del principio del arreglo (pop() y shift(), respectivamente), o insertar y eliminar elementos desde cualquier posición dentro del arreglo (splice()).

Estos métodos empoderan a los programadores al proporcionarles la flexibilidad para gestionar y manipular datos según sus necesidades específicas. Como resultado, los arreglos de JavaScript, mediante el uso de estos métodos, demuestran ser una herramienta increíblemente flexible y poderosa para gestionar varias colecciones de datos, mejorando la eficiencia y funcionalidad de tu programa.

Ejemplo: Modificando Arreglos

```
fruits.push('Durian');  // Adds 'Durian' to the end of the array
console.log(fruits);  // Outputs: ['Apple', 'Banana', 'Cherry', 'Durian']

let lastFruit = fruits.pop();  // Removes the last element
console.log(lastFruit);  // Outputs: 'Durian'
console.log(fruits);  // Outputs: ['Apple', 'Banana', 'Cherry']

fruits.unshift('Strawberry');  // Adds 'Strawberry' to the beginning
console.log(fruits);  // Outputs: ['Strawberry', 'Apple', 'Banana', 'Cherry']

let firstRemoved = fruits.shift();  // Removes the first element
console.log(firstRemoved);  // Outputs: 'Strawberry'
console.log(fruits);  // Outputs: ['Apple', 'Banana', 'Cherry']
```

Este código JavaScript demuestra el uso de métodos de manipulación de arreglos.

- .push('Durian'): Añade 'Durian' al final del arreglo fruits.
- .pop(): Elimina el último elemento del arreglo fruits y lo asigna a la variable lastFruit.
- .unshift('Strawberry'): Añade 'Strawberry' al principio del arreglo fruits.
- .shift(): Elimina el primer elemento del arreglo fruits y lo asigna a la variable firstRemoved.

Después de cada operación, registra el estado del arreglo fruits o el elemento eliminado en la consola.

3.1.4 Iterando Sobre Arreglos

Cuando necesitas manipular o interactuar con cada elemento dentro de un arreglo, tienes a tu disposición numerosas herramientas en JavaScript. Se pueden usar estructuras de bucle tradicionales como el bucle for o el bucle for...of. En estos bucles, típicamente definirías una variable de índice y la usarías para acceder secuencialmente a cada elemento en el arreglo.

Sin embargo, JavaScript también proporciona una serie de métodos incorporados para arreglos que pueden hacer este proceso más sencillo y legible. El método forEach(), por ejemplo, ejecuta una función proporcionada una vez por cada elemento del arreglo. El método map() crea un nuevo arreglo poblado con los resultados de llamar a una función proporcionada en cada elemento del arreglo original.

El método filter() crea un nuevo arreglo con todos los elementos que pasen una prueba implementada por la función proporcionada. Finalmente, el método reduce() aplica una función contra un acumulador y cada elemento en el arreglo (de izquierda a derecha) para reducirlo a un solo valor de salida. Estos métodos proporcionan un enfoque más funcional y declarativo para la iteración de arreglos.

Ejemplo: Iterando Sobre Arreglos

```javascript
// Using forEach to log each fruit
fruits.forEach(function(fruit) {
    console.log(fruit);
});

// Using map to create a new array of fruit lengths
let fruitLengths = fruits.map(function(fruit) {
    return fruit.length;
});
console.log(fruitLengths);  // Outputs: [5, 6, 6]
```

Este fragmento de código JavaScript demuestra el uso de dos métodos de arreglo poderosos: forEach y map.

El método forEach se utiliza para ejecutar una función en cada elemento de un arreglo. En este caso, la función simplemente registra el nombre de cada fruta en el arreglo 'fruits'. Este método es útil cuando deseas realizar la misma operación en cada elemento de un arreglo, sin alterar el arreglo en sí ni crear uno nuevo. Aquí, console.log se llama para cada fruta, lo que imprimirá el nombre de cada fruta en la consola.

El método map, por otro lado, se utiliza para crear un nuevo arreglo basado en los resultados de una función que se ejecuta en cada elemento del arreglo original. En este caso, la función devuelve la longitud del nombre de cada fruta, creando efectivamente un nuevo arreglo que contiene la longitud del nombre de cada fruta. El método map es muy beneficioso cuando necesitas transformar un arreglo de alguna manera, ya que te permite aplicar una función a cada elemento y recoger los resultados en un nuevo arreglo.

Finalmente, el nuevo arreglo 'fruitLengths' se registra en la consola. La salida de esto será un arreglo de números, cada uno representando el número de caracteres en el nombre de la fruta correspondiente del arreglo original 'fruits'. Por ejemplo, si el arreglo 'fruits' contiene ['Apple', 'Banana', 'Cherry'], la salida sería [5, 6, 6] porque 'Apple' tiene 5 caracteres, 'Banana' tiene 6 caracteres y 'Cherry' también tiene 6 caracteres.

Al entender y utilizar estos métodos de arreglo, puedes manipular y transformar arreglos efectivamente en JavaScript, lo cual es una habilidad fundamental en muchas áreas de programación y manejo de datos.

Los arreglos son una parte fundamental de JavaScript y una herramienta poderosa para cualquier desarrollador. Al dominar las operaciones y métodos de arreglos, puedes manejar colecciones de datos de manera más efectiva, haciendo tus aplicaciones más poderosas y receptivas.

3.1.5 Arreglos Multidimensionales

JavaScript, un lenguaje de programación dinámico y versátil, proporciona soporte para arreglos de arreglos, comúnmente conocidos como arreglos multidimensionales. Los arreglos multidimensionales son especialmente útiles en ciertos escenarios debido a su capacidad para representar estructuras de datos complejas.

Por ejemplo, se pueden emplear para representar matrices, un concepto matemático importante que se utiliza en varios campos, desde gráficos por computadora hasta aprendizaje automático. Además, los arreglos multidimensionales se pueden usar para almacenar datos en forma tabular.

Esto los convierte en una opción perfecta para escenarios donde los datos necesitan ser organizados en filas y columnas, como en una base de datos relacional o una hoja de cálculo. Así, la flexibilidad y utilidad de los arreglos multidimensionales en JavaScript los convierte en una parte integral del lenguaje.

Ejemplo: Arreglo Multidimensional

```
let matrix = [
    [1, 2, 3],
    [4, 5, 6],
    [7, 8, 9]
];

console.log(matrix[1][2]);    // Accessing the third element in the second array,
Outputs: 6
```

Este código es un ejemplo de cómo crear y utilizar un arreglo bidimensional, a veces denominado matriz, en JavaScript.

En este ejemplo, 'matrix' se declara como una variable usando la palabra clave 'let' y se le asigna un arreglo multidimensional. Este arreglo está compuesto por tres arreglos más pequeños, cada uno de los cuales contiene tres elementos. Estos subarreglos representan las filas de la matriz, y los elementos dentro de ellos representan las columnas.

En otras palabras, la variable 'matrix' es efectivamente una cuadrícula con tres filas y tres columnas, llenas de los números del 1 al 9. La disposición de estos números es significativa aquí, ya que es lo que nos permite recuperar elementos específicos basados en su posición dentro de la matriz.

La función 'console.log()' se utiliza para imprimir el resultado de 'matrix[1][2]' en la consola. Esta expresión está accediendo al tercer elemento (en el índice 2) del segundo subarreglo (en el índice 1) dentro de la matriz, que es el número 6.

Recuerda que los índices de los arreglos en JavaScript comienzan en 0, por lo que 'matrix[1]' se refiere al segundo subarreglo '[4, 5, 6]', y 'matrix[1][2]' se refiere al tercer elemento de este subarreglo, que es el número 6.

Esta capacidad de acceder a elementos individuales dentro de un arreglo multidimensional es crucial cuando se trabaja con estructuras de datos complejas o algoritmos en JavaScript, y es una técnica que a menudo resulta útil en varios escenarios de programación.

3.1.6 Desestructuración de Arreglos

La llegada de ES6, también conocido como ECMAScript 2015, trajo consigo una serie de nuevas características valiosas diseñadas para mejorar la funcionalidad y facilidad de uso de JavaScript. Entre estas mejoras clave se encuentra la introducción de la desestructuración de arreglos. Esta poderosa característica ofrece a los desarrolladores un método muy conveniente para extraer múltiples propiedades de un arreglo u objeto y asignarlas a variables individuales.

La desestructuración de arreglos es un cambio significativo, que permite una estructura de código más simplificada y optimizada. También mejora drásticamente la legibilidad, un factor crítico en cualquier proyecto de codificación. Esto se debe a que un código claro y fácil de entender facilita tanto el proceso de desarrollo como el trabajo de mantenimiento futuro.

Esta característica demuestra su valor especialmente al navegar por estructuras de datos complejas. Supongamos que estás manejando una estructura de datos de la cual necesitas extraer múltiples valores para su manipulación por separado. En tal escenario, la desestructuración de arreglos puede ser una herramienta invaluable. Te permite extraer y trabajar con estos valores individualmente de una manera más sencilla y eficiente.

En general, el uso de la desestructuración de arreglos puede mejorar la eficiencia de tu código y su mantenibilidad. Es una de las muchas características introducidas con ES6 que realmente eleva la experiencia de codificación en JavaScript.

Ejemplo: Desestructuración de Arreglos

```javascript
let colors = ['Red', 'Green', 'Blue'];
let [firstColor, , thirdColor] = colors;

console.log(firstColor);  // Outputs: 'Red'
console.log(thirdColor);  // Outputs: 'Blue'
```

Este código de ejemplo demuestra el uso de la desestructuración de arreglos. El arreglo 'colors' se define con tres elementos. La línea 'let [firstColor, , thirdColor] = colors' usa la desestructuración de arreglos para asignar el primer y tercer elemento del arreglo 'colors' a las variables 'firstColor' y 'thirdColor', respectivamente.

El segundo elemento se ignora debido al espacio vacío entre las comas. Las declaraciones console.log luego imprimen los valores de 'firstColor' y 'thirdColor', que serían 'Red' y 'Blue', respectivamente.

3.1.7 Encontrando Elementos en Arreglos

Cuando necesitas buscar un elemento específico o verificar si un cierto elemento existe dentro de un arreglo, JavaScript ofrece una variedad de métodos que pueden ser utilizados. Estos incluyen el método indexOf() que devuelve el primer índice en el que se puede encontrar un elemento dado en el arreglo, o -1 si no está presente.

De manera similar, el método find() devuelve el valor del primer elemento en un arreglo que satisface la función de prueba proporcionada, mientras que findIndex() devuelve el índice del primer elemento que satisface la misma función. Finalmente, el método includes() determina si un arreglo incluye un cierto valor entre sus entradas, devolviendo true o false según corresponda.

Cada uno de estos métodos proporciona una manera única y eficiente de manejar la búsqueda de elementos dentro de un arreglo en JavaScript.

Ejemplo: Encontrando Elementos

```javascript
let numbers = [1, 2, 3, 4, 5];

console.log(numbers.indexOf(3));        // Outputs: 2
console.log(numbers.includes(4));       // Outputs: true

let result = numbers.find(num => num > 3);
console.log(result);                    // Outputs: 4

let resultIndex = numbers.findIndex(num => num > 3);
```

```
console.log(resultIndex);                    // Outputs: 3
```

Este es un fragmento de código de ejemplo que demuestra el uso de diferentes métodos de arreglo.

1. numbers.indexOf(3): Esta línea de código encuentra el índice del número 3 en el arreglo, que es 2 en este caso.
2. numbers.includes(4): Esta línea de código verifica si el número 4 está incluido en el arreglo, lo cual es verdadero en este caso.
3. numbers.find(num => num > 3): Esta línea de código usa el método find para devolver el primer número en el arreglo que es mayor que 3, que es 4 en este caso.
4. numbers.findIndex(num => num > 3): Esta línea de código usa el método findIndex para devolver el índice del primer número en el arreglo que es mayor que 3, que es 3 en este caso.

3.1.8 Ordenando Arreglos

En el ámbito de la manipulación y análisis de datos, una tarea recurrente que la mayoría de las personas encuentran es la ordenación de datos contenidos en arreglos. Esta tarea esencialmente se ocupa de la disposición de datos en un orden específico, que puede variar desde ascendente a descendente, o incluso numérico a alfabético. La capacidad de organizar adecuadamente los datos de tal manera es de suma importancia, ya que desempeña un papel vital en el análisis y la manipulación eficiente de los datos.

El método sort() emerge como una herramienta poderosa en este contexto, ofreciendo la funcionalidad necesaria para ordenar datos. Opera ordenando un arreglo en el lugar. Esto significa que, en lugar de crear y devolver un nuevo arreglo que ha sido ordenado, modifica el arreglo original. Las implicaciones de esto son que el arreglo original se ordena y no se requiere memoria adicional para almacenar un arreglo ordenado por separado.

Por defecto, el método sort() está diseñado para organizar los elementos como cadenas, en una secuencia ascendente y en orden alfabético. Esto implica que si los elementos dentro del arreglo son números, el método comenzará a ordenar desde el valor numérico más pequeño y procederá en orden ascendente.

Por el contrario, si el arreglo consiste en palabras, la ordenación comenzará desde la palabra que aparecería primero en una lista alfabética (comenzando desde la A) y continuará en orden ascendente. Esta funcionalidad inherente del método sort() lo convierte en una herramienta invaluable en el conjunto de herramientas de cualquier analista de datos.

Ejemplo: Ordenando un Arreglo

```javascript
let items = ['Banana', 'Apple', 'Pineapple'];
items.sort();
console.log(items);  // Outputs: ['Apple', 'Banana', 'Pineapple']

let numbers = [10, 1, 5, 2, 9];
numbers.sort((a, b) => a - b);
console.log(numbers);  // Outputs: [1, 2, 5, 9, 10]
```

Este código de ejemplo crea y ordena dos arreglos: uno compuesto por elementos de cadena y el otro por elementos numéricos.

La primera parte del código crea un arreglo llamado 'items' con tres elementos de cadena: 'Banana', 'Apple' y 'Pineapple'. Luego, se llama al método sort() en este arreglo. Por defecto, el método sort() ordena los elementos como cadenas en orden lexicográfico (o de diccionario), lo que significa que los ordena alfabéticamente en orden ascendente. Cuando el arreglo 'items' ordenado se registra en la consola, la salida será ['Apple', 'Banana', 'Pineapple'], que es el resultado de ordenar alfabéticamente los elementos del arreglo original.

La segunda parte del código crea un arreglo llamado 'numbers', compuesto por cinco elementos numéricos: 10, 1, 5, 2, 9. Luego, se llama al método sort() en este arreglo con una función de comparación pasada como argumento. La función de comparación (a, b) => a - b hace que el método sort() ordene los números en orden ascendente.

Esto se debe a que, para cualquier dos elementos 'a' y 'b', si a - b es menor que 0, 'a' se ordenará en un índice menor que 'b', es decir, 'a' viene primero. Si a - b es igual a 0, 'a' y 'b' permanecen sin cambios respecto el uno al otro. Si a - b es mayor que 0, 'a' se ordena en un índice mayor que 'b', es decir, 'b' viene primero. Al hacer esto, el método sort() ordena el arreglo 'numbers' en orden numérico ascendente. Cuando registramos el arreglo 'numbers' ordenado en la consola, la salida es [1, 2, 5, 9, 10], que tiene los elementos del arreglo original ordenados en orden ascendente.

Este ejemplo demuestra la utilidad del método sort() en JavaScript para organizar los elementos de un arreglo en un orden específico, ya sea alfabético para cadenas o numérico para números.

3.1.9 Consideraciones de Rendimiento

Cuando se trabaja con arreglos grandes en programación, el rendimiento puede convertirse rápidamente en una preocupación significativa que necesita ser abordada cuidadosamente. El uso eficiente de los métodos de arreglo se vuelve crucial para mantener la velocidad y la capacidad de respuesta de las aplicaciones. Esto es particularmente cierto cuando el objetivo es minimizar el número de operaciones, lo que afecta directamente el tiempo de ejecución del código.

Por ejemplo, encadenar métodos como map() y filter() puede crear involuntariamente arreglos intermedios. Esto no siempre es óptimo ya que puede consumir memoria adicional y ralentizar el rendimiento. Evitar tales inconvenientes se puede lograr con estrategias de codificación más óptimas. Podría implicar, por ejemplo, el uso de funciones más especializadas que puedan manejar las tareas de una manera más eficiente.

Comprender las implicaciones de tus decisiones de codificación es clave para mantener un alto rendimiento cuando se trabaja con arreglos grandes.

Ejemplo: Encadenamiento de Métodos Eficiente

```
// Less efficient
let processedData = data.map(item => item.value).filter(value => value > 10);

// More efficient
let efficientlyProcessedData = data.reduce((acc, item) => {
    if (item.value > 10) acc.push(item.value);
    return acc;
}, []);
```

Esta selección muestra dos formas de procesar datos en JavaScript.

La primera, menos eficiente, es usar el método 'map' para crear un nuevo arreglo con la propiedad 'value' de cada elemento, y luego usar 'filter' para seleccionar solo los valores que son mayores que 10.

La segunda, más eficiente, es usar el método 'reduce'. Este método recorre el arreglo 'data' una vez, y si la propiedad 'value' de un elemento es mayor que 10, empuja el valor en el arreglo acumulador 'acc'. Este método es más eficiente porque solo necesita iterar a través del arreglo una vez, en lugar de dos veces.

Al profundizar en estos aspectos avanzados de los arreglos, adquieres las habilidades para gestionar y manipular arreglos de manera más efectiva, permitiéndote manejar estructuras de datos más complejas y mejorar el rendimiento de tus aplicaciones JavaScript.

3.2 Objetos

En la programación en JavaScript, los objetos asumen un papel muy significativo. Son los bloques de construcción fundamentales utilizados para almacenar colecciones de datos e incluso entidades más complejas. Su importancia no puede ser subestimada ya que forman la columna vertebral de la interacción con datos estructurados en el lenguaje.

A diferencia de los arreglos, que son esencialmente colecciones indexadas por un valor numérico, los objetos introducen un enfoque más estructurado y organizado para la representación de datos. Este enfoque estructurado es un aspecto clave de la programación en JavaScript, mejorando la legibilidad y mantenibilidad del código.

Los objetos operan utilizando propiedades que son accesibles a través de claves específicas. Estas claves se utilizan para almacenar y recuperar datos, haciendo de los objetos un tipo de arreglo asociativo. La utilización de claves en los objetos proporciona una estructura clara y un fácil acceso a los datos almacenados, convirtiéndolos en una herramienta poderosa para los desarrolladores.

Esta sección tiene como objetivo proporcionar una exploración exhaustiva de los objetos en JavaScript. Se profundiza en la naturaleza orientada a objetos de JavaScript, cubriendo la creación, manipulación y utilización práctica de los objetos. Esta exploración tiene como objetivo proporcionar una comprensión detallada y completa de los objetos en JavaScript, su importancia y cómo se utilizan.

Al obtener una comprensión sólida de estos conceptos, puedes utilizar eficazmente los objetos en tus proyectos JavaScript. Esto lleva al desarrollo de un código más eficiente, mantenible y legible. Tal conocimiento no es solo beneficioso sino crucial para cualquiera que planee profundizar en JavaScript y desbloquear su máximo potencial. Al comprender y dominar el uso de objetos, estás dando un paso significativo hacia convertirte en un desarrollador competente en JavaScript.

3.2.1 Creación y Acceso a Objetos

Los objetos juegan un papel fundamental en la configuración del diseño estructural del lenguaje. Los objetos, en JavaScript, pueden ser creados convenientemente usando una técnica conocida como literales de objeto, que es un método sencillo e intuitivo.

Al emplear este método, el objeto se instancia con una serie de pares clave-valor. Estos pares son a menudo referidos como las propiedades del objeto, que denotan características individuales o atributos del objeto, proporcionando así una descripción detallada del mismo.

Cada propiedad está compuesta por dos componentes: una clave, que es esencialmente un identificador único o el nombre de la propiedad, y un valor, que puede ser cualquier valor válido de JavaScript, como cadenas, números, arreglos, otros objetos, etc. La estructura de pares clave-valor proporciona una forma clara y concisa de organizar y acceder a los datos, facilitando a los desarrolladores trabajar con ellos.

Este enfoque para crear objetos no solo es increíblemente flexible, sino también extremadamente poderoso. Abre la posibilidad de representar estructuras de datos complejas de una manera que sea fácilmente comprensible y manejable, incluso para desarrolladores que son relativamente nuevos en el lenguaje. Esta es una de las razones por las cuales la notación literal de objetos de JavaScript es tan popular y ampliamente utilizada en el mundo de la programación.

Ejemplo: Creación y Acceso a un Objeto

```javascript
let person = {
    name: "Alice",
    age: 25,
    isStudent: true
};

console.log(person.name);    // Outputs: Alice
console.log(person['age']);  // Outputs: 25
```

En este ejemplo, person es un objeto con las propiedades name, age y isStudent. Las propiedades pueden ser accedidas usando la notación de punto (person.name) o la notación de corchetes (person['age']).

Aquí, se crea un objeto llamado 'person' con las propiedades 'name', 'age' e 'isStudent'. Las declaraciones 'console.log' se utilizan para imprimir las propiedades 'name' y 'age' del objeto 'person' en la consola. En el primer caso, se usa la notación de punto para acceder a la propiedad 'name', y en el segundo caso, se usa la notación de corchetes para acceder a la propiedad 'age'.

3.2.2 Modificación de Objetos

En programación, JavaScript ocupa un lugar especial debido a su capacidad para añadir, modificar y eliminar propiedades de los objetos incluso después de que hayan sido creados. Esta característica robusta permite un alto grado de dinamismo y flexibilidad, haciendo que el manejo de objetos sea excepcionalmente efectivo cuando se trata de gestionar datos.

Esencialmente, esto significa que puedes personalizar los objetos para que se ajusten precisamente a tus requisitos cambiantes a lo largo de la ejecución de un programa.

En lugar de estar limitado por los estrictos parámetros de estructuras preestablecidas, JavaScript proporciona la libertad de adaptarse sobre la marcha. Esta flexibilidad es inmensamente valiosa ya que permite la adición de nuevas propiedades según se requiera. Simultáneamente, otorga la capacidad de ajustar propiedades existentes para que se alineen mejor con tus objetivos y requisitos cambiantes.

Además, la naturaleza dinámica de JavaScript también se extiende a la eficiencia. En un escenario donde una propiedad se vuelve redundante o irrelevante, simplemente puedes eliminarla. Esto asegura que tus objetos permanezcan optimizados y eficientes, libres de desorden innecesario que podría potencialmente obstaculizar el rendimiento.

Esta dinamismo inherente en el manejo de objetos es una de las muchas razones por las que JavaScript ha demostrado ser un lenguaje de programación tan versátil. Su popularidad entre los desarrolladores es un testimonio de su adaptabilidad y adecuación a una amplia gama de necesidades de programación.

Ejemplo: Modificando un Objeto

```
// Adding a new property
person.email = 'alice@example.com';
console.log(person);

// Modifying an existing property
person.age = 26;
console.log(person);

// Deleting a property
delete person.isStudent;
console.log(person);
```

Este fragmento de código de ejemplo ilustra cómo manipular las propiedades de un objeto. Aquí, estamos trabajando con un objeto llamado person.

En JavaScript, los objetos son dinámicos, lo que significa que pueden ser modificados después de haber sido creados. Esto incluye añadir nuevas propiedades, cambiar el valor de propiedades existentes, o incluso eliminar propiedades. Esta característica proporciona un alto grado de flexibilidad y permite gestionar los datos de una manera más efectiva.

La primera operación en el código es la adición de una nueva propiedad al objeto person. La nueva propiedad es email y su valor se establece en 'alice@example.com'. Esto se hace usando la notación de punto, es decir, person.email = 'alice@example.com';. Después de esta operación, el objeto person se registra en la consola usando console.log(person);.

Después de esto, se modifica una propiedad existente del objeto person, age. El nuevo valor de la propiedad age se establece en 26. Esta operación se realiza usando la notación de punto nuevamente, es decir, person.age = 26;. Después de este cambio, el objeto person actualizado se registra nuevamente en la consola.

Finalmente, se elimina una propiedad isStudent del objeto person. Esto se hace usando la palabra clave delete seguida del objeto y su propiedad, es decir, delete person.isStudent;. Después de esta eliminación, el estado final del objeto person se registra en la consola.

La capacidad de modificar dinámicamente los objetos es una de las razones por las que JavaScript es un lenguaje de programación tan versátil. Permite a los desarrolladores adaptar las estructuras de datos para que se ajusten a sus requisitos cambiantes a lo largo de la ejecución de un programa. Esta flexibilidad es extremadamente valiosa ya que permite a los desarrolladores añadir nuevas propiedades según sea necesario, ajustar propiedades existentes para que se alineen mejor con sus objetivos y eliminar propiedades que se vuelven redundantes o irrelevantes.

3.2.3 Métodos en Objetos

En el vasto y complejo ámbito de la programación orientada a objetos, hay un concepto crucial que destaca: el uso de métodos. Los métodos son, en esencia, funciones que se almacenan ordenadamente como propiedades dentro de un objeto. Son las acciones que un objeto puede realizar, las tareas que puede llevar a cabo. La belleza y la ventaja clave de definir estos métodos dentro de los propios objetos es que encapsulan, o agrupan, funcionalidades que son directa e inherentemente relevantes para el objeto.

Esta encapsulación no solo agrupa ordenadamente estas funcionalidades, sino que también allana el camino para una mayor modularidad. Esto conduce a una estructura de código mucho más organizada, simplificada y manejable. En lugar de tener que buscar entre piezas de código desconectadas, los desarrolladores pueden localizar y entender fácilmente las funcionalidades gracias a su ubicación lógica dentro de los objetos a los que pertenecen.

Además, este método de organización hace más que solo mejorar la ordenación: también aumenta significativamente la reutilización del código. Al contener estas funciones dentro de los objetos a los que son más relevantes, se pueden llamar y reutilizar fácilmente según sea necesario. Esto no solo ahorra tiempo y recursos durante el proceso de desarrollo del código, sino que también hace que la depuración sea un proceso más fluido y menos arduo.

El uso de métodos dentro de objetos en la programación orientada a objetos permite una comprensión más intuitiva del código, una mayor eficiencia en su desarrollo y una depuración más sencilla. Es un método que ofrece beneficios profundos, transformando la forma en que los desarrolladores abordan y manejan el código.

Ejemplo: Métodos en Objetos

```javascript
let student = {
    name: "Bob",
    courses: ['Mathematics', 'English'],
    greet: function() {
        console.log("Hello, my name is " + this.name);
    },
    addCourse: function(course) {
        this.courses.push(course);
    }
};

student.greet();  // Outputs: Hello, my name is Bob
student.addCourse('History');
console.log(student.courses);  // Outputs: ['Mathematics', 'English', 'History']
```

Este es un ejemplo de un objeto en JavaScript, creado usando la notación literal de objetos. El objeto, llamado student, representa a un estudiante con propiedades y métodos específicos.

El objeto student tiene dos propiedades: name y courses. La propiedad name es una cadena que representa el nombre del estudiante, en este caso, "Bob". La propiedad courses es un arreglo que contiene los cursos que el estudiante está tomando actualmente, que son 'Mathematics' y 'English'.

Además de estas propiedades, el objeto student también tiene dos métodos: greet y addCourse.

El método greet es una función que muestra un saludo en la consola cuando se llama. Utiliza la función console.log de JavaScript para imprimir un mensaje de saludo, que incluye el nombre del estudiante. La palabra clave this se utiliza para referenciar el objeto actual, que en este caso es student, y acceder a su propiedad name.

El método addCourse es una función que toma un curso (representado por una cadena) como parámetro y lo añade al arreglo courses del estudiante. Esto se logra utilizando el método push del arreglo, que añade un nuevo elemento al final del arreglo.

Después de definir el objeto student, el código demuestra cómo usar sus propiedades y métodos. Primero, llama al método greet usando la notación de punto (student.greet()). Llamar a este método muestra "Hello, my name is Bob" en la consola.

Luego, llama al método addCourse, nuevamente usando la notación de punto, y pasa 'History' como argumento (student.addCourse('History')). Esto añade 'History' al arreglo courses del estudiante.

Finalmente, el código imprime la propiedad courses del estudiante en la consola (console.log(student.courses)). Esto muestra el arreglo courses actualizado que ahora incluye 'History', además de 'Mathematics' y 'English'. Por lo tanto, la salida sería ['Mathematics', 'English', 'History'].

3.2.4 Iterar sobre Objetos

Cuando se trata de iterar sobre objetos en JavaScript, se pueden implementar varias técnicas. Una técnica comúnmente utilizada es el bucle for...in, que está específicamente diseñado para enumerar las propiedades de los objetos.

Este tipo de bucle puede ser particularmente útil cuando tienes un objeto con un número desconocido de propiedades y necesitas acceder a las claves de estas propiedades. Por otro lado, si prefieres un enfoque más funcional para manejar datos, JavaScript ofrece métodos como Object.keys(), Object.values() y Object.entries().

Estos métodos devuelven arreglos que contienen las claves, los valores y las entradas del objeto, respectivamente. Esta funcionalidad puede ser increíblemente útil cuando deseas manipular los datos de un objeto de una manera más declarativa, o cuando necesitas integrarte con otros métodos de arreglo para tareas más complejas.

Ejemplo: Iterar sobre un Objeto

```
for (let key in student) {
    if (student.hasOwnProperty(key)) {
        console.log(key + ': ' + student[key]);
    }
}

// Using Object.keys() to get an array of keys
```

```
console.log(Object.keys(student));      // Outputs:   ['name',  'courses',  'greet',
'addCourse']

// Using Object.entries() to get an array of [key, value] pairs
Object.entries(student).forEach(([key, value]) => {
    console.log(`${key}: ${value}`);
});
```

Este código de ejemplo demuestra varios métodos para iterar sobre las propiedades de un objeto.

La primera parte del código utiliza un bucle 'for in' para iterar sobre cada propiedad (o 'key') en el objeto 'student'. El método 'hasOwnProperty' se usa para asegurar que solo se registren en la consola las propiedades propias del objeto, no las propiedades que podría haber heredado.

La segunda parte utiliza el método 'Object.keys()' para crear un arreglo de las claves del objeto, y luego las registra en la consola.

La tercera parte utiliza el método 'Object.entries()' para crear un arreglo de pares [clave, valor], y luego usa un bucle 'forEach' para registrar cada par clave-valor en la consola.

3.2.5 Desestructuración de Objetos

La introducción de ECMAScript 6 (ES6) trajo consigo muchas nuevas características que mejoraron significativamente el panorama de JavaScript. Una de las más impactantes es una característica conocida como desestructuración de objetos.

La desestructuración de objetos es, en esencia, un método conveniente y eficiente que permite a los programadores extraer múltiples propiedades de objetos en una sola declaración. Esta técnica proporciona una manera fácil de crear nuevas variables extrayendo valores de las propiedades de un objeto.

Una vez que se han extraído estas propiedades, pueden vincularse a variables. Este proceso ayuda a simplificar el manejo de objetos y variables en la programación. Elimina la necesidad de acceder repetitivamente a las propiedades dentro de los objetos, haciendo que el código sea más limpio, fácil de entender y más eficiente.

En general, la desestructuración de objetos es una característica muy útil para los desarrolladores. No solo mejora la legibilidad del código, sino que también aumenta la productividad al reducir la cantidad de código requerido para ciertas tareas. Es una de las muchas características que hacen de ES6 una herramienta poderosa en manos de los desarrolladores modernos de JavaScript.

Ejemplo: Desestructuración de Objetos

```
let { name, courses } = student;
console.log(name);  // Outputs: Bob
console.log(courses);  // Outputs: ['Mathematics', 'English', 'History']
```

Este ejemplo usa la asignación por desestructuración para extraer propiedades del objeto 'student'. 'name' y 'courses' son variables que ahora contienen los valores de las propiedades correspondientes en el objeto 'student'. Las declaraciones 'console.log()' se usan para imprimir estos valores en la consola.

Los objetos son increíblemente poderosos y versátiles en JavaScript, adecuados para representar casi cualquier tipo de estructura de datos. Al dominar los objetos en JavaScript, mejoras tu capacidad para estructurar y gestionar datos de manera efectiva en tus aplicaciones, lo que lleva a un código más limpio, eficiente y escalable.

3.2.6 Atributos y Descriptores de Propiedades

En el mundo de JavaScript, una característica clave que lo distingue es cómo maneja las propiedades de sus objetos. Cada propiedad de un objeto en JavaScript se caracteriza de manera única por ciertos atributos específicos. Estos atributos no son solo meros descriptores; sirven para un propósito mayor al definir la configurabilidad, enumerabilidad y capacidad de escritura de las propiedades. Estos tres aspectos son cruciales ya que determinan en última instancia la forma en que se pueden interactuar o manipular las propiedades de estos objetos, proporcionando un marco para cómo funcionan los objetos dentro del entorno más amplio de JavaScript.

Sin embargo, JavaScript no se detiene ahí. Reconociendo que los desarrolladores necesitan un control más detallado sobre cómo se comportan estas propiedades para mejorar aún más sus capacidades de codificación, JavaScript ofrece una función integrada conocida como Object.defineProperty(). Esta función no solo es poderosa, sino también revolucionaria. Permite la configuración explícita de estos atributos, proporcionando a los desarrolladores una herramienta para definir o modificar el comportamiento predeterminado de las propiedades dentro de un objeto.

Lo que esto significa en términos prácticos es que los desarrolladores pueden usar Object.defineProperty() para adaptar sus objetos a sus necesidades exactas, mejorando así la flexibilidad y el control al programar. Este mayor nivel de control puede potencialmente llevar a un código más eficiente, efectivo y limpio, haciendo de JavaScript una herramienta más poderosa en manos del desarrollador.

Ejemplo: Usando Atributos de Propiedad

```
let person = { name: "Alice" };
Object.defineProperty(person, 'age', {
    value: 25,
    writable: false,  // Makes the 'age' property read-only
    enumerable: true,  // Allows the property to be listed in a for...in loop
    configurable: false  // Prevents the property from being removed or the descriptor
from being changed
});

console.log(person.age);  // Outputs: 25
person.age = 30;
console.log(person.age);  // Still outputs: 25 because 'age' is read-only

for (let key in person) {
    console.log(key);  // Outputs 'name' and 'age'
}
```

Este código de ejemplo crea un objeto llamado "person" con una propiedad "name". Luego, utiliza el método Object.defineProperty para añadir una nueva propiedad "age" al objeto "person".

Esta nueva propiedad se establece con ciertos atributos:

- Su valor se establece en 25.
- No es escribible, lo que significa que los intentos de cambiar su valor fallarán.
- Es enumerable, lo que significa que aparecerá en los bucles for...in.
- No es configurable, lo que significa que no se puede eliminar esta propiedad ni cambiar estos atributos más adelante.

Las declaraciones console.log demuestran que la propiedad 'age' no se puede cambiar debido a su atributo 'writable: false'. El bucle final for...in demuestra que 'age' está incluido en el bucle debido a su atributo 'enumerable: true'.

3.2.7 Prototipos y Herencia

JavaScript es un lenguaje basado en prototipos, un tipo de lenguaje de programación orientado a objetos que utiliza un concepto conocido como herencia prototipal. En este tipo de lenguaje, los objetos heredan propiedades y métodos de un prototipo.

En otras palabras, existe un plano, conocido como prototipo, del cual los objetos se crean y derivan sus características. Cada objeto en JavaScript contiene una propiedad privada, un atributo único que mantiene un enlace a otro objeto, al que se refiere como su prototipo.

Este prototipo sirve como el padre, o el modelo base, del cual el objeto hereda sus propiedades y métodos.

Ejemplo: Prototipos en Acción

```javascript
let animal = {
    type: 'Animal',
    describe: function() {
        return `A ${this.type} named ${this.name}`;
    }
};

let cat = Object.create(animal);
cat.name = 'Whiskers';
cat.type = 'Cat';

console.log(cat.describe());  // Outputs: A Cat named Whiskers
```

En este ejemplo, cat hereda el método describe de animal.

Este ejemplo utiliza el concepto de herencia prototipal. Aquí, se crea un objeto 'animal' con las propiedades 'type' y 'describe'. 'describe' es un método que devuelve una cadena que describe al animal.

Luego, se crea un nuevo objeto 'cat' usando el método Object.create(), que establece el prototipo de 'cat' a 'animal', lo que significa que 'cat' hereda propiedades y métodos de 'animal'. Las propiedades 'name' y 'type' de 'cat' se establecen en 'Whiskers' y 'Cat', respectivamente.

Finalmente, cuando se llama al método 'describe' en 'cat', utiliza sus propias propiedades 'name' y 'type' debido a la búsqueda en la cadena de prototipos de JavaScript. Así que produce: 'A Cat named Whiskers'.

3.2.8 Clonación de Objetos

En el intrincado y complejo mundo de la programación orientada a objetos, hay ciertas instancias en las que podrías encontrarte en una situación donde necesitas crear una copia idéntica de un objeto ya existente. Este proceso, conocido como clonación, puede ser invaluable en varios escenarios.

Por ejemplo, supongamos que tienes un objeto con un conjunto específico de propiedades o un estado particular. Ahora, te encuentras en una posición donde necesitas crear otro objeto que refleje exactamente estas propiedades o estado. Aquí es donde entra en juego la clonación, permitiéndote replicar el objeto original con precisión.

Sin embargo, la utilidad de la clonación no se detiene ahí. Uno de los aspectos cruciales de la clonación es que puedes hacer modificaciones a este nuevo objeto clonado sin afectar en lo más mínimo al objeto original. Esto significa que el estado del objeto original permanece inalterado, sin importar cuántos cambios hagas en el clonado.

En esencia, la manipulación independiente de dos objetos, donde uno es un clon directo del otro, es una ventaja significativa del proceso de clonación. Permite flexibilidad y libertad en la programación, sin arriesgar la integridad del objeto original. Esto es lo que hace que la clonación sea una herramienta crítica en el arsenal de cada programador competente en programación orientada a objetos.

Ejemplo: Clonación de un Objeto

```
let original = { name: "Alice", age: 25 };
let clone = Object.assign({}, original);

clone.name = "Bob";  // Modifying the clone does not affect the original

console.log(original.name);  // Outputs: Alice
console.log(clone.name);     // Outputs: Bob
```

Este es un fragmento de código de ejemplo que demuestra el concepto de clonación de objetos usando el método Object.assign().

En el código, se crea un objeto llamado 'original' con las propiedades 'name' y 'age'. Luego, se crea un nuevo objeto 'clone' como una copia de 'original' usando Object.assign().

Cualquier modificación hecha a 'clone' no afectará a 'original'. Esto se muestra cuando 'clone.name' se cambia a "Bob", pero 'original.name' permanece como "Alice".

Los comandos console.log() al final se utilizan para verificar que el objeto original permanece sin cambios cuando se modifica el clon.

3.2.9 Uso de Object.freeze() y Object.seal()

En JavaScript, existen varios métodos que se pueden usar para evitar la modificación de objetos y mantener la integridad y consistencia de los datos. Entre estos están los métodos Object.freeze() y Object.seal():

- Object.freeze() es un método que toma un objeto como argumento y devuelve un objeto donde se impiden los cambios en las propiedades existentes. Este método esencialmente hace que un objeto sea inmutable al detener cualquier alteración a las propiedades actuales. También evita que se añadan nuevas propiedades al objeto, asegurando la integridad del objeto después de que ha sido definido.
- Otro método, Object.seal(), también toma un objeto como argumento y devuelve un objeto al que no se le pueden añadir nuevas propiedades. Este método asegura que la estructura del objeto permanezca constante después de su definición. Además de impedir que se añadan nuevas propiedades, Object.seal() también hace que todas las propiedades existentes en el objeto no sean configurables. Esto significa que, aunque los valores de estas propiedades pueden cambiar, las propiedades en sí mismas no pueden ser eliminadas o reconfiguradas de ninguna manera.

Ejemplo: Congelando y Sellando Objetos

```
let frozenObject = Object.freeze({ name: "Alice" });
frozenObject.name = "Bob";  // No effect
console.log(frozenObject.name);  // Outputs: Alice

let sealedObject = Object.seal({ name: "Alice" });
sealedObject.name = "Bob";
sealedObject.age = 25;  // No effect
console.log(sealedObject.name);  // Outputs: Bob
console.log(sealedObject.age);   // Outputs: undefined
```

Este código de JavaScript demuestra el uso de los métodos Object.freeze() y Object.seal(). El método Object.freeze() hace que un objeto sea inmutable, lo que significa que no puedes cambiar, agregar ni eliminar sus propiedades. El método Object.seal() evita que se agreguen nuevas propiedades y marca todas las propiedades existentes como no configurables.

Sin embargo, las propiedades de un objeto sellado aún se pueden cambiar. En el código dado, se crea un objeto congelado y un objeto sellado, ambos inicialmente con una propiedad name con un valor "Alice". Intentar cambiar la propiedad name del objeto congelado no tiene efecto, pero la propiedad name del objeto sellado se puede cambiar. Intentar agregar una nueva propiedad age al objeto sellado tampoco tiene efecto.

Al dominar estas funciones avanzadas de los objetos en JavaScript, estarás mejor equipado para escribir código JavaScript robusto, eficiente y seguro. Estas capacidades permiten un manejo sofisticado de datos y proporcionan los bloques de construcción para arquitecturas de aplicaciones complejas y escalables.

3.3 JSON

JSON, abreviatura de JavaScript Object Notation, es un formato de intercambio de datos ligero que destaca por su simplicidad y efectividad. Está diseñado para ser fácilmente comprendido y escrito por humanos, mientras que también es fácil de parsear y generar por máquinas. Esta combinación de características lo convierte en una herramienta valiosa para transferir datos, particularmente a través de internet.

A lo largo de los años, JSON se ha ganado su lugar como un formato estándar para estructurar datos para la comunicación en internet. Su uso generalizado y versatilidad lo convierten en un tema de conocimiento esencial para cualquier desarrollador web, independientemente de su nivel de experiencia o la naturaleza específica de su trabajo.

En la siguiente sección, profundizaremos en el mundo de JSON. Comenzaremos explorando qué es JSON en más detalle, incluyendo sus orígenes, su estructura y las razones de su popularidad. A continuación, te guiaremos sobre cómo usar JSON de manera efectiva dentro de JavaScript, uno de los lenguajes de programación más populares en el mundo digital actual.

Además, repasaremos algunas de las operaciones más comunes relacionadas con JSON. Esto incluye el parseo, una operación esencial para convertir un texto JSON en un objeto de JavaScript, y la serialización, el proceso de convertir un objeto de JavaScript en un texto JSON. Estas operaciones forman la base de la mayoría de las tareas que implican JSON, por lo que su comprensión es crucial para cualquier aspirante a desarrollador web.

3.3.1 ¿Qué es JSON?

JSON, que significa JavaScript Object Notation, es un formato de texto que es totalmente independiente del lenguaje. Utiliza convenciones que son bastante familiares para los programadores que están bien versados en la familia de lenguajes C. Esto incluye lenguajes como C, C++, C#, Java, JavaScript, Perl, Python y muchos otros. La naturaleza universal de JSON lo convierte en una herramienta increíblemente útil para el intercambio de datos.

La estructura de JSON se basa en dos estructuras fundamentales, lo que lo hace simple pero poderoso:

- La primera es una colección de pares nombre/valor. Esta estructura se realiza en varios lenguajes de programación de diferentes formas. En algunos lenguajes, se conoce como un objeto, en otros, como un registro. Algunos lenguajes se refieren a ella como una estructura, mientras que otros la llaman un diccionario. También podrías oírla referirse como una tabla hash, una lista claveada o un arreglo asociativo, dependiendo del lenguaje que estés usando.
- La segunda estructura es una lista ordenada de valores. Esta también se realiza de manera diferente en la mayoría de los lenguajes de programación. A menudo se conoce como un arreglo, pero también puede referirse como un vector en algunos lenguajes. Otros lenguajes podrían llamar a esta estructura una lista, mientras que otros podrían referirse a ella como una secuencia.

En esencia, la simplicidad, versatilidad y naturaleza independiente del lenguaje de JSON lo convierten en una opción preferida para los programadores cuando se trata de intercambio de datos.

Ejemplo: Objeto JSON

```
{
    "firstName": "John",
    "lastName": "Doe",
    "age": 30,
    "isStudent": false,
    "address": {
        "street": "123 Main St",
        "city": "Anytown",
        "country": "Anycountry"
    },
    "courses": ["Math", "Science", "Art"]
}
```

Este ejemplo muestra un objeto JSON que describe a una persona, incluyendo su nombre, edad, estado de estudiante, dirección y los cursos que está tomando.

El objeto contiene información sobre una persona llamada John Doe, que tiene 30 años, no es estudiante y vive en 123 Main St, Anytown, Anycountry. Está tomando cursos de Matemáticas, Ciencia y Arte.

3.3.2 Parseando JSON

Como se describió anteriormente, JavaScript tiene una característica única donde maneja datos recibidos de un servidor en un formato conocido como JSON, que significa JavaScript Object Notation. Estos datos, cuando se reciben inicialmente, están en forma de una cadena JSON.

Una cadena JSON, aunque fácil de transmitir a través de internet, no es directamente utilizable para la manipulación o recuperación de datos dentro del entorno de JavaScript. Esto significa que, en su estado inicial, no se puede usar para realizar operaciones o extraer información específica.

Por lo tanto, para hacer que estos datos sean utilizables en un entorno JavaScript, necesitamos transformar esta cadena JSON en objetos JavaScript. Estos objetos pueden ser fácilmente manipulados y accedidos según las necesidades del desarrollador.

Este proceso de transformación se realiza utilizando una función específica proporcionada por JavaScript, conocida como JSON.parse(). Es una función poderosa que toma la cadena JSON como su entrada y luego la convierte en un objeto JavaScript.

Al convertir los datos en objetos JavaScript, los desarrolladores pueden acceder fácilmente a puntos de datos específicos, manipular los datos e integrarlos dentro de su código. Tal característica simplifica el manejo de datos JSON, haciendo de JavaScript un lenguaje versátil y eficiente para el desarrollo web.

Ejemplo: Parseando JSON

```
let jsonData = '{"firstName":"John","lastName":"Doe","age":30}';
let person = JSON.parse(jsonData);

console.log(person.firstName);  // Outputs: John
console.log(person.age);        // Outputs: 30
```

En este ejemplo, JSON.parse() transforma la cadena JSON en un objeto JavaScript. Primero declara una variable 'jsonData' que contiene una cadena de datos JSON. Luego utiliza la función JSON.parse para convertir esta cadena JSON en un objeto JavaScript, que se almacena en la variable 'person'. Las últimas dos líneas utilizan console.log para imprimir las propiedades 'firstName' y 'age' del objeto 'person' en la consola.

3.3.3 Serializando JSON

Por otro lado, hay casos en los que necesitas transportar datos desde una aplicación JavaScript a un servidor. En tales casos, se hace necesario cambiar el formato de los objetos JavaScript a cadenas JSON.

Las cadenas JSON son universalmente reconocidas y pueden ser fácilmente manejadas por servidores. El proceso de convertir objetos JavaScript en cadenas JSON se realiza mediante un método conocido como JSON.stringify(). Esta función permite que los datos se envíen a través de la red en un formato que puede ser fácilmente entendido y procesado por el servidor.

Ejemplo: Serializando JSON

```
let personObject = {
    firstName: "John",
    lastName: "Doe",
    age: 30
};

let jsonString = JSON.stringify(personObject);
console.log(jsonString);                              //               Outputs:
'{"firstName":"John","lastName":"Doe","age":30}'
```

Aquí, JSON.stringify() convierte el objeto JavaScript en una cadena JSON, que luego puede ser enviada a un servidor. Declara un objeto llamado 'personObject' con las propiedades 'firstName', 'lastName' y 'age'. La función JSON.stringify() se utiliza para convertir 'personObject' en una cadena JSON. Esta cadena se almacena en la variable 'jsonString'. La última línea de código registra 'jsonString' en la consola, mostrando 'personObject' como una cadena JSON.

3.3.4 Trabajando con Arreglos en JSON

JSON, que significa JavaScript Object Notation, es un formato de datos ampliamente utilizado que tiene la capacidad única de incorporar arreglos dentro de su estructura. Esta característica particular es increíblemente beneficiosa cuando se trata de transferir o recibir grandes cantidades de datos en forma de lista. Con arreglos, en lugar de tener que enviar piezas individuales de datos una a la vez, puedes enviar grandes conjuntos de datos simultáneamente.

Esta transmisión masiva de datos puede ser un cambio significativo para las aplicaciones basadas en datos, mejorando significativamente su velocidad y eficiencia general. Al permitir la agregación de puntos de datos en paquetes organizados y fácilmente transmisibles, los arreglos dentro de JSON no solo simplifican la gestión de datos, sino que también mejoran el rendimiento de las aplicaciones que manejan grandes volúmenes de datos.

Ejemplo: Arreglo JSON

```
let jsonArray = '[{"name":"John"}, {"name":"Jane"}, {"name":"Jim"}]';
let people = JSON.parse(jsonArray);

people.forEach(person => {
    console.log(person.name);
});
```

Este ejemplo demuestra cómo parsear una cadena JSON que contiene un arreglo de objetos y luego iterar sobre el arreglo resultante en JavaScript.

Primero define un arreglo JSON de objetos, cada uno con un atributo de nombre. Luego, convierte este arreglo JSON en un arreglo de objetos de JavaScript usando JSON.parse(). Después de eso, utiliza el método forEach() para iterar sobre cada objeto en el arreglo y registra el nombre de cada persona en la consola.

3.3.5 Manejo de Fechas en JSON

JSON es un formato de intercambio de datos popular que tiene aplicaciones muy variadas. Sin embargo, una característica distintiva de JSON es que no admite inherentemente un tipo de fecha. Esto significa que cualquier fecha que necesite ser representada en formato JSON generalmente se almacena como cadenas, en lugar de como objetos de fecha reales.

Este aspecto de JSON puede tener implicaciones significativas al trabajar con fechas en tu código. Específicamente, si tienes cadenas de fecha en JSON y necesitas trabajar con ellas como objetos Date reales dentro de tu código, deberás realizar un proceso de conversión. Esta conversión no se maneja automáticamente por JSON y, por lo tanto, debe ser implementada manualmente por el desarrollador.

Este proceso de conversión generalmente se lleva a cabo después de que se haya parseado los datos JSON. Los detalles específicos de este proceso, incluyendo cuándo y cómo se realiza, dependerán de los requisitos específicos de tu aplicación o proyecto. Por ejemplo, algunas aplicaciones pueden requerir la conversión inmediata de cadenas de fecha a objetos Date al parsear los datos JSON, mientras que otras pueden permitir que esta conversión se difiera hasta un punto posterior en el proceso de ejecución del código.

Aunque JSON es un formato de intercambio de datos potente y versátil, su falta de soporte inherente para un tipo de fecha puede requerir pasos adicionales al trabajar con fechas en tu código. Esto es una consideración importante a tener en cuenta al planificar e implementar tus estrategias de código.

Ejemplo: Manejo de Fechas en JSON

```
let eventJson = '{"eventDate":"2022-01-01T12:00:00Z"}';
let event = JSON.parse(eventJson);
event.eventDate = new Date(event.eventDate);

console.log(event.eventDate.toDateString());  // Outputs: Sat Jan 01 2022
```

En este ejemplo, la cadena de fecha del dato JSON se convierte en un objeto Date de JavaScript usando new Date(). Comienza definiendo una cadena eventJson que representa un objeto JSON con una única propiedad, "eventDate". La función JSON.parse() se utiliza para convertir esta cadena en un objeto JavaScript, event. La propiedad "eventDate" del objeto event se convierte de una cadena a un objeto Date de JavaScript. Finalmente, el método toDateString() se usa para convertir la fecha a una cadena en el formato "Day Month Date Year", y se registra en la consola.

Al dominar JSON y sus operaciones en JavaScript, mejoras tu capacidad para manejar datos en aplicaciones web modernas de manera eficiente. El formato de datos universal de JSON lo hace invaluable para el intercambio de datos entre clientes y servidores, convirtiéndolo en una habilidad crucial para cualquier desarrollador web.

3.3.6 Manejo de Estructuras Anidadas Complejas

JSON, que significa JavaScript Object Notation, es un formato de datos popular que a veces puede contener estructuras profundamente anidadas. Estas estructuras pueden ser bastante intrincadas, lo que las hace difíciles de navegar y modificar.

Esta complejidad surge del hecho de que cada nivel de anidación representa un objeto o un arreglo diferente, que puede contener sus propios objetos o arreglos, y así sucesivamente. Entender cómo acceder a estas estructuras anidadas, así como cómo modificar los valores dentro de ellas, es una habilidad absolutamente crucial cuando se trabaja con datos más complejos.

Este conocimiento te permitirá manipular los datos de manera que se adapten a tus necesidades específicas, ya sea extrayendo información específica, cambiando ciertos valores o estructurando los datos de una manera diferente.

Ejemplo: Accediendo a JSON Anidado

```json
{
    "team": "Development",
    "members": [
        {
            "name": "Alice",
            "role": "Frontend",
            "skills": ["HTML", "CSS", "JavaScript"]
        },
        {
            "name": "Bob",
            "role": "Backend",
            "skills": ["Node.js", "Express", "MongoDB"]
        }
    ]
}
```

Este fragmento de código es un dato formateado en JSON que representa un equipo y sus miembros. Muestra un equipo de desarrollo compuesto por dos miembros, Alice y Bob. Alice es una desarrolladora frontend con habilidades en HTML, CSS y JavaScript. Bob es un desarrollador backend con habilidades en Node.js, Express y MongoDB.

Código JavaScript:

```javascript
let jsonData = `{
    "team": "Development",
    "members": [
        {"name":     "Alice",     "role":    "Frontend",    "skills":     ["HTML",     "CSS",
"JavaScript"]},
        {"name":    "Bob",    "role":    "Backend",    "skills":    ["Node.js",    "Express",
"MongoDB"]}
    ]
}`;
let teamData = JSON.parse(jsonData);

console.log(teamData.members[1].name);   // Outputs: Bob
teamData.members.forEach(member => {
    console.log(`${member.name} specializes in ${member.skills.join(", ")}`);
});
```

Este ejemplo demuestra cómo parsear JSON que contiene un arreglo de objetos y cómo iterar sobre él para acceder a propiedades anidadas.

Este código de JavaScript declara una variable jsonData que contiene una cadena de datos JSON que representa un equipo de desarrollo y sus miembros. Luego, convierte estos datos JSON en un objeto JavaScript teamData utilizando el método JSON.parse().

Después, imprime el nombre del segundo miembro del equipo (Bob) en la consola.

Finalmente, utiliza un bucle forEach para iterar sobre cada miembro del equipo e imprime una cadena que incluye el nombre de cada miembro y sus respectivas habilidades.

3.3.7 Parseo Seguro de JSON

Cuando trabajas con datos JSON que provienen de fuentes externas, existe inevitablemente el riesgo de que los datos JSON no estén correctamente formateados o puedan contener errores de sintaxis. Estas malformaciones o errores pueden resultar en que JSON.parse() arroje un SyntaxError, lo cual puede interrumpir el flujo de tu código y potencialmente causar comportamientos no deseados o fallos en tu aplicación.

Para manejar esta situación de una manera más elegante y controlada, se recomienda encarecidamente envolver tu código de parseo JSON dentro de un bloque try-catch. De esta manera, puedes capturar el posible SyntaxError y manejarlo de la forma más adecuada para tu aplicación específica, evitando fallos inesperados y mejorando la robustez general de tu código.

Ejemplo: Parseo Seguro de JSON

```javascript
let jsonData = '{"name": "Alice", "age": }';  // Malformed JSON

try {
    let user = JSON.parse(jsonData);
    console.log(user.name);
} catch (error) {
    console.error("Failed to parse JSON:", error);
}
```

Este enfoque asegura que tu aplicación permanezca robusta y pueda manejar datos inesperados o incorrectos de manera elegante. La cadena 'jsonData' está destinada a representar un objeto de usuario con propiedades 'name' y 'age', pero le falta un valor para 'age', lo que la convierte en un JSON inválido. El bloque 'try-catch' se utiliza para manejar cualquier error que pueda ocurrir durante el parseo de JSON. Si el parseo falla, se registrará un mensaje de error en la consola.

3.3.8 Uso de JSON para Copia Profunda

Una aplicación prevalente de los métodos de JavaScript Object Notation (JSON) JSON.stringify() y JSON.parse() en tándem es formular una clonación profunda de un objeto. Este enfoque es particularmente eficiente y fácil de usar para objetos que exclusivamente comprenden propiedades compatibles con la serialización JSON.

Esto significa que estas propiedades pueden ser fácilmente convertidas a un formato de datos que JSON puede leer y generar. Este par de métodos trabajan armoniosamente, con JSON.stringify() transformando el objeto en una cadena JSON, y el método JSON.parse() convirtiendo esta cadena de vuelta a un objeto JavaScript.

Este proceso resulta en un nuevo objeto que es una copia profunda del original, permitiendo la manipulación sin alterar el objeto inicial.

Ejemplo: Copia Profunda Usando JSON

```javascript
let original = {
    name: "Alice",
    details: {
        age: 25,
        city: "New York"
    }
};

let copy = JSON.parse(JSON.stringify(original));
copy.details.city = "Los Angeles";

console.log(original.details.city);   // Outputs: New York
console.log(copy.details.city);       // Outputs: Los Angeles
```

Esta técnica asegura que los cambios realizados en el objeto copiado no afecten al objeto original, lo cual es útil en escenarios donde es necesaria la inmutabilidad.

Este ejemplo de código crea una copia profunda de un objeto utilizando los métodos JSON.parse() y JSON.stringify(). Primero declara un objeto llamado 'original', luego crea una copia profunda de este objeto y la asigna a 'copy'. Después, cambia la propiedad 'city' del objeto 'details' en la 'copy'. Finalmente, registra la propiedad 'city' del objeto 'details' tanto en 'original' como en 'copy'. La salida muestra que cambiar la 'copy' no afecta al 'original', demostrando que se ha realizado una copia profunda.

3.3.9 Mejores Prácticas

1. **Usar el tipo MIME Correcto**: Es importante usar el tipo MIME application/json cuando se está sirviendo datos JSON desde un servidor. Esto es crucial porque asegura que los clientes tratarán la respuesta como JSON, lo que ayuda a evitar cualquier problema potencial que pueda surgir de la mala interpretación del tipo de datos.
2. **Asegurar la Validación de Datos JSON**: Particularmente cuando se está tratando con datos que provienen de fuentes externas, es absolutamente esencial validar tus datos JSON. Al hacer esto, puedes asegurarte de que los datos cumplen con la estructura y tipos esperados antes de comenzar a procesarlos. Esto ayudará a evitar cualquier posible error o inconsistencia que podría ocurrir si los datos no coinciden con el formato esperado.
3. **La Importancia de la Impresión Bonita de JSON**: Cuando estás depurando o mostrando JSON, puedes usar el método JSON.stringify() con parámetros adicionales para formatearlo de una manera fácil de leer. Esto se conoce como "impresión bonita" y puede hacer una gran diferencia cuando estás tratando de entender o depurar tus datos JSON, ya que organiza los datos de manera limpia y estructurada.

```
console.log(JSON.stringify(original, null, 2));  // Indents the output with 2 spaces
```

Este es un ejemplo de código que utiliza la función console.log para imprimir una versión en cadena del objeto llamado original. El método JSON.stringify se usa para convertir el objeto original en una cadena JSON. Los parámetros null y 2 indican que la cadena JSON resultante no debe tener reemplazos y debe estar indentada con 2 espacios para facilitar la lectura.

Al entender estos aspectos avanzados y mejores prácticas del manejo de JSON, mejoras tus capacidades en la gestión e intercambio de datos en aplicaciones web. La simplicidad y efectividad de JSON para estructurar datos lo convierten en una herramienta indispensable en el conjunto de herramientas de cualquier desarrollador moderno.

3.4 Map y Set

Además de las estructuras de datos ya existentes como arreglos y objetos, la actualización ES6 de JavaScript trajo consigo dos poderosas y novedosas estructuras de datos: Set y Map. Estas son particularmente útiles cuando se trata de manejar elementos únicos y pares clave-valor de una manera más eficiente.

Esta sección del documento está dedicada a explorar estas dos nuevas estructuras en detalle. Discutiremos de manera exhaustiva sus propiedades subyacentes, profundizaremos en sus casos de uso típicos y examinaremos cómo pueden ser utilizadas para mejorar tus proyectos en JavaScript. Al integrar Set y Map, puedes lograr una mayor eficiencia y simplicidad en tu código JavaScript, mejorando así el rendimiento de tus aplicaciones.

3.4.1 Map

Un Map en JavaScript es esencialmente una colección o un agregado de pares clave-valor. Esto significa que puedes almacenar datos de manera que cada valor esté asociado con una clave única. El aspecto clave que diferencia un Map de un objeto en JavaScript es que las claves en un Map pueden ser de cualquier tipo.

Esto es diferente a los objetos, que solo soportan claves de tipo String o Symbol. Otra distinción importante a tener en cuenta es que los Mapas mantienen el orden de los elementos según fueron insertados, a diferencia de los objetos donde el orden no está garantizado.

Esta característica de mantener el orden puede ser beneficiosa para ciertas aplicaciones donde la secuencia de los datos es importante. Por ejemplo, si estás construyendo una función donde se necesita preservar el orden cronológico de las interacciones del usuario, usar un Map sería más apropiado que un objeto.

Crear y Usar un Map

Ejemplo: Creando un Map y Manipulando Datos

```javascript
let map = new Map();

// Setting values
map.set('name', 'Alice');
map.set('age', 30);
map.set({}, 'An object key');

// Getting values
console.log(map.get('name'));   // Outputs: Alice
console.log(map.get('age'));    // Outputs: 30

// Checking for keys
console.log(map.has('age'));    // Outputs: true

// Iterating over a Map
for (let [key, value] of map) {
    console.log(`${key}: ${value}`);
}

// Size of the Map
console.log(map.size);  // Outputs: 3
```

```
// Deleting an element
map.delete('name');
console.log(map.has('name'));  // Outputs: false

// Clearing all entries
map.clear();
console.log(map.size);  // Outputs: 0
```

Este ejemplo demuestra las operaciones básicas de un Map, incluyendo establecer y recuperar valores, verificar la presencia de claves e iterar sobre las entradas.

Primero, se crea un nuevo Map. El método set se usa para agregar pares clave-valor al Map. Aquí, las claves son 'name', 'age' y un objeto vacío, con los valores correspondientes 'Alice', 30 y 'An object key'.

El método get se utiliza para recuperar los valores asociados con una clave particular del Map.

El método has se usa para verificar si una clave particular existe en el Map.

Hay un bucle que itera sobre el Map, registrando cada par clave-valor.

La propiedad size se registra en la consola, mostrando el número de entradas en el Map.

Luego, el método delete se utiliza para eliminar la clave 'name' y su valor asociado del Map.

Finalmente, el método clear se usa para eliminar todas las entradas del Map.

3.4.2 Set

En el ámbito de la programación, un Set es una forma especializada de estructura de datos. Está diseñado específicamente para albergar una colección de valores únicos. Estos valores pueden ser de cualquier tipo, lo que dota al Set de un increíble grado de versatilidad. Esta característica lo convierte en la opción óptima para crear una amplia variedad de listas o colecciones donde el mandato es que cada elemento debe ser único y aparecer solo una vez.

La imposición de esta unicidad es uno de los atributos más importantes de un Set. Permite la ejecución de operaciones de manera eficiente, ya que elimina la posibilidad de duplicación. Esto es especialmente ventajoso cuando un programador está manejando grandes volúmenes de datos. En estos casos, los valores duplicados no solo serían superfluos, sino que también podrían causar problemas significativos.

Por lo tanto, el Set, con su mecanismo incorporado para prevenir la duplicación, emerge como una solución ideal para manejar tales escenarios.

Crear y Usar un Set

Ejemplo: Creando un Set y Manipulando Elementos

```javascript
let set = new Set();

// Adding values
set.add('apple');
set.add('banana');
set.add('apple');   // Duplicate, will not be added

// Checking the size
console.log(set.size);   // Outputs: 2

// Checking for presence
console.log(set.has('banana'));   // Outputs: true

// Iterating over a Set
set.forEach(value => {
    console.log(value);
});

// Deleting an element
set.delete('banana');
console.log(set.has('banana'));   // Outputs: false

// Clearing all elements
set.clear();
console.log(set.size);   // Outputs: 0
```

En este ejemplo, se muestra cómo agregar elementos a un Set, verificar su presencia e iterar a través del conjunto. Las entradas duplicadas se rechazan automáticamente, asegurando que todos los elementos sean únicos.

En este código:

1. Se crea un nuevo Set.
2. Se agregan 'apple' y 'banana' al Set. El segundo intento de agregar 'apple' se ignora porque los Sets solo almacenan valores únicos.
3. Se registra el tamaño del Set (el número de elementos) en la consola.
4. El código verifica si 'banana' está en el Set y registra el resultado en la consola.
5. Se itera sobre el Set usando 'forEach', y cada valor se registra en la consola.

6. Se elimina 'banana' del Set, y se verifica nuevamente su presencia, registrando 'false' en la consola.
7. Finalmente, se eliminan todos los elementos del Set con 'clear()', y el tamaño del Set se registra nuevamente, resultando en 0.

3.4.3 Casos de Uso y Aplicaciones Prácticas

Mapas, como estructura de datos, juegan un papel crucial cuando se requiere una asociación directa entre claves y valores, complementada por la necesidad de inserciones y eliminaciones eficientes. Se vuelven particularmente útiles en escenarios donde la unicidad de las claves es una condición obligatoria y mantener el orden es importante, por ejemplo, al almacenar en caché datos derivados de una base de datos. Esto los convierte en una excelente opción para manejar tareas específicas relacionadas con datos.

Por otro lado, **Sets** son la estructura de datos preferida para gestionar colecciones de elementos donde la duplicación no es una opción. Son particularmente útiles en situaciones como el seguimiento de identificadores únicos de usuarios o en entornos donde la verificación de pertenencia es una operación frecuente. Proporcionan una manera eficiente de manejar elementos únicos en una colección, asegurando así la integridad y consistencia de los datos.

Tanto Map como Set ofrecen mejoras significativas en el rendimiento al manejar grandes conjuntos de datos. Son especialmente eficientes en operaciones como la búsqueda de un valor específico, proporcionando una clara ventaja sobre otras estructuras de datos como objetos y arreglos. Además, están equipados con una variedad de métodos que los hacen particularmente amigables y eficientes al manejar estructuras de datos complejas, asegurando que sean una herramienta valiosa para manejar grandes y complejos conjuntos de datos.

Al integrar Map y Set en tu conjunto de herramientas de JavaScript, puedes manejar datos de manera más eficiente y elegante, haciendo que tus aplicaciones sean más rápidas y escalables. Estas estructuras mejoran tu capacidad para manejar datos dinámicamente y pueden simplificar significativamente tu código cuando se utilizan adecuadamente.

Ejercicios Prácticos

Para solidificar tu comprensión de los conceptos discutidos en el Capítulo 3: "Trabajando con Datos", aquí hay algunos ejercicios prácticos que se centran en arreglos, objetos, JSON y las nuevas estructuras de ES6, Map y Set. Estos ejercicios te ayudarán a aplicar lo que has aprendido y a profundizar tu conocimiento sobre el manejo de diversas estructuras de datos en JavaScript.

Ejercicio 1: Manipulación de Arreglos

Crea un arreglo de números, inviértelo y luego ordénalo en orden ascendente.

Solución:

```
let numbers = [3, 1, 4, 1, 5, 9];
numbers.reverse();  // Reverses the array
numbers.sort((a, b) => a - b);  // Sorts the array in ascending order

console.log(numbers);  // Outputs: [1, 1, 3, 4, 5, 9]
```

Ejercicio 2: Operaciones con Objetos

Crea un objeto que represente un libro con propiedades para el título, el autor y el año de publicación. Luego, agrega un método al objeto que imprima una descripción del libro.

Solución:

```
let book = {
    title: "JavaScript: The Definitive Guide",
    author: "David Flanagan",
    year: 2020,
    describe: function() {
        console.log(`${this.title} by ${this.author}, published in ${this.year}`);
    }
};

book.describe();  // Outputs: "JavaScript: The Definitive Guide by David Flanagan,
published in 2020"
```

Ejercicio 3: Análisis y Serialización de JSON

Convierte una cadena JSON que representa a una persona en un objeto JavaScript, luego modifica la edad y conviértelo de nuevo a una cadena JSON.

Solución:

```
let personJSON = '{"name":"John", "age":28, "city":"New York"}';
let person = JSON.parse(personJSON);

person.age += 1;  // Increment the age

let updatedPersonJSON = JSON.stringify(person);
```

```
console.log(updatedPersonJSON);     // Outputs:  '{"name":"John","age":29,"city":"New
York"}'
```

Ejercicio 4: Uso de Map

Crea un Map para almacenar los nombres de los estudiantes y sus calificaciones correspondientes. Agrega algunas entradas, modifica una entrada y luego muestra todas las entradas.

Solución:

```
let studentGrades = new Map();

studentGrades.set('Alice', 85);
studentGrades.set('Bob', 92);
studentGrades.set('Alice', 88);  // Update Alice's grade

studentGrades.forEach((value, key) => {
    console.log(`${key}: ${value}`);
});
```

Ejercicio 5: Valores Únicos con Set

Dado un arreglo de números con duplicados, usa un Set para encontrar y mostrar los números únicos.

Solución:

```
let numbers = [1, 2, 3, 2, 1, 4, 4, 5];
let uniqueNumbers = new Set(numbers);

console.log(Array.from(uniqueNumbers));  // Outputs: [1, 2, 3, 4, 5]
```

Estos ejercicios proporcionan experiencia práctica con las estructuras de datos de JavaScript, mejorando tu capacidad para manipular y gestionar datos de manera efectiva en tus proyectos de programación. Al completar estas tareas, te volverás más competente en reconocer qué estructura de datos es más adecuada para una situación dada, mejorando tanto el rendimiento como la legibilidad de tu código.

Resumen del Capítulo

En el Capítulo 3 de "JavaScript from Scratch: Unlock your Web Development Superpowers", exploramos varias estructuras de datos poderosas y técnicas esenciales para manejar y manipular datos de manera efectiva en JavaScript. Este capítulo proporcionó una visión completa de los arrays, objetos, JSON, Maps y Sets, cada uno sirviendo propósitos únicos y ofreciendo diferentes beneficios en la programación con JavaScript. Aquí resumimos los conceptos clave discutidos en cada sección para reforzar tu comprensión y resaltar cómo estos componentes trabajan juntos para gestionar datos en aplicaciones web.

Arrays

Comenzamos con arrays, una estructura de datos fundamental para almacenar colecciones ordenadas de elementos en JavaScript. Los arrays son versátiles y ampliamente utilizados debido a su capacidad para contener elementos de cualquier tipo y ofrecer numerosos métodos para manipular estos elementos, incluyendo operaciones de adición, eliminación, ordenación y búsqueda. Discutimos cómo crear, acceder y modificar arrays y la importancia de comprender métodos de array como map(), filter(), reduce() y forEach() para la manipulación efectiva de datos.

Objetos

A continuación, profundizamos en los objetos, que son pares clave-valor que sirven como la columna vertebral de la mayoría de las aplicaciones JavaScript. A diferencia de los arrays, los objetos proporcionan una forma de almacenar datos de manera más estructurada, permitiendo un acceso y manipulación de datos más flexible e intuitivo. Exploramos la creación, el acceso, la modificación y eliminación de propiedades de objetos, y enfatizamos el papel de los métodos dentro de los objetos para encapsular la funcionalidad relacionada con los datos del objeto.

JSON

La discusión sobre JSON (JavaScript Object Notation) destacó su papel como un formato de intercambio de datos ligero que es fácil de leer y escribir tanto para humanos como para máquinas. Cubrimos cómo se utiliza JSON para serializar y transmitir datos estructurados a través de una red, particularmente entre clientes y servidores web. Aprendiste cómo analizar JSON en objetos JavaScript y cómo convertir objetos de nuevo a cadenas JSON, lo cual es esencial para las comunicaciones web.

Map y Set

Finalmente, presentamos las mejoras de ES6 a las capacidades de manejo de datos de JavaScript con Map y Set. Los Maps proporcionan una manera eficiente de almacenar pares clave-valor con cualquier tipo de clave, mientras que los Sets permiten el almacenamiento de valores únicos sin duplicación. Ambas estructuras ofrecen métodos que mejoran el rendimiento y la usabilidad en comparación con objetos y arrays tradicionales, especialmente cuando se manejan grandes conjuntos de datos o cuando el rendimiento es una preocupación.

A lo largo de este capítulo, proporcionamos ejemplos prácticos y ejercicios diseñados para ayudarte a aplicar estos conceptos. Al dominar el uso de estas estructuras de datos, mejoras tu capacidad para estructurar, acceder y manipular datos de manera eficiente, lo cual es crucial para cualquier proyecto de desarrollo web.

Al concluir este capítulo, recuerda que la elección de la estructura de datos puede impactar significativamente en el rendimiento y la legibilidad de tu aplicación. Entender las fortalezas y limitaciones de cada tipo de estructura de datos te permite elegir la más adecuada para tus desafíos de programación específicos, llevando a un código más robusto y mantenible. Continúa practicando estas habilidades a medida que avanzas para asegurarte de estar preparado para enfrentar escenarios de manejo de datos más complejos en tus proyectos futuros.

Capítulo 4: Manipulación del DOM

Bienvenido al Capítulo 4, un capítulo dedicado a explorar una de las áreas más críticas y fundamentales del desarrollo web: la manipulación del DOM. El Modelo de Objetos del Documento (DOM, por sus siglas en inglés) no es solo una interfaz de programación para documentos HTML y XML, sino que es la columna vertebral que proporciona una representación estructurada del documento. Esta representación viene en forma de un árbol de nodos con el que se puede interactuar y modificar usando lenguajes de programación como JavaScript.

Entender las complejidades del DOM no solo es importante, sino absolutamente crítico para cualquier desarrollador web, ya que es la clave para alterar dinámicamente el contenido, la estructura y el estilo de las páginas web. Sin un firme entendimiento del DOM, la capacidad de un desarrollador web para crear páginas web dinámicas e interactivas se vería enormemente disminuida.

Este capítulo no se trata solo de guiarte a través de los conceptos básicos o fundamentales del DOM. Más bien, profundiza en las técnicas para manipular el DOM y ayuda a desarrollar una sólida comprensión de las mejores prácticas para garantizar que tus aplicaciones no solo sean eficientes, sino también responsivas. Vamos a emprender un viaje juntos hacia el corazón del desarrollo web, comenzando con una comprensión fundamental del DOM y emergiendo con un entendimiento integral que mejorará tus habilidades de desarrollo web.

4.1 Comprender el DOM

El Modelo de Objetos del Documento (DOM) es esencialmente una representación en forma de árbol del contenido de una página web. Es un concepto clave en el desarrollo web que es crucial para entender cómo funcionan las páginas web. Después de que el documento HTML se carga completamente, el navegador crea meticulosamente este modelo, convirtiendo cada elemento HTML en un objeto que puede ser manipulado programáticamente usando JavaScript o lenguajes similares.

Este proceso permite a los desarrolladores interactuar y modificar el contenido y la estructura de una página web en tiempo real, lo que lleva a las experiencias web dinámicas e interactivas que vemos hoy en día. Comprender esta estructura y cómo funciona es el primer paso crítico hacia dominar el comportamiento de las páginas web dinámicas y convertirse en un experto en el desarrollo web interactivo.

4.1.1 ¿Qué es el DOM?

El Modelo de Objetos del Documento, a menudo abreviado como DOM, es un concepto crucial en el desarrollo web, aunque no es una parte inherente del lenguaje de programación JavaScript en sí. En cambio, el DOM es un estándar universalmente aceptado establecido para interactuar con elementos HTML. Ofrece una manera sistemática de acceder, modificar, añadir o eliminar elementos HTML. Esencialmente, el DOM sirve como un puente o interfaz que permite a JavaScript comunicarse e interactuar con el HTML y CSS de una página web de manera fluida.

Esta interacción se logra tratando las diversas partes de la página web como objetos, que pueden ser manipulados por JavaScript. En esencia, el DOM traduce la página web en una estructura orientada a objetos que JavaScript puede entender e interactuar, permitiendo así la manipulación de los elementos de la página web.

Una de las capacidades más poderosas del DOM es su capacidad para cambiar la estructura, el estilo y el contenido de una página web dinámicamente. Esta naturaleza dinámica del DOM, combinada con JavaScript, crea experiencias web interactivas y robustas que responden a la entrada y acciones del usuario. Esto significa que el DOM permite que JavaScript reaccione a eventos del usuario, cambie el contenido de la página sobre la marcha e incluso altere la apariencia y estilo de la página en respuesta a las acciones del usuario.

Entender el DOM es esencial para cualquier desarrollador web. Proporciona las herramientas necesarias para hacer que los sitios web sean más interactivos y amigables para el usuario, mejorando así la experiencia del usuario en general.

Ejemplo: Visualizando el DOM

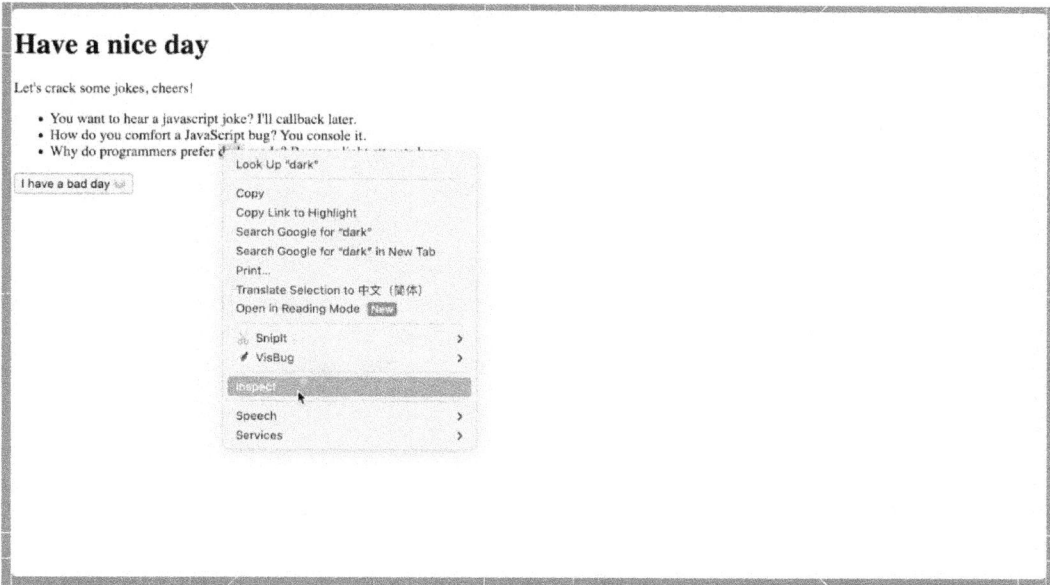

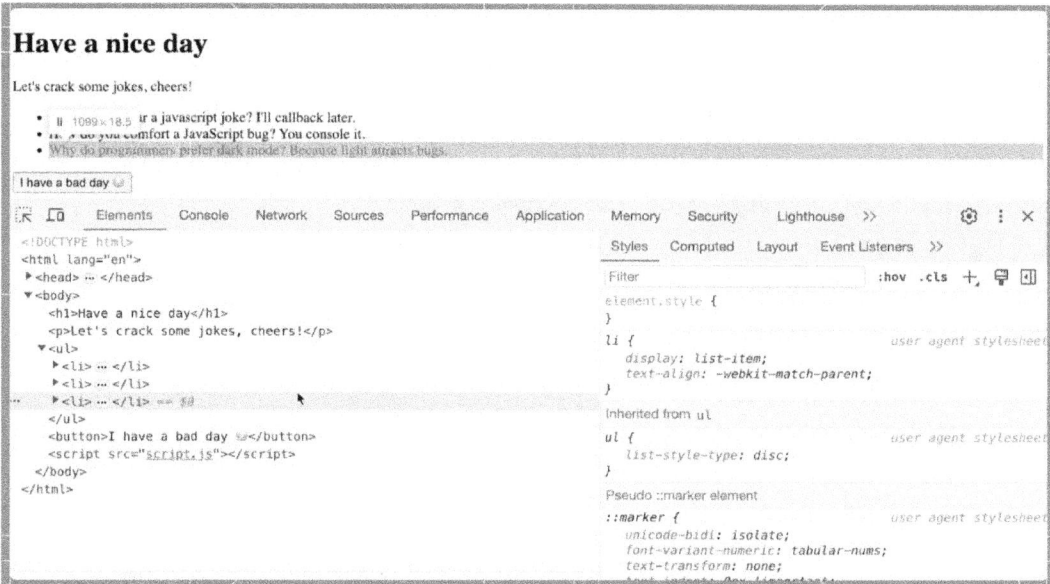

Cuando un documento HTML se carga en un navegador web, se representa internamente usando una estructura conocida como el Modelo de Objetos del Documento, o DOM. Este modelo es una parte crucial del desarrollo web, ya que proporciona una manera sistemática para que lenguajes de programación como JavaScript interactúen con los elementos del documento. El DOM es esencialmente una representación en forma de árbol del contenido de una página web.

Estas herramientas de desarrollo, que normalmente son accesibles a través del menú del navegador o usando un atajo de teclado, poseen varias características diseñadas para ayudar a los desarrolladores a inspeccionar y depurar páginas web. Una de estas características es una representación visual del DOM.

Cuando abres las herramientas de desarrollo y navegas a la sección que muestra el DOM (a menudo etiquetada como 'Elements' o 'Inspector'), verás una lista estructurada y anidada que refleja el contenido y la organización de la página web. Cada elemento HTML de la página web corresponde a un nodo en el árbol del DOM. Al expandir estos nodos (generalmente haciendo clic en una pequeña flecha o símbolo de más), puedes ver los nodos hijos que corresponden a los elementos HTML anidados.

Esta representación visual del DOM es interactiva. Hacer clic en un nodo del DOM resaltará el elemento correspondiente en la página web. Esto es beneficioso cuando se trata de entender el diseño y la estructura de páginas web complejas.

Además, ver el DOM te permite ver el estado actual de la estructura de la página web, incluyendo cualquier cambio que se haya realizado programáticamente usando JavaScript. También puedes editar el DOM directamente dentro de las herramientas de desarrollo, lo que te permite experimentar con cambios y ver los resultados de inmediato.

En esencia, la capacidad de ver e interactuar con el DOM a través de las herramientas de desarrollo de un navegador es un recurso poderoso en el conjunto de herramientas de un desarrollador web. No solo soporta la comprensión de la estructura en árbol de un documento, sino también la depuración y optimización de páginas web.

4.1.2 Estructura del DOM

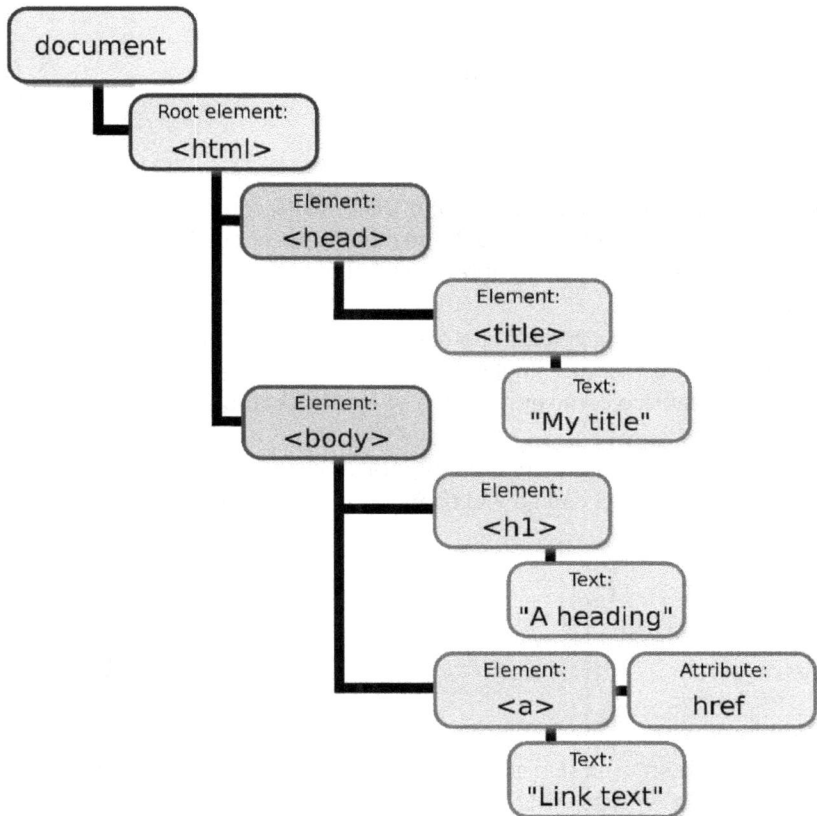

Como se ha mencionado, el Modelo de Objetos del Documento, también conocido como DOM, es un diseño estructurado en forma de árbol que representa fundamentalmente el contenido y la estructura de una página web. Este modelo es una parte crucial del desarrollo web ya que permite que scripts y lenguajes de programación interactúen con el contenido de una página web de manera dinámica.

La estructura del DOM está compuesta por varios nodos, y cada nodo representa un componente diferente del documento. Estos componentes pueden ser un elemento, un atributo o incluso el texto dentro del documento. Cada uno de estos nodos tiene una función específica y juega un papel crucial en la representación de la estructura y el contenido del documento.

El DOM, con su estructura jerárquica en forma de árbol, proporciona una manera eficiente de recorrer, manipular e interactuar con la información en una página web.

Los tipos de nodos en la estructura del DOM incluyen:

Nodos

En el contexto del Modelo de Objetos del Documento, o DOM, cada componente individual presente en el documento forma parte del árbol DOM y se denomina 'nodo'. Esto incluye cada elemento, atributo e incluso cada pieza de texto contenida en el documento.

Para proporcionar algunos ejemplos específicos, una etiqueta HTML <h1> se consideraría un nodo dentro de esta estructura. De manera similar, cualquier texto contenido dentro de un párrafo, incluso si es una sola palabra o carácter, también se clasifica como un nodo separado.

Estos nodos son los bloques de construcción fundamentales de cualquier página web y permiten la interacción dinámica entre el código y el contenido del documento, lo cual es tan integral en el diseño web moderno.

Ejemplo:

```
<h1>Welcome to my Website!</h1>
```

En este ejemplo, tanto el elemento <h1> en sí mismo como el texto "¡Bienvenido a mi sitio web!" son nodos en el árbol DOM. El elemento <h1> es un Nodo de Elemento, mientras que el contenido de texto es un Nodo de Texto.

Nodo de Documento

El nodo raíz es un componente fundamental de la estructura del documento. Sirve como una representación esencial de todo el documento, encapsulando su complejidad y ofreciendo una visión de su totalidad. Actuando como el punto de partida, el nodo raíz contiene todos los demás nodos dentro de su estructura, creando una organización jerárquica.

La información contenida dentro del nodo raíz se extiende para abarcar todos los demás elementos del documento. Actúa como un contenedor, albergando dentro de sí todos los diversos componentes que conforman el documento. Esta encapsulación es lo que da al documento su estructura y orden.

El nodo raíz sirve como el punto de referencia principal para acceder a cualquier parte del documento. Es el primer punto de contacto al navegar a través de la estructura del documento y proporciona un mapa para acceder a las diversas secciones del documento. Esta función esencial del nodo raíz lo convierte en un componente crítico en la estructura y organización general del documento.

Ejemplo:

```
<!DOCTYPE html>
<html>
<head>
  <title>My Website</title>
</head>
<body>
  <h1>Welcome to my Website!</h1>
  <p>This is some content.</p>
</body>
</html>
```

Este código representa una estructura básica de un documento HTML. Todo el documento, desde la declaración <!DOCTYPE html> hasta la etiqueta de cierre </html>, junto con todos los elementos y contenido de texto dentro, está representado por el Nodo del Documento en la raíz del árbol DOM.

Nodos de Elemento

Estos son componentes fundamentales que representan elementos HTML dentro de una página web. Son una parte integral del Modelo de Objeto de Documento (DOM), que es una representación estructurada de los elementos HTML en la página.

Cada etiqueta HTML en la página está representada por un Nodo de Elemento en el DOM. Estos nodos pueden contener otros nodos, incluidos nodos de texto y otros nodos de elemento, lo que permite la estructura jerárquica que los documentos HTML suelen tener.

Ejemplo:

```
<ul>
  <li>Item 1</li>
  <li>Item 2</li>
  <img src="image.png" alt="My Image">
  <a href="<https://www.example.com>">Visit our website</a>
</ul>
```

Este fragmento de código muestra varios elementos HTML como <ul>, <li>, <img> y <a>. Cada uno de estos elementos (ul, dos li, img y a) es un Nodo de Elemento separado en el árbol DOM.

Nodos de Texto

Estos son componentes cruciales de la estructura del documento XML y contienen el texto real dentro de los elementos. Llevan la información que el documento XML está destinado a transmitir y están encerrados dentro de las etiquetas de inicio y fin de un elemento.

Ejemplo:

```
<p>This is a paragraph with some text content.</p>
```

Aquí, el texto "Este es un párrafo con algo de contenido de texto." dentro de las etiquetas <p> es un Nodo de Texto. Nota que los Nodos de Texto no tienen nodos hijos propios.

Nodos de Atributo

Estos son nodos que están asociados con los atributos de los elementos dentro de un documento XML. Estos nodos de atributo contienen información adicional sobre los nodos de elemento y a menudo se accede a ellos directamente a través de estos nodos de elemento. Contienen datos que proporcionan más detalles sobre los elementos, pero no forman parte del contenido de datos real.

Ejemplo:

```
<img src="image.png" alt="My Image">
```

En este ejemplo, el elemento <img> tiene un atributo llamado src con un valor de "imagen.png". El atributo src en sí mismo es un Nodo de Atributo asociado con el Nodo de Elemento <img>. Aunque los Nodos de Atributo existen, típicamente se accede a ellos a través del Nodo de Elemento correspondiente para mayor facilidad (por ejemplo, element.getAttribute("src")).

4.1.3 Navegando el DOM

En el desarrollo web, tienes la capacidad de recorrer o navegar el árbol del Modelo de Objeto de Documento (DOM) usando diferentes propiedades. Estas propiedades proporcionan una especie de mapa que te permite moverte y manipular elementos dentro del árbol DOM.

Algunos ejemplos de estas propiedades incluyen parentNode, childNodes y firstChild. La propiedad parentNode, por ejemplo, te permite acceder al nodo padre de un nodo especificado en el árbol DOM. De manera similar, la propiedad childNodes te permite acceder a todos los nodos hijos de un nodo especificado, mientras que la propiedad firstChild específicamente te da el primer nodo hijo de un nodo especificado. Al utilizar estas propiedades, los desarrolladores pueden interactuar y modificar de manera eficiente los elementos dentro del árbol DOM.

Ejemplo: Navegación del DOM en Acción

Veamos un ejemplo práctico usando el código HTML proporcionado:

```html
<!DOCTYPE html>
<html>
<head>
    <title>Sample Page</title>
</head>
<body>
    <div id="content">
        <p>First paragraph</p>
        <p>Second paragraph</p>
    </div>
    <script>
        let contentDiv = document.getElementById('content');
        console.log(contentDiv.childNodes.length); // Outputs: 5 (includes text nodes,
like whitespace)
        console.log(contentDiv.firstChild.nextSibling.textContent);    //    Outputs:
'First paragraph'
    </script>
</body>
</html>
```

En este ejemplo, la propiedad childNodes incluye todos los nodos hijos, incluidos los nodos de texto (que pueden ser espacios en blanco si el HTML está formateado con sangrías o espacios). La navegación firstChild.nextSibling dirige al primer elemento <p> de manera efectiva. Ahora, vamos más allá:

1. Seleccionando el Elemento:

El código comienza seleccionando el elemento con el ID "content" utilizando document.getElementById('content'). Esto asigna el elemento <div> que contiene los párrafos a la variable contentDiv.

2. Navegando con childNodes:
   o La primera instrucción console.log usa contentDiv.childNodes.length. La propiedad childNodes devuelve una colección (NodeList) de todos los nodos hijos del elemento especificado. En este caso, incluye los dos elementos <p>, cualquier nodo de texto (como espacios en blanco entre los elementos) y potencialmente comentarios (si los hay). Esto explica por qué la salida es 5 aunque solo veamos dos párrafos en el HTML.
3. Navegando con firstChild y nextSibling:
   o La segunda instrucción console.log demuestra cómo navegar a nodos hijos específicos. Aquí hay un desglose paso a paso:
     ▪ contentDiv.firstChild accede al primer nodo hijo del contentDiv (que es el elemento <div>). Esto se refiere al primer elemento <p> que contiene "First paragraph".
     ▪ .nextSibling se mueve al nodo hermano siguiente del nodo actual. Dado que el primer elemento <p> tiene otro elemento <p> como su hermano, esto apunta al segundo elemento de párrafo con el texto "Second paragraph".
     ▪ Finalmente, .textContent recupera el contenido de texto dentro del elemento seleccionado, lo que da como resultado "First paragraph" en este caso.

Conclusiones Clave:

Estas propiedades (childNodes, firstChild, nextSibling) te permiten recorrer el árbol DOM y acceder a elementos específicos en relación con su posición dentro de la estructura. Esto es esencial para manipular e interactuar con los elementos de tus páginas web usando JavaScript.

Comprender la estructura del DOM y cómo navegarlo es fundamental para cualquier desarrollador web que busque crear aplicaciones web dinámicas y receptivas. Al manipular el DOM, puedes actualizar el contenido, la estructura y el estilo de una página web sin necesidad de enviar una solicitud al servidor para una nueva página.

4.1.4 DOM como una Representación Viva

Un aspecto crítico del Modelo de Objeto de Documento (DOM), que debe tenerse siempre presente, es su característica única de proporcionar lo que se denomina una representación "viva" del documento HTML.

Esto significa esencialmente que el DOM es inherentemente dinámico en lugar de estático. Es un espejo interactivo de la página web actual, lo que significa que cualquier modificación realizada en el DOM, ya sean adiciones, eliminaciones o alteraciones, se reflejan instantáneamente en la página web.

Esto es un camino de dos vías, ya que cualquier cambio en el contenido o la estructura de la página web, tal vez debido a la interacción del usuario o una actualización automática, se refleja inmediatamente en el DOM. Esta sincronización continua entre el DOM y la página web asegura que lo que manipulas programáticamente en el DOM siempre esté en línea con lo que se muestra visualmente en la página web.

Ejemplo: Actualizaciones Vivas del DOM

```
let list = document.createElement('ul');
document.body.appendChild(list);

let newItem = document.createElement('li');
newItem.textContent = 'New item';
list.appendChild(newItem); // Immediately visible on the web page
```

Este ejemplo demuestra cómo agregar dinámicamente un elemento al DOM actualiza inmediatamente la página web. Los elementos ul y li se crean y añaden al documento dinámicamente, y estos cambios son visibles de inmediato.

4.1.5 Consideraciones de Rendimiento

Trabajar con el Modelo de Objeto de Documento (DOM) puede ser una operación que consume muchos recursos, particularmente en lo que respecta al rendimiento. Cuando se realizan alteraciones constantes en el DOM, puede generar una carga significativa en el sistema, especialmente si la página web en cuestión es grande o compleja en su estructura.

Esto puede resultar en problemas de rendimiento evidentes, lo que puede afectar la experiencia general del usuario. Por lo tanto, se vuelve absolutamente crucial optimizar la forma en que interactuamos con el DOM. Esta optimización se centra principalmente en minimizar la ocurrencia de 'reflows' y 'repaints', que son procesos que el navegador tiene que llevar a cabo para recalcular el diseño y redibujar ciertas partes de la página web.

Al hacerlo, no solo hacemos que la página web sea más eficiente, sino que también mejoramos el rendimiento general y la experiencia del usuario.

Mejores Prácticas para Optimizar las Manipulaciones del DOM

- **Minimizar cambios en el DOM**: Una forma efectiva de mejorar el rendimiento de tu página web es minimizar los cambios en el Modelo de Objeto de Documento (DOM). Puedes hacer esto agrupando las actualizaciones al DOM. Esto significa cambiar las propiedades de los elementos mientras están fuera de pantalla y luego agregar o actualizar estos elementos en la página en una sola operación. Esto reduce la cantidad de operaciones de reflow y repaint que el navegador tiene que realizar, lo que lleva a un renderizado más suave y una mejor experiencia de usuario.
- **Usar fragmentos de documento**: Otra técnica ventajosa implica el uso de fragmentos de documento. Los fragmentos de documento te permiten mantener una parte del DOM fuera de pantalla, dándote la libertad de realizar múltiples cambios, como agregar, modificar o eliminar nodos, sin causar ningún reflow en la página. Una vez que todos los cambios están completos, el fragmento de documento puede adjuntarse nuevamente al documento, causando solo un reflow a pesar de los múltiples cambios.
- **Delegación de eventos**: Un aspecto importante del JavaScript eficiente es el uso apropiado de los oyentes de eventos. En lugar de adjuntar oyentes de eventos a elementos individuales, lo que puede ser intensivo en memoria y llevar a problemas de rendimiento, a menudo es más beneficioso usar un solo oyente en un elemento padre. Este único oyente puede manejar eventos de elementos hijos utilizando un proceso llamado propagación de eventos. Esta técnica puede mejorar significativamente el rendimiento, especialmente cuando se trata de un gran número de elementos similares.

Ejemplo: Uso de Fragmentos de Documento

```javascript
let fragment = document.createDocumentFragment();
for (let i = 0; i < 10; i++) {
    let newItem = document.createElement('li');
    newItem.textContent = `Item ${i}`;
    fragment.appendChild(newItem);
}

document.getElementById('myList').appendChild(fragment);
```

Este enfoque asegura que el DOM se actualice de una sola vez en lugar de en diez operaciones separadas, mejorando significativamente el rendimiento.

4.1.6 Accesibilidad y el DOM

Cuando trabajas con el Modelo de Objeto de Documento (DOM) en el desarrollo web, es absolutamente crítico que mantengas la accesibilidad en el centro de tus consideraciones. El proceso de agregar, eliminar o modificar elementos en tu página web puede tener un impacto significativo en la experiencia de los usuarios que dependen de lectores de pantalla y otros tipos de tecnologías asistivas para navegar por Internet.

Este grupo de usuarios puede incluir a personas con discapacidades visuales o motrices. Por lo tanto, es importante que nosotros, como desarrolladores, nos aseguremos de que nuestro contenido web no solo sea dinámico, sino también completamente accesible. Una forma de lograr esto es utilizando roles y propiedades ARIA (Aplicaciones de Internet Ricas Accesibles) adecuados.

Estos son herramientas integrales que hacen que el contenido web dinámico y complejo sea más accesible, especialmente para personas con discapacidades. Al implementar correctamente los roles y propiedades ARIA, puedes asegurarte de que el contenido que agregas o cambias sobre la marcha siga siendo accesible para todos los usuarios, creando así un entorno digital más inclusivo.

Ejemplo: Mejorando la Accesibilidad con ARIA

```
let dialog = document.createElement('div');
dialog.setAttribute('role', 'dialog');
dialog.setAttribute('aria-labelledby', 'dialog_label');
dialog.textContent = 'This is an accessible dialog box.';
document.body.appendChild(dialog);
```

Este ejemplo demuestra cómo configurar roles y propiedades ARIA para informar a las tecnologías asistivas sobre el rol del elemento y su estado, mejorando la accesibilidad para todos los usuarios.

4.2 Selección de Elementos

En el campo del desarrollo web, el proceso de manipulación del Modelo de Objeto de Documento, o DOM como se le conoce comúnmente, típicamente comienza con la acción de seleccionar elementos. Esta operación elemental forma la base de la mayoría de las funciones interactivas en una página web.

La capacidad de seleccionar elementos del DOM, tanto de manera precisa como eficiente, es de suma importancia para una miríada de tareas, incluyendo, pero no limitado a, la actualización dinámica de contenido, la alteración del estilo y la respuesta a las interacciones del usuario.

Dado el papel fundamental que desempeña la selección de elementos en el desarrollo web, es crucial entender los diferentes métodos disponibles para este propósito. Con el avance de JavaScript, ahora disponemos de una plétora de métodos para seleccionar elementos del DOM. Sin embargo, cada método tiene su propio caso de uso específico, beneficios y desventajas.

En esta sección, nos adentraremos en la exploración de varios métodos proporcionados por JavaScript para seleccionar elementos del DOM. Esto incluirá una explicación detallada de sus escenarios de uso y las mejores prácticas asociadas con cada método. El objetivo es equiparte con el conocimiento y las habilidades necesarias para mejorar tu efectividad en la creación de scripts y tu productividad general en el ámbito del desarrollo web.

4.2.1 El Método document.getElementById()

Cuando se trata de seleccionar un elemento en el Modelo de Objeto de Documento (DOM), el método más sencillo y directo es utilizando su identificador único, comúnmente referido como ID. Los ID están diseñados para ser únicos dentro de una página web, lo que significa que cada ID debe corresponder a un solo elemento.

La función de JavaScript document.getElementById(), por lo tanto, proporciona un método expedito y eficiente para localizar un solo elemento dentro de la estructura de la página web. Al usar esta función, los desarrolladores pueden acceder y manipular rápidamente las propiedades del elemento DOM que corresponde al ID especificado.

Ejemplo: Uso de document.getElementById()

```
<div id="content">This is some content.</div>
<script>
    let contentDiv = document.getElementById('content');
    console.log(contentDiv.textContent);  // Outputs: This is some content.
</script>
```

Este método es muy rápido porque el navegador puede acceder inmediatamente al elemento por su identificador único.

4.2.2 El Método document.getElementsByTagName()

Cuando se trata de seleccionar elementos por su nombre de etiqueta específico en JavaScript, puedes usar la función document.getElementsByTagName(). Lo que hace esta función es devolver una colección HTML viva (HTMLCollection) de elementos que corresponden al nombre de etiqueta dado.

Esto significa que la colección se actualiza automáticamente cuando el documento cambia. Esta funcionalidad es particularmente útil para operaciones que necesitan aplicarse a todos los elementos de un tipo específico. Por ejemplo, si quisieras manipular o realizar una acción en todos los elementos div en tu documento HTML, podrías usar esta función.

La colección HTML viva contendría todos los elementos div, y los cambios realizados a estos elementos en el script se reflejarían en el documento.

Ejemplo: Uso de document.getElementsByTagName()

```
<ul>
    <li>First item</li>
    <li>Second item</li>
</ul>
<script>
    let listItems = document.getElementsByTagName('li');
    for (let item of listItems) {
        console.log(item.textContent);
    }
</script>
```

Este método registrará "First item" y "Second item", demostrando cómo iterar sobre múltiples elementos.

4.2.3 El Método document.getElementsByClassName()

En el vasto campo del desarrollo web, a menudo es necesario clasificar elementos según sus atributos de clase. Aquí es donde el método de JavaScript document.getElementsByClassName() se vuelve excepcionalmente útil.

Este método sirve como una herramienta poderosa, permitiendo a los desarrolladores seleccionar todos los elementos que tienen el mismo nombre de clase. Es importante notar que este método no solo devuelve una lista estática de elementos, sino que devuelve una colección HTML viva (HTMLCollection).

Esta colección HTML viva es una lista dinámica y actualizada de todos los elementos adornados con el nombre de clase especificado, proporcionando así un seguimiento en tiempo real de todos los elementos relevantes dentro del documento.

Ejemplo: Uso de document.getElementsByClassName()

```
<div class="note">Note 1</div>
<div class="note">Note 2</div>
<script>
    let notes = document.getElementsByClassName('note');
    for (let note of notes) {
        console.log(note.textContent);
    }
</script>
```

Este ejemplo selecciona todos los elementos con la clase "note" y registra sus contenidos.

4.2.4 Selectores de Consulta

Cuando se trata de selecciones más intrincadas o sofisticadas en una página web, los selectores de consulta de Hojas de Estilo en Cascada (CSS) resultan ser notablemente potentes. Ofrecen una manera metódica y precisa de apuntar y manipular diferentes elementos dentro del Modelo de Objeto de Documento (DOM) de una página web.

Hay principalmente dos métodos utilizados para emplear estos selectores de estilo CSS para encontrar elementos dentro del DOM: document.querySelector() y document.querySelectorAll().

La función document.querySelector() es particularmente útil cuando estás interesado solo en el primer elemento que coincida con un selector CSS especificado. Buscará a través del DOM y devolverá el primer elemento que encuentre que se ajuste al selector CSS proporcionado. Esto puede ser increíblemente práctico cuando necesitas encontrar y manipular rápidamente un elemento específico.

Por otro lado, document.querySelectorAll() es una herramienta ligeramente diferente pero igualmente útil. En lugar de devolver el primer elemento coincidente, devuelve una NodeList, esencialmente una colección, de todos los elementos que correspondan al selector CSS especificado.

Este método es particularmente útil cuando necesitas seleccionar múltiples elementos y realizar la misma acción en todos ellos, como agregar una clase específica o alterar el estilo.

Ejemplo: Uso de Selectores de Consulta

```
<div id="container">
    <div class="item">Item 1</div>
    <div class="item">Item 2</div>
</div>
<script>
    let container = document.querySelector('#container');
    let items = document.querySelectorAll('.item');

    console.log(container);  // Outputs the container div
    items.forEach(item => console.log(item.textContent));  // Outputs: Item 1, Item 2
</script>
```

Estos métodos proporcionan flexibilidad y potencia, permitiendo estrategias de consulta complejas como combinar selectores de clase, selectores de ID y pseudo-clases.

4.2.5 Mejores Prácticas

Cuando se trata de seleccionar elementos en una página web, hay algunas consideraciones importantes a tener en cuenta:

- **Usa IDs para elementos únicos**: Si tienes un único elemento que necesitas acceder con frecuencia, la mejor opción es usar un ID. Los IDs son una herramienta poderosa para identificar un elemento específico y pueden ser utilizados para manipular ese elemento de varias maneras.
- **Prefiere nombres de clase para grupos de elementos**: Si estás tratando con un grupo de elementos que comparten características similares o necesitan tener un comportamiento o estilo similar aplicado a ellos, los nombres de clase son tu mejor opción. Te permiten acceder y modificar colectivamente varios elementos relacionados de una sola vez.
- **Utiliza selectores de consulta para selecciones complejas**: Si tus necesidades de selección son más complejas y no pueden ser adecuadamente manejadas con IDs o nombres de clase, los selectores de consulta pueden ser una herramienta útil. Sin embargo, es importante estar consciente de las posibles implicaciones de rendimiento asociadas con su uso. Esto es especialmente cierto cuando se usa document.querySelectorAll() en documentos grandes. Puede potencialmente ralentizar los tiempos de carga de la página, por lo que es esencial usarlo con prudencia.

Comprender estos diversos métodos para seleccionar elementos en el DOM te permite manipular páginas web de manera más efectiva, sentando las bases para experiencias de usuario dinámicas e interactivas. Al dominar la selección de elementos, puedes acceder de manera eficiente a cualquier parte del DOM para leer datos, modificar atributos o desencadenar cambios en la apariencia o el comportamiento del documento.

4.2.6 Almacenamiento en Caché de Referencias del DOM

Cuando estás trabajando en un proyecto donde notas que estás accediendo repetidamente al mismo elemento, se vuelve beneficioso hacer uso del almacenamiento en caché. Esto significa que almacenarías la referencia a ese elemento en particular en una variable.

Este método se emplea a menudo para evitar la sobrecarga innecesaria de consultar repetidamente el Modelo de Objeto de Documento (DOM). La consulta repetida puede llevar a una reducción en la tasa de rendimiento, lo cual no es ideal en ningún caso. Sin embargo, al usar el almacenamiento en caché, puedes mejorar significativamente el rendimiento de tu aplicación.

Esto es especialmente pertinente en el caso de aplicaciones complejas donde la eficiencia y los tiempos de respuesta rápidos son clave. Por lo tanto, no se trata solo de hacer el código más limpio, sino también de mejorar la experiencia del usuario al acelerar la aplicación.

Ejemplo: Almacenamiento en Caché de Referencias del DOM

```
const menu = document.getElementById('main-menu');   // Access DOM once and store 
reference

// Use 'menu' multiple times without re-querying the DOM
menu.classList.add('active');
menu.addEventListener('click', handleMenuClick);
```

El almacenamiento en caché es particularmente útil en controladores de eventos o cualquier función que se llame repetidamente.

Este es un fragmento de código de ejemplo que accede al elemento HTML (DOM) con el ID 'main-menu' y lo asigna a la variable 'menu'. Luego, el fragmento usa esta referencia para agregar la clase 'active' al menú y configurar un listener de eventos que llamará a la función 'handleMenuClick' cada vez que ocurra un evento de clic en el menú.

4.2.7 Uso de Atributos data-* para la Selección

HTML5, una revisión importante del lenguaje central de la World Wide Web, introdujo una característica importante conocida como atributos de datos personalizados. Estos atributos proporcionan un medio para almacenar información adicional directamente dentro de elementos HTML estándar.

El proceso implica el uso de atributos que están precedidos por data-, lo que sirve como un marcador para estos atributos definidos por el usuario. Esta nueva característica es poderosa y flexible, permitiendo a los desarrolladores enriquecer elementos con datos personalizados, extendiendo las capacidades nativas de los elementos HTML.

Estos atributos de datos personalizados pueden ser increíblemente útiles por una multitud de razones, algunas de las cuales incluyen asociar datos directamente con elementos sin tener que recurrir a atributos no estándar o propiedades adicionales del DOM.

Esto no solo mejora la eficiencia, sino que también asegura la integridad del código. Es un paso significativo hacia adelante en el desarrollo de HTML, ofreciendo una manera más versátil y efectiva de gestionar y manipular datos dentro de documentos HTML.

Ejemplo: Uso de Atributos data-*

```
<div id="product-list">
    <div data-product-id="001" data-price="29.99">Product 1</div>
    <div data-product-id="002" data-price="39.99">Product 2</div>
</div>

<script>
    const products = document.querySelectorAll('[data-product-id]');
    products.forEach(product => {
        console.log(`Product ID: ${product.getAttribute('data-product-id')}, Price:
$$${product.getAttribute('data-price')}`);
    });
</script>
```

Este enfoque no solo mantiene tu HTML válido, sino que también aprovecha el dataset para una recuperación y manipulación de datos eficientes.

La parte HTML del código de ejemplo crea un contenedor con el ID "product-list", que contiene dos elementos div que representan dos productos diferentes. Cada producto tiene un ID único y un precio asociado, establecidos como atributos de datos.

La parte de JavaScript del código selecciona todos los elementos con el atributo 'data-product-id', que en este caso son los elementos div que representan los productos. Luego, recorre estos elementos, y para cada producto, registra el ID del producto y el precio en la consola.

4.2.8 Consideraciones al Usar NodeList y HTMLCollection

En el desarrollo web, es crucial comprender las diferencias entre NodeList y HTMLCollection. Estos son dos tipos diferentes de colecciones de nodos DOM, y varían significativamente en sus comportamientos, especialmente en términos de su naturaleza "viva" versus "estática".

Cuando usas document.getElementsByClassName(), devuelve lo que se conoce como una HTMLCollection viva. El término "viva" significa que esta HTMLCollection se actualiza dinámicamente para reflejar cualquier cambio que ocurra en el DOM. Por ejemplo, si los elementos que coinciden con el nombre de clase especificado se agregan o eliminan del documento después de la llamada a getElementsByClassName(), la HTMLCollection se actualizará automáticamente para incluir o excluir estos elementos.

Por otro lado, document.querySelectorAll() devuelve un NodeList que es estático, no vivo. Esto significa que, a diferencia de una HTMLCollection, el NodeList devuelto por querySelectorAll() no se actualiza automáticamente para reflejar los cambios en el DOM. Si los elementos que coinciden con los selectores pasados a querySelectorAll() se agregan o eliminan del documento después de la llamada a querySelectorAll(), estos cambios no se reflejarán en el NodeList.

Comprender esta diferencia es fundamental para asegurar la manipulación correcta del DOM en tu código JavaScript.

Ejemplo: Colecciones Estáticas vs. Vivas

```javascript
const liveCollection = document.getElementsByClassName('item');
const staticList = document.querySelectorAll('.item');

// Adding a new element with class 'item'
const newItem = document.createElement('div');
newItem.className = 'item';
document.body.appendChild(newItem);

console.log(liveCollection.length);  // Includes the newly added element
console.log(staticList.length);      // Does not include the newly added element
```

Comprender el comportamiento de estas colecciones es crucial para gestionar correctamente los elementos del DOM en aplicaciones dinámicas.

JAVASCRIPT DE CERO A SUPERHÉROE: DESBLOQUEA TUS SUPERPODERES EN EL DESARROLLO WEB

Este fragmento de código de ejemplo demuestra la diferencia entre getElementsByClassName() y querySelectorAll(). Ambas funciones se utilizan para seleccionar elementos HTML con la clase 'item'. Cuando se agrega un nuevo elemento con la clase 'item' al documento, getElementsByClassName() refleja este cambio inmediatamente e incluye el nuevo elemento en su colección, esto se debe a que devuelve una colección viva de elementos. Por otro lado, querySelectorAll() no incluye el nuevo elemento, ya que devuelve un NodeList estático que no se actualiza para reflejar cambios en el DOM.

4.2.9 Consultas Eficientes y Limitación del Ámbito

Al limitar cuidadosamente el ámbito de tus consultas, puedes mejorar drásticamente el rendimiento de tu código, especialmente cuando se trata de estructuras DOM extensas. En lugar de consultar indiscriminadamente todo el documento, un enfoque más eficiente sería restringir tu consulta a un subárbol específico del DOM.

Este enfoque asegura que la operación de búsqueda se realice dentro de un conjunto reducido de elementos, reduciendo así el tiempo y los recursos necesarios para ejecutar la consulta. Esta técnica es particularmente beneficiosa cuando se trata de estructuras DOM de gran escala y complejas, donde las consultas innecesarias pueden resultar en una degradación significativa del rendimiento.

Ejemplo: Limitación del Ámbito

```
<div id="sidebar">
    <!-- Sidebar content -->
</div>

<script>
    const sidebar = document.getElementById('sidebar');
    const links = sidebar.querySelectorAll('a');  // Only search within 'sidebar'
</script>
```

Este método es más eficiente que document.querySelectorAll() cuando se sabe que los elementos objetivo residen dentro de una parte específica del DOM.

La parte HTML crea una división (div) con el id 'sidebar' para contener el contenido de la barra lateral. La parte de JavaScript se utiliza para seleccionar el div 'sidebar' y todos los elementos de anclaje ('a') dentro de él. Como resultado, este script se usa para reunir todos los enlaces presentes en la sección 'sidebar' de la página web.

4.3 Modificando el Contenido

JavaScript es conocido por sus capacidades robustas y versátiles, y una de sus características más potentes es la capacidad de modificar dinámicamente el contenido de una página web. Esta capacidad no es solo un truco ingenioso; es un componente vital cuando se trata de crear aplicaciones web interactivas, receptivas y capaces de adaptarse en tiempo real a la entrada del usuario y otros estímulos externos.

En esta sección integral, profundizaremos en las muchas técnicas disponibles para la modificación del contenido. Esto abarca una amplia gama de métodos, desde alterar el contenido textual hasta cambiar el HTML subyacente e incluso ajustar los atributos de los elementos del DOM. Cada método que exploraremos viene con sus ventajas únicas y posibles casos de uso, lo que aumentará tu conjunto de herramientas para personalizar dinámicamente el comportamiento y la presentación visual de las páginas web.

Al dominar estas técnicas, estarás mejor equipado para crear experiencias web atractivas e interactivas que no solo respondan a la entrada del usuario, sino que también adapten su comportamiento y apariencia para satisfacer mejor las necesidades y expectativas del usuario final.

4.3.1 Cambio del Contenido de Texto

Cuando se trata de modificar el contenido de un elemento en programación, particularmente en JavaScript, hay un par de formas sencillas de lograr esto cambiando su texto. JavaScript ofrece dos propiedades principales que son instrumentales para este propósito, a saber, textContent e innerText.

La primera propiedad, **textContent**, proporciona una manera sin adornos de recuperar y alterar el contenido de texto de un elemento junto con todos sus elementos descendientes. Un aspecto interesante de textContent es que no toma en cuenta ningún estilo que pueda aplicarse para ocultar el texto. Como resultado, devuelve el contenido en su forma cruda, sin ninguna alteración.

Por otro lado, la segunda propiedad, **innerText**, opera de manera un poco diferente. Es consciente de cualquier estilo que se haya aplicado al texto y, por lo tanto, no devolverá el texto de los elementos que se hayan "ocultado" utilizando ciertos estilos, como display: none. Esto es en marcado contraste con textContent. Además, innerText respeta la presentación visual del texto, lo que significa que toma en consideración cómo el texto está formateado y mostrado visualmente en la página web.

Ejemplo: Uso de textContent e innerText

```
<div id="message">Hello <span style="display: none;">hidden</span> World!</div>
<script>
    const element = document.getElementById('message');
    console.log(element.textContent);  // Outputs: "Hello hidden World!"
    console.log(element.innerText);    // Outputs: "Hello World!"
</script>
```

Este ejemplo ilustra la diferencia entre textContent e innerText. Mientras que textContent recupera todo el texto independientemente de los estilos CSS, innerText proporciona una representación más cercana a lo que es visible para un usuario.

4.3.2 Modificación del Contenido HTML

La propiedad innerHTML es una herramienta poderosa cuando se trata de manipular el contenido HTML de un elemento. Esta propiedad te da la capacidad de establecer o recuperar el contenido HTML (es decir, el marcado) que está contenido dentro del elemento.

Una de las características clave de la propiedad innerHTML es que abarca no solo el texto dentro del elemento, sino también cualquier etiqueta HTML que pueda estar incluida dentro de él. Esto significa que puedes usar innerHTML para insertar estructuras HTML complejas directamente en un elemento, o extraer dichas estructuras para usarlas en otro lugar.

Por lo tanto, la propiedad innerHTML proporciona un método altamente eficiente y versátil para manipular dinámicamente el contenido de una página web.

Ejemplo: Uso de innerHTML

```
<div id="content">Original Content</div>
<script>
    const contentDiv = document.getElementById('content');
    contentDiv.innerHTML = '<strong>Updated Content</strong>';

    console.log(contentDiv.innerHTML);            //    Outputs:    "<strong>Updated
Content</strong>"
</script>
```

Este método es poderoso para agregar estructuras HTML complejas dentro de un elemento, pero debe ser utilizado con cuidado para evitar vulnerabilidades de cross-site scripting (XSS).

El HTML define un elemento div con el id "content" que contiene el texto "Contenido Original". El código JavaScript luego selecciona este div usando su id y cambia su innerHTML a "Contenido Actualizado", lo que hace que el texto sea en negrita y lo cambia a "Contenido Actualizado". La última línea del código JavaScript muestra el innerHTML actual del div, que será "Contenido Actualizado", en la consola.

4.3.3 Actualización de Atributos

Uno de los requisitos comunes en el desarrollo web es la manipulación de los atributos de los elementos del Modelo de Objeto de Documento, o DOM. Esto es a menudo necesario para aplicaciones web dinámicas e interactivas donde las propiedades de los elementos necesitan ajustarse en función de la interacción del usuario u otros factores.

JavaScript, siendo el lenguaje de la web, proporciona varios métodos para gestionar dinámicamente estos atributos. Entre estos métodos están setAttribute, getAttribute y removeAttribute. El método setAttribute nos permite asignar un valor específico a un atributo, getAttribute nos permite recuperar el valor actual de un atributo, y removeAttribute nos permite eliminar un atributo por completo.

Estos métodos ofrecen formas poderosas de manipular las propiedades de los elementos del DOM, permitiendo así experiencias de usuario más dinámicas e interactivas.

Ejemplo: Modificación de Atributos

```
<a id="link" href="<http://example.com>">Visit Example</a>
<script>
    const link = document.getElementById('link');
    console.log(link.getAttribute('href'));  // Outputs: "<http://example.com>"

    link.setAttribute('href', '<https://www.changedexample.com>');
    link.textContent = 'Visit Changed Example';

    console.log(link.getAttribute('href'));                    //          Outputs:
"<https://www.changedexample.com>"
</script>
```

Este ejemplo demuestra cómo cambiar el atributo href de una etiqueta de anclaje, redirigiendo efectivamente a los usuarios a una URL diferente.

Inicialmente, el ejemplo configura un hipervínculo (etiqueta de anclaje) con el id "link" que apunta a "http://example.com" con el texto del enlace "Visitar Ejemplo". Luego, se ejecuta un script.

El script obtiene el elemento con el id "link" y registra su atributo href en la consola, que es "http://example.com".

Luego, cambia el atributo href del enlace a "https://www.changedexample.com" y también cambia el texto del enlace a "Visitar Ejemplo Cambiado".

Finalmente, registra el nuevo atributo href en la consola, que es "https://www.changedexample.com".

4.3.4 Manejo de Clases

En el desarrollo web, gestionar clases CSS es un requisito frecuente, especialmente cuando necesitas cambiar dinámicamente el contenido. Esto es particularmente importante cuando deseas alterar la apariencia de los elementos basándote en las interacciones del usuario.

Por ejemplo, podrías querer cambiar el color de un botón cuando un usuario pasa el cursor sobre él o cambiar el diseño de una página basándote en las preferencias del usuario. Para facilitar esto, JavaScript proporciona una propiedad llamada classList.

La propiedad classList te da acceso a varios métodos útiles que hacen que gestionar clases CSS sea muy sencillo. Estos métodos incluyen add, remove, toggle y contains. El método add te permite agregar una nueva clase a un elemento, el método remove te permite eliminar una clase, el método toggle te permite alternar una clase y el método contains verifica si una clase específica está asignada a un elemento.

Ejemplo: Uso de classList

```
<div id="toggleElement">Toggle My Style</div>
<script>
    const element = document.getElementById('toggleElement');

    // Toggle a class
    element.classList.toggle('highlight');
    console.log(element.classList.contains('highlight'));  // Outputs: true

    // Remove a class
    element.classList.remove('highlight');
    console.log(element.classList.contains('highlight'));  // Outputs: false
</script>
```

Este ejemplo muestra cómo alternar una clase para resaltar visualmente un elemento y luego eliminar la clase para revertirlo a su estilo original.

El código de ejemplo incluye un elemento div con el ID "toggleElement". El código JavaScript accede a este div por su ID y alterna la clase 'highlight'. Si la clase 'highlight' está presente, se elimina; si está ausente, se agrega. Después de cada operación, el código verifica la presencia de la clase 'highlight' en el div y registra el resultado en la consola.

4.3.5 Actualizaciones por Lote Eficientes

Al desarrollar aplicaciones web, es importante entender que hacer cambios directamente en el Modelo de Objeto de Documento, también conocido como DOM, puede ser bastante costoso en términos de rendimiento.

Esto es particularmente cierto cuando tales modificaciones se realizan repetidamente dentro de un bucle o durante una secuencia compleja de operaciones. La razón detrás de esto es que cada vez que haces un cambio en el DOM, el navegador necesita recalcular el diseño, repintar la pantalla y realizar otras tareas que pueden ralentizar tu aplicación.

Para optimizar el rendimiento y asegurar que tu aplicación funcione sin problemas, es aconsejable minimizar las interacciones directas con el DOM. En su lugar, considera usar una técnica conocida como actualizaciones por lote.

Este enfoque implica hacer múltiples cambios en el DOM en una sola operación, lo que puede reducir significativamente la cantidad de trabajo que el navegador necesita hacer y, por lo tanto, mejorar la velocidad de tu aplicación. Recuerda siempre que una manipulación eficiente del DOM es clave para una aplicación web de alto rendimiento.

Ejemplo: Actualización por Lote Eficiente

```
<div id="listContainer"></div>
<script>
    const listContainer = document.getElementById('listContainer');
    let htmlString = '';

    for (let i = 0; i < 100; i++) {
        htmlString += `<li>Item ${i}</li>`;
    }

    listContainer.innerHTML = htmlString;   // Updates the DOM once, rather than in
each iteration
</script>
```

Este ejemplo demuestra la creación de una cadena de HTML y la actualización del DOM una sola vez, en lugar de actualizar el DOM en cada iteración del bucle, lo que sería significativamente menos eficiente.

4.3.6 Trabajando con Fragmentos de Documento

Un DocumentFragment es un objeto de documento minimalista y ligero que tiene la característica única de almacenar una parte de la estructura de un documento, pero no posee un nodo padre. Su función principal es contener nodos como cualquier otro documento, pero hay una diferencia clave: existe fuera del árbol principal del DOM.

Esto significa que los cambios realizados en un DocumentFragment no afectan al documento, no desencadenan reflow ni incurren en ningún impacto en el rendimiento. El beneficio de esto se hace evidente cuando necesitas agregar múltiples elementos al DOM.

En lugar de agregar individualmente cada nodo, lo que podría resultar en múltiples reflows y consecuentes impactos en el rendimiento, puedes en su lugar agregar estos nodos a un DocumentFragment. Luego, agregas este fragmento al DOM. Al hacer esto, solo desencadenas un único reflow, optimizando así el rendimiento.

Ejemplo: Uso de Fragmentos de Documento

```
<ul id="myList"></ul>
<script>
    const myList = document.getElementById('myList');
    const fragment = document.createDocumentFragment();

    for (let i = 0; i < 5; i++) {
        let li = document.createElement('li');
        li.appendChild(document.createTextNode(`Item ${i}`));
        fragment.appendChild(li);
    }

    myList.appendChild(fragment);  // Appends all items in a single DOM update
</script>
```

Este enfoque es particularmente efectivo al construir estructuras DOM complejas o a gran escala de manera dinámica.

El código de ejemplo crea una lista desordenada en HTML con el id "myList". Luego, usando JavaScript, crea un DocumentFragment (un objeto de documento minimalista que puede contener nodos). Se realiza un bucle 5 veces creando un elemento de lista (li) en cada iteración.

Cada uno de estos elementos se agrega al DocumentFragment. Finalmente, este fragmento se agrega a la lista desordenada "myList". La ventaja de este enfoque es que agregar el fragmento desencadena solo un reflow, haciendo que la operación sea más eficiente en términos de rendimiento.

4.3.7 Modificación de Estilos

Uno de los aspectos cruciales de crear contenido web dinámico es la capacidad de manipular el estilo de los elementos. Esto es lo que te permite crear una experiencia de usuario visualmente atractiva e interactiva. Los atributos className y classList son herramientas particularmente útiles en este sentido, ya que permiten la gestión eficiente de clases CSS.

Estos pueden ser usados para alterar la apariencia de los elementos HTML en respuesta a las interacciones del usuario, o para ajustar dinámicamente el diseño de una página web. Sin embargo, hay instancias en las que es necesario realizar cambios directos en los estilos en línea. Estas situaciones típicamente surgen cuando necesitas hacer ajustes específicos al estilo de un elemento sobre la marcha, sin afectar las propiedades generales de la clase.

En tales casos, poder editar los estilos en línea directamente te da un mayor grado de control sobre el aspecto y la sensación precisa de tu contenido web.

Ejemplo: Cambio de Estilos Dinámicamente

```
<div id="dynamicDiv">Dynamic Style</div>
<script>
    const dynamicDiv = document.getElementById('dynamicDiv');
    dynamicDiv.style.backgroundColor = 'lightblue';
    dynamicDiv.style.padding = '10px';
    dynamicDiv.style.border = '1px solid navy';
</script>
```

Esta técnica es útil para modificaciones rápidas y animaciones puntuales, pero debe usarse con prudencia ya que puede anular las hojas de estilo CSS.

Este fragmento de código primero define un elemento div con el id "dynamicDiv". Luego, usando JavaScript, selecciona ese elemento div y le aplica varios estilos CSS de manera dinámica: cambia el color de fondo a azul claro, agrega un padding de 10 píxeles y establece un borde de color azul marino de 1 píxel de ancho.

4.3.8 Modificación Condicional del Contenido

Puede haber ocasiones en las que sea necesario alterar el contenido de una página web o aplicación en respuesta a condiciones o parámetros específicos. Esta tarea es donde la intersección de la manipulación del Modelo de Objeto de Documento (DOM) y las robustas estructuras de control de JavaScript realmente brilla y demuestra ser increíblemente poderosa.

Utilizando las estructuras de control de JavaScript, como los bucles y las declaraciones condicionales, puedes cambiar dinámicamente el DOM, o la estructura de la página web, en función de la interacción del usuario u otras condiciones específicas. Esta combinación permite una experiencia de usuario más interactiva y receptiva.

Ejemplo: Modificación Condicional del Contenido

```
<div id="message">Welcome, guest!</div>
<script>
    const user = { name: 'Alice', loggedIn: true };
    const messageDiv = document.getElementById('message');

    if (user.loggedIn) {
        messageDiv.textContent = `Welcome, ${user.name}!`;
        messageDiv.classList.add('loggedIn');
    }
</script>
```

En este ejemplo, el mensaje y el estilo se cambian en función del estado de inicio de sesión del usuario, demostrando cómo las capacidades lógicas de JavaScript se integran con la manipulación del DOM.

El HTML crea un elemento div con el id "message" y el texto "Welcome, guest!". El código JavaScript crea un objeto usuario con las propiedades name y loggedIn. Luego, selecciona el elemento div con el id "message". Si el usuario ha iniciado sesión (es decir, user.loggedIn es true), el contenido de texto del div se cambia a "Welcome, Alice!" (o el nombre del usuario) y se agrega la clase 'loggedIn' al div.

4.4 Creación y Eliminación de Elementos

La capacidad de crear y eliminar elementos dinámicamente es un aspecto crucial del desarrollo web. Estas técnicas dan a los desarrolladores el poder de modificar la estructura del documento en tiempo real, haciéndola receptiva a las interacciones del usuario, alteraciones de datos u otras condiciones variables. Esto puede mejorar significativamente la interactividad y la capacidad de respuesta de una aplicación web, haciéndola más atractiva y fácil de usar.

Esta sección te guiará a través del proceso intrincado de agregar nuevos elementos al Modelo de Objeto de Documento (DOM) y eliminar los existentes. El DOM es una interfaz de programación para documentos web. Representa la estructura de un documento y permite a los programas manipular la estructura, el estilo y el contenido del documento. Agregar y eliminar elementos son operaciones fundamentales en la manipulación del DOM, y dominarlas puede mejorar enormemente tus habilidades de desarrollo web.

Sin embargo, no se trata solo de agregar o eliminar elementos a voluntad. Hay consideraciones prácticas a tener en cuenta al manipular el DOM. Uno de los aspectos clave a recordar es asegurar que tus manipulaciones mejoren la experiencia del usuario y no introduzcan problemas de rendimiento o comportamientos erráticos. Pueden ocurrir cuellos de botella en el rendimiento si las manipulaciones del DOM no se manejan correctamente, lo que lleva a una experiencia de usuario lenta. De manera similar, las manipulaciones incorrectas pueden llevar a un comportamiento inesperado, confundiendo al usuario y potencialmente haciendo que abandone tu aplicación.

Por lo tanto, esta sección no solo te enseñará cómo agregar y eliminar elementos en el DOM, sino también cómo hacerlo correctamente y de manera efectiva, teniendo en cuenta las mejores prácticas y los posibles escollos. Al final de esta guía, deberías estar bien equipado para manipular el DOM dinámicamente, mejorando la capacidad de respuesta, el rendimiento y la experiencia del usuario de tus aplicaciones web.

4.4.1 Creación de Elementos

JavaScript ofrece un método llamado document.createElement(). Este método está específicamente diseñado para crear un nuevo nodo de elemento dentro del documento. Una vez que este nuevo nodo de elemento ha sido generado utilizando este método, puede configurarse según sea necesario.

La configuración puede incluir definir el tipo de elemento, establecer sus atributos o incluso especificar su contenido. Después de haber sido completamente configurado, el nuevo elemento puede insertarse sin problemas en el documento actual. Este proceso permite la modificación dinámica de la estructura del documento, proporcionando un alto grado de flexibilidad e interactividad.

Ejemplo: Creación e Inserción de un Elemento

```
<div id="container"></div>
<script>
    const container = document.getElementById('container');

    // Create a new paragraph element
```

```javascript
    const newParagraph = document.createElement('p');
    newParagraph.textContent = 'This is a new paragraph.';

    // Append the new element to the container
    container.appendChild(newParagraph);
</script>
```

En este ejemplo, se crea un nuevo elemento de párrafo, se le agrega texto y se añade a un contenedor div en el DOM.

El código primero selecciona un elemento HTML con el id 'container' utilizando el método document.getElementById. Luego, crea un nuevo elemento de párrafo (<p>), establece su contenido de texto a 'Este es un nuevo párrafo.' y agrega este nuevo párrafo al elemento 'container'. El resultado de este código sería agregar un párrafo que dice 'Este es un nuevo párrafo.' dentro del elemento 'container' en la página web.

4.4.2 Eliminación de Elementos

Cuando se trata de eliminar un elemento del DOM (Modelo de Objeto de Documento), existen un par de métodos que puedes utilizar. El primer método es el método removeChild(). Este método te permite apuntar a un elemento hijo específico y eliminarlo del DOM. El otro método, si es compatible con tu entorno, es el método remove().

Este método se aplica directamente al elemento que deseas eliminar. Ambos métodos son efectivos, y tu elección dependerá en gran medida de los requisitos específicos de tu proyecto y de la compatibilidad del método con los navegadores que estés apuntando.

Ejemplo: Eliminación de un Elemento

```html
<div id="container">
    <p id="oldParagraph">This paragraph will be removed.</p>
</div>
<script>
    const container = document.getElementById('container');
    const oldParagraph = document.getElementById('oldParagraph');

    // Remove the old paragraph using removeChild
    container.removeChild(oldParagraph);

    // Alternatively, use the remove method if you don't need a reference to the parent
    // oldParagraph.remove();
</script>
```

Esto demuestra dos métodos para eliminar un elemento. La elección depende de si necesitas realizar acciones en el nodo padre o no.

En la parte HTML, hay un elemento 'div' con un ID de 'container', que contiene un elemento 'p' (párrafo) con un ID de 'oldParagraph'. La parte de JavaScript primero accede al 'div' y al elemento 'p' a través de sus respectivos IDs.

Luego, elimina el elemento 'p' del 'div' utilizando el método 'removeChild'. También hay un código comentado que sugiere una forma alternativa de eliminar el elemento 'p' directamente usando el método 'remove', que no requiere una referencia al 'div' padre.

4.4.3 Uso de Fragmentos de Documento para Operaciones por Lote

Cuando tienes la tarea de crear una multitud de elementos, un enfoque eficiente sería utilizar una característica conocida como DocumentFragment. Esta herramienta poderosa te permite ensamblar todos los elementos juntos en una unidad coherente.

Una vez que hayas estructurado tus elementos dentro del DocumentFragment, puedes luego agregarlos al Modelo de Objeto de Documento (DOM) en una sola operación. Este método es particularmente beneficioso ya que reduce significativamente la cantidad de reflows de la página.

El reflow de la página es un proceso que puede impactar negativamente el rendimiento de tu página, ya que implica el cálculo de cambios en el diseño y el re-renderizado en respuesta a las alteraciones en los elementos. Al usar DocumentFragment, puedes minimizar este reflow, mejorando así el rendimiento y la capacidad de respuesta de tu página.

Ejemplo: Uso de Fragmentos de Documento

```
<ul id="list"></ul>
<script>
    const list = document.getElementById('list');
    const fragment = document.createDocumentFragment();

    for (let i = 0; i < 5; i++) {
        let listItem = document.createElement('li');
        listItem.textContent = `Item ${i + 1}`;
        fragment.appendChild(listItem);
    }

    // Append all items at once
    list.appendChild(fragment);
</script>
```

Este método es particularmente útil cuando necesitas agregar una gran cantidad de elementos al DOM.

Este es un script escrito para crear dinámicamente una lista de 5 elementos en HTML. Primero selecciona un elemento de lista desordenada con el id "list". Luego crea un fragmento de documento, que es un contenedor ligero para almacenar elementos temporales.

Luego, crea un bucle que se ejecuta cinco veces, cada vez creando un nuevo elemento de lista ('li'), configurando su contenido de texto a "Item" seguido del índice actual del bucle más uno. Estos elementos luego se añaden al fragmento de documento.

Después de que el bucle se completa, todos los elementos de la lista se añaden al elemento 'list' en el documento HTML en una sola operación. Este enfoque es eficiente porque minimiza los cambios en el DOM real.

4.4.4 Clonación de Elementos

Cuando trabajas con el desarrollo web o cualquier tarea que requiera la manipulación de elementos del Modelo de Objeto de Documento (DOM), puede haber ocasiones en las que necesites crear un duplicado de un elemento existente. Esto podría ser por una variedad de razones, como querer replicar el elemento con o sin sus elementos secundarios, o quizás quieras introducir algunas modificaciones al elemento sin influir en el original. En tales escenarios, el método cloneNode() resulta ser extremadamente útil.

El método cloneNode(), como su nombre sugiere, ayuda a crear una copia o clon del nodo en el que se invoca. El método funciona creando y devolviendo un nuevo nodo que es una copia idéntica del nodo que deseas clonar. La belleza de este método es el control adicional que proporciona. Cuando usas el método cloneNode(), tienes la opción de especificar si deseas clonar todo el subárbol del nodo (lo que se denomina una 'clonación profunda') o si solo deseas clonar el nodo en sí sin sus elementos secundarios.

Este nivel de flexibilidad hace que el método cloneNode() sea una herramienta indispensable al manejar elementos del DOM, permitiendo a los desarrolladores mantener la integridad del elemento original mientras aún pueden trabajar con su copia.

Ejemplo: Clonación de Elementos

En este ejemplo, se demuestra cómo usar el método cloneNode() para clonar un elemento existente, ya sea con una clonación profunda o una clonación superficial, proporcionando así una gran flexibilidad en la manipulación de elementos del DOM.

```
<div id="original" class="sample">Original Element</div>
<script>
    const original = document.getElementById('original');
    const clone = original.cloneNode(true); // true means clone all child nodes
    clone.id = 'clone';
    clone.textContent = 'Cloned Element';
    original.parentNode.insertBefore(clone, original.nextSibling);
</script>
```

Este ejemplo muestra cómo clonar un elemento y modificar su ID y texto antes de insertarlo nuevamente en el DOM.

Este código identifica un elemento HTML usando su id "original", crea un duplicado del mismo, altera el id y el contenido de texto del duplicado, y finalmente agrega el duplicado al DOM, inmediatamente después del elemento original.

4.4.5 Consideraciones Prácticas

Cuando se trata del proceso de creación y eliminación de elementos dentro de cualquier marco o lenguaje de programación, hay dos áreas clave de preocupación que deben abordarse con el mayor cuidado y atención:

Gestión de Memoria y Recursos

Una de las preocupaciones más significativas durante este proceso es la gestión eficiente y efectiva de la memoria y los recursos. Es vital ser extremadamente cauteloso con las posibles fugas de memoria, especialmente cuando se trata de la eliminación de elementos que tienen oyentes de eventos adjuntos a ellos.

Estos oyentes de eventos, si no se gestionan adecuadamente, pueden llevar a fugas de memoria, lo que puede afectar gravemente el rendimiento de tu aplicación. Por lo tanto, es críticamente importante eliminar siempre los oyentes de eventos si y cuando ya no sean necesarios para evitar tales problemas.

Mantenimiento de los Estándares de Accesibilidad

El otro área crucial en la que centrarse es el mantenimiento de los estándares de accesibilidad. Es esencial asegurar que todo el contenido que se agrega dinámicamente a tu aplicación sea completamente accesible para todos los usuarios. Esto incluye gestionar el enfoque para los elementos que se agregan o eliminan y actualizar los atributos aria según sea necesario.

Estos pasos son cruciales para asegurar que tu aplicación sea inclusiva y accesible para todos los usuarios, independientemente de cualquier posible discapacidad o limitación que puedan tener.

4.4.6 Gestión Eficiente de IDs de Elementos

Cuando se trabaja con la creación dinámica de elementos en tu proceso de desarrollo web, se vuelve crucialmente importante gestionar los IDs de tus elementos con cuidado y precisión. La razón de esto es que quieres evitar la creación de IDs duplicados, lo que puede introducir problemas en el funcionamiento de tu sitio web.

Los duplicados pueden llevar a un comportamiento impredecible en la interfaz de tu sitio, confundiendo a tus usuarios y potencialmente llevando a la pérdida de datos o a un funcionamiento incorrecto. Además, estos duplicados pueden causar errores en tu lógica de JavaScript, llevando al fallo en la ejecución de las funciones y operaciones previstas.

Esto podría interrumpir significativamente la experiencia del usuario y complicar los procesos de depuración. Por lo tanto, la gestión cuidadosa de los IDs de elementos al crear elementos dinámicamente no es solo una buena práctica, sino un aspecto necesario de un desarrollo web robusto y confiable.

Ejemplo: Gestión de IDs Dinámicos

```javascript
function createUniqueElement(tag, idBase) {
    let uniqueId = idBase + '_' + Math.random().toString(36).substr(2, 9);
    let element = document.createElement(tag);
    element.id = uniqueId;
    return element;
}

const newDiv = createUniqueElement('div', 'uniqueDiv');
document.body.appendChild(newDiv);
console.log(newDiv.id);  // Outputs a unique ID like 'uniqueDiv_l5gs6kd1i'
```

Este enfoque asegura que cada elemento tenga un ID único, previniendo conflictos y mejorando la estabilidad de tus manipulaciones del DOM.

Este fragmento de código de ejemplo incluye una función llamada 'createUniqueElement'. Esta función toma dos parámetros: 'tag' (el tipo de elemento HTML a crear) y 'idBase' (la cadena base para crear un ID único). Genera un ID único al añadir una cadena aleatoria al 'idBase', crea un nuevo elemento HTML del tipo especificado por 'tag', asigna el ID único a este elemento y luego devuelve el elemento.

El código luego usa esta función para crear un nuevo elemento 'div' con un ID único que comienza con 'uniqueDiv', añade este nuevo 'div' al cuerpo del documento y registra su ID único en la consola.

4.4.7 Manejo de Fugas de Memoria

En el desarrollo web, cuando se eliminan elementos del Modelo de Objeto de Documento, o DOM, es de suma importancia asegurar que cualquier recurso asociado también sea limpiado. Esta operación de limpieza es necesaria para prevenir fugas de memoria que pueden llevar a problemas de rendimiento con el tiempo.

Las fugas de memoria ocurren cuando los recursos de memoria asignados a tareas no se liberan de vuelta al sistema después de que las tareas se completan. En el caso de los elementos del DOM, estos recursos pueden incluir oyentes de eventos o recursos externos como imágenes o datos personalizados. Los oyentes de eventos, en particular, pueden causar fugas de memoria significativas si no se gestionan adecuadamente.

Esto se debe a que retienen la memoria en el DOM incluso después de que el elemento al que estaban adjuntos haya sido eliminado. Lo mismo se puede decir de los recursos externos como imágenes o datos personalizados. Por lo tanto, una limpieza exhaustiva es crucial para mantener un rendimiento óptimo en cualquier aplicación web.

Ejemplo: Prevención de Fugas de Memoria

Este ejemplo muestra cómo asegurarse de que los oyentes de eventos se eliminen correctamente cuando un elemento del DOM se elimina, previniendo así fugas de memoria y asegurando que los recursos de la aplicación se gestionen de manera eficiente.

Este enfoque es esencial para mantener la salud general y el rendimiento de una aplicación web, asegurando que los recursos se liberen cuando ya no se necesiten y evitando así la degradación del rendimiento con el tiempo.

```javascript
const button = document.getElementById('myButton');
button.addEventListener('click', function handleClick() {
    console.log('Button clicked!');
});

// Before removing the button, remove its event listener
button.removeEventListener('click', handleClick);
button.parentNode.removeChild(button);
```

Siempre limpia después de tus elementos, especialmente en aplicaciones de una sola página donde el rendimiento a largo plazo es crucial.

Este código utiliza el DOM para manipular un botón en una página web. Primero, obtiene una referencia a un elemento de botón usando su atributo 'id' ('myButton'). Luego, agrega un oyente de eventos al botón que registrará 'Button clicked!' en la consola cada vez que se haga clic en el botón. Finalmente, antes de eliminar el botón de la página web, elimina el oyente de eventos del botón para evitar fugas de memoria.

4.4.8 Uso de Atributos de Datos Personalizados

Los atributos de datos de HTML5, a menudo referidos como atributos data-*, representan una característica valiosa que puede simplificar significativamente el proceso de interactuar con elementos que se crean dinámicamente dentro de una página web. Estos atributos proporcionan un método conveniente para almacenar datos necesarios directamente dentro del elemento del DOM (Modelo de Objeto de Documento).

Este enfoque ofrece ventajas distintas, ya que elimina la necesidad de código adicional o almacenamiento separado para manejar estos datos. Así, ayuda a mantener el código limpio y manejable. Además, uno de los principales beneficios de usar atributos data-* es que pueden ser accedidos fácil y directamente a través de JavaScript.

Esta facilidad de acceso simplifica el proceso de manipulación y recuperación de datos, haciendo que la experiencia general de codificación sea más eficiente y menos propensa a errores.

Ejemplo: Uso de Atributos de Datos

```html
<div id="userContainer"></div>
<script>
    for (let i = 0; i < 5; i++) {
        let userDiv = document.createElement('div');
        userDiv.setAttribute('data-user-id', i);
        userDiv.textContent = 'User ' + i;
        userDiv.onclick = function() {
            console.log('Selected user ID:', this.getAttribute('data-user-id'));
        };
        document.getElementById('userContainer').appendChild(userDiv);
    }
</script>
```

Este método proporciona una manera elegante de asociar datos con elementos sin complicar tu lógica de JavaScript.

Este código crea un contenedor 'div' con el id 'userContainer'. Dentro de este contenedor, genera cinco elementos 'div' utilizando un bucle for, cada uno representando a un usuario diferente. A estos elementos 'div' se les asigna un id (de 0 a 4), y al hacer clic, el id del usuario seleccionado se imprime en la consola.

4.4.9 Optimización para la Accesibilidad

Cuando buscas agregar o eliminar elementos dinámicamente en tu interfaz digital, es crucial tener en cuenta cómo estos cambios pueden impactar a los usuarios que dependen de tecnologías asistivas. Estos usuarios pueden incluir aquellos con discapacidades visuales o auditivas que usan herramientas como lectores de pantalla o subtítulos.

Al gestionar el enfoque de manera adecuada y actualizar los atributos ARIA (Aplicaciones de Internet Ricas Accesibles) según sea necesario, puedes ayudar a asegurar una experiencia de usuario fluida e inclusiva. Esto no solo mejora la accesibilidad, sino que también promueve un diseño más universal que puede ser beneficioso para todos los usuarios, independientemente de sus necesidades o habilidades individuales.

Ejemplo: Gestión de la Accesibilidad

```javascript
let modal = document.createElement('div');
modal.setAttribute('role', 'dialog');
modal.setAttribute('aria-modal', 'true');
modal.setAttribute('tabindex', '-1'); // Make it focusable
document.body.appendChild(modal);
modal.focus();  // Set focus to the new modal for accessibility

// When removing
modal.parentNode.removeChild(modal);
document.body.focus(); // Return focus safely
```

Esto asegura que la aplicación permanezca accesible, particularmente durante las actualizaciones de contenido dinámico, que de otro modo podrían interrumpir la experiencia del usuario para aquellos que usan lectores de pantalla u otras herramientas de accesibilidad.

Este código crea un cuadro de diálogo modal accesible. Primero, crea un nuevo elemento 'div'. Luego, establece varios atributos para que se comporte como un cuadro de diálogo modal. 'role' se establece en 'dialog' para informar a las tecnologías asistivas que esto es un cuadro de diálogo. 'aria-modal' se establece en 'true' para indicar que es un modal, y 'tabindex' se establece en '-1' para permitir el enfoque.

El modal se agrega al documento y se le da el enfoque. Cuando llega el momento de eliminar el modal, el código lo elimina del documento y devuelve el enfoque al cuerpo del documento.

4.5 Manejo de Eventos en el DOM

El manejo de eventos sirve como un aspecto fundamental del desarrollo web interactivo, desempeñando un papel crítico en la transformación de páginas web estáticas en plataformas dinámicas e interactivas. Es a través del manejo de eventos que las páginas web pueden reaccionar y responder a una variedad de acciones del usuario, como clics, presiones de teclas y movimientos del ratón, haciendo que la experiencia web del usuario sea más dinámica, atractiva y personalizada.

En esta sección integral, profundizaremos en el intrincado mundo del manejo de eventos dentro del Modelo de Objeto de Documento (DOM), la interfaz de programación para documentos web. Exploraremos y discutiremos los diferentes métodos para adjuntar oyentes de eventos a elementos web, permitiéndonos detectar y responder a las acciones del usuario en tiempo real.

Además, también describiremos algunas de las mejores prácticas para gestionar y manejar eventos de manera eficiente y efectiva, asegurando que tus páginas web permanezcan receptivas y fáciles de usar. Introduciremos técnicas para optimizar tu manejo de eventos, minimizando el procesamiento innecesario y manteniendo tus páginas web funcionando sin problemas.

Al final de esta sección, tendrás una comprensión completa del manejo de eventos en el desarrollo web, lo que te permitirá crear experiencias web más interactivas y fáciles de usar.

4.5.1 Fundamentos del Manejo de Eventos

Para responder de manera efectiva a las acciones de los usuarios dentro de una aplicación web o sitio web, es fundamental establecer primero un mecanismo para escuchar eventos. Los eventos pueden ser cualquier tipo de interacción del usuario, como clics o presiones de teclas. JavaScript, como una de las tecnologías fundamentales de la web, ofrece múltiples formas de adjuntar estos oyentes de eventos a los elementos HTML dentro de tu código.

Al hacerlo, permites que tu código reaccione y responda a cualquier evento desencadenado por el usuario, haciendo que tu aplicación sea interactiva y receptiva. Este es un aspecto crucial para crear una experiencia de usuario dinámica y atractiva.

Adjuntar Oyentes de Eventos

En el JavaScript moderno, la técnica principal para escuchar eventos es a través del uso del método addEventListener. Este método se caracteriza por su potencia y versatilidad en el manejo de eventos.

Una de sus principales características es su capacidad para adjuntar múltiples manejadores de eventos a un solo evento en un solo elemento. Esto significa que puedes tener varias acciones o reacciones diferentes desencadenadas por un evento en el mismo elemento, lo que puede mejorar significativamente la interactividad de tu aplicación.

Además, el método addEventListener proporciona opciones para controlar cómo se capturan y propagan los eventos. Esto permite a los desarrolladores ajustar finamente el comportamiento de los eventos en sus aplicaciones, ofreciendo más control sobre la experiencia e interacción del usuario.

Entender y utilizar eficazmente el método addEventListener es una habilidad crucial para cualquier desarrollador de JavaScript que busque crear aplicaciones web dinámicas y receptivas.

Ejemplo: Uso de addEventListener

```
<button id="clickButton">Click Me!</button>
<script>
    document.getElementById('clickButton').addEventListener('click', function() {
        alert('Button was clicked!');
    });
</script>
```

Este ejemplo añade un oyente de eventos a un botón que desencadena una alerta cuando se hace clic.

Este es un ejemplo de código que demuestra cómo crear interactividad en una página web utilizando el concepto de manipulación del DOM y manejo de eventos.

La parte HTML del código crea un elemento de botón en la página web con un ID de "clickButton" y una etiqueta que dice "Click Me!". El ID es un identificador único que permite que el código JavaScript localice este botón específico en la página web.

El código JavaScript agrega un oyente de eventos al botón usando el método addEventListener. Este método toma dos argumentos: el tipo de evento para escuchar y la función que se ejecutará cuando ocurra el evento. Aquí, el tipo de evento es 'click', lo que significa que la función se ejecutará cuando se haga clic en el botón.

La función definida aquí es una función anónima, que es una función sin nombre que se define justo donde se usa. Esta función usa la función alert de JavaScript para mostrar un mensaje emergente en la página web. El mensaje dice "Button was clicked!", indicando que el botón fue efectivamente clicado por el usuario.

Este simple fragmento de código demuestra eficazmente cómo se pueden combinar HTML y JavaScript para crear elementos interactivos en una página web. Al usar JavaScript para escuchar y responder a los eventos del usuario, los desarrolladores pueden crear páginas web dinámicas y atractivas que respondan a la entrada del usuario.

4.5.2 Propagación de Eventos: Captura y Burbujeo

Comprender el concepto de propagación de eventos es clave para ejecutar un manejo de eventos eficiente y efectivo dentro del Modelo de Objeto de Documento (DOM). Esto es especialmente importante para los desarrolladores que trabajan con interfaces web interactivas. Los eventos en el DOM tienen un flujo único que consiste en dos fases distintas, conocidas como captura y burbujeo.

Fase de Captura

La fase de captura es el paso inicial en el proceso de propagación de eventos. Diseñada como una jerarquía descendente, esta fase comienza en el nivel más alto de la estructura del documento y trabaja sistemáticamente hacia abajo hasta el elemento donde realmente ocurrió el evento.

Es similar a un efecto de onda que se inicia en la parte más externa de la página web; esta onda luego se mueve hacia adentro, acercándose gradualmente al objetivo del evento. Este proceso asegura que el evento sea reconocido y registrado en cada nivel de la estructura del documento, facilitando un mecanismo de manejo de eventos robusto y completo.

Fase de Burbujeo

El viaje de un evento en el mundo web no termina una vez que llega a su elemento objetivo. De hecho, alcanzar el objetivo es solo la mitad del viaje. Lo que sigue a continuación se conoce como la fase de burbujeo. Durante esta crucial segunda parte de su viaje, el evento burbujea desde el elemento objetivo y se mueve gradualmente hacia la parte superior del documento.

Este fenómeno interesante se puede visualizar como una burbuja en un líquido. Cuando se forma una burbuja bajo el agua, no permanece donde se formó. En cambio, asciende hacia la superficie del líquido en un camino que se puede rastrear.

De manera similar, durante la fase de burbujeo, el evento se mueve en una dirección ascendente, desde las profundidades del elemento objetivo hacia la superficie del documento. Es por eso que se denomina 'fase de burbujeo', ya que imita el movimiento de las burbujas en un líquido.

Como desarrollador, tienes el poder de controlar si un oyente de eventos se invoca durante la fase de captura (la onda descendente) o la fase de burbujeo (la burbuja ascendente). Esto se puede lograr configurando el parámetro useCapture en el método addEventListener. Al entender y controlar esta propagación, puedes crear experiencias web más robustas e interactivas.

Ejemplo: Captura vs. Burbujeo

```
<div id="parent">
    <button id="child">Click Me!</button>
</div>
<script>
    // Capturing
    document.getElementById('parent').addEventListener('click', function() {
        console.log('Captured on parent');
    }, true);

    // Bubbling
    document.getElementById('child').addEventListener('click', function() {
        console.log('Bubbled to child');
    });

    // This will log "Captured on parent" first, then "Bubbled to child"
</script>
```

El ejemplo de código demuestra la captura de eventos y el burbujeo de eventos.

La captura de eventos es cuando un evento comienza en el elemento más externo (el padre) y luego se dispara en cada descendiente (hijo) en orden de anidación. Se configura con el tercer parámetro en addEventListener como 'true'.

El burbujeo de eventos, por otro lado, es lo opuesto: el evento comienza en el elemento más interno (el hijo) y luego se dispara en cada ancestro (padre) en orden de anidación.

En este ejemplo, cuando se hace clic en el botón 'child', el navegador primero ejecuta el oyente de eventos de captura en el 'parent' (registra 'Captured on parent'), y luego el oyente de eventos de burbujeo en el 'child' (registra 'Bubbled to child').

4.5.3 Eliminación de Oyentes de Eventos

En el desarrollo de aplicaciones de software, especialmente las de mayor escala, es esencial gestionar los oyentes de eventos de manera efectiva. Tanto la adición como la eliminación de estos oyentes son igualmente significativas, particularmente para evitar posibles fugas de memoria que puedan afectar el rendimiento de la aplicación.

Los oyentes de eventos se añaden a los elementos para escuchar ciertos tipos de eventos, como clics o pulsaciones. Sin embargo, cuando estos oyentes ya no son necesarios, o cuando el elemento asociado con ellos se está eliminando del Modelo de Objeto de Documento (DOM), se vuelve necesario eliminar estos oyentes de eventos.

Esto se puede lograr utilizando el método removeEventListener. Al gestionar adecuadamente los oyentes de eventos, podemos asegurarnos de que nuestras aplicaciones funcionen de manera fluida y eficiente, sin consumo innecesario de recursos.

Ejemplo: Eliminación de un Oyente de Eventos

```
<script>
    const button = document.getElementById('clickButton');
    const handleClick = function() {
        console.log('Clicked!');
        // Remove listener after handling click
        button.removeEventListener('click', handleClick);
    };

    button.addEventListener('click', handleClick);
</script>
```

Este fragmento es un ejemplo práctico de cómo puedes agregar y eliminar un oyente de eventos a un elemento de botón HTML usando JavaScript.

Comenzamos definiendo una constante llamada 'button' que usa la función document.getElementById para devolver el elemento en el documento con el id 'clickButton'. Este es el botón con el que trabajaremos a lo largo de este fragmento de código.

A continuación, definimos una función llamada 'handleClick'. Esta función contiene un comando console.log para imprimir el texto 'Clicked!' en la consola web cada vez que se llama.

La línea button.addEventListener es donde adjuntamos la función 'handleClick' al evento 'click' en el botón. El evento 'click' se desencadena cada vez que un usuario hace clic en el botón con su mouse. Cuando se dispara el evento 'click', se llama a la función 'handleClick' y se registra 'Clicked!' en la consola.

Dentro de la función 'handleClick', también tenemos una línea de código button.removeEventListener('click', handleClick); que elimina el oyente de eventos del botón inmediatamente después de que se haya hecho clic en el botón y se haya registrado 'Clicked!' en la consola.

Esto significa que el evento 'click' solo se disparará una vez para el botón. Después del primer clic, el oyente de eventos se elimina, por lo que hacer clic en el botón adicionales veces no registrará 'Clicked!' en la consola.

Este es un ejemplo simple pero práctico de cómo puedes manipular elementos del DOM usando JavaScript, agregando y eliminando oyentes de eventos según sea necesario. Esto puede ser una herramienta poderosa para mejorar la interactividad y la experiencia del usuario de tus aplicaciones web.

4.5.4 Delegación de Eventos

La delegación de eventos es una técnica altamente eficiente en JavaScript, que implica asignar un único oyente de eventos a un elemento padre para gestionar eventos que se originan en sus múltiples elementos hijos.

Esta técnica aprovecha la fase de 'burbujeo de eventos', un concepto en JavaScript donde un evento comienza en el elemento más anidado y luego 'burbujea' a través de sus ancestros. En lugar de adjuntar oyentes de eventos individuales a cada elemento hijo, lo que puede llevar a un rendimiento reducido y un aumento en el uso de memoria, la técnica de delegación de eventos permite manejar estos eventos a un nivel más alto y general.

Este método no solo optimiza el uso de la memoria, sino que también simplifica el código, haciéndolo más fácil de gestionar y depurar.

Ejemplo: Delegación de Eventos

```html
<ul id="menu">
    <li>Home</li>
    <li>About</li>
    <li>Contact</li>
</ul>
<script>
    document.getElementById('menu').addEventListener('click', function(event) {
        if (event.target.tagName === 'LI') {
            console.log('You clicked on', event.target.textContent);
        }
    });
</script>
```

Esto es particularmente útil para manejar eventos en elementos que se agregan dinámicamente al documento, ya que el oyente no necesita ser vuelto a adjuntar cada vez que se agrega un elemento.

El ejemplo ilustra el uso de HTML y JavaScript para crear un elemento interactivo en una página web. En particular, presenta una lista desordenada que sirve como un menú de navegación y código JavaScript para manejar los eventos de clic en los elementos del menú.

La parte HTML del código define una lista desordenada (<ul>) con el ID "menu". Esta lista contiene tres elementos de lista (<li>), cada uno representando una sección diferente del sitio web: Home, About, y Contact. El ID "menu" sirve como un identificador único para la lista desordenada, permitiendo que el código JavaScript la encuentre e interactúe fácilmente con ella.

La parte JavaScript del código añade un oyente de eventos a la lista desordenada. Este oyente de eventos escucha los eventos de clic que ocurren dentro de la lista. La función addEventListener se utiliza para adjuntar este oyente de eventos a la lista. Esta función toma dos parámetros: el tipo de evento para escuchar ('click' en este caso) y una función para ejecutar cuando ocurra el evento.

La función que se ejecuta en un evento de clic recibe un objeto de evento como parámetro. Este objeto contiene información sobre el evento, incluyendo el elemento objetivo en el que ocurrió el evento (event.target). En este caso, la función verifica si el elemento clicado es un elemento de lista comparando el nombre de la etiqueta del elemento objetivo (event.target.tagName) con la cadena 'LI'. Si el elemento clicado es un elemento de lista, la función registra el contenido de texto del elemento clicado (event.target.textContent) en la consola.

Este mecanismo permite que la página web responda a las interacciones del usuario de una manera dinámica. Cuando un usuario hace clic en diferentes elementos del menú de navegación, la página web puede identificar en qué sección está interesado el usuario y responder en consecuencia. Esto podría ser resaltando el elemento del menú seleccionado, cargando la sección apropiada del sitio web o cualquier otra interacción definida por el desarrollador.

4.5.5 Uso de Eventos Personalizados

En el panorama digital actual, las aplicaciones web modernas frecuentemente requieren interacciones intrincadas que van más allá del alcance de los eventos estándar del Modelo de Objeto de Documento (DOM). Estas interacciones complejas a menudo demandan un enfoque más personalizado, que es donde entran en juego los eventos personalizados.

Los eventos personalizados brindan a los desarrolladores la capacidad de definir y desencadenar sus propios eventos. Este nivel de personalización ofrece una plataforma altamente flexible para gestionar comportamientos específicos de su aplicación. Además, esto se hace de una manera desacoplada, asegurando que estos comportamientos específicos no interfieran ni dependan de otras partes de la aplicación.

Este método de gestión de comportamientos específicos de la aplicación permite un mayor control, versatilidad y adaptabilidad en el desarrollo de aplicaciones web modernas.

Ejemplo: Creación y Desencadenamiento de Eventos Personalizados

```
<script>
    // Create a custom event
    const loginEvent = new CustomEvent('login', {
        detail: { username: 'user123' }
    });

    // Listen for the custom event
    document.addEventListener('login', function(event) {
        console.log('Login event triggered by', event.detail.username);
    });

    // Dispatch the custom event
    document.dispatchEvent(loginEvent);
</script>
```

Este ejemplo demuestra cómo crear un evento personalizado con datos adicionales (nombre de usuario) y cómo escucharlo y responder a él, lo cual puede ser particularmente útil para estados o interacciones de aplicaciones más complejas que no están cubiertas por los eventos nativos del DOM.

Este código crea un evento personalizado llamado 'login', lo escucha y lo despacha. El evento lleva datos en su propiedad 'detail', específicamente un nombre de usuario 'user123'. Cuando se desencadena el evento 'login', un oyente de eventos activa una función que registra un mensaje en la consola, indicando el nombre de usuario involucrado en el evento de inicio de sesión.

4.5.6 Limitación y Desactivación de Manejadores de Eventos

En el desarrollo web, el manejo de eventos es un aspecto fundamental. Eventos como resize, scroll o mousemove pueden dispararse con frecuencia. Cuando esto sucede, se vuelve crucial optimizar los manejadores de eventos para evitar posibles problemas de rendimiento, que podrían afectar negativamente la experiencia del usuario. La limitación y la desactivación son dos técnicas comúnmente utilizadas que sirven para limitar la frecuencia con la que se invoca una función manejadora de eventos.

Limitación (Throttling), como técnica, asegura que la función manejadora de eventos se llame como máximo una vez cada cierto número de milisegundos. Es como establecer un ritmo fijo en el que el manejador de eventos puede ejecutarse. Esto asegura un flujo constante de invocaciones de funciones, ayudando así a gestionar la frecuencia y evitar la sobrecarga.

Por otro lado, **Desactivación (Debouncing)** es una técnica que asegura que la función manejadora de eventos se invoque solo después de que el evento haya dejado de dispararse durante un cierto número de milisegundos. Esto ayuda a evitar que el manejador se llame con demasiada frecuencia en un período de tiempo muy corto.

La desactivación puede ser particularmente útil en escenarios donde deseas asegurarte de que la función se dispare solo después de que un usuario haya dejado de realizar una determinada acción, como escribir en un cuadro de búsqueda.

Ejemplo: Limitación de un Manejador de Eventos

```
<script>
    let lastCall = 0;
    const throttleTime = 100; // milliseconds

    window.addEventListener('resize', function() {
        const now = new Date().getTime();
```

```
        if (now - lastCall < throttleTime) {
            return;
        }
        lastCall = now;
        console.log('Window resized');
    });
</script>
```

Este script limita el evento de redimensionamiento para evitar que el manejador se ejecute con demasiada frecuencia, lo que ayuda a mantener el rendimiento incluso cuando el evento se dispara rápidamente, como durante el redimensionamiento de la ventana.

Este es un fragmento de código de ejemplo que implementa un mecanismo de limitación. Se utiliza para evitar que el evento 'resize' se dispare con demasiada frecuencia, lo que puede causar problemas de rendimiento. El evento solo se disparará si han pasado 100 milisegundos desde la última vez que se llamó. Cuando se dispara el evento 'resize', registra 'Window resized' en la consola.

4.5.7 Asegurando la Accesibilidad en Contenido Dinámico

Cuando se trata de agregar, eliminar o modificar elementos en respuesta a eventos específicos, se vuelve crucial mantener la accesibilidad para todos los usuarios. Esto implica varios pasos clave.

En primer lugar, gestionar el enfoque es necesario para asegurar que los usuarios puedan navegar de manera eficiente a través del sitio o la aplicación. En segundo lugar, los cambios deben ser anunciados a las tecnologías asistivas, lo cual es un paso vital para apoyar a los usuarios con diferentes capacidades y asegurarse de que puedan acceder a toda la información y funciones disponibles.

Por último, asegurar la navegabilidad mediante el teclado es esencial, particularmente para los usuarios que puedan depender de la entrada por teclado en lugar de la navegación con el ratón. Al tomar estos pasos, podemos asegurar que nuestro contenido permanezca accesible para todos, independientemente de su modo de interacción con el sitio o la aplicación.

Ejemplo: Gestión del Enfoque y la Accesibilidad

```
<div id="modal" tabindex="-1" aria-hidden="true">
    <p>Modal content...</p>
    <button id="closeButton">Close</button>
</div>
<script>
```

```javascript
    document.getElementById('toggleButton').addEventListener('click', function() {
        const modal = document.getElementById('modal');
        modal.style.display = 'block';
        modal.setAttribute('aria-hidden', 'false');
        modal.focus();
    });

    document.getElementById('closeButton').addEventListener('click', function() {
        const modal = document.getElementById('modal');
        modal.style.display = 'none';
        modal.setAttribute('aria-hidden', 'true');
        document.getElementById('toggleButton').focus();
    });
</script>
```

En este ejemplo, la gestión del enfoque y los atributos ARIA se utilizan para mejorar la accesibilidad del contenido modal mostrado y oculto dinámicamente.

Este ejemplo explora varios aspectos de la manipulación del DOM y el manejo de eventos en JavaScript. Destaca cómo estas habilidades son fundamentales para crear experiencias web dinámicas e interactivas.

El ejemplo comienza con una breve introducción sobre la manipulación del DOM y cómo contribuye a crear una experiencia web interactiva. Describe cómo se agrega un cuadro de diálogo modal al documento y se le da el enfoque, y cómo se elimina cuando ya no es necesario.

Luego, el código profundiza en el manejo de eventos, lo que permite que las páginas web reaccionen y respondan a una variedad de acciones del usuario, como clics, presiones de teclas y movimientos del ratón. Esto hace que la experiencia web del usuario sea más dinámica y personalizada. El documento discute diferentes métodos para adjuntar oyentes de eventos a los elementos web, permitiendo la detección y respuesta en tiempo real a las acciones del usuario.

Se proporciona un ejemplo de manejo de eventos utilizando el método addEventListener en JavaScript. Este método es versátil, permitiendo la anexión de múltiples manejadores de eventos a un solo evento en un solo elemento.

También se discute el concepto de propagación de eventos, que consta de dos fases: captura y burbujeo. La fase de captura comienza en el nivel más alto de la estructura del documento y se dirige hacia abajo hasta el elemento donde ocurrió el evento. Por otro lado, la fase de burbujeo comienza desde el elemento objetivo y se mueve gradualmente hacia la parte superior del documento.

El ejemplo también resalta la importancia de gestionar los oyentes de eventos de manera efectiva para evitar posibles fugas de memoria que puedan afectar el rendimiento de la aplicación. Se proporciona un ejemplo de cómo agregar y eliminar oyentes de eventos.

Se discute la delegación de eventos, una técnica de asignar un solo oyente de eventos a un elemento padre para gestionar eventos de sus múltiples elementos hijos. Es un método que optimiza el uso de la memoria y simplifica la gestión del código.

El ejemplo explora además el uso de eventos personalizados que brindan a los desarrolladores la capacidad de definir y desencadenar sus propios eventos. Esto ofrece una plataforma altamente flexible para gestionar comportamientos específicos de su aplicación.

A continuación, se introduce el concepto de limitar y desactivar los manejadores de eventos. Estas técnicas limitan la frecuencia con la que se invoca una función manejadora de eventos, asegurando un rendimiento eficiente.

Por último, el ejemplo enfatiza la importancia de mantener la accesibilidad al agregar, eliminar o modificar elementos en respuesta a eventos específicos. Discute la gestión del enfoque, el anuncio de cambios a las tecnologías asistivas y la garantía de la navegabilidad con el teclado.

Se presenta un ejemplo práctico de un cuadro de diálogo modal. El código HTML crea el modal y el código JavaScript gestiona su visualización y enfoque. Cuando se activa el modal, se muestra y se le da el enfoque. El atributo 'aria-hidden' se establece en falso, haciéndolo accesible para los lectores de pantalla. Cuando se hace clic en el 'closeButton', el modal se oculta, el enfoque vuelve al 'toggleButton' y 'aria-hidden' se establece en verdadero, haciéndolo inaccesible para los lectores de pantalla.

Este ejemplo presenta una comprensión integral de cómo crear experiencias web más interactivas y amigables para el usuario utilizando la manipulación del DOM y el manejo de eventos.

Ejercicios Prácticos

Para reforzar los conceptos cubiertos en el Capítulo 4 sobre la Manipulación del DOM, aquí hay algunos ejercicios prácticos diseñados para probar y mejorar tu comprensión de la selección de elementos, la modificación del contenido, la creación y eliminación de elementos, y el manejo de eventos. Estos ejercicios proporcionarán experiencia práctica y te prepararán para aplicar estas técnicas en escenarios del mundo real.

Ejercicio 1: Seleccionar y Estilar Elementos

Selecciona todos los elementos de párrafo en una página y cambia su color de texto a azul.

Solución:

```
<p>Paragraph one</p>
<p>Paragraph two</p>
<script>
    const paragraphs = document.querySelectorAll('p');
    paragraphs.forEach(p => {
        p.style.color = 'blue';
    });
</script>
```

Ejercicio 2: Crear y Adjuntar Elementos

Crea una lista de elementos dinámicamente a partir de un array de cadenas y adjúntala a un elemento div.

Solución:

```
<div id="listContainer"></div>
<script>
    const items = ['Item 1', 'Item 2', 'Item 3'];
    const list = document.createElement('ul');

    items.forEach(item => {
        let listItem = document.createElement('li');
        listItem.textContent = item;
        list.appendChild(listItem);
    });

    document.getElementById('listContainer').appendChild(list);
</script>
```

Ejercicio 3: Manejo de Eventos

Adjunta un oyente de eventos a un botón que registre un mensaje en la consola cuando se haga clic. Asegúrate de que el botón se elimine después de hacer clic una vez.

Solución:

```
<button id="myButton">Click me</button>
```

```
<script>
    const button = document.getElementById('myButton');
    button.addEventListener('click', function handleClick() {
        console.log('Button was clicked!');
        button.removeEventListener('click', handleClick);
        button.remove(); // Removes the button after clicking
    });
</script>
```

Ejercicio 4: Modificar Atributos Dinámicamente

Crea una función que cambie el atributo src de un elemento de imagen y registre el src antiguo y nuevo en la consola.

Solución:

```
<img id="myImage" src="original.jpg" alt="Original Image">
<script>
    function changeImageSrc(newSrc) {
        const image = document.getElementById('myImage');
        console.log('Old src:', image.src);
        image.src = newSrc;
        console.log('New src:', image.src);
    }

    changeImageSrc('updated.jpg');
</script>
```

Ejercicio 5: Creación y Manejo de Eventos Personalizados

Define un evento personalizado llamado 'userLoggedIn' y despáchalo después de configurar un oyente que actualice el contenido de un div para mostrar un mensaje de bienvenida cuando se desencadene el evento.

Solución:

```
<div id="welcomeMessage"></div>
<script>
    // Listener for the custom event
    document.addEventListener('userLoggedIn', function(event) {
        document.getElementById('welcomeMessage').textContent       =       `Welcome,
${event.detail.username}!`;
    });

    // Create and dispatch the custom event
```

```
    const loggedInEvent = new CustomEvent('userLoggedIn', { detail: { username:
'Alice' } });
    document.dispatchEvent(loggedInEvent);
</script>
```

Estos ejercicios proporcionan aplicaciones prácticas para las técnicas de manipulación del DOM discutidas en el capítulo, permitiéndote desarrollar habilidades en la creación de páginas web dinámicas e interactivas. Al completar estas tareas, profundizarás en tu comprensión de cómo JavaScript puede manipular el DOM en respuesta a entradas de usuarios y otros eventos, una habilidad crítica para cualquier desarrollador web.

Resumen del Capítulo

El Capítulo 4 de "JavaScript from Scratch: Unlock your Web Development Superpowers" proporcionó una exploración completa de la manipulación del DOM, una habilidad esencial para cualquier desarrollador web que aspire a crear aplicaciones web dinámicas, interactivas y amigables para el usuario. Este capítulo cubrió una variedad de temas, desde la selección y modificación de elementos hasta la creación, eliminación y manejo de eventos en el DOM. Resumamos los puntos clave e ideas de cada sección para consolidar tu comprensión y resaltar las aplicaciones prácticas de estas habilidades.

Selección de Elementos

Comenzamos con varios métodos para seleccionar elementos dentro del DOM, lo cual es fundamental para cualquier interacción o manipulación. Se discutieron métodos como document.getElementById(), document.getElementsByTagName(), document.getElementsByClassName() y los selectores más potentes document.querySelector() y document.querySelectorAll(). Cada método sirve para diferentes necesidades, desde seleccionar elementos individuales hasta recuperar listas de elementos basados en criterios complejos. Dominar estos selectores asegura que puedas encontrar e interactuar eficientemente con cualquier parte de la página web.

Modificación de Contenido

Modificar el contenido, estilo y atributos de los elementos del DOM te permite cambiar dinámicamente las páginas web en respuesta a interacciones del usuario o condiciones programáticas. Exploramos cómo usar propiedades como textContent, innerHTML y style, junto con métodos para manipular clases CSS como classList.add(), remove(), toggle() y más. Estas capacidades son cruciales para tareas como actualizar elementos de la interfaz de usuario, mostrar u ocultar contenido y aplicar nuevos estilos dinámicamente.

Creación y Eliminación de Elementos

La capacidad de agregar y eliminar elementos dinámicamente del DOM permite a los desarrolladores construir interfaces altamente interactivas y receptivas. Cubrimos cómo crear nuevos elementos usando document.createElement() e insertarlos en el DOM usando métodos como appendChild() e insertBefore(). De manera similar, se discutió la eliminación de elementos usando removeChild() o el método más simple remove(), enfatizando la importancia de gestionar los elementos del DOM eficientemente para asegurar el rendimiento y prevenir fugas de recursos.

Manejo de Eventos

El manejo efectivo de eventos es crítico para aplicaciones interactivas. Profundizamos en la adición de oyentes de eventos con addEventListener(), que proporciona un control robusto sobre cómo se manejan los eventos, incluidas las opciones para las fases de captura y burbujeo. También se discutieron técnicas para eliminar oyentes de eventos para evitar fugas de memoria, así como estrategias avanzadas como la delegación de eventos, que permite una gestión más eficiente de los eventos, especialmente en aplicaciones dinámicas con numerosos elementos.

Aplicaciones Prácticas y Mejores Prácticas

A lo largo del capítulo, se hizo hincapié en las mejores prácticas, como minimizar las interacciones directas con el DOM para mejorar el rendimiento, usar fragmentos de documentos para actualizaciones por lotes y asegurar la accesibilidad mediante una adecuada gestión del enfoque y atributos ARIA. También exploramos eventos personalizados para manejar interacciones complejas específicas de la aplicación y la importancia de gestionar eventos de manera responsable para crear experiencias de usuario fluidas.

Al final de este capítulo, deberías tener una sólida base en técnicas de manipulación del DOM, equipado con el conocimiento para seleccionar, modificar y gestionar elementos y sus interacciones de manera efectiva. Estas habilidades son vitales para desarrollar aplicaciones web modernas que no solo sean funcionales, sino también atractivas y accesibles. A medida que continúes practicando y aplicando estas técnicas, podrás abordar desafíos de desarrollo más complejos, mejorando tanto la experiencia del usuario como las capacidades de tus proyectos web.

Cuestionario para la Parte I: Comenzando con JavaScript

Evalúa tu comprensión de los conceptos fundamentales cubiertos en la primera parte de "JavaScript from Scratch: Unlock your Web Development Superpowers" con este cuestionario. Cada pregunta está diseñada para reforzar los puntos clave de cada capítulo, asegurando que tengas un conocimiento sólido de los fundamentos de JavaScript y la manipulación del DOM.

Pregunta 1: JavaScript Básico

¿Cuál es el resultado del siguiente código JavaScript?

```
console.log(typeof (typeof 1));
```

A) "string"

B) "number"

C) "object"

D) "boolean"

Pregunta 2: Estructuras de Datos

¿Qué método usarías para agregar un elemento al principio de un array? A) push()

B) pop()

C) shift()

D) unshift()

Pregunta 3: Manejo de JSON

¿Cuál afirmación sobre JSON es correcta? A) JSON es un lenguaje de programación.

B) Las cadenas JSON deben usar comillas simples.

C) JSON puede incluir funciones como valores.

D) JSON se usa comúnmente para el intercambio de datos entre un servidor y aplicaciones web.

Pregunta 4: Manipulación del DOM

¿Qué método se utiliza para seleccionar un elemento por su ID? A) document.getElementByClassName()

B) document.getElementById()

C) document.querySelectorAll()

D) document.getElementsByTagName()

Pregunta 5: Creación y Eliminación de Elementos del DOM

¿Cuál es la forma correcta de eliminar un elemento del DOM? A) element.delete()

B) element.removeChild()

C) element.remove()

D) element.erase()

Pregunta 6: Manejo de Eventos

¿Cuál es la sintaxis correcta para agregar un oyente de eventos que se ejecute cuando un usuario haga clic en un botón con el ID "submitBtn"?

```
document.querySelector('???').addEventListener('???', function() {
    alert('Button clicked!');
});
```

Rellena los '???' para configurar correctamente el oyente de eventos.

Pregunta 7: Modificación del Contenido de un Elemento

¿Cómo cambias el contenido de texto de un elemento con el ID "header" a "Welcome to JavaScript"? A) document.getElementById('header').innerHTML = 'Welcome to JavaScript';

B) document.getElementById('header').textContent = 'Welcome to JavaScript';

C) document.getElementById('header').innerText = 'Welcome to JavaScript';

D) Tanto B como C son correctas.

Pregunta 8: Eventos Personalizados

Verdadero o Falso: Los eventos personalizados se pueden usar para activar funcionalidades específicas que no están cubiertas por los eventos nativos del DOM. A) Verdadero

B) Falso

Respuestas

1. A) "string"
2. D) unshift()
3. D) JSON se usa comúnmente para el intercambio de datos entre un servidor y aplicaciones web.
4. B) document.getElementById()
5. C) element.remove()
6. #submitBtn, 'click'
7. D) Tanto B como C son correctas.
8. A) Verdadero

Este cuestionario cubre los conceptos básicos e intermedios introducidos en la primera parte del libro y te ayudará a consolidar tu comprensión de las características principales de JavaScript y las técnicas de manipulación del DOM.

Proyecto 1: Construcción de un Sitio Web Interactivo Simple

1. Descripción del Proyecto

1.1 Objetivo

El objetivo principal de este proyecto es construir un sitio web interactivo simple que utilice habilidades básicas de JavaScript y técnicas de manipulación del DOM. Este sitio servirá como una aplicación práctica de los conceptos aprendidos en la primera parte de este libro. Al final de este proyecto, habrás creado una página web dinámica que responde a las entradas del usuario y cambia de estado en consecuencia.

1.2 Características Clave

El sitio web interactivo contará con varios componentes clave que permitirán a los usuarios interactuar dinámicamente con el contenido:

- **Cargador de Contenido Dinámico**: Una sección del sitio web actualizará dinámicamente el contenido basado en las selecciones del usuario desde un menú desplegable o botones. Esto puede incluir mostrar texto, imágenes u otros medios relevantes a la elección del usuario.
- **Formulario Interactivo**: Incorporar un formulario con campos como nombre, correo electrónico y mensaje. El formulario incluirá validación en vivo para proporcionar retroalimentación inmediata sobre la entrada proporcionada por el usuario, asegurando que todos los campos requeridos se llenen correctamente antes del envío.
- **Interruptor de Tema**: Un botón o interruptor que permita a los usuarios cambiar el tema del sitio web de modo claro a oscuro (y viceversa). Esto demostrará la manipulación de estilos en tiempo real usando JavaScript.
- **Lista de Tareas**: Los usuarios pueden agregar, eliminar y marcar tareas como completadas. Esta característica utilizará la manipulación del DOM para actualizar dinámicamente la lista, así como demostrar cómo manejar eventos del usuario.

- **Integración con Almacenamiento Local**: Para mejorar la experiencia del usuario haciendo que el estado del sitio web sea persistente entre sesiones, se usará almacenamiento local para guardar y recuperar datos clave del usuario o preferencias.

Estas características están diseñadas para proporcionar práctica práctica con una variedad de funcionalidades de JavaScript, incluyendo el manejo de eventos, trabajar con el DOM y el almacenamiento local, reforzando así tu aprendizaje y aumentando tu confianza en el uso de JavaScript para el desarrollo web.

2. Configuración y Configuración Inicial

Para comenzar a construir nuestro sitio web interactivo simple, primero necesitamos establecer una base sólida configurando nuestro entorno de desarrollo y definiendo la estructura del proyecto. Esta sección te guiará a través de la selección de las herramientas necesarias y la organización de tus archivos para un desarrollo eficiente.

2.1 Herramientas y Entorno

Antes de sumergirte en la codificación, asegúrate de tener configuradas las siguientes herramientas esenciales en tu computadora:

- **Editor de Texto**: Un editor de texto es crucial para escribir tu código. Algunas opciones populares para el desarrollo web incluyen Visual Studio Code, Sublime Text y Atom. Estos editores ofrecen características como resaltado de sintaxis, autocompletado de código y extensiones que pueden mejorar tu experiencia de codificación.
- **Navegador Web**: Necesitarás un navegador web moderno para probar y ver tu aplicación web. Se recomienda Google Chrome, Mozilla Firefox o Microsoft Edge debido a sus herramientas amigables para desarrolladores, como la Consola de Desarrollador y el inspector en vivo del DOM.
- **Servidor Local (Opcional)**: Aunque no es estrictamente necesario para este proyecto, ejecutar un servidor local puede ser beneficioso, especialmente a medida que te expandas a proyectos más complejos. Herramientas como XAMPP, MAMP, o incluso configuraciones de servidor simples usando Node.js o Python pueden servir tus archivos de manera más confiable que abrir archivos HTML directamente en un navegador.

2.2 Estructura del Proyecto

Organizar tus archivos de proyecto desde el principio puede ayudar a gestionar el proceso de desarrollo de manera más fluida. Aquí hay una estructura básica para comenzar:

```
simple-interactive-website/

├── index.html          # The main HTML document
├── css/                # Folder for CSS stylesheets
│   └── styles.css      # Main stylesheet for the website
├── js/                 # Folder for JavaScript files
│   └── script.js       # Main JavaScript file for handling logic
└── assets/             # Folder for images and other assets (if needed)
```

- **Archivo HTML**: Tu index.html será el punto de entrada de tu sitio. Este archivo contendrá la estructura básica de HTML y enlaces a tus archivos CSS y JavaScript.
- **Carpeta CSS**: Esta carpeta almacenará tus hojas de estilo. Comenzando con styles.css, puedes agregar más archivos según sea necesario si tu proyecto crece o requiere un estilo más complejo.
- **Carpeta JavaScript**: Todos tus archivos JavaScript irán en esta carpeta. Aunque inicialmente solo podrías necesitar script.js, organizar tu código JavaScript en módulos o archivos separados puede ayudar a mantener el código más limpio.
- **Carpeta de Recursos**: Si tu proyecto incluye imágenes, fuentes u otros archivos multimedia, mantenerlos en una carpeta assets facilita la gestión de estos recursos.

2.3 Inicialización de Tu Proyecto

1. **Crear el Directorio del Proyecto**: Crea una nueva carpeta en tu computadora o entorno de desarrollo llamada simple-interactive-website.
2. **Configurar los Archivos**: Dentro del directorio del proyecto, crea la estructura de archivos y carpetas como se describe anteriormente. Puedes crear los archivos y carpetas manualmente o a través de la línea de comandos.
3. **Preparar la Plantilla HTML**: Abre index.html y configura una plantilla básica de HTML5. Aquí tienes un ejemplo simple para comenzar:

```
<!DOCTYPE html>
<html lang="en">
<head>
    <meta charset="UTF-8">
    <meta name="viewport" content="width=device-width, initial-scale=1.0">
    <title>Simple Interactive Website</title>
    <link rel="stylesheet" href="css/styles.css">
</head>
<body>
    <header>
        <h1>Welcome to Our Interactive Website</h1>
    </header>
    <main>
        <!-- Content will be dynamically added here -->
```

```
    </main>
    <script src="js/script.js"></script>
</body>
</html>
```

1. **Escribir Contenido de Marcador de Posición**: Agrega algunos estilos básicos en styles.css y unas pocas líneas de JavaScript en script.js para asegurarte de que todo esté conectado correctamente.

Esta configuración proporciona un punto de partida sólido para desarrollar tu sitio web interactivo. Con esta estructura, puedes comenzar a implementar las características interactivas discutidas en la descripción del proyecto, asegurando que cada componente sea manejable y desarrollado de manera eficiente.

3. Diseño de la Interfaz de Usuario

Una interfaz de usuario (UI) bien diseñada es crucial para asegurar una experiencia de usuario agradable. Debe ser intuitiva, accesible y visualmente atractiva para involucrar eficazmente a los usuarios. En esta sección, describiremos las consideraciones de diseño para nuestro sitio web interactivo simple, incluyendo la disposición de los elementos HTML y el estilo con CSS.

3.1 Estructura HTML

Comienza por establecer la estructura básica de tu sitio web usando HTML. Esto formará el esqueleto de tu proyecto, sobre el cual se construirán todas las funcionalidades dinámicas. Aquí tienes cómo podrías estructurar tu HTML para acomodar las características descritas en la visión general del proyecto:

```
<!DOCTYPE html>
<html lang="en">
<head>
    <meta charset="UTF-8">
    <meta name="viewport" content="width=device-width, initial-scale=1.0">
    <title>Simple Interactive Website</title>
    <link rel="stylesheet" href="css/styles.css">
</head>
<body>
    <header>
        <h1>Interactive Features Website</h1>
        <button id="theme-toggler">Toggle Theme</button>
    </header>
    <nav>
        <ul id="menu">
```

```html
        <li>Home</li>
        <li>About</li>
        <li>Contact</li>
    </ul>
</nav>
<main>
    <section id="dynamic-content">
        <h2>Dynamic Content Area</h2>
        <p>Select an option to change this content.</p>
    </section>
    <section id="todo-list">
        <h2>To-Do List</h2>
        <ul id="tasks"></ul>
        <input type="text" id="new-task" placeholder="Add a new task">
        <button id="add-task">Add Task</button>
    </section>
    <section id="form-section">
        <h2>Contact Us</h2>
        <form id="contact-form">
            <input type="text" id="name" name="name" placeholder="Your name"
required>
            <input type="email" id="email" name="email" placeholder="Your email"
required>
            <textarea id="message" name="message" placeholder="Your message"
required></textarea>
            <button type="submit">Send</button>
        </form>
    </section>
</main>
<footer>
    <p>© 2024 Interactive Website Project</p>
</footer>
<script src="js/script.js"></script>
</body>
</html>
```

3.2 Estilizado CSS

A continuación, agrega CSS para mejorar la apariencia visual de tu sitio. Comienza con algunos estilos básicos para mejorar el diseño y la tipografía, luego agrega estilos más específicos para elementos interactivos como botones y formularios.

Ejemplo de CSS (styles.css):

```css
/* Basic layout and typography styles */
body {
    font-family: Arial, sans-serif;
    line-height: 1.6;
    margin: 0;
```

```css
    padding: 0;
    background: #f4f4f4;
    color: #333;
}

header, nav, main, footer {
    padding: 20px;
    text-align: center;
}

/* Styling for the navigation menu */
nav ul {
    list-style: none;
    padding: 0;
}

nav ul li {
    display: inline;
    margin-right: 10px;
}

/* Theme toggler button */
#theme-toggler {
    position: absolute;
    top: 20px;
    right: 20px;
}

/* Form styling */
input, textarea {
    width: 90%;
    margin-bottom: 10px;
    padding: 10px;
    box-sizing: border-box;
}

button {
    padding: 10px 20px;
    cursor: pointer;
}

/* Dynamic content and To-Do List styles */
#dynamic-content, #todo-list {
    margin-top: 20px;
    padding: 20px;
    background: white;
    box-shadow: 0 0 5px #ccc;
}

/* Footer styling */
footer {
    margin-top: 20px;
```

```
    color: #666;
}
```

Estos estilos proporcionan un aspecto limpio y moderno, pero puedes expandirlos según tus preferencias estéticas o requisitos funcionales adicionales.

3.3 Consideraciones de Diseño Responsivo

Finalmente, asegúrate de que tu sitio web sea accesible y se vea bien en todos los dispositivos:

- **Diseño Responsivo**: Utiliza consultas de medios CSS para ajustar estilos según el tamaño de la pantalla del dispositivo.
- **Accesibilidad**: Asegúrate de que todos los elementos interactivos sean accesibles, incluyendo proporcionar roles ARIA adecuados y asegurarte de que todos los elementos del formulario tengan etiquetas asociadas para los lectores de pantalla.

Al diseñar cuidadosamente tu interfaz de usuario con atención al diseño, el estilizado y la accesibilidad, preparas el escenario para una experiencia de usuario positiva. Este trabajo fundamental respalda las características interactivas que se implementarán en las secciones siguientes, creando una aplicación web cohesiva y atractiva.

4. Implementación de Funcionalidades Principales

Ahora que hemos establecido una base sólida con una interfaz de usuario bien diseñada, nos enfocaremos en implementar las funcionalidades principales de nuestro sitio web interactivo simple. Esta sección profundiza en la adición de elementos interactivos y la manipulación dinámica del contenido usando JavaScript. Cubriremos cómo implementar el Cargador de Contenido Dinámico, el Formulario Interactivo, el Interruptor de Tema y la Lista de Tareas, asegurando que cada característica no solo funcione correctamente sino que también mejore la experiencia general del usuario.

4.1 Implementación de la Interactividad

1. Cargador de Contenido Dinámico

Comenzaremos permitiendo a los usuarios cambiar el contenido mostrado en una sección de la página según su selección de un menú o conjunto de botones.

Configuración de HTML:

```html
<select id="contentSelector">
    <option value="content1">Content 1</option>
    <option value="content2">Content 2</option>
    <option value="content3">Content 3</option>
</select>
<div id="contentDisplay">Select an option to see the content.</div>
```

JavaScript:

```javascript
document.getElementById('contentSelector').addEventListener('change', function() {
    const selectedValue = this.value;
    const displayDiv = document.getElementById('contentDisplay');
    displayDiv.innerHTML = `<p>You selected ${selectedValue}. Here is some more
information about it.</p>`;
});
```

Este script escucha los cambios en el menú desplegable contentSelector y actualiza el div contentDisplay con un mensaje relacionado con la opción seleccionada.

2. Formulario Interactivo

A continuación, agrega validación para asegurarse de que todos los campos estén llenos antes de que el formulario pueda ser enviado.

Configuración HTML:

```html
<!-- Already defined in the HTML structure -->
```

JavaScript:

```javascript
document.getElementById('contact-form').addEventListener('submit', function(event) {
    event.preventDefault();  // Prevent the form from submitting traditionally
    const name = document.getElementById('name').value;
    const email = document.getElementById('email').value;
    const message = document.getElementById('message').value;

    if (!name || !email || !message) {
        alert('Please fill in all fields.');
    } else {
        alert('Thank you for your message!');
        // Here you could also add an AJAX request to send the data to a server
    }
```

```
});
```

3. Alternador de Tema

Crea un botón simple para alternar entre los temas claro y oscuro.

JavaScript:

```
document.getElementById('theme-toggler').addEventListener('click', function() {
    document.body.classList.toggle('dark-theme');
    const isDark = document.body.classList.contains('dark-theme');
    this.textContent = isDark ? 'Switch to Light Mode' : 'Switch to Dark Mode';
});
```

CSS:

```
/* Add to styles.css */
.dark-theme {
    background: #333;
    color: #fff;
}
```

4. Lista de Tareas

Permite a los usuarios añadir, marcar como completadas o eliminar tareas de una lista.

Configuración HTML:

```
<!-- Already defined in the HTML structure -->
```

JavaScript:

```
document.getElementById('add-task').addEventListener('click', function() {
    const newTask = document.getElementById('new-task').value;
    if (newTask) {
        const listItem = document.createElement('li');
        listItem.textContent = newTask;
        listItem.addEventListener('click', function() {
            this.classList.toggle('completed');
```

```
        });
        document.getElementById('tasks').appendChild(listItem);
        document.getElementById('new-task').value = '';   // Clear the input after
adding
    } else {
        alert('Please enter a task.');
    }
});

/* CSS for completed tasks */
.completed {
    text-decoration: line-through;
}
```

Estos ejemplos ilustran cómo interactuar dinámicamente con el DOM para crear una aplicación web receptiva y comprometida con el usuario. Al implementar estas características, no solo aplicarás los conceptos básicos de JavaScript y manipulación del DOM discutidos en el libro, sino que también crearás un proyecto práctico y funcional que solidifica tu comprensión de estas habilidades cruciales para el desarrollo web.

5. Adición de Características Avanzadas

Para elevar nuestro simple sitio web interactivo, integraremos algunas características avanzadas que mejoran la funcionalidad, mejoran la interacción del usuario y demuestran conceptos más complejos de JavaScript. En esta sección, cubriremos cómo implementar la validación de formularios, usar el almacenamiento local para mantener el estado entre sesiones e introducir algunas técnicas adicionales de JavaScript que pueden proporcionar una experiencia de usuario más rica.

5.1 Validación de Formularios

Mejorar el formulario con validación impulsada por JavaScript permite una retroalimentación más interactiva. Esto asegurará que los usuarios ingresen información válida antes de enviar.

JavaScript para Validación Mejorada:

```
document.getElementById('contact-form').addEventListener('submit', function(event) {
    event.preventDefault();
    let isValid = true;

    const name = document.getElementById('name');
    const email = document.getElementById('email');
    const message = document.getElementById('message');
```

```javascript
    // Simple validation checks
    [name, email, message].forEach(input => {
        if (!input.value) {
            input.style.border = '2px solid red';
            isValid = false;
        } else {
            input.style.border = '';
        }
    });

    if (isValid) {
        alert('Thank you for your message!');
        // Optionally clear the form or handle the data further
        this.reset();
    } else {
        alert('Please fill in all fields correctly.');
    }
});
```

5.2 Integración con Almacenamiento Local

Usar el almacenamiento local permite que el sitio web recuerde ciertas configuraciones o datos del usuario entre sesiones. Por ejemplo, podemos recordar la preferencia de tema del usuario o guardar los elementos de la lista de tareas.

JavaScript para Almacenamiento Local:

```javascript
// Save theme preference
document.getElementById('theme-toggler').addEventListener('click', function() {
    const body = document.body;
    body.classList.toggle('dark-theme');
    const isDark = body.classList.contains('dark-theme');
    localStorage.setItem('theme', isDark ? 'dark' : 'light');
    this.textContent = isDark ? 'Switch to Light Mode' : 'Switch to Dark Mode';
});

// Load theme preference on page load
document.addEventListener('DOMContentLoaded', () => {
    const savedTheme = localStorage.getItem('theme');
    if (savedTheme === 'dark') {
        document.body.classList.add('dark-theme');
        document.getElementById('theme-toggler').textContent = 'Switch to Light
Mode';
    }
});

// Save and load tasks
document.getElementById('add-task').addEventListener('click', function() {
```

```javascript
    const taskList = document.getElementById('tasks');
    const newTaskValue = document.getElementById('new-task').value;
    if (newTaskValue) {
        const listItem = document.createElement('li');
        listItem.textContent = newTaskValue;
        taskList.appendChild(listItem);
        updateTasksLocalStorage();
        document.getElementById('new-task').value = '';  // Clear the input
    }
});

function updateTasksLocalStorage() {
    const tasks = [];
    document.querySelectorAll('#tasks li').forEach(task => {
        tasks.push(task.textContent);
    });
    localStorage.setItem('tasks', JSON.stringify(tasks));
}

document.addEventListener('DOMContentLoaded', () => {
    const savedTasks = JSON.parse(localStorage.getItem('tasks'));
    if (savedTasks) {
        savedTasks.forEach(taskText => {
            const listItem = document.createElement('li');
            listItem.textContent = taskText;
            document.getElementById('tasks').appendChild(listItem);
        });
    }
});
```

5.3 Técnicas Adicionales de JavaScript

Para mejorar aún más el sitio, considera agregar animaciones o transiciones con JavaScript para una experiencia de usuario más fluida, especialmente cuando los elementos entran o salen del DOM, o cuando el usuario interactúa con elementos de la interfaz.

Ejemplo: Añadiendo una Animación Simple

```javascript
const buttons = document.querySelectorAll('button');
buttons.forEach(button => {
    button.addEventListener('mouseover', () => {
        button.style.transition = 'all 0.3s';
        button.style.transform = 'scale(1.1)';
    });
    button.addEventListener('mouseout', () => {
        button.style.transform = 'scale(1)';
    });
});
```

Al integrar estas características avanzadas, nuestro simple sitio web interactivo no solo se vuelve más funcional y personalizado, sino que también demuestra la aplicación de técnicas poderosas de JavaScript en escenarios del mundo real. Estas mejoras ayudarán a asegurar que el sitio sea atractivo y mantenga los datos del usuario de manera efectiva, proporcionando una experiencia de usuario más rica e interactiva.

6. Pruebas y Depuración

Un paso crucial en cualquier proyecto de desarrollo web es la prueba y depuración. Este proceso asegura que tu sitio web funcione correctamente en diferentes entornos y que cualquier problema sea identificado y resuelto. En esta sección, discutiremos estrategias para probar el sitio web interactivo y proporcionaremos consejos para una depuración efectiva.

6.1 Estrategias de Prueba

1. Pruebas Funcionales:

- **Pruebas Manuales**: Recorre todas las características de tu sitio web manualmente para asegurar que funcionen como se espera. Prueba cada botón, envío de formularios e interacción.
- **Herramientas de Desarrollador del Navegador**: Utiliza la consola y las pestañas de red en las herramientas de desarrollador del navegador para inspeccionar elementos, monitorear solicitudes de red y verificar las salidas de la consola en busca de errores.
- **Pruebas de Responsividad**: Redimensiona la ventana de tu navegador para probar diferentes tamaños de pantalla o utiliza las herramientas de simulación de dispositivos disponibles en las herramientas de desarrollador del navegador para asegurar que el sitio web sea responsivo y funcional en todos los dispositivos.

2. Pruebas Cruzadas de Navegadores:

- **Diferentes Navegadores**: Prueba tu sitio web en diferentes navegadores (como Chrome, Firefox, Safari y Edge) para asegurar un comportamiento y apariencia consistentes.
- **Herramientas de Compatibilidad**: Utiliza herramientas como BrowserStack o Caniuse para verificar la compatibilidad y realizar pruebas cruzadas de navegadores.

3. Pruebas de Usabilidad:

- **Retroalimentación del Usuario**: Recoge retroalimentación de los usuarios para entender su experiencia con el sitio web. Esto puede resaltar problemas inesperados o mejoras potenciales.
- **Cumplimiento de Accesibilidad**: Verifica que tu sitio web sea accesible probando con lectores de pantalla, navegación solo con teclado y utilizando herramientas de prueba de accesibilidad como la herramienta WAVE.

6.2 Consejos de Depuración

1. Consola de Registros:

- Utiliza console.log(), console.warn() y console.error() estratégicamente para mostrar información de depuración en la consola de JavaScript. Esto puede ayudarte a entender qué parte de tu código se está ejecutando y localizar dónde pueden estar ocurriendo los problemas.

2. Puntos de Interrupción:

- Establece puntos de interrupción en tu código JavaScript utilizando las herramientas de desarrollador del navegador para pausar la ejecución e inspeccionar los valores de las variables en varios puntos. Esto puede ser crucial para entender el flujo de lógica y los cambios de estado.

3. Paso a Paso por el Código:

- Utiliza la función de paso a paso en las herramientas de desarrollador del navegador para ejecutar tu JavaScript línea por línea. Esto te permite ver exactamente cómo se ejecuta tu código y cómo se manipulan los datos.

4. Monitoreo de Red:

- Monitorea y analiza las solicitudes de red que realiza tu sitio web, especialmente cuando interactúa con APIs o puntos finales del servidor. Asegúrate de que las solicitudes sean exitosas y de que los datos devueltos sean los esperados.

5. Manejo de Errores:

- Implementa un manejo robusto de errores en tu código. Captura errores y muestra información útil al usuario o regístrala para un análisis posterior. Utiliza bloques try...catch en JavaScript para manejar excepciones de manera elegante.

6. Validación de Datos:

- Valida regularmente tanto las entradas del lado del cliente como del servidor (si aplica) para asegurar la integridad de los datos y prevenir vulnerabilidades comunes de seguridad como XSS (Cross-Site Scripting).

6.3 Problemas Comunes y sus Soluciones

- **Problemas de Caché**: A veces, los cambios en CSS o JavaScript pueden no aparecer debido a la caché del navegador. Limpia la caché del navegador o utiliza técnicas de busting de caché durante el desarrollo, como añadir una cadena de consulta de versión a tus referencias de archivos CSS y JavaScript.
- **Errores Asíncronos**: Los problemas relacionados con el código asíncrono pueden ser complicados. Utiliza async y await o promesas de manera efectiva, y asegúrate de que las operaciones dependientes de la finalización de llamadas asíncronas estén ubicadas correctamente en el flujo lógico.
- **Problemas de Diseño Responsivo**: Utiliza consultas de medios en CSS para manejar diferentes tamaños de pantalla y asegurar que todos los elementos se redimensionen y reposicionen correctamente. Prueba la responsividad regularmente durante el desarrollo.

Siguiendo estas estrategias de prueba y depuración, puedes asegurarte de que tu sitio web interactivo no solo funcione sin problemas en diferentes plataformas y dispositivos, sino que también proporcione una experiencia de usuario robusta. La depuración es un proceso continuo, y la prueba y refinamiento constante son clave para desarrollar un sitio web confiable y profesional.

7. Despliegue

Una vez que tu sitio web interactivo ha sido probado y todas las características están funcionando según lo esperado, el siguiente paso es desplegarlo en un servidor en vivo para que pueda ser accedido por usuarios en Internet. El despliegue implica varios pasos clave, desde elegir el proveedor de alojamiento adecuado hasta asegurar que tu sitio permanezca seguro y funcione bien bajo tráfico. Esta sección te guiará a través del proceso de poner tu sitio web en línea.

7.1 Elegir un Proveedor de Alojamiento

El primer paso para desplegar tu sitio web es seleccionar un proveedor de alojamiento. Hay muchas opciones disponibles, cada una con diferentes características y puntos de precio. Aquí hay algunas opciones populares:

- **Alojamiento Compartido**: Proveedores como Bluehost y HostGator ofrecen planes rentables adecuados para sitios web pequeños a medianos. El alojamiento compartido significa que tu sitio estará alojado en un servidor compartido con otros sitios web.
- **Alojamiento VPS**: Un Servidor Privado Virtual (VPS) proporciona una porción dedicada de un servidor, lo que significa más control y mejor rendimiento que el alojamiento compartido. Proveedores como DigitalOcean y Linode ofrecen alojamiento VPS con opciones escalables.
- **Alojamiento en la Nube**: Servicios como AWS, Google Cloud y Microsoft Azure ofrecen soluciones de alojamiento en la nube robustas que se escalan automáticamente para manejar picos de tráfico y proporcionar una cobertura geográfica extensa.

7.2 Configurar Tu Dominio

Tu sitio web necesitará un nombre de dominio, que es la dirección web que los usuarios escribirán en sus navegadores para encontrar tu sitio. Puedes comprar un dominio de registradores como GoDaddy, Namecheap o Google Domains. Una vez comprado, configura los ajustes DNS del dominio para que apunten a tu servidor de alojamiento, un proceso que generalmente implica configurar registros A o registros CNAME según las instrucciones de tu proveedor de alojamiento.

7.3 Prepararse para el Despliegue

Antes de subir tu sitio web, asegúrate de que todo esté optimizado para el mejor rendimiento:

- **Minimizar CSS y JavaScript**: Usa herramientas para minificar tus archivos CSS y JavaScript, reduciendo su tamaño para mejorar los tiempos de carga.
- **Optimizar Imágenes**: Asegúrate de que las imágenes no sean más grandes de lo necesario, usa formatos de archivo apropiados y considera usar herramientas de compresión para reducir el tamaño de los archivos sin perder calidad.
- **Certificado SSL/TLS**: Asegura tu sitio web obteniendo un certificado SSL/TLS, que cifra los datos enviados desde y hacia tu sitio. Muchos proveedores de alojamiento ofrecen certificados SSL gratuitos a través de Let's Encrypt.

7.4 Subir Tu Sitio Web

Para desplegar tu sitio web, necesitarás subir tus archivos a tu proveedor de alojamiento. Esto generalmente se puede hacer utilizando uno de los siguientes métodos:

- **FTP/SFTP**: Usa un cliente FTP como FileZilla para transferir los archivos de tu sitio web desde tu computadora local a tu servidor de alojamiento. SFTP es una versión segura de FTP que cifra las transferencias de archivos.
- **Panel de Control de Alojamiento**: Muchos proveedores de alojamiento ofrecen un panel de control (como cPanel) que incluye un administrador de archivos. Puedes usar esta herramienta para subir tus archivos directamente a través de tu navegador web.
- **Sistemas de Control de Versiones**: Si estás utilizando un sistema de control de versiones como Git, algunos hosts permiten desplegar directamente desde tu repositorio. Este método es particularmente efectivo para gestionar actualizaciones y retrocesos.

7.5 Verificaciones Posteriores al Despliegue

Una vez que tu sitio web esté en vivo, realiza las siguientes verificaciones para asegurarte de que todo esté funcionando como se espera:

- **Prueba todas las características**: Asegúrate de que todos los elementos interactivos y funcionalidades funcionen como lo hacían en tu entorno de desarrollo.
- **Monitorea el rendimiento**: Usa herramientas como Google PageSpeed Insights para analizar el rendimiento de tu sitio y obtener sugerencias para mejoras.
- **Configura analíticas**: Implementa un seguimiento con Google Analytics o similar para monitorear el comportamiento de los visitantes y obtener ideas que puedan guiar futuras mejoras.

7.6 Monitoreo Continuo y Actualizaciones

El despliegue no es el final del proceso de desarrollo del sitio web. Es esencial monitorear continuamente tu sitio para cualquier problema y actualizar regularmente tu contenido, tecnologías y medidas de seguridad para asegurar un rendimiento óptimo y protección contra amenazas.

Siguiendo estos pasos de despliegue, tu sitio web interactivo estará en línea y accesible para usuarios de todo el mundo, representando un hito significativo en tu viaje como desarrollador web. Sigue aprendiendo y iterando en base a la retroalimentación de los usuarios y las analíticas para mantener y mejorar tu sitio con el tiempo.

8. Desafíos y Extensiones

Después de desplegar con éxito tu sitio web interactivo simple, es posible que desees mejorar aún más tus habilidades y la funcionalidad de tu proyecto. Esta sección proporciona desafíos e ideas de extensión que no solo aumentan la complejidad y usabilidad de tu sitio web, sino que también fomentan el aprendizaje continuo y la mejora.

8.1 Desafíos Adicionales

1. **Implementar Interacción del Lado del Servidor**:
    - Integra un marco de trabajo de backend como Node.js con Express u otra tecnología de servidor para manejar las sumisiones de formularios de manera más dinámica y segura. Explora la creación de APIs RESTful para interactuar con tu frontend de manera más eficiente.
2. **Añadir Interacciones de Usuario Más Complejas**:
    - Incorpora funcionalidad de arrastrar y soltar dentro de la lista de tareas u otras partes de tu sitio para mejorar la experiencia del usuario.
    - Desarrolla una función de chat en vivo utilizando WebSockets para la comunicación en tiempo real entre usuarios.
3. **Incorporar APIs de Terceros**:
    - Integra APIs como Google Maps para servicios basados en ubicación o pasarelas de pago como Stripe o PayPal para procesar transacciones.
    - Obtén datos externos, como información meteorológica o artículos de noticias, y muéstralos dinámicamente en tu sitio.
4. **Crear una Aplicación Web Progresiva (PWA)**:
    - Convierte tu sitio web en una PWA, lo que permite funcionalidad sin conexión, notificaciones push y una experiencia similar a una aplicación nativa en dispositivos móviles.

8.2 Extensiones de Aprendizaje

1. **Explorar Marcos de Trabajo Modernos de JavaScript**:
    - Aprende y aplica marcos de trabajo como React, Angular o Vue.js a tu proyecto. Estas herramientas pueden ayudar a gestionar estados más complejos e interfaces de usuario, ofreciendo patrones y optimizaciones poderosas.
2. **Técnicas Avanzadas de CSS**:
    - Profundiza en conceptos avanzados de CSS como Flexbox, Grid, animaciones y transiciones para mejorar la disposición y dinámica visual de tu sitio web.
3. **Optimización y Mejores Prácticas**:

- o Estudia técnicas de optimización de sitios web, enfocándote en mejorar los tiempos de carga y el rendimiento de tu sitio web. Aprende sobre carga diferida, service workers y gestión eficiente de activos.
4. **Mejoras de Seguridad**:
   - o Mejora la seguridad de tu sitio web implementando características como HTTPS, políticas de seguridad de contenido y otras prácticas de seguridad modernas para proteger los datos y las interacciones de los usuarios.
5. **Mejoras de Accesibilidad**:
   - o Haz tu sitio web más accesible adhiriéndote a las WCAG (Directrices de Accesibilidad para el Contenido Web). Implementa características que ayuden a la navegación para todos los usuarios, incluidos aquellos con discapacidades.
6. **Pruebas Automatizadas e Integración Continua (CI)**:
   - o Configura marcos de prueba automatizados como Jest o Mocha para pruebas de JavaScript. Integra tu proyecto con herramientas de CI como Jenkins o GitHub Actions para automatizar procesos de prueba y despliegue.
7. **Explorar la Integración de Bases de Datos**:
   - o Añade una solución de base de datos como MongoDB, PostgreSQL o Firebase para almacenar datos de usuarios de manera persistente. Esto te permitirá manejar cuentas de usuarios, almacenar datos de la aplicación y recuperarlos dinámicamente.

Cada uno de estos desafíos y extensiones proporciona una vía para no solo mejorar tu proyecto, sino también profundizar tu comprensión del desarrollo web. Enfrentar estos desafíos te ayudará a construir aplicaciones web más robustas, eficientes y amigables para el usuario, mientras te preparas para roles avanzados en el desarrollo web. A medida que avances, sigue buscando nuevas tecnologías y metodologías para mantenerte al día en el campo en rápida evolución del desarrollo web.

9. Conclusión

Felicitaciones por completar la Parte I de "JavaScript desde Cero: Desbloquea tus Superpoderes de Desarrollo Web" y por construir y desplegar exitosamente tu sitio web interactivo simple. A lo largo de este recorrido, has sentado una base sólida en JavaScript, aprendiendo a manipular el DOM, manejar eventos y actualizar dinámicamente el contenido en función de las interacciones del usuario. Esta sección final sirve para recapitular las habilidades que has desarrollado, reflexionar sobre lo que has aprendido y considerar cómo estas habilidades pueden aplicarse a futuros proyectos o tareas profesionales.

9.1 Recapitulación de las Habilidades Aprendidas

A lo largo de esta parte del libro, has adquirido y aplicado una variedad de habilidades esenciales para el desarrollo web:

- **Fundamentos de JavaScript**: Has ganado competencia en los conceptos básicos de JavaScript, incluyendo variables, tipos de datos, estructuras de control y funciones.
- **Manipulación del DOM**: Has aprendido a seleccionar, modificar, crear y eliminar elementos HTML dinámicamente, lo cual es crucial para construir páginas web interactivas.
- **Manejo de Eventos**: Has dominado la configuración de escuchadores de eventos y la respuesta a las acciones del usuario, permitiendo un diseño interactivo y responsivo.
- **Validación y Manejo de Formularios**: Has implementado validación de formularios del lado del cliente y aprendido técnicas básicas para mejorar el manejo de entradas del usuario.
- **Almacenamiento Local**: Has utilizado el almacenamiento local para mantener el estado a través de sesiones de usuario, mejorando la experiencia del usuario al recordar sus preferencias y datos.
- **Despliegue**: Has desplegado exitosamente tu sitio web, haciéndolo accesible para usuarios de todo el mundo y ganando experiencia en los pasos finales cruciales del desarrollo web.

9.2 Reflexión sobre el Proceso del Proyecto

Este proyecto no solo ha ayudado a solidificar tu comprensión de conceptos técnicos, sino que también te ha enseñado sobre el ciclo de vida del proyecto desde la concepción hasta el despliegue. Reflexiona sobre los siguientes aspectos:

- **Resolución de Problemas**: ¿Cómo abordaste la solución de problemas y la resolución de cuestiones que surgieron durante el desarrollo? ¿Qué estrategias encontraste más efectivas?
- **Pensamiento de Diseño**: Considera cómo las decisiones de diseño impactan la experiencia del usuario. ¿Cómo influyeron las elecciones de diseño que hiciste en cómo los usuarios interactuaron con tu sitio web?
- **Optimización del Rendimiento**: Reflexiona sobre la importancia del rendimiento del sitio web. ¿Qué pasos tomaste para asegurar que tu sitio cargara rápidamente y funcionara sin problemas?

9.3 Direcciones Futuras

Con estas habilidades fundamentales en mano, estás bien preparado para abordar proyectos más complejos. Considera explorar las siguientes rutas:

- **JavaScript Avanzado y Frameworks**: Profundiza en JavaScript y explora frameworks como React, Angular o Vue.js, que pueden ayudarte a gestionar estados de aplicaciones más complejos e interfaces de usuario.
- **Desarrollo Full-Stack**: Amplía tu conocimiento para incluir programación del lado del servidor. Aprender Node.js, Python o Ruby puede ayudarte a construir aplicaciones completas de extremo a extremo.
- **Especialización**: Considera especializarte en áreas como optimización del rendimiento del frontend, accesibilidad o diseño de experiencia de usuario. Cada una de estas áreas ofrece caminos profesionales profundos y gratificantes.

9.4 Aprendizaje Continuo

El desarrollo web es un campo que evoluciona rápidamente. Mantenerse informado sobre nuevas tecnologías, mejores prácticas y estándares emergentes es crucial. Involúcrate con la comunidad de desarrollo a través de foros, redes sociales y conferencias. Sigue aprendiendo a través de cursos en línea, tutoriales y construyendo proyectos que te desafíen a aplicar y expandir tus habilidades.

En resumen, recuerda que el viaje de aprendizaje y desarrollo es continuo. Cada proyecto se construye sobre el anterior, y cada desafío ofrece una nueva oportunidad para crecer. Sigue codificando, sigue experimentando y, lo más importante, sigue disfrutando del proceso de crear algo nuevo. Tu viaje como desarrollador web apenas comienza, y las posibilidades son ilimitadas.

Part II: Intermediate JavaScript

Capítulo 5: Funciones Avanzadas

Bienvenido al Capítulo 5 de **"JavaScript desde Cero hasta Superhéroe: Desbloquea tus superpoderes de desarrollo web"**, donde emprendemos un viaje hacia el complejo y gratificante mundo de las funciones avanzadas. Este capítulo está meticulosamente diseñado para ampliar tu comprensión de las funciones en JavaScript. Te introduce a una variedad de conceptos más sofisticados que tienen el potencial de mejorar significativamente la legibilidad, eficiencia y funcionalidad de tu código. A medida que nos adentramos en el corazón de la programación en JavaScript, descubrirás que las funciones son los bloques de construcción básicos, y dominarlas es absolutamente crucial para desarrollar aplicaciones complejas.

En este capítulo esclarecedor, exploraremos las múltiples facetas de las funciones en JavaScript. Navegaremos a través de varios tipos de funciones, desentrañaremos sus sutiles matices y aprenderemos a aprovecharlas eficazmente en escenarios del mundo real. Esta sección es tu guía para dominar el arte de las funciones en JavaScript. Cubriremos temas que van desde la simplicidad y elegancia de las funciones flecha, hasta la versatilidad de las funciones de orden superior, la utilidad de los callbacks, la astucia de los closures y el poder de las funciones asíncronas.

Cada sección está cuidadosamente elaborada para proporcionarte no solo una comprensión teórica profunda, sino también conocimientos prácticos que puedes aplicar inmediatamente en tus proyectos. Al final de este capítulo, tendrás una comprensión integral de las funciones avanzadas y estarás listo para enfrentar cualquier desafío que se te presente en tu viaje de programación en JavaScript.

5.1 Funciones Flecha

Las funciones flecha, una característica novedosa introducida en la sexta edición de ECMAScript (ES6), proporcionan una sintaxis más simplificada para escribir funciones, lo que simplifica el código y mejora su legibilidad. Estas funciones son particularmente beneficiosas en casos donde las funciones se utilizan principalmente para devolver un valor calculado, reduciendo así la necesidad de codificación excesiva.

La principal ventaja de las funciones flecha es su sintaxis concisa, que permite a los desarrolladores escribir expresiones de función menos verbosas. Eliminan la necesidad de la palabra clave 'function', las llaves y la palabra clave 'return' cuando solo hay una declaración en la función. Esto hace que el código sea más limpio y fácil de entender de un vistazo.

Además, las funciones flecha comparten el mismo 'this' léxico que su código circundante. Esta es una característica significativa, ya que elimina la confusión común en torno al comportamiento de 'this' en JavaScript. 'This' dentro de una función flecha siempre representa el objeto que definió la función flecha. Esto las hace ideales para su uso en contextos donde, de otro modo, necesitarías vincular una función al objeto actual, resultando en un comportamiento más intuitivo.

Por lo tanto, la introducción de las funciones flecha en ES6 ha mejorado la brevedad y la legibilidad de JavaScript, convirtiéndolas en una herramienta poderosa para el desarrollo web moderno.

5.1.1 Sintaxis y Uso Básico

La función flecha, que es una característica fundamental del JavaScript moderno, tiene una sintaxis básica que es relativamente directa y fácil de entender. Es una forma más concisa de crear funciones en JavaScript y también tiene algunas diferencias en el comportamiento en comparación con las expresiones de función tradicionales. Esto la convierte en una herramienta esencial para que los programadores de JavaScript comprendan y utilicen eficazmente.

La sintaxis básica de una función flecha es sencilla:

```
const functionName = (parameters) => expression;
```

Esta sintaxis es una versión más concisa de una expresión de función. La declaración return se sobreentiende y se omite para funciones de una sola expresión. Aquí tienes una comparación simple:

Este es un ejemplo simple de la sintaxis de una función flecha en JavaScript. Define una función llamada "functionName" que toma argumentos especificados en "parameters" y devuelve el resultado de la "expression". Esta sintaxis se usa ampliamente en JavaScript, especialmente en la biblioteca React.js.

Expresión de Función Tradicional:

```javascript
const add = function(a, b) {
    return a + b;
};
```

El código de ejemplo es un ejemplo simple de una función en JavaScript, uno de los lenguajes de programación más utilizados en el desarrollo web. La función se llama 'add', lo que implica su propósito: sumar dos números.

La función se declara utilizando la palabra clave 'const', lo que significa que es una variable constante. Esto esencialmente significa que, una vez que la función está definida, no se puede redeclarar más adelante en el código.

Ahora, desglosamos el código:

Aquí, 'add' es el nombre de la función. La palabra clave 'function' se usa para declarar una función. Después de la palabra clave function, entre paréntesis, tenemos 'a' y 'b'. Estos son los parámetros o entradas de la función. Esta función en particular espera dos entradas.

Dentro del cuerpo de la función, encerrado en llaves {}, hay una sola línea de código: return a + b;. La palabra clave return se usa en las funciones para especificar la salida de la función. En este caso, la función devuelve la suma de 'a' y 'b'.

Entonces, para resumir, esta función llamada 'add' toma dos parámetros, 'a' y 'b', los suma y devuelve el resultado.

Función Flecha:

```javascript
const add = (a, b) => a + b;
```

Este es un ejemplo simple. Define una función llamada "add" que toma dos parámetros "a" y "b". La función devuelve la suma de "a" y "b". La sintaxis está en formato ES6, que utiliza la función flecha.

Sin Parámetros y Múltiples Expresiones

Si no hay parámetros, debes incluir un par de paréntesis vacío en la definición:

```javascript
const sayHello = () => console.log("Hello!");
```

Este ejemplo ilustra que en JavaScript, al definir una función utilizando la sintaxis de función flecha, debes incluir un conjunto vacío de paréntesis incluso si la función no requiere parámetros. El fragmento de código proporcionado define una función llamada "sayHello" que imprime la cadena "¡Hola!" en la consola.

Cuando la función contiene más de una expresión, debes envolver el cuerpo en llaves y usar una declaración return (si se devuelve un valor):

```javascript
const multiply = (a, b) => {
    let result = a * b;
    return result;
};
```

5.1.2 Casos de Uso para Funciones Flecha

Las funciones flecha son una forma más simplificada y concisa de escribir funciones en JavaScript, lo que simplifica significativamente el código y mejora su legibilidad. Son especialmente beneficiosas en casos donde las funciones se utilizan principalmente para devolver un valor calculado, reduciendo así la necesidad de codificación adicional.

En esta sección, obtendrás una comprensión más profunda de las funciones flecha en la programación. Exploraremos varios escenarios, demostrando cuándo y cómo usar eficazmente estas funciones flecha en situaciones de programación del mundo real.

El objetivo es equiparte con el conocimiento y las habilidades necesarias para integrar sin problemas el uso de funciones flecha en tus prácticas de codificación, mejorando así tu eficiencia y competencia en la programación.

Operaciones de Iteración Concisas: Las funciones flecha son particularmente útiles para realizar manipulaciones de arrays, como mapear, filtrar o reducir. Estas operaciones se vuelven más sucintas y fáciles de leer con funciones flecha, ahorrando tiempo y esfuerzo a los desarrolladores, mientras que también hacen que el código sea más limpio y fácil de entender:

```javascript
const numbers = [1, 2, 3, 4, 5];
const squared = numbers.map(number => number * number);
console.log(squared);  // Output: [1, 4, 9, 16, 25]
```

El código declara un array 'numbers' que consta de cinco elementos. Luego, genera un nuevo array 'squared' al elevar al cuadrado cada elemento del array 'numbers' usando la función 'map'. Esta función funciona al aceptar una función como argumento y aplicarla a cada elemento del array.

La función flecha 'number => number * number' se utiliza para elevar al cuadrado cada número. Finalmente, el array 'squared' se imprime en la consola, resultando en un nuevo array con los números originales al cuadrado: [1, 4, 9, 16, 25].

Como Callbacks: En el ámbito de la programación en JavaScript, la vinculación léxica de this que proporcionan las funciones flecha es particularmente útil, especialmente al tratar con callbacks. Las expresiones de función tradicionales pueden vincular inadvertidamente la palabra clave this a un contexto diferente, lo que podría llevar a resultados inesperados o errores en el código.

Esto es un escollo que puede evitarse fácilmente mediante el uso de funciones flecha, que vinculan automáticamente this al contexto del ámbito envolvente donde se definió la función, manteniendo así el contexto previsto y contribuyendo a un código más limpio y predecible.

Ejemplo:

```
document.getElementById("myButton").addEventListener('click', () => {
    console.log(this);  // 'this' refers to the context where the function was defined,
not to the element.
});
```

El código agrega un escuchador de eventos al elemento HTML con el ID "myButton". Cuando se hace clic en este botón, se activa una función que muestra el contexto actual, que es donde se definió la función, en la consola. Sin embargo, en este caso, 'this' no se refiere al elemento HTML en el que se hizo clic porque se usó una función flecha, y las funciones flecha no tienen su propio contexto this.

Programación Funcional: Las funciones flecha juegan un papel significativo en la programación funcional. Al permitir una sintaxis más concisa y legible, contribuyen a la creación de un código más limpio y mantenible. Esto es particularmente beneficioso en proyectos más grandes, donde la claridad y la legibilidad del código son primordiales.

La adopción de un estilo de programación funcional puede conducir a procesos de depuración y prueba mejorados, resultando en un software de mayor calidad. Es importante notar que, aunque las funciones flecha pueden mejorar enormemente la experiencia de la programación funcional, entender su uso e implicaciones es crucial para un desarrollo efectivo.

Limitaciones de las Funciones Flecha

- **No Vinculación de this**: Una de las características de las funciones flecha es que no vinculan this. Esto a menudo puede ser beneficioso, proporcionando más flexibilidad en ciertos escenarios. Sin embargo, también puede ser limitante en situaciones donde necesitas que la función se vincule a un contexto diferente.
- **No Hay Objeto arguments**: Otra característica importante de las funciones flecha es que no tienen su propio objeto arguments. Esto significa que si necesitas acceder a un objeto similar a un array de argumentos, estás obligado a usar parámetros rest.
- **No Adecuadas para Métodos**: Aunque las funciones flecha pueden ser muy útiles, no son adecuadas para definir métodos de objeto. Esto se debe a que cuando defines un método de objeto con una función flecha, no puedes acceder al objeto mediante this, lo que puede limitar la funcionalidad.
- **No Uso como Constructor**: Finalmente, es esencial notar que las funciones flecha no pueden ser usadas como constructores. Intentar usar una función flecha con la palabra clave new resultará en un error, ya que este no es un caso de uso soportado para este tipo de función.

Las funciones flecha son una adición poderosa al arsenal de sintaxis de funciones de JavaScript. Proporcionan beneficios sintácticos y manejan this de manera diferente, lo que puede llevar a un comportamiento más predecible cuando se usan adecuadamente.

5.1.3 Devolviendo Objetos Literales

Las funciones flecha proporcionan una forma más corta y concisa de declarar funciones. Sin embargo, tienen ciertos matices que pueden confundir a los desarrolladores que no están al tanto de ellos. Una trampa común que los desarrolladores suelen encontrar al trabajar con funciones flecha es cuando quieren devolver un objeto literal directamente desde la función.

La sintaxis única de las funciones flecha puede llevar a un malentendido por parte del intérprete de JavaScript, especialmente cuando se trata de llaves. En JavaScript, las llaves se usan para denotar el cuerpo de una función y también para definir objetos literales. Esto puede llevar a confusión. Cuando usas llaves después de la flecha en una función flecha, el intérprete de JavaScript piensa que estás comenzando el cuerpo de la función en lugar de declarar un objeto literal.

Esto puede causar resultados inesperados o errores si no se maneja adecuadamente. Para mitigar este problema y devolver un objeto literal directamente desde una función flecha, debes dar un paso simple pero importante. Debes envolver el objeto literal entre paréntesis. Al hacer esto, le estás dando una señal clara al intérprete de JavaScript de que las llaves no denotan el cuerpo de la función, sino que se utilizan para el objeto literal.

Este es un punto crucial a recordar al escribir funciones flecha y es un ejemplo de cómo entender los matices de la sintaxis puede prevenir errores en tu código.

Ejemplo: Devolviendo un Objeto Literal

```
const createPerson = (name, age) => ({name: name, age: age});
console.log(createPerson("John Doe", 30)); // Outputs: { name: 'John Doe', age: 30 }
```

Esta técnica asegura que el objeto literal no se confunda con el cuerpo de la función, permitiéndote devolver objetos de manera concisa.

El código define una función llamada "createPerson". Esta función toma dos parámetros, "name" y "age", y devuelve un objeto con estas dos propiedades. Luego, la función se llama con los argumentos "John Doe" y "30", y la salida se registra en la consola. La salida es un objeto con las propiedades name siendo 'John Doe' y age siendo 30.

5.1.4 Funciones Flecha en Métodos de Arrays

Las funciones flecha se han convertido en un cambio de juego en la programación de JavaScript, especialmente cuando se trabaja con métodos de arrays que esperan funciones callback. Esto incluye métodos como map(), filter(), reduce(), y otros. El verdadero poder de las funciones flecha brilla a través de su sintaxis concisa, que elimina la necesidad de las palabras clave verbosas function y return.

map(), filter() y reduce() son poderosos métodos de arrays en JavaScript que se usan a menudo en el contexto de la programación funcional.

La función map() se utiliza para crear un nuevo array aplicando una función específica a todos los elementos de un array existente. En términos simples, "mapea" cada elemento del array existente a un nuevo elemento en el array resultante, basado en la función de transformación proporcionada. Esto es particularmente útil cuando deseas aplicar una transformación u operación a cada elemento en un array, sin alterar el array original.

```
const numbers = [1, 2, 3, 4, 5];
const squared = numbers.map(number => number * number);
console.log(squared);  // Output: [1, 4, 9, 16, 25]
```

La función filter(), por otro lado, se utiliza para crear un nuevo array a partir de un array dado, incluyendo solo aquellos elementos que satisfacen una condición especificada por una función proporcionada. Esencialmente "filtra" los elementos que no cumplen la condición. Esto puede ser útil cuando deseas seleccionar ciertos elementos de un array basándote en criterios específicos.

```
const numbers = [1, 2, 3, 4, 5];
const evenNumbers = numbers.filter(n => n % 2 === 0);
console.log(evenNumbers);  // Outputs: [2, 4]
```

Finalmente, la función reduce() se usa para aplicar una función a cada elemento del array (de izquierda a derecha) para reducir el array a un solo valor, de ahí el nombre "reduce". Esta función toma dos argumentos: un acumulador y el valor actual. El acumulador acumula los valores de retorno del callback, mientras que el valor actual representa el elemento actual que se está procesando en el array.

```
const numbers = [1, 2, 3, 4, 5];
const sum = numbers.reduce((total, current) => total + current, 0);
console.log(sum);  // Outputs: 15
```

En este ejemplo, el método reduce() se usa para sumar todos los números en el array. El parámetro 'total' es el acumulador que almacena el total en curso, y 'current' es el número actual en el array mientras reduce() recorre el array de izquierda a derecha. El 0 después de la función callback es el valor inicial de 'total'.

Estas funciones ofrecen una forma robusta y eficiente de manejar arrays y pueden mejorar significativamente tu capacidad para escribir código conciso, comprensible y mantenible.

5.1.5 Manejo de this en Listeners de Eventos

Si bien las funciones flecha comparten el mismo this léxico que su código circundante, lo cual generalmente es beneficioso, esto puede llevar a un comportamiento inesperado al agregar listeners de eventos que dependen de que this se refiera al elemento que disparó el evento:

Ejemplo: Función Flecha en Listeners de Eventos

```
document.getElementById('myButton').addEventListener('click', () => {
    console.log(this.innerHTML);   // Does not work as expected; 'this' is not the
button
});
```

Para manejar estos casos, puedes usar una expresión de función tradicional o usar el objeto del evento, que se pasa al manejador de eventos:

Ejemplo Corregido Usando el Objeto Evento

```
document.getElementById('myButton').addEventListener('click', event => {
    console.log(event.target.innerHTML);  // Correctly logs the button's innerHTML
});
```

5.1.6 No se Permiten Parámetros Duplicados

A diferencia de las expresiones de función regulares, las funciones flecha presentan una característica única en que prohíben estrictamente el uso de parámetros con nombres duplicados, independientemente de si están operando en modo estricto o no estricto. Este mecanismo de cumplimiento particular juega un papel instrumental en la identificación de posibles errores en una etapa temprana del desarrollo.

Como resultado, mejora significativamente la fiabilidad y limpieza del código. Al garantizar que cada parámetro tenga un nombre único, los desarrolladores pueden evitar confusiones y posibles fallos en el futuro, lo que lleva a un producto de software más robusto y tolerante a fallos.

Ejemplo: Error de Sintaxis en Función Flecha

```
const add = (a, a) => a + a;  // Syntax error in strict and non-strict mode
```

5.1.7 Depuración de Funciones Flecha

Depurar funciones flecha en JavaScript puede ser un desafío, particularmente debido a su sintaxis concisa y compacta, que a menudo deja poco espacio para una depuración detallada. Las funciones flecha, aunque increíblemente útiles para escribir código limpio y eficiente, pueden convertirse en un área complicada cuando algo sale mal y surge la necesidad de depuración.

Cuando se involucra lógica compleja en estas funciones, una buena práctica es considerar transformar la sintaxis de cuerpo conciso en una sintaxis de cuerpo de bloque más verbosa. Esto permite la inclusión de declaraciones de depuración adecuadas, como el uso de console.log().

Tal estrategia puede proporcionar una imagen más clara de lo que está haciendo la función en cada paso, haciendo que el proceso de depuración sea más manejable y efectivo.

Ejemplo: Depuración Dentro de una Función Flecha

```
const complexCalculation = (a, b) => {
    console.log("Input values:", a, b);
    const result = a * b + 100;
    console.log("Calculation result:", result);
    return result;
};
```

5.2 Callbacks y Promesas

En el amplio ámbito de JavaScript, un lenguaje que se utiliza ampliamente en una variedad de aplicaciones y escenarios, la gestión de operaciones de naturaleza asíncrona, como solicitudes de red, operaciones de archivos o temporizadores, es de crucial importancia.

Estas operaciones son una parte crítica de la mayoría de las aplicaciones de JavaScript, y su manejo adecuado puede afectar significativamente el rendimiento y la experiencia del usuario de tu aplicación. En esta sección completa, profundizamos en dos conceptos fundamentales que se usan ampliamente para manejar tales tareas complejas: callbacks y promesas.

Estos dos conceptos son pilares de la programación asíncrona en JavaScript, y proporcionan diferentes formas de organizar y estructurar tu código asíncrono. Al obtener una comprensión completa de estos conceptos, mejorarás significativamente tu capacidad para escribir código asíncrono limpio, efectivo y mantenible.

Esto, a su vez, te permitirá desarrollar aplicaciones más robustas y eficientes, y también hará que tu código sea más fácil de leer y depurar, mejorando así tu productividad general como desarrollador de JavaScript.

5.2.1 Comprendiendo los Callbacks

Un **callback** es un tipo especializado de función que está diseñado para ser pasado a otra función como argumento. El propósito de un callback es aplazar una cierta computación o acción hasta más tarde. En otras palabras, la función callback es "llamada de nuevo" en un momento específico en el futuro.

Este arreglo es ideal para paradigmas de programación asíncrona, donde queremos iniciar una tarea de larga duración (como una solicitud de red) y luego pasar a otras tareas.

La función callback nos permite especificar qué debe suceder cuando la tarea de larga duración se complete. Esto nos asegura que el código correcto se ejecutará en el momento adecuado.

Ejemplo Básico de un Callback

```javascript
function greeting(name, callback) {
    console.log('Hello ' + name);
    callback();
}

greeting('Alice', function() {
    console.log('This is executed after the greeting function.');
});
```

En este ejemplo, la función greeting toma un nombre y una función callback como argumentos. La función callback se llama justo después de que el mensaje de saludo se imprime en la consola.

Este ejemplo define una función llamada "greeting" que toma dos parámetros: un nombre (como una cadena) y una función callback. La función imprime un mensaje de saludo ('Hello ' + name) en la consola y luego ejecuta la función callback.

Después de que la función greeting se define, se llama con el nombre 'Alice' y una función anónima como parámetros. Esta función anónima se ejecutará después de la función greeting, imprimiendo 'This is executed after the greeting function.' en la consola.

Callbacks en Operaciones Asíncronas

En la programación, los callbacks desempeñan un papel crítico, especialmente al tratar con operaciones asíncronas. Las operaciones asíncronas son aquellas que permiten que otros procesos continúen antes de que se completen.

Por ejemplo, supongamos que estás obteniendo datos de un servidor, lo cual es una operación común en el desarrollo web. Este proceso puede tomar un tiempo no especificado. Para mantener tu aplicación receptiva y eficiente, no deseas detener todo el programa mientras esperas los datos. Aquí es donde entran en juego los callbacks.

Usando una función callback, puedes decir efectivamente: "Sigue ejecutando el resto del programa. Una vez que lleguen los datos del servidor, ejecuta esta función para manejarlos." De esta manera, la función callback actúa como un medio práctico para gestionar los datos una vez que estén disponibles.

Ejemplo: Uso de Callbacks con Operaciones Asíncronas

```
function fetchData(callback) {
    setTimeout(() => {
        callback('Data retrieved');
    }, 2000);  // Simulates a network request
}

fetchData(data => {
    console.log(data);  // Outputs: 'Data retrieved'
});
```

Aunque los callbacks son simples y efectivos para manejar resultados asíncronos, pueden llevar a problemas como el "infierno de callbacks" o "pirámide de la perdición," donde los callbacks están anidados dentro de otros callbacks, llevando a un código profundamente indentado y difícil de leer.

Este código define una función llamada fetchData. La función toma una función callback como su argumento, simula una solicitud de red a través de un retraso de 2000 milisegundos (2 segundos) usando el método setTimeout, y luego llama a la función callback con el argumento 'Data retrieved'. Debajo de la definición de la función, se llama a la función fetchData con una función callback que registra los datos (en este caso 'Data retrieved') en la consola.

5.2.2 Promesas: Una Alternativa Más Clara

En respuesta a los desafíos y complejidades intrincados que a menudo se asocian con el uso de callbacks en JavaScript, la versión ECMAScript 6 (ES6) trajo una mejora significativa en forma de **Promesas**.

Las promesas no son objetos ordinarios; tienen un significado especial en el contexto de las operaciones asíncronas. Representan la eventual conclusión de estas operaciones, ya sea una finalización exitosa o un fracaso desafortunado.

Además, estas promesas no solo tratan sobre la finalización o el fracaso de las operaciones, sino que también llevan el valor resultante de las operaciones. Esta característica proporciona una forma más fluida y eficiente de manejar tareas asíncronas en JavaScript.

Creación de una Promesa

```
const promise = new Promise((resolve, reject) => {
    setTimeout(() => {
        resolve('Data loaded successfully');
        // reject('Error loading data');  // Uncomment to simulate an error
    }, 2000);
});

promise.then(data => {
    console.log(data);
}).catch(error => {
    console.error(error);
});
```

En este código de ejemplo se crea una nueva Promesa. Como se ha discutido, una Promesa es un objeto que representa la eventual finalización o fracaso de una operación asíncrona.

En este caso, la Promesa se resuelve con el mensaje 'Data loaded successfully' después de un retraso de 2 segundos. Si hay un error, se rechaza con el mensaje 'Error loading data'.

El método then se utiliza para programar el código que se ejecutará cuando la Promesa se resuelva, registrando los datos. Si la Promesa se rechaza, el método catch captura el error y lo registra.

Puntos Clave sobre las Promesas:

- Una promesa en la programación de JavaScript tiene tres estados: pendiente (donde el resultado aún no se ha determinado), cumplida (donde la operación se completó con éxito) y rechazada (donde la operación falló).
- El método then(), que es una parte integral del trabajo con promesas en JavaScript, se utiliza para programar una función callback que se ejecutará tan pronto como la promesa se resuelva, es decir, cuando se haya cumplido.
- Finalmente, el método catch() se utiliza para manejar cualquier error o excepción que pueda ocurrir durante la ejecución de la promesa. Actúa como una red de seguridad, asegurando que cualquier condición de fallo o error se gestione adecuadamente y no quede sin tratamiento.

Encadenamiento de Promesas Una fortaleza fundamental inherente a las Promesas es su capacidad inherente para ser encadenadas o vinculadas entre sí. Esta característica es posible porque cada invocación del método then() en una Promesa devuelve un objeto Promesa completamente nuevo.

Esta nueva Promesa puede entonces usarse como base para otro método then(), creando una cadena. Esta cadena de promesas permite que los métodos asíncronos se llamen en un orden específico, asegurando que cada operación se ejecute secuencialmente, una tras otra.

Este es un aspecto crítico de las Promesas que permite una gestión estructurada y predecible de las operaciones asíncronas.

Ejemplo: Encadenamiento de Promesas

```javascript
function fetchUser() {
    return new Promise(resolve => {
        setTimeout(() => resolve({ name: 'Alice' }), 1000);
    });
}

function fetchPosts(userId) {
    return new Promise(resolve => {
        setTimeout(() => resolve(['Post 1', 'Post 2']), 1000);
    });
}

fetchUser().then(user => {
    console.log('User fetched:', user.name);
    return fetchPosts(user.name);
}).then(posts => {
    console.log('Posts fetched:', posts);
}).catch(error => {
    console.error(error);
});
```

Este ejemplo demuestra cómo puedes realizar múltiples operaciones asíncronas en secuencia, donde cada paso depende del resultado del anterior.

Este ejemplo ilustra el concepto de Promesas y la programación asíncrona. El código inicialmente obtiene los datos de un usuario (simulado usando setTimeout para resolver una promesa después de 1 segundo con un objeto de usuario). Después de obtener el usuario, registra el nombre del usuario y obtiene las publicaciones del usuario (otra obtención simulada usando setTimeout). Las publicaciones luego se muestran en la consola. Cualquier error encontrado durante el proceso se captura y se registra en la consola.

Entender y utilizar adecuadamente los callbacks y las promesas es fundamental para la programación efectiva en JavaScript, especialmente en escenarios que implican operaciones asíncronas. Las promesas, en particular, proporcionan un enfoque más limpio y manejable para el código asíncrono que los callbacks tradicionales, reduciendo la complejidad y mejorando la legibilidad.

5.2.3 Manejo de Errores en Promesas

En JavaScript, cada Promesa está en uno de tres estados: pendiente (la operación está en curso), cumplida (la operación se completó con éxito) o rechazada (la operación falló). El manejo de errores en las Promesas se ocupa principalmente del estado rechazado. Cuando una Promesa es rechazada, esto usualmente significa que ocurrió un error.

Por ejemplo, una Promesa podría usarse para solicitar datos de un servidor. Si el servidor responde con los datos, la Promesa se cumple. Pero si el servidor no responde o envía una respuesta de error, la Promesa se rechazaría.

Para manejar estos rechazos, puedes usar el método .catch() en el objeto Promesa. Este método programa una función para que se ejecute si la Promesa es rechazada. La función puede tomar el error como parámetro, permitiéndote manejar el error adecuadamente, por ejemplo, registrando el mensaje de error en la consola o mostrando un mensaje de error al usuario.

Además, el método .finally() puede usarse para programar código que se ejecute después de que la Promesa sea cumplida o rechazada, lo cual es útil para tareas de limpieza como cerrar una conexión a la base de datos.

Al implementar un manejo de errores efectivo en las Promesas, puedes asegurarte de que tu aplicación permanezca robusta y confiable, incluso cuando se enfrenta a las incertidumbres inherentes de las operaciones asíncronas.

Cuando se trata de promesas en la programación, el manejo adecuado de errores se convierte en un aspecto de suma importancia. Esto se debe a que sirve como una salvaguarda eficiente, asegurando que cualquier error, ya sea menor o mayor, no pase desapercibido o inadvertido. En su lugar, se detectan y gestionan de manera efectiva.

Además, incorporar un manejo de errores eficiente en tu aplicación le proporciona la capacidad de manejar situaciones inesperadas de manera elegante. Esto significa que tu aplicación no se bloqueará ni se comportará de manera impredecible cuando ocurra un error. En su lugar, continuará funcionando de la manera más fluida posible, proporcionando al mismo tiempo una retroalimentación significativa sobre el error, lo que permite una resolución oportuna y efectiva.

Ejemplo: Manejo Integral de Errores

```
const fetchUserData = () => {
```

```
    return new Promise((resolve, reject) => {
        setTimeout(() => {
            if (Math.random() > 0.5) {
                resolve({ name: "Alice", age: 25 });
            } else {
                reject(new Error("Failed to fetch user data"));
            }
        }, 1000);
    });
};

fetchUserData()
    .then(data => {
        console.log("User data retrieved:", data);
    })
    .catch(error => {
        console.error("An error occurred:", error.message);
    });
```

En este ejemplo, se usa el método catch() para manejar cualquier error que ocurra durante la ejecución de la promesa, asegurando que todas las posibles fallas se gestionen.

El código define una función llamada fetchUserData que devuelve una Promesa. Esta Promesa simula el proceso de obtención de datos del usuario: después de un retraso de 1 segundo (1000 milisegundos), o bien se resuelve con un objeto que contiene datos del usuario (nombre y edad), o se rechaza con un error. El resultado se determina aleatoriamente con una probabilidad del 50% para cada caso.

Después de que se define la función fetchUserData, se llama de inmediato. Utiliza el método .then para manejar el caso en que la Promesa se resuelva, registrando los datos del usuario en la consola. También usa el método .catch para manejar el caso en que la Promesa sea rechazada, registrando el mensaje de error en la consola.

5.2.4 Promise.all

En escenarios donde estás manejando múltiples operaciones asíncronas que necesitan ejecutarse simultáneamente, y es esencial esperar a que todas estas operaciones se completen antes de proceder, el método Promise.all se convierte en una herramienta invaluable en JavaScript.

El método Promise.all funciona aceptando un array de promesas como su parámetro de entrada. En respuesta, devuelve una nueva promesa. En términos del comportamiento de esta nueva promesa, está diseñada para resolverse solo cuando todas las promesas en el array de entrada se hayan resuelto con éxito. Esto significa que espera a que cada operación asíncrona se complete con éxito.

Por otro lado, si alguna de las promesas en el array de entrada falla o se rechaza, la nueva promesa devuelta por Promise.all se rechazará inmediatamente también. Esto significa que no espera a que todas las operaciones se completen si alguna falla, permitiendo así que manejes los errores de inmediato.

Ejemplo: Uso de Promise.all

```
const promise1 = Promise.resolve(3);
const promise2 = 42;
const promise3 = new Promise((resolve, reject) => {
    setTimeout(resolve, 100, 'foo');
});

Promise.all([promise1, promise2, promise3]).then(values => {
    console.log(values);   // Output: [3, 42, "foo"]
}).catch(error => {
    console.error("Error:", error);
});
```

Esto es particularmente útil para agregar los resultados de múltiples promesas y asegura que tu código solo prosiga cuando todas las operaciones estén completas.

En este código, hay tres promesas: promise1 es una promesa que se resuelve con un valor de 3, promise2 es un valor directo de 42, y promise3 es una promesa que se resuelve con un valor de 'foo' después de 100 milisegundos.

El método Promise.all() se usa para manejar estas promesas. Toma un array de promesas y devuelve una única promesa que se resuelve cuando todas las promesas de entrada se han resuelto. En este caso, se resuelve con un array de valores resueltos de las promesas de entrada, en el mismo orden que las promesas de entrada: [3, 42, 'foo'].

Si alguna de las promesas de entrada se rechaza, la promesa Promise.all() también se rechaza, y el método .catch() se usa para manejar el error.

5.2.5 Manejo de Promesas con finally()

El método finally(), que es un aspecto importante de las promesas en JavaScript, devuelve una promesa. Esto ocurre cuando la promesa ha sido completada, lo que significa que ha sido cumplida o rechazada. En este punto, se ejecuta la función callback que has especificado.

Esta funcionalidad es particularmente útil porque te permite ejecutar tipos específicos de código, comúnmente referidos como código de limpieza. Ejemplos de código de limpieza podrían incluir cerrar cualquier conexión de base de datos abierta o liberar recursos que ya no están en uso.

Lo que es especialmente útil de esto es que puedes ejecutar este código de limpieza independientemente del resultado de la cadena de promesas. Esto significa que, ya sea que la promesa se haya cumplido o rechazado, tu código de limpieza aún se ejecutará, asegurando una ejecución ordenada y eficiente.

Ejemplo: Uso de finally con Promesas

```
fetch('<https://api.example.com/data>')
    .then(data => data.json())
    .then(json => console.log(json))
    .catch(error => console.error('Error fetching data:', error))
    .finally(() => console.log('Operation complete.'));
```

Este es un ejemplo de código que utiliza la API Fetch para recuperar datos de una URL especificada (https://api.example.com/data). La función fetch() devuelve una Promesa que se resuelve con la respuesta de la solicitud. Esta respuesta se convierte luego al formato JSON con data.json(). Los datos JSON se registran luego en la consola. Si hay algún error durante la operación de fetch, se captura con el método catch() y se registra en la consola como un error. Finalmente, independientemente del resultado (éxito o error), se registra 'Operation complete.' en la consola, gracias al método finally().

Dominar los callbacks, promesas y async/await es esencial para una programación efectiva en JavaScript, particularmente al manejar operaciones asíncronas. Al comprender estos patrones y cómo manejar los errores adecuadamente, puedes escribir código asíncrono más limpio, eficiente y robusto. Este conocimiento es invaluable a medida que construyes aplicaciones más complejas que requieren interactuar con APIs, realizar operaciones de larga duración o manejar múltiples tareas asíncronas simultáneamente.

5.3 Async/Await

En el desarrollo moderno de JavaScript, manejar las operaciones asíncronas elegantemente es crucial. Introducido en ES2017, la sintaxis async y await proporciona una forma más limpia y legible de trabajar con promesas, haciendo que el código asíncrono sea más fácil de escribir y entender. Esta sección profundiza en la sintaxis async/await, demostrando cómo integrarla eficazmente en tus proyectos de JavaScript.

Async/await es una herramienta poderosa que proporciona una forma más cómoda y legible de trabajar con promesas, simplificando significativamente el código asíncrono. Una función async es una función definida explícitamente como asíncrona y contiene una o más expresiones await.

Estas expresiones literalmente pausan la ejecución de la función, haciendo que parezca síncrona, pero sin bloquear el hilo. Cuando usas await, pausa la parte específica de tu función hasta que una promesa se resuelva o se rechace, permitiendo que otras tareas continúen su ejecución mientras tanto.

De esta manera, async/await nos permite escribir código asíncrono basado en promesas como si fuera síncrono, pero sin bloquear el hilo principal.

Ejemplo: Uso de async/await

```javascript
async function loadUserData() {
    try {
        const response = await fetch('<https://api.mydomain.com/user>');
        const userData = await response.json();
        console.log("User data loaded:", userData);
    } catch (error) {
        console.error("Failed to load user data:", error);
    }
}

loadUserData();
```

Async/await hace que tu código asíncrono se vea y se comporte un poco más como código síncrono, lo que puede hacerlo más fácil de entender y mantener.

Esta función 'async', llamada 'loadUserData', funciona intentando obtener datos de usuario desde una URL específica (https://api.mydomain.com/user) y luego registrando los datos en la consola. Si falla al intentar obtener los datos por cualquier razón (por ejemplo, problemas del servidor, problemas de red), capturará el error y registrará un mensaje de fallo en la consola. La palabra clave 'await' se utiliza para pausar y esperar a que la Promesa devuelta por 'fetch' y 'response.json()' se resuelva o rechace, antes de pasar a la siguiente línea de código.

5.3.1 Entendiendo Async/Await

En la programación en JavaScript, la palabra clave async juega un papel crucial en la declaración de una función como asíncrona. Al usar la palabra clave async antes de una función, estás instruyendo esencialmente a JavaScript para que encapsule automáticamente el valor de retorno de la función dentro de una promesa. Esta promesa, un concepto clave en la programación asíncrona, representa un valor que puede no estar disponible aún pero se espera que esté disponible en el futuro, o puede que nunca esté disponible debido a un error.

Pasando a la palabra clave await, su función principal es pausar la ejecución en curso de la función async. Es importante notar que la palabra clave await solo puede ser utilizada dentro del contexto de funciones async. Cuando se usa await, detiene la función hasta que una Promesa se haya cumplido (resuelta) o haya fallado (rechazada). Esto permite que la función espere de manera asíncrona la resolución de la promesa, permitiendo que la función prosiga solo cuando tiene los datos necesarios o una confirmación de fallo.

Así, las palabras clave async y await juntas proporcionan una herramienta poderosa para manejar operaciones asíncronas en JavaScript, haciendo que el código sea más fácil de escribir y entender.

Sintaxis Básica

```
async function fetchData() {
    return "Data fetched";
}

fetchData().then(console.log); // Outputs: Data fetched
```

En este ejemplo, fetchData es una función async que devuelve una cadena. A pesar de no devolver explícitamente una promesa, el valor de retorno de la función está envuelto en una promesa.

El código define una función asincrónica llamada 'fetchData' que devuelve una promesa que se resuelve con "Data fetched". La función se llama y su resultado se maneja con un manejador de promesas (.then), que registra el resultado en la consola. Como resultado, "Data fetched" se imprime en la consola.

5.3.2 Uso de Await con Promesas

En el mundo de la programación, la verdadera fuerza y potencial de las funciones async/await se hacen dramáticamente evidentes al realizar operaciones de naturaleza asíncrona. Las tareas asíncronas son aquellas que se ejecutan por separado del hilo principal y notifican al hilo que las llamó sobre su finalización, error o actualizaciones de progreso. Estas tareas incluyen, pero no se limitan a, ejecutar operaciones como la comunicación con APIs, manejar operaciones de archivos, o cualquier otra tarea que se base en promesas.

Las funciones async/await proporcionan una sintaxis mucho más elegante y legible para gestionar estas operaciones asíncronas que los enfoques tradicionales basados en callbacks. Lo que esto significa es que en lugar de anidar callbacks dentro de callbacks, llevando al infame "infierno de los callbacks", puedes escribir código que parece síncrono, pero que en realidad opera de manera asíncrona. Esto hace que sea exponencialmente más fácil de entender y mantener el código, especialmente para aquellos que son nuevos en la programación asíncrona en JavaScript.

Aquí es donde async/await realmente brilla, y su poder se realiza plenamente. Permite un código que no solo es más legible y fácil de entender, sino también más fácil de depurar y mantener. Esto es una ventaja significativa en los entornos de desarrollo complejos y acelerados de hoy en día, donde la legibilidad y mantenibilidad son tan importantes como la funcionalidad.

Ejemplo: Obtener Datos con Async/Await

```javascript
async function getUser() {
    let response = await fetch('<https://api.example.com/user>');
    let data = await response.json();
    return data;
}

getUser().then(user => console.log(user));
```

Aquí, await se utiliza para pausar la ejecución de la función hasta que la promesa devuelta por fetch() se resuelva. El await subsecuente pausa hasta que la conversión de la respuesta a JSON se complete. Este enfoque evita la complejidad de encadenar promesas y hace que el código asíncrono se vea y se sienta como síncrono.

Este código utiliza la API Fetch para obtener datos de usuario desde un punto final de la API ('https://api.example.com/user'). Es una función asincrónica, lo que significa que opera de manera no bloqueante. La función 'getUser()' primero envía una solicitud a la URL dada, espera la respuesta y luego procesa la respuesta como JSON. Los datos procesados son luego devueltos. La última línea del código llama a esta función y registra los datos del usuario devueltos en la consola.

5.3.3 Manejo de Errores

Gestionar errores en código asíncrono mediante el uso de async/await es un proceso relativamente simple y directo. Esto se logra usualmente mediante la implementación de bloques try...catch. Si tienes experiencia trabajando con código síncrono, este enfoque debería sentirse familiar e intuitivo.

El principio básico implica colocar el segmento de código asíncrono que anticipas que podría causar un error dentro del bloque try. Si de hecho ocurre un error mientras se ejecuta el bloque try, el flujo del código se desplaza inmediatamente al bloque catch.

El bloque catch sirve como un área designada donde puedes dictar cómo manejar el error. Esto podría implicar simplemente registrar el error para fines de depuración, o podría involucrar operaciones más complejas diseñadas para recuperarse del error y asegurar la continuidad de la ejecución del resto del código.

Este enfoque de usar bloques try...catch con async/await proporciona una forma limpia, eficiente y sistemática de gestionar cualquier error que pueda ocurrir durante la ejecución del código asíncrono. Al manejar los errores de manera efectiva, puedes aumentar significativamente la estabilidad y robustez de tus aplicaciones JavaScript, llevando a un mejor rendimiento y una experiencia de usuario mejorada.

Ejemplo: Manejo de Errores con Async/Await

```
async function loadData() {
    try {
        let response = await fetch('<https://api.example.com/data>');
        let data = await response.json();
        console.log(data);
    } catch (error) {
        console.error('Failed to fetch data:', error);
    }
}

loadData();
```

En este ejemplo, cualquier error que ocurra durante la operación de fetch o mientras se convierte la respuesta a JSON se captura en el bloque catch, permitiendo una gestión limpia de errores.

La tarea principal de la función es obtener datos de una URL especificada (https://api.example.com/data) utilizando la API 'fetch'. La función 'fetch' es una API web proporcionada por los navegadores modernos para recuperar recursos a través de la red. Devuelve una Promesa que se resuelve en el objeto Response que representa la respuesta a la solicitud. Esta Promesa se maneja utilizando la palabra clave 'await', que hace que la función espere hasta que la Promesa se resuelva antes de proceder a la siguiente línea de código.

Después de que la Promesa de 'fetch' se resuelve, la función intenta analizar el cuerpo de la respuesta como JSON utilizando el método 'response.json()'. Esta operación también devuelve una Promesa, que se maneja nuevamente utilizando 'await'. Una vez que esta Promesa se resuelve, los datos JSON resultantes se registran en la consola utilizando 'console.log(data)'.

Todas estas operaciones están encerradas en un bloque 'try...catch'. Este es un patrón común de manejo de errores en muchos lenguajes de programación. El bloque 'try' contiene el código que podría lanzar una excepción, y el bloque 'catch' contiene el código para ejecutar si se lanza una excepción.

En este caso, si ocurre un error durante la operación de fetch o la conversión a JSON —por ejemplo, si la solicitud de red falla debido a problemas de conectividad, o si los datos de respuesta no se pueden analizar como JSON— el error será capturado y pasado al bloque 'catch'. El bloque 'catch' luego registra el mensaje de error en la consola utilizando 'console.error('Failed to fetch data:', error)', proporcionando un mensaje de depuración útil que indica qué salió mal.

Finalmente, se llama a la función 'loadData()' para ejecutar la operación de obtención de datos.

Este código demuestra cómo realizar operaciones asíncronas en JavaScript utilizando la sintaxis 'async/await' y técnicas de manejo de errores. Es un patrón fundamental en la programación moderna de JavaScript, especialmente en escenarios que involucran redes u otras operaciones que pueden tardar algún tiempo en completarse.

5.3.4 Manejo de Múltiples Operaciones Asíncronas

En situaciones donde hay numerosas operaciones asíncronas independientes que necesitan ser ejecutadas, una forma altamente efectiva de gestionar estas operaciones es ejecutarlas de manera concurrente. Esto se puede lograr utilizando Promise.all() en combinación con async/await. Al hacerlo, puedes mejorar significativamente el rendimiento de tu código.

Esto se debe a que Promise.all() permite manejar múltiples promesas al mismo tiempo, en lugar de secuencialmente, y cuando se usa con async/await, asegura que tu código esperará hasta que todas las promesas se hayan resuelto o rechazado antes de continuar. De esta manera, aprovechas al máximo tus recursos y mejoras la capacidad de respuesta de tu aplicación.

Ejemplo: Operaciones Asíncronas Concurrentes

```
async function fetchResources() {
    try {
        let [userData, postsData] = await Promise.all([
```

```javascript
        fetch('<https://api.example.com/users>'),
        fetch('<https://api.example.com/posts>')
    ]);
    const user = await userData.json();
    const posts = await postsData.json();
    console.log(user, posts);
  } catch (error) {
      console.error('Error fetching resources:', error);
  }
}

fetchResources();
```

Este patrón es particularmente útil cuando las operaciones asíncronas no dependen unas de otras, permitiendo que se inicien simultáneamente en lugar de secuencialmente.

La función fetchResources es una función de JavaScript definida como asíncrona, indicada por la palabra clave async antes de la declaración de la función. Esta palabra clave informa a JavaScript que la función devolverá una Promesa y que puede contener una expresión await, que pausa la ejecución de la función hasta que una Promesa se resuelva o se rechace.

Dentro de esta función, tenemos un bloque try...catch, que se usa para el manejo de errores. El código dentro del bloque try se ejecuta y si ocurre algún error durante la ejecución, en lugar de fallar y potencialmente bloquear el programa, el error se captura y se pasa al bloque catch.

Dentro del bloque try, vemos una expresión await junto con Promise.all(). Promise.all() es un método que toma un array de promesas y devuelve una nueva promesa que solo se resuelve cuando todas las promesas en el array se han resuelto. Si alguna promesa en el array se rechaza, la promesa devuelta por Promise.all() se rechaza inmediatamente con la razón de la primera promesa que fue rechazada.

En este caso, Promise.all() se usa para enviar dos solicitudes fetch simultáneamente. Fetch es una API para hacer solicitudes de red similar a XMLHttpRequest. Fetch devuelve una promesa que se resuelve en el objeto Response que representa la respuesta a la solicitud.

La palabra clave await se usa para pausar la ejecución de la función hasta que Promise.all() se haya resuelto. Esto significa que la función no continuará hasta que ambas solicitudes fetch se hayan completado. Las respuestas de las solicitudes fetch se desestructuran en userData y postsData.

A continuación, vemos dos expresiones await más: await userData.json() y await postsData.json(). Estas se utilizan para analizar el cuerpo de la respuesta como JSON. El método json() también devuelve una promesa, por lo que necesitamos usar await para pausar la función hasta que esta promesa se resuelva. Los datos resultantes se registran en la consola.

En el bloque catch, si ocurre algún error durante las solicitudes fetch o mientras se convierte el cuerpo de la respuesta a JSON, se captura y se registra en la consola con console.error('Error fetching resources:', error).

Finalmente, se llama a la función fetchResources() para ejecutar la operación de obtención de datos. Esta función demuestra cómo async/await se usa con Promise.all() para manejar múltiples solicitudes fetch simultáneas en JavaScript.

Este patrón puede mejorar significativamente el rendimiento cuando se manejan múltiples operaciones asíncronas independientes, ya que permite que se inicien simultáneamente en lugar de secuencialmente.

5.3.5 Consideraciones Prácticas Detalladas

- **Rendimiento y Eficiencia**: Uno de los beneficios clave de la sintaxis async/await es que simplifica el proceso de escribir código asíncrono. Sin embargo, es importante ser consciente de cómo y dónde se usa la palabra clave await. A pesar de su conveniencia, el uso innecesario o incorrecto de await puede llevar a cuellos de botella en el rendimiento. Este posible problema destaca la importancia de comprender los principios y mecánicas subyacentes de la programación asíncrona y la palabra clave await.
- **Depuración y Manejo de Errores**: Depurar código asíncrono escrito con async/await puede ser más intuitivo en comparación con el código escrito usando promesas. Esto se debe principalmente al hecho de que los rastros de error en async/await son generalmente más claros y proporcionan datos más informativos. Esta claridad mejorada puede mejorar significativamente el proceso de depuración y acelerar la identificación y resolución de errores o problemas dentro del código.
- **Uso en Bucles**: Se debe prestar especial atención al usar await dentro de constructos de bucle. Las operaciones asíncronas dentro de un bucle son inherentemente secuenciales y deben manejarse correctamente. La mala gestión o el uso incorrecto pueden llevar a problemas de rendimiento, haciendo que el código sea menos eficiente. Es importante entender las complejidades de usar async/await dentro de bucles y asegurarse de que las operaciones asíncronas se manejen de manera óptima para evitar una degradación innecesaria del rendimiento.

5.3.6 Combinando Async/Await con Otros Patrones Asíncronos

La sintaxis async/await en JavaScript es una herramienta poderosa que puede ser utilizada de manera elegante para manejar código asíncrono, mejorando así la legibilidad y mantenibilidad. Esta característica nos permite escribir código asíncrono como si fuera síncrono.

Esto puede simplificar significativamente la lógica detrás del manejo de promesas o callbacks, haciendo que tu código sea más fácil de entender. Además de esto, async/await puede integrarse sin problemas con otras características de JavaScript, como generadores o código basado en eventos.

Cuando se usan juntos, pueden abordar eficazmente problemas complejos y hacer que el proceso de desarrollo sea mucho más eficiente y agradable. Es una combinación potente que puede ayudar a construir aplicaciones robustas, eficientes y escalables.

Ejemplo: Uso de Async/Await con Generadores

```javascript
async function* asyncGenerator() {
    const data = await fetchData();
    yield data;
    const moreData = await fetchMoreData(data);
    yield moreData;
}

async function consume() {
    for await (const value of asyncGenerator()) {
        console.log(value);
    }
}

consume();
```

Este ejemplo demuestra cómo async/await puede ser utilizado con generadores asíncronos para manejar datos en flujo o escenarios de carga progresiva.

La función asyncGenerator() es una función generadora asíncrona, que es un tipo especial de función que puede producir múltiples valores a lo largo del tiempo. Primero obtiene datos de forma asíncrona usando fetchData(), produce los datos obtenidos, luego obtiene más datos de forma asíncrona usando fetchMoreData(data) y produce los datos adicionales obtenidos.

La función consume() es una función asíncrona que itera sobre los valores producidos por asyncGenerator() usando un bucle for-await-of. Este bucle espera a que cada promesa se resuelva antes de pasar a la siguiente iteración. Registra cada valor producido en la consola.

Finalmente, se llama a la función consume() para iniciar el proceso.

5.3.7 Mejores Prácticas para la Estructura del Código

Evitar Await en Bucles

Es importante notar que incorporar directamente await dentro de bucles puede resultar en una disminución del rendimiento. Esto se debe a que cada iteración del bucle se ve obligada a esperar hasta que la anterior se haya completado completamente. Para sortear este posible problema, una estrategia útil es recopilar todas las promesas que se generan en el bucle.

Una vez que estas promesas han sido recopiladas, la función Promise.all puede ser utilizada para esperar todas ellas de manera concurrente, en lugar de secuencial. Esto optimiza el código permitiendo que múltiples operaciones se ejecuten simultáneamente, mejorando así la velocidad y eficiencia general del código.

Await de Nivel Superior

Para aquellos que utilizan módulos en su código, el uso de await de nivel superior puede ser una forma efectiva de simplificar la inicialización de módulos asíncronos. Sin embargo, es imperativo usar esta característica con prudencia.

El uso excesivo o inapropiado del await de nivel superior puede resultar en el bloqueo del gráfico de módulos, lo que puede llevar a problemas de rendimiento. El uso adecuado de esta característica puede simplificar tu código y hacer que las operaciones asíncronas sean más fáciles de manejar, pero siempre es importante considerar las posibles implicaciones en el resto de tu gráfico de módulos.

Ejemplo: Optimización de Await en Bucles

```
async function processItems(items) {
    const promises = items.map(async item => {
        const processedItem = await processItem(item);
        return processedItem;
    });
    return Promise.all(promises);
}
```

```
async function processItem(item) {
    // processing logic
}
```

Este código define dos funciones asíncronas. La primera, llamada processItems, toma un array de elementos como argumento. Crea un array de promesas mapeando cada elemento a una operación asíncrona. Esta operación implica llamar a la segunda función, processItem, que también toma un elemento como argumento y lo procesa.

Una vez que todas las promesas se resuelven, processItems devuelve un array de elementos procesados. La segunda función, processItem, es donde se escribiría la lógica para procesar un elemento individual. Este código está escrito utilizando la sintaxis async/await de JavaScript, que permite escribir código asíncrono de una manera más síncrona y legible.

5.4 Closures

Los closures representan una característica fundamental y extraordinariamente poderosa de JavaScript, una que puede permitir a los desarrolladores escribir código más complejo y eficiente. Permiten que las funciones recuerden y mantengan acceso a variables de una función externa, incluso después de que la función externa haya completado su ejecución. Esta característica no es solo un subproducto del lenguaje, sino una parte intencional e integral del diseño de JavaScript.

Esta sección profundiza en el concepto de closures, con el objetivo de desmitificar su funcionamiento y proporcionar una comprensión completa de su funcionalidad. Exploraremos cómo operan, la mecánica detrás de su implementación y el alcance de las variables dentro de ellos. Además, examinaremos sus aplicaciones prácticas en escenarios de codificación del mundo real.

Al dominar los closures, puedes mejorar significativamente tu capacidad para escribir código JavaScript eficiente y modular. Puedes utilizarlos para controlar el acceso a variables, promoviendo así la encapsulación y la modularidad, principios cruciales en el desarrollo de software. Comprender los closures podría abrir nuevas avenidas para tu desarrollo en JavaScript y llevar tu código al siguiente nivel.

5.4.1 Entendiendo los Closures

Un closure es un concepto que se caracteriza por la declaración de una función dentro de otra función. Esta estructura permite inherentemente que la función interna tenga acceso a las variables de su función externa. La capacidad de hacerlo no es solo una ocurrencia aleatoria, sino una característica que es fundamental para lograr ciertos objetivos en la programación.

Específicamente, esta capacidad desempeña un papel significativo en la creación de variables privadas. Al aprovechar los closures, podemos crear variables que solo son visibles y accesibles dentro del ámbito de la función en la que se declaran, creando así un escudo contra el acceso no deseado desde el exterior.

Además, los closures también juegan un papel indispensable en la encapsulación de la funcionalidad en JavaScript. Al usar closures, podemos agrupar funcionalidades relacionadas y hacerlas una unidad autocontenida y reutilizable, promoviendo así la modularidad y la mantenibilidad en nuestro código.

Ejemplo Básico de un Closure

```javascript
function outerFunction() {
    let count = 0;  // A count variable that is local to the outer function

    function innerFunction() {
        count++;
        console.log('Current count is:', count);
    }

    return innerFunction;
}

const myCounter = outerFunction(); // myCounter is now a reference to innerFunction
myCounter(); // Outputs: Current count is: 1
myCounter(); // Outputs: Current count is: 2
```

En este ejemplo, innerFunction es un closure que mantiene el acceso a la variable count de outerFunction incluso después de que outerFunction haya terminado de ejecutarse. Cada llamada a myCounter incrementa y registra el valor actual de count, demostrando cómo los closures pueden mantener el estado.

outerFunction declara una variable local count y define una innerFunction que incrementa count cada vez que se llama y registra su valor actual.

Cuando se llama a outerFunction, devuelve una referencia a innerFunction. En este caso, myCounter mantiene esa referencia.

Cuando se llama a myCounter (que es efectivamente innerFunction), continúa teniendo acceso a count desde su ámbito padre (la outerFunction), incluso después de que outerFunction haya terminado de ejecutarse.

Así, cuando llamas a myCounter() varias veces, incrementa count y registra su valor, preservando los cambios en count a través de las invocaciones debido al closure.

5.4.2 Aplicaciones Prácticas de los Closures

En el ámbito de la programación, los closures no son meramente constructos teóricos o conceptos confinados a la esfera académica. De hecho, tienen aplicaciones prácticas y cotidianas en las tareas de codificación, sirviendo como una herramienta esencial en la caja de herramientas de cualquier programador competente.

1. Encapsulación de Datos y Privacidad

La primera, y posiblemente la más importante, aplicación práctica de los closures es en el ámbito de la **Encapsulación de Datos y Privacidad**.

En programación, el concepto de encapsulación se refiere al agrupamiento de datos y métodos relacionados en una sola unidad, mientras se ocultan los detalles específicos de la implementación de la clase del usuario. Aquí es donde entran en juego los closures.

Proporcionan un método para crear variables privadas. Esto puede ser de suma importancia cuando se trata de ocultar detalles intrincados de la implementación. Además, los closures ayudan a preservar el estado de manera segura, lo cual es un aspecto crucial de cualquier aplicación que maneje datos sensibles o confidenciales. En esencia, los closures juegan un papel indispensable en el mantenimiento de la integridad y seguridad de una aplicación.

Ejemplo: Encapsulando Datos

```javascript
function createBankAccount(initialBalance) {
    let balance = initialBalance; // balance is private

    return {
        deposit: function(amount) {
            balance += amount;
            console.log(`Deposit ${amount}, new balance: ${balance}`);
        },
        withdraw: function(amount) {
            if (amount > balance) {
                console.log('Insufficient funds');
                return;
```

```
        }
        balance -= amount;
        console.log(`Withdraw ${amount}, new balance: ${balance}`);
    };
  };
}

const account = createBankAccount(100);
account.deposit(50);   // Outputs: Deposit 50, new balance: 150
account.withdraw(20);  // Outputs: Withdraw 20, new balance: 130
```

Este es un fragmento de código que define una función createBankAccount. Esta función toma un initialBalance como argumento y crea una cuenta bancaria con una variable privada balance. La función devuelve un objeto con dos métodos: deposit y withdraw.

El método deposit toma un amount como argumento, lo agrega al balance y muestra el nuevo balance. El método withdraw también toma un amount como argumento, verifica si el amount es mayor que el balance (en cuyo caso imprime 'Insufficient funds' y regresa temprano), de lo contrario, deduce el amount del balance y muestra el nuevo balance.

Finalmente, el código crea una nueva cuenta con un balance inicial de 100, deposita 50 en ella y luego retira 20 de ella.

2. Creación de Fábricas de Funciones

Los closures representan un concepto poderoso en la programación que permite la creación de fábricas de funciones. Estas fábricas, a su vez, tienen la capacidad de generar nuevas funciones distintas basadas en los argumentos únicos pasados a la fábrica.

Esto permite una mayor modularidad y personalización en el código, haciendo que los closures sean una herramienta invaluable en la caja de herramientas de cualquier programador hábil.

Ejemplo: Fábrica de Funciones

```
function makeMultiplier(x) {
    return function(y) {
        return x * y;
    };
}

const double = makeMultiplier(2);
const triple = makeMultiplier(3);
```

```
console.log(double(4));  // Outputs: 8
console.log(triple(4));  // Outputs: 12
```

Este fragmento de código de ejemplo demuestra el concepto de closures y fábricas de funciones. Un closure es una función que tiene acceso a su propio ámbito, al ámbito de la función externa y al ámbito global. Una fábrica de funciones es una función que devuelve otra función.

La función makeMultiplier es una fábrica de funciones. Acepta un solo argumento x y devuelve una nueva función. Esta función devuelta es un closure porque tiene acceso a su propio ámbito y al ámbito de makeMultiplier.

La función devuelta toma un solo argumento y y devuelve el resultado de multiplicar x por y. Esto funciona porque x está disponible en el ámbito de la función devuelta debido al closure.

La función makeMultiplier se usa para crear dos nuevas funciones double y triple que se almacenan en constantes. Esto se hace llamando a makeMultiplier con argumentos 2 y 3 respectivamente.

La función double es un closure que multiplica su entrada por 2, y triple multiplica su entrada por 3. Esto es porque han "recordado" el valor de x que se pasó a makeMultiplier cuando se crearon.

Las declaraciones console.log al final del código son ejemplos de cómo usar estas nuevas funciones. double(4) ejecuta la función double con el argumento 4, y como double multiplica su entrada por 2, devuelve 8. De manera similar, triple(4) devuelve 12.

Este es un patrón poderoso que te permite crear versiones especializadas de una función sin tener que reescribir o copiar manualmente la función. Puede hacer que el código sea más modular, más fácil de entender y reducir la redundancia.

3. Gestión de Controladores de Eventos

Los closures juegan un papel particularmente crucial cuando se trata de manejar eventos. Permiten a los programadores adjuntar datos específicos a un controlador de eventos de manera efectiva, permitiendo así un uso más controlado de esos datos.

Lo que hace que los closures sean tan beneficiosos en estos escenarios es que proporcionan una manera de asociar estos datos con un controlador de eventos sin la necesidad de exponer los datos de manera global. Esto lleva a una utilización de datos mucho más contenida y segura, asegurando que solo sean accesibles donde se necesitan, y no estén disponibles para un uso indebido potencial en otras partes del código.

Ejemplo: Controladores de Eventos con Closures

```javascript
function setupHandler(element, text) {
    element.addEventListener('click', function() {
        console.log(text);
    });
}

const button = document.createElement('button');
document.body.appendChild(button);
setupHandler(button, 'Button clicked!');
```

El fragmento de código de ejemplo ilustra cómo manejar eventos de clic en un elemento HTML utilizando el Event Listener.

El código comienza declarando una función llamada setupHandler. Esta función acepta dos parámetros: element y text.

El parámetro element representa un elemento HTML al cual se adjuntará el Event Listener. El parámetro text representa una cadena que se registrará en la consola cuando se desencadene el evento.

Dentro de la función setupHandler, se agrega un Event Listener al element con el método addEventListener. Este método toma dos argumentos: el tipo de evento al que escuchar y una función que se ejecutará cuando ocurra el evento. Aquí, el tipo de evento es 'click', y la función a ejecutar es una función anónima que registra el parámetro text en la consola.

A continuación, se crea un nuevo elemento botón con document.createElement('button'). Este método crea un elemento HTML especificado por el argumento, en este caso, un button.

El botón recién creado se agrega al body del documento utilizando document.body.appendChild(button). El método appendChild agrega un nodo al final de la lista de hijos de un nodo padre especificado. En este caso, el botón se agrega como el último nodo hijo del body del documento.

Finalmente, se invoca la función setupHandler con el button y una cadena 'Button clicked!' como argumentos. Esto adjunta un Event Listener de clic al botón. Ahora, cada vez que se haga clic en el botón, el texto 'Button clicked!' se registrará en la consola.

Este fragmento de código es una demostración simple de cómo interactuar con elementos HTML utilizando JavaScript, específicamente cómo crear elementos, agregarlos al documento y adjuntar Event Listeners a ellos.

5.4.3 Entendiendo las Implicaciones de Memoria

Los closures son herramientas poderosas en el mundo de la programación, sin embargo, también tienen implicaciones significativas en la memoria. Esto se debe principalmente a que los closures, por su propio diseño, retienen referencias a las variables de la función externa en la que están definidos. Debido a esta característica inherente, es extremadamente importante gestionarlos cuidadosamente para evitar los problemas de fugas de memoria.

Mejores Prácticas para los Closures: Una Guía Completa

- Una de las estrategias clave para gestionar los closures es minimizar su uso, especialmente en aplicaciones a gran escala donde se están creando numerosas funciones. Esto se debe principalmente al hecho de que cada closure que creas retiene un enlace único a su ámbito externo. Esto puede eventualmente conducir a un aumento de la memoria si no se gestiona adecuadamente, de ahí la necesidad de moderación en su uso.
- Otro punto crucial a considerar al trabajar con closures está relacionado con los Event Listeners. A menudo, los closures se utilizan al configurar estos Event Listeners. Por lo tanto, es vital asegurarse de que también tengas un mecanismo en su lugar para eliminar estos listeners cuando hayan cumplido su propósito. Esto se debe a que si estos listeners no se eliminan, pueden continuar ocupando espacio en la memoria incluso cuando ya no se necesitan, lo que lleva a un uso innecesario de la memoria. Por lo tanto, es importante liberar esa memoria para asegurar el rendimiento eficiente de tu aplicación.

Los closures son una característica versátil y esencial de JavaScript, proporcionando formas poderosas de manipular datos y funciones con mayor flexibilidad y privacidad. Al entender y utilizar los closures de manera efectiva, puedes construir aplicaciones JavaScript más robustas, seguras y mantenibles. Ya sea a través de la creación de datos privados, fábricas de funciones, o la gestión de Event Listeners, los closures ofrecen una gama de beneficios prácticos que pueden mejorar el conjunto de herramientas de cualquier desarrollador.

5.4.4 Memoización con Closures

La memoización es una técnica de optimización altamente eficiente utilizada en la programación de computadoras. Gira en torno al concepto de almacenar los resultados de llamadas a funciones complejas y que consumen mucho tiempo. De esta manera, cuando estas llamadas a funciones se realizan nuevamente con los mismos valores de entrada, el programa no tiene que realizar los mismos cálculos nuevamente.

En su lugar, se devuelve el resultado previamente almacenado o en caché, ahorrando así un tiempo y recursos computacionales significativos. Un aspecto interesante de esta técnica es que se puede implementar eficazmente utilizando closures.

Los closures, un concepto fundamental en muchos lenguajes de programación, permiten que las funciones tengan acceso a variables de una función externa que ya ha completado su ejecución. Esta capacidad hace que los closures sean particularmente adecuados para implementar la memoización, ya que pueden almacenar y acceder a resultados previamente calculados de manera eficiente.

Ejemplo: Memoización con Closures

```javascript
function memoize(fn) {
    const cache = {};
    return function (...args) {
        const key = JSON.stringify(args);
        if (!cache[key]) {
            cache[key] = fn.apply(this, args);
        }
        return cache[key];
    };
}

const fib = memoize(n => n <= 1 ? n : fib(n - 1) + fib(n - 2));
console.log(fib(10));  // Outputs: 55
```

En este ejemplo, se crea una función memoize que utiliza un closure para almacenar los resultados de las llamadas a funciones. Esto es particularmente útil para funciones recursivas como calcular números de Fibonacci.

Este ejemplo demuestra el concepto de memoización. La función memoize toma una función fn como argumento y utiliza un objeto cache para almacenar los resultados de las llamadas a la función. Devuelve una nueva función que verifica si el resultado para un cierto argumento ya está en el caché. Si es así, devuelve el resultado almacenado; de lo contrario, llama a fn con los argumentos y almacena el resultado en el caché antes de devolverlo.

El código luego define una versión memoizada de una función para calcular números de Fibonacci, llamada fib. La función Fibonacci se define recursivamente: si la entrada n es 0 o 1, devuelve n; de lo contrario, devuelve la suma de los dos números de Fibonacci anteriores.

La llamada a la función fib(10) calcula el décimo número de Fibonacci y lo registra en la consola, que es 55.

5.4.5 Closures en la Delegación de Eventos

Los closures, un concepto poderoso en programación, pueden ser particularmente útiles en el contexto de la delegación de eventos. La delegación de eventos es un proceso donde, en lugar de asignar listeners de eventos separados a cada elemento hijo, se asigna un único listener de eventos unificado al elemento padre.

Este elemento padre luego gestiona los eventos de sus hijos, haciendo que el código sea más eficiente. La ventaja de usar closures en este escenario es que proporcionan una excelente manera de asociar datos o acciones específicas con un evento o elemento particular.

Esto se logra a menudo encapsulando los datos o acciones dentro de un closure, de ahí el nombre. Por lo tanto, mediante el uso de closures en un contexto así, se pueden gestionar múltiples eventos de manera eficiente y efectiva.

Ejemplo: Uso de Closures para la Delegación de Eventos

```javascript
document.getElementById('menu').addEventListener('click', function(event) {
    if (event.target.tagName === 'LI') {
        handleMenuClick(event.target.id);  // Using closure to access specific element id
    }
});

function handleMenuClick(itemId) {
    console.log('Menu item clicked:', itemId);
}
```

Esta configuración reduce la cantidad de listeners de eventos en el documento y aprovecha los closures para manejar acciones específicas según el objetivo del evento, mejorando el rendimiento y la mantenibilidad.

La primera línea del script selecciona un elemento HTML con el id 'menu' usando el método document.getElementById. Este método devuelve el primer elemento en el documento con el id especificado. En este caso, se asume que 'menu' es un elemento contenedor que contiene una lista de elementos 'LI' (usualmente utilizados para representar elementos de menú en una barra de navegación o un menú desplegable).

Luego, se adjunta un listener de eventos a este elemento 'menu' usando el método addEventListener. Este método toma dos argumentos: el tipo de evento al que escuchar ('click' en este caso), y una función que se ejecutará cada vez que ocurra el evento.

La función que se establece para ejecutarse al hacer clic es una función anónima que recibe un parámetro event. Este objeto event contiene mucha información sobre el evento, incluyendo el elemento específico que disparó el evento, el cual se puede acceder mediante event.target.

Dentro de esta función, hay una condición que verifica si el elemento clicado es un elemento 'LI' usando event.target.tagName. Si el elemento clicado es un 'LI', llama a otra función llamada 'handleMenuClick' y pasa el id del elemento 'LI' clicado como argumento (event.target.id).

Aquí es donde entra en juego el poder de los closures. La función anónima crea un closure que encapsula el id específico del elemento 'LI' (event.target.id) y lo pasa a la función 'handleMenuClick'. Esto permite que la función 'handleMenuClick' maneje el evento de clic para un elemento 'LI' específico, aunque el listener de eventos estaba adjunto al elemento padre 'menu'. Este es un ejemplo de delegación de eventos, que es un enfoque más eficiente para manejar eventos, especialmente cuando se trata de un gran número de elementos similares.

La función 'handleMenuClick' toma un parámetro 'itemId' (que es el id del elemento 'LI' clicado) y registra un mensaje junto con este id en la consola. Esta función actúa esencialmente como un manejador de eventos para eventos de clic en elementos 'LI' dentro del elemento 'menu'.

En resumen, este código adjunta un listener de eventos de clic a un elemento padre 'menu', usa un closure para capturar el id de un elemento 'LI' específico clicado y lo pasa a otra función que maneja el evento de clic. Este enfoque reduce la cantidad de listeners de eventos en el documento y aprovecha el poder de los closures para manejar acciones específicas según el objetivo del evento, mejorando tanto el rendimiento como la mantenibilidad del código.

5.4.6 Uso de Closures para la Encapsulación de Estado en Módulos

Los closures son una característica notable y poderosa en JavaScript. Son particularmente excelentes para crear y mantener un estado privado dentro de módulos o constructos similares. Esta capacidad de mantener el estado privado es un aspecto fundamental del patrón de módulo en JavaScript.

El patrón de módulo permite niveles de acceso público y privado. Los closures proporcionan una forma de crear funciones con variables privadas. Ayudan a encapsular y proteger las variables para que no se vuelvan globales, reduciendo las posibilidades de conflictos de nombres.

Este mecanismo de closures, en esencia, proporciona una excelente manera de lograr privacidad de datos y encapsulación, que son principios clave en la programación orientada a objetos.

Ejemplo: Patrón de Módulo Usando Closures

```javascript
const counterModule = (function() {
    let count = 0;  // Private state
    return {
        increment() {
            count++;
            console.log(count);
        },
        decrement() {
            count--;
            console.log(count);
        }
    };
})();

counterModule.increment();  // Outputs: 1
counterModule.decrement();  // Outputs: 0
```

Este patrón utiliza una expresión de función invocada inmediatamente (IIFE) para crear un estado privado (count) que no puede ser accedido directamente desde fuera del módulo, solo a través de los métodos expuestos.

Este es un fragmento de código de ejemplo que utiliza un patrón de diseño bien conocido llamado el Patrón de Módulo. En este patrón, una Expresión de Función Invocada Inmediatamente (IIFE) se usa para crear un ámbito privado, creando efectivamente un estado privado que solo puede ser accedido y manipulado a través de la API pública del módulo.

En el código, el módulo se llama 'counterModule'. La IIFE crea una variable privada llamada 'count', inicializada a 0. Esta variable no es accesible directamente desde fuera de la función debido a las reglas de ámbito de JavaScript.

Sin embargo, la IIFE devuelve un objeto que expone dos métodos al ámbito externo: 'increment' y 'decrement'. Estos métodos proporcionan la única manera de interactuar con la variable 'count' desde fuera de la función.

El método 'increment', cuando se invoca, aumenta el valor de 'count' en uno y luego registra el conteo actualizado en la consola. Por otro lado, el método 'decrement' disminuye el valor de 'count' en uno y luego registra el conteo actualizado en la consola.

El 'counterModule' se invoca inmediatamente debido a los paréntesis al final de la declaración de la función. Esto resulta en la creación de la variable 'count' y la devolución del objeto con los métodos 'increment' y 'decrement'. El objeto devuelto se asigna a la variable 'counterModule'.

Las líneas counterModule.increment() y counterModule.decrement() demuestran cómo usar la API pública del 'counterModule'. Cuando se llama a 'increment', el conteo se incrementa en 1 y el conteo actualizado (1) se registra en la consola. Cuando 'decrement' se llama posteriormente, el conteo se disminuye en 1, volviendo a 0, y el conteo actualizado (0) se registra en la consola.

Este patrón es poderoso ya que permite la encapsulación, uno de los principios clave de la programación orientada a objetos. Permite la creación de métodos públicos que pueden acceder a variables privadas, controlando así la forma en que estas variables se acceden y modifican. También evita que estas variables saturen el ámbito global, reduciendo así la posibilidad de colisiones de nombres de variables.

5.4.7 Mejores Prácticas para Usar Closures

- **Evitar Closures Innecesarios**: Los closures son herramientas poderosas en el ámbito de la programación, pero su mal uso puede llevar a un aumento indeseable en el uso de memoria. Deben usarse con precaución, especialmente en contextos donde se crean dentro de bucles o dentro de funciones que se llaman con frecuencia. Es crucial evaluar la necesidad de crear un closure en cada instancia.
- **Depuración de Closures**: Uno de los desafíos de trabajar con closures es que pueden ser difíciles de depurar debido a su capacidad inherente para encapsular el ámbito externo. Para superar este obstáculo, es beneficioso usar herramientas de depuración avanzadas que permitan la inspección de closures. Estas herramientas pueden proporcionar una comprensión completa del ámbito y los closures presentes en los rastros de la pila de tu aplicación.
- **Fugas de Memoria**: Al usar closures, es esencial estar atento a las posibles fugas de memoria. Estas son particularmente problemáticas en aplicaciones grandes o cuando los closures capturan contextos extensos. Para prevenir esto, es importante gestionar los closures de manera efectiva y liberarlos cuando ya no sean necesarios. Hacerlo puede liberar recursos valiosos y asegurar el funcionamiento suave de tu aplicación.

Los closures son un concepto fundamental en JavaScript que proporcionan capacidades poderosas para gestionar la privacidad, el estado y el comportamiento funcional en tus aplicaciones. Al entender cómo usar los closures de manera efectiva, puedes escribir código JavaScript más limpio, eficiente y seguro. Ya sea implementando memoización, gestionando controladores de eventos o creando patrones de módulo, los closures ofrecen un conjunto versátil de herramientas para mejorar tus proyectos de programación.

Ejercicios Prácticos

Para reforzar los conceptos discutidos en este capítulo sobre funciones avanzadas, aquí hay varios ejercicios prácticos. Estos ejercicios están diseñados para probar tu comprensión de las funciones flecha, callbacks y promesas, async/await, y closures. Cada ejercicio incluye una solución para ayudarte a verificar tu implementación.

Ejercicio 1: Convertir a Funciones Flecha

Convierte las siguientes expresiones de funciones tradicionales en funciones flecha.

Expresiones de Funciones Tradicionales:

```javascript
function add(x, y) {
    return x + y;
}

function filterNumbers(arr) {
    return arr.filter(function(item) {
        return item > 5;
    });
}
```

Solución:

```javascript
const add = (x, y) => x + y;

const filterNumbers = arr => arr.filter(item => item > 5);
```

Ejercicio 2: Implementar una Promesa Simple

Crea una función multiply que devuelva una promesa que se resuelva con el producto de dos números pasados como argumentos.

Solución:

```javascript
function multiply(x, y) {
    return new Promise((resolve, reject) => {
        if (typeof x !== 'number' || typeof y !== 'number') {
            reject(new Error("Invalid input"));
        } else {
```

```
                resolve(x * y);
        }
    });
}

multiply(5,        2).then(result        =>        console.log(result)).catch(error        =>
console.error(error));
```

Ejercicio 3: Usando Async/Await

Escribe una función async que utilice la función multiply del Ejercicio 2 para encontrar el producto de dos números, luego registre el resultado. Incluye manejo de errores.

Solución:

```
async function calculateProduct(x, y) {
    try {
        const result = await multiply(x, y);
        console.log('Product:', result);
    } catch (error) {
        console.error('Error:', error.message);
    }
}

calculateProduct(10, 5); // Outputs: Product: 50
```

Ejercicio 4: Crear un Closure

Crea un closure que mantenga una variable contador privada y exponga métodos para incrementar y decrementar el contador.

Solución:

```
function createCounter() {
    let counter = 0;

    return {
        increment() {
            counter++;
            console.log('Counter:', counter);
        },
        decrement() {
            counter--;
            console.log('Counter:', counter);
        }
    };
```

```
}
const myCounter = createCounter();
myCounter.increment(); // Counter: 1
myCounter.increment(); // Counter: 2
myCounter.decrement(); // Counter: 1
```

Ejercicio 5: Memoización con Closures

Implementa una función de memoización que almacene en caché los resultados de una función basada en sus parámetros para optimizar el rendimiento.

Solución:

```
function memoize(fn) {
    const cache = {};
    return function(...args) {
        const key = JSON.stringify(args);
        if (!cache[key]) {
            cache[key] = fn.apply(this, args);
        }
        return cache[key];
    };
}

const factorial = memoize(function(x) {
    if (x === 0) {
        return 1;
    } else {
        return x * factorial(x - 1);
    }
});

console.log(factorial(5));  // Outputs: 120
console.log(factorial(5));  // Outputs: 120 (from cache)
```

Estos ejercicios proporcionan práctica práctica con los conceptos clave de este capítulo, ayudándote a consolidar tu comprensión de las funciones avanzadas de JavaScript y sus aplicaciones en escenarios del mundo real.

Resumen del Capítulo

En el Capítulo 5 de "JavaScript desde Cero: Desbloquea tus Superpoderes de Desarrollo Web," profundizamos en conceptos avanzados de funciones que son fundamentales para dominar

JavaScript y construir aplicaciones sofisticadas. Este capítulo cubrió una variedad de temas, incluyendo funciones flecha, callbacks, promesas, async/await y closures, cada uno esencial para la programación asincrónica efectiva y el desarrollo funcional en JavaScript.

Funciones Flecha

Comenzamos explorando las funciones flecha, una sintaxis concisa introducida en ES6, que simplifica la escritura de expresiones de función más pequeñas. Las funciones flecha no solo reducen el desorden sintáctico sino que también manejan this de manera diferente a las funciones tradicionales.

Heredan this del contexto circundante, lo que las hace ideales para escenarios donde el ámbito de la función puede convertirse en un problema, como en callbacks para temporizadores, manejadores de eventos o métodos de arrays. La adopción de funciones flecha puede llevar a un código más limpio y legible, especialmente en patrones de programación funcional o cuando se utilizan en transformaciones de arrays.

Callbacks y Promesas

A continuación, discutimos los callbacks, que son fundamentales para la naturaleza asincrónica de JavaScript. A pesar de su amplio uso, los callbacks pueden llevar a estructuras anidadas complejas, a menudo referidas como "infierno de callbacks."

Para abordar estos desafíos, examinamos las promesas, que proporcionan una forma más robusta de manejar operaciones asincrónicas. Las promesas representan un valor que puede no ser conocido cuando se crea la promesa, pero simplifican la lógica asincrónica al proporcionar una forma más clara y flexible de manejar resultados futuros. Permiten a los desarrolladores encadenar operaciones y manejar resultados o errores asincrónicos de manera más elegante con los métodos .then(), .catch() y .finally().

Async/Await

Construyendo sobre las promesas, la sintaxis async/await se introdujo como una característica revolucionaria que simplifica aún más el trabajo con promesas, permitiendo que el código asincrónico se escriba con un estilo síncrono. Este azúcar sintáctico hace que sea más fácil leer y depurar cadenas complejas de promesas y es particularmente poderoso en la gestión de operaciones asincrónicas secuenciales. El uso de async/await mejora la claridad del código y el manejo de errores, haciendo que el código asincrónico sea menos engorroso y más intuitivo.

Closures

También cubrimos los closures, una característica poderosa de JavaScript donde una función tiene acceso a su propio ámbito, al ámbito de la función externa y a las variables globales. Los closures son cruciales para la privacidad de datos y la encapsulación, permitiendo a los desarrolladores crear variables y métodos privados. Exploramos aplicaciones prácticas de los closures en la creación de fábricas de funciones, la memoización de operaciones costosas y la gestión del estado en manejadores de eventos o con código modular.

Reflexión

Este capítulo no solo mejoró tu comprensión de las funciones de JavaScript, sino que también te proporcionó herramientas esenciales para abordar desafíos de programación complejos. Estos conceptos no son solo teóricos; tienen implicaciones prácticas en las tareas de codificación diarias, desde manejar interacciones del usuario y gestionar el estado hasta realizar solicitudes de red y procesar datos de manera asincrónica.

Mirando Hacia Adelante

A medida que avanzamos, las habilidades adquiridas en este capítulo servirán como base para temas más avanzados en JavaScript y desarrollo web. Comprender estas técnicas avanzadas de funciones es fundamental, ya que forman la columna vertebral de los marcos y bibliotecas modernos de JavaScript. La capacidad de utilizar estos patrones de manera efectiva abrirá numerosas posibilidades para crear aplicaciones web más eficientes, efectivas y robustas.

Al dominar estas funciones avanzadas, ahora estás mejor preparado para escribir código más limpio, eficiente y mantenible, abordar problemas más complejos y, en última instancia, convertirte en un desarrollador de JavaScript más competente.

Capítulo 6: JavaScript Orientado a Objetos

Bienvenido a la exploración exhaustiva del Capítulo 6, titulado "JavaScript Orientado a Objetos". En este capítulo esclarecedor, vamos a sumergirnos en el fascinante mundo de la programación orientada a objetos (OOP) en relación con JavaScript. Este capítulo ha sido meticulosamente elaborado para profundizar y ampliar tu comprensión de cómo JavaScript, un lenguaje que se destaca de los lenguajes tradicionales basados en clases, maneja y aborda los conceptos orientados a objetos.

Para comprender a fondo estos conceptos, nos adentraremos en los aspectos intrigantes de los constructores de objetos, una parte integral de JavaScript. Además, exploraremos el concepto de prototipos y la sintaxis class que fue introducida en la actualización significativa de ES6. No nos detendremos allí; también aprenderemos sobre la herencia, una herramienta poderosa en la programación orientada a objetos, y varios patrones de diseño que aprovechan elegantemente estas características para crear un código eficiente y efectivo.

La programación orientada a objetos en JavaScript no es simplemente un estilo de programación; es una herramienta poderosa que puede mejorar significativamente la modularidad, reutilización y mantenibilidad de tu código. Proporciona un enfoque estructurado que es inmensamente beneficioso al tratar con sistemas complejos que requieren una gestión cuidadosa de numerosos elementos en movimiento.

La comprensión y aplicación de estos conceptos no solo son importantes, sino cruciales para construir aplicaciones web escalables, eficientes y poderosas. El conocimiento adquirido en este capítulo será tu trampolín hacia el dominio de sistemas complejos y la creación de aplicaciones web robustas.

6.1 Constructores de Objetos y Prototipos

JavaScript es un lenguaje de programación distintivo que se caracteriza por su estructura basada en prototipos. Este enfoque único lo distingue de otros lenguajes como Java o C#, que utilizan predominantemente clases clásicas.

La naturaleza basada en prototipos de JavaScript significa que se basa en constructores y prototipos para ofrecer funcionalidad orientada a objetos, a diferencia de la orientación a objetos más tradicional basada en clases. Esta sección de nuestra discusión profundizará en una explicación exhaustiva de cómo crear constructores de objetos dentro del lenguaje JavaScript.

Además, exploraremos la forma en que los prototipos se utilizan para extender las propiedades y métodos de los objetos, mejorando así la funcionalidad y flexibilidad. Esta comprensión proporcionará una base sólida para utilizar y navegar efectivamente en el dinámico mundo de la programación en JavaScript.

6.1.1 Constructores de Objetos

En JavaScript, el papel de los constructores es incomparable y extremadamente significativo. Aunque pueden parecer simplemente funciones en su forma cruda, el propósito vital que sirven los distingue notablemente del resto de los elementos. Los constructores se utilizan específicamente para la creación e inicialización de instancias de objetos, desempeñando un papel absolutamente crucial en el ámbito de la programación orientada a objetos.

Una de las convenciones clave en JavaScript es comenzar el nombre de estas funciones constructoras con una letra mayúscula. Esta convención de nomenclatura particular no es solo una tradición seguida en el mundo de la programación, sino que sirve a un propósito práctico. Es una forma muy útil de distinguir claramente estas funciones especiales de otros tipos de funciones comunes presentes en el código.

Como resultado, esta práctica mejora considerablemente la legibilidad del código, haciendo que sea significativamente más fácil para los programadores leer, entender y depurar si es necesario. Esto, en última instancia, conduce a una programación más eficiente y efectiva, ahorrando tiempo y esfuerzo valiosos.

Ejemplo: Creación de una Función Constructora

```javascript
function Car(make, model, year) {
    this.make = make;
    this.model = model;
    this.year = year;
}

const myCar = new Car('Toyota', 'Corolla', 1997);
console.log(myCar.model);  // Outputs: 'Corolla'
```

En este ejemplo, Car es una función constructora que inicializa un nuevo objeto con las propiedades make, model y year. La palabra clave new se utiliza para crear una instancia de Car, resultando en un nuevo objeto al que myCar hace referencia.

Este código define una función constructora llamada "Car". Esta función se usa para crear nuevos objetos con las propiedades 'make', 'model' y 'year'. Luego, se crea un nuevo objeto 'myCar' usando la función "Car" con 'Toyota', 'Corolla' y 1997 como argumentos. Finalmente, se registra el modelo de 'myCar', lo que da como resultado 'Corolla'.

6.1.2 Prototipos

En el ámbito de JavaScript, cada objeto tiene un prototipo, que en sí mismo también es un objeto. El concepto crucial a entender aquí es que cada objeto en JavaScript hereda sus propiedades y métodos de este prototipo. Esta herencia del prototipo es una característica fundamental de los objetos en JavaScript.

El prototipo de la función constructora juega un papel vital en este proceso de herencia. Al modificar o alterar el prototipo de esta función constructora, ocurre un cambio significativo: todas las instancias que han sido o serán creadas a partir de esta función constructora tendrán acceso a estas propiedades y métodos modificados.

Esto significa que los cambios en el prototipo tienen un efecto en cascada, impactando a todas las instancias derivadas de la función constructora. Esto resalta la poderosa influencia del prototipo en la creación de objetos y funciones en JavaScript.

Ejemplo: Extender Constructores con Prototipos

```
Car.prototype.getAge = function() {
    return new Date().getFullYear() - this.year;
};

console.log(myCar.getAge());   // Calculates the age of 'myCar' based on the current
year
```

Al agregar el método getAge al prototipo de Car, cada instancia de Car ahora tiene acceso a este método. Esta es una característica poderosa de la herencia basada en prototipos de JavaScript, que permite una gestión eficiente de la memoria y el uso compartido de métodos entre todas las instancias.

La declaración Car.prototype.getAge es una adición de un método al prototipo del constructor 'Car'. Los prototipos en JavaScript son un mecanismo que permite que los objetos hereden características de otros objetos. Agregar métodos y propiedades al prototipo de un objeto es una manera eficiente de conservar recursos de memoria y mantener el código DRY (Don't Repeat Yourself, No te Repitas).

En este caso, el método getAge se agrega al prototipo de Car, lo que significa que este método ahora será accesible por todas las instancias de Car. El método getAge calcula la edad de un automóvil restando el año de fabricación del automóvil (almacenado en this.year) del año actual. new Date().getFullYear() obtiene el año actual.

Finalmente, console.log(myCar.getAge()) imprime el resultado de este método cuando se llama en el objeto myCar en la consola. Esta línea está calculando la edad de myCar llamando al método getAge que agregamos al prototipo de Car y luego registrando ese resultado en la consola.

Esta es una demostración de una característica poderosa de la herencia basada en prototipos de JavaScript, que permite una gestión eficiente de la memoria y el uso compartido de métodos entre todas las instancias de un objeto.

¿Por qué Usar Prototipos?

La utilización de prototipos viene con una serie de ventajas:

Eficiencia de Memoria

En la programación orientada a objetos tradicional, cada instancia de un objeto almacenaría su propia copia única de las funciones, lo que podría llevar a un considerable uso de memoria. Sin embargo, al usar prototipos, todas las instancias de un objeto comparten el mismo conjunto de funciones a través de un prototipo común.

Esto significa que las funciones solo necesitan almacenarse una vez, en lugar de una vez por instancia. Como resultado, el uso de memoria puede reducirse significativamente, mejorando así el rendimiento y la velocidad de tu código.

Actualizaciones Dinámicas

Otro beneficio profundo de usar prototipos es su capacidad para facilitar actualizaciones dinámicas. En un escenario donde se agrega un método a un prototipo después de que las instancias ya han sido creadas, todas las instancias aún podrán acceder a ese método recién agregado. Esto se debe al hecho de que todas comparten el mismo prototipo.

Esta característica proporciona una flexibilidad sin precedentes en cómo se extienden y modifican los objetos. Permite cambios dinámicos en la funcionalidad de todas las instancias de un objeto, sin necesidad de actualizar manualmente cada instancia individualmente. Esto puede ser particularmente beneficioso en proyectos de software a gran escala donde los cambios pueden necesitar realizarse con frecuencia o sobre la marcha.

Entender los constructores de objetos y los prototipos es fundamental para aprovechar las capacidades de JavaScript de manera orientada a objetos. Estas características proporcionan herramientas poderosas para que los desarrolladores construyan aplicaciones más estructuradas y eficientes.

6.1.3 Personalización de Constructores

Si bien el patrón básico de constructor resulta ser bastante poderoso para definir objetos en JavaScript, el lenguaje proporciona flexibilidad para definir comportamientos más sofisticados dentro de estos constructores.

Esto se logra mediante el uso de closures, que permiten la encapsulación de funcionalidades, habilitando así la creación de variables y métodos privados. Esto agrega una capa adicional de seguridad y control a nuestros objetos, ya que las variables y métodos privados no pueden ser accedidos directamente desde fuera del objeto.

En su lugar, solo pueden ser accedidos a través de métodos públicos, proporcionando un enfoque más robusto y seguro a la programación orientada a objetos en JavaScript.

Ejemplo: Encapsulación de Datos Privados en Constructores

```javascript
function Bicycle(model, color) {
    let speed = 0;   // Private variable

    this.model = model;
    this.color = color;

    this.accelerate = function(amount) {
        speed += amount;
        console.log(`Accelerated to ${speed} mph`);
    };

    this.getSpeed = function() {
        return speed;
    };
}

const myBike = new Bicycle('Trek', 'blue');
```

```
myBike.accelerate(15);
console.log(myBike.getSpeed());   // Outputs: 15
console.log(myBike.speed);        // Outputs: undefined (private)
```

En este ejemplo, la variable speed es privada para la instancia de Bicycle. Este patrón utiliza closures para mantener speed accesible solo a través de los métodos definidos en el constructor, asegurando la encapsulación y protección del estado interno.

Este código de ejemplo es una demostración de cómo se pueden usar los constructores en la programación orientada a objetos (OOP) en JavaScript. Define una función constructora llamada 'Bicycle'.

Una función constructora es un tipo especial de función que se utiliza para inicializar nuevos objetos. En este caso, la función constructora 'Bicycle' se utiliza para crear nuevos objetos 'Bicycle'. El constructor toma dos parámetros: 'model' y 'color', que representan el modelo y el color de la bicicleta respectivamente.

Dentro del constructor, se declara una variable 'speed' con un valor inicial de 0. Esta variable es local al constructor y, por lo tanto, actúa como una variable privada para cada instancia de 'Bicycle'. Esto significa que 'speed' no es accesible directamente desde fuera del objeto y solo se puede manipular a través de los métodos del objeto.

El constructor también define dos métodos: 'accelerate' y 'getSpeed'. El método 'accelerate' toma una cantidad como parámetro y la suma a la variable 'speed', aumentando efectivamente la velocidad de la bicicleta. También registra un mensaje en la consola indicando la nueva velocidad. El método 'getSpeed', por otro lado, es una función de obtención simple que devuelve la velocidad actual de la bicicleta.

El código luego crea un nuevo objeto 'Bicycle' llamado 'myBike' con el modelo 'Trek' y color 'blue'. El método 'accelerate' se llama en 'myBike' con un argumento de 15, aumentando la velocidad de 'myBike' a 15. La velocidad actual de 'myBike' se registra en la consola llamando al método 'getSpeed', que devuelve 15.

Curiosamente, cuando el código intenta registrar 'myBike.speed' directamente, muestra 'undefined'. Esto se debe a que 'speed' es una variable privada y no se puede acceder directamente desde fuera del objeto. Esta encapsulación de 'speed' es un aspecto fundamental de la programación orientada a objetos, proporcionando una forma de proteger los datos de manipulaciones directas.

6.1.4 Herencia Prototípica

Los prototipos en la programación tienen una característica fascinante que los hace particularmente poderosos: la capacidad de crear cadenas de herencia. Esto esencialmente significa que un objeto puede heredar propiedades y métodos de otro objeto.

En un contexto más amplio, esta característica es la que permite el principio de la programación orientada a objetos, donde los objetos que comparten características comunes pueden heredar entre sí, haciendo el código más eficiente y reutilizable.

Esto puede reducir drásticamente la cantidad de código requerido y hacer que la base de código sea más fácil de mantener, mejorando el proceso general de desarrollo de software.

Ejemplo: Heredando de un Prototipo

```javascript
function Vehicle(type) {
    this.type = type;
}

Vehicle.prototype.drive = function() {
    console.log(`Driving a ${this.type}`);
};

function Car(make, model) {
    Vehicle.call(this, 'car');  // Call the parent constructor with 'car' as type
    this.make = make;
    this.model = model;
}

Car.prototype = Object.create(Vehicle.prototype);  // Inherit from Vehicle
Car.prototype.constructor = Car;  // Set the constructor property to Car

Car.prototype.display = function() {
    console.log(`${this.make} ${this.model}`);
};

const myCar = new Car('Toyota', 'Corolla');
myCar.drive();  // Outputs: Driving a car
myCar.display();  // Outputs: Toyota Corolla
```

Este ejemplo demuestra cómo Car puede heredar el método drive de Vehicle a través del encadenamiento de prototipos, mientras también define sus propiedades y métodos específicos.

El código de ejemplo es una demostración de los principios de la programación orientada a objetos (OOP) en JavaScript, más específicamente de las funciones constructoras y la herencia basada en prototipos. Vamos a desglosarlo en detalle:

1. **Definiendo el constructor Vehicle**: El código comienza con la declaración de una función llamada Vehicle. En este contexto, Vehicle no es solo una función regular, sino que es una función constructora. Una función constructora es un tipo especial de función utilizada para inicializar nuevos objetos. Este constructor Vehicle toma un parámetro, type, y lo asigna a la propiedad this.type. La palabra clave this es un identificador especial en JavaScript que, dentro de una función constructora, se refiere al nuevo objeto que se está creando.

2. **Agregando un método al prototipo de Vehicle**: La siguiente parte es Vehicle.prototype.drive = function() {...}. Aquí, se está agregando un método llamado drive al prototipo de Vehicle. Un prototipo es un objeto del que otros objetos heredan propiedades. En JavaScript, cada objeto tiene un prototipo y las propiedades del prototipo pueden ser accedidas por todos los objetos que están vinculados a él. El método drive registra una cadena en la consola que incluye el tipo de vehículo.

3. **Definiendo el constructor Car y heredando de Vehicle**: La función Car es otro constructor que crea un objeto Car. Toma dos parámetros, make y model. Dentro del constructor, Vehicle.call(this, 'car') se usa para llamar al constructor padre (Vehicle). Esta es una forma de implementar la herencia en JavaScript. Al llamar al constructor padre, Car hereda efectivamente todas las propiedades y métodos de Vehicle. También agrega dos de sus propias propiedades, make y model.

4. **Configurando el prototipo de Car y el constructor**: Car.prototype = Object.create(Vehicle.prototype); establece el prototipo de Car para que sea el prototipo de Vehicle, lo que significa que Car hereda de Vehicle. La línea Car.prototype.constructor = Car; luego establece la propiedad constructor de Car.prototype de nuevo a Car, ya que fue sobrescrita en la línea anterior.

5. **Agregando un método al prototipo de Car**: Car.prototype.display = function() {...} agrega un método display al prototipo de Car. Este método registra la marca y el modelo del automóvil en la consola.

6. **Creando una instancia de Car y llamando a sus métodos**: Finalmente, el código crea una instancia de Car llamada myCar con 'Toyota' como su marca y 'Corolla' como su modelo. Después de esto, llama a los métodos drive y display en myCar. Dado que Car hereda de Vehicle, myCar puede acceder tanto al método drive de Vehicle como al método display de Car. El resultado de estas llamadas a métodos es "Driving a car" y "Toyota Corolla" respectivamente.

6.1.5 Consideraciones de Rendimiento

Los prototipos, aunque tremendamente poderosos, deben manejarse con cuidado en el contexto de su impacto en el rendimiento, particularmente en el caso de aplicaciones extensas:

- **Costos de Búsqueda de Prototipos**: El proceso de acceder a propiedades que no se encuentran directamente en el objeto, sino que existen en la cadena de prototipos, incurre en costos de búsqueda. Esto puede tener un efecto perjudicial en el rendimiento si se practica en exceso. Esto se debe a que cada operación de búsqueda requiere tiempo y poder de cómputo, y en una aplicación a gran escala donde tales búsquedas podrían ocurrir numerosas veces, esto puede sumar un costo de rendimiento significativo.
- **Modificar Prototipos en Tiempo de Ejecución**: El acto de modificar el prototipo de un objeto mientras el programa está en ejecución, especialmente después de que las instancias de ese objeto ya han sido creadas, puede resultar en penalizaciones sustanciales de rendimiento. Esto ocurre debido a la forma en que los motores de JavaScript optimizan el acceso a los objetos. Cuando se altera la estructura de un objeto, como su prototipo, después de haber sido instanciado, los motores de JavaScript necesitan reoptimizar para esta nueva estructura, lo cual puede ser una operación pesada y afectar negativamente el rendimiento.

Comprender y usar efectivamente los constructores y prototipos son cruciales para aplicar principios orientados a objetos en JavaScript. Estos conceptos no solo facilitan la organización y reutilización del código, sino que también permiten la creación de estructuras de herencia complejas que pueden imitar las capacidades encontradas en lenguajes OOP más tradicionales.

6.2 Clases ES6

Introducido como una característica clave en ECMAScript 2015, también conocido como ES6, el sistema de clases en JavaScript trajo un cambio revolucionario al lenguaje. Las clases en JavaScript proporcionan una sintaxis alternativa, más tradicional, para generar instancias de objetos y manejar la herencia. Esta característica adicional fue un cambio significativo respecto al enfoque basado en prototipos que se utilizaba en versiones anteriores del lenguaje.

El enfoque basado en prototipos, aunque efectivo, a menudo se veía como complicado y difícil de entender, especialmente para los desarrolladores que venían de un fondo de programación orientada a objetos más clásica. La introducción de clases fue un soplo de aire fresco, trayendo una sintaxis y estructura familiar a JavaScript.

Es importante notar que, a pesar de la introducción de clases, el mecanismo subyacente de JavaScript para crear objetos y tratar con la herencia no cambió. En esencia, las clases de JavaScript son azúcar sintáctica sobre el sistema de herencia basado en prototipos existente en JavaScript. Esto significa que las clases no introducen un nuevo modelo de herencia orientada a objetos en JavaScript, sino que proporcionan una sintaxis más simple para crear objetos y tratar con la herencia.

La introducción de esta característica ha sido ampliamente reconocida como un paso positivo en la evolución del lenguaje, ya que ofrece una sintaxis más clara y concisa para crear objetos y tratar con la herencia. Esto tiene el efecto de hacer tu código más limpio, ordenado y legible. Permite a los desarrolladores escribir código intuitivo y bien estructurado, lo cual es especialmente beneficioso en bases de código grandes y proyectos en equipo donde la legibilidad y mantenibilidad son primordiales.

6.2.1 Comprendiendo las Clases ES6

Las clases en JavaScript sirven como un plano fundamental para construir objetos con características y funcionalidades específicas y predefinidas. Encapsulan, o contienen de manera segura, los datos relacionados con el objeto, asegurando así que permanezcan inalterados e intactos.

Además de contener datos, las clases proporcionan un plano integral para crear numerosas instancias del objeto, cada una de las cuales adherirá a la estructura y comportamiento definidos en la clase.

Este es un aspecto crucial de la programación orientada a objetos en JavaScript, ya que permite la creación de múltiples objetos del mismo tipo, cada uno con su propio conjunto de propiedades y métodos, promoviendo así la reutilización y eficiencia en tu código.

A través de la encapsulación de datos y la provisión de un plano para la creación de objetos, las clases ayudan a hacer tu código orientado a objetos en JavaScript más simple, intuitivo y fácil de manejar.

Sintaxis Básica de Clase

Vamos a profundizar en el concepto de definir una clase en JavaScript, un concepto fundamental de la programación orientada a objetos. En JavaScript, una clase es un tipo de función, pero en lugar de usar la palabra clave 'function', usarías la palabra clave 'class', y las propiedades se asignan dentro de un método constructor(). Aquí tienes un ejemplo de cómo puedes definir una clase simple en JavaScript:

Ejemplo: Definiendo una Clase Simple

```
class Car {
    constructor(make, model, year) {
        this.make = make;
        this.model = model;
        this.year = year;
    }
}
```

```javascript
    display() {
        console.log(`This is a ${this.make} ${this.model} from ${this.year}.`);
    }
}

const myCar = new Car('Honda', 'Accord', 2021);
myCar.display();  // Outputs: This is a Honda Accord from 2021.
```

En este ejemplo, la clase Car tiene un método constructor que inicializa las propiedades del nuevo objeto. El método display es un método de instancia que todas las instancias de la clase pueden llamar.

Este código ilustra la Programación Orientada a Objetos (OOP) mediante el uso de clases, introducidas en ECMAScript 6 (ES6). El código presenta una clase simple 'Car', que actúa como un plano para crear objetos 'Car'.

La clase se define usando la palabra clave class, seguida del nombre de la clase, que en este caso es 'Car'. Después de la declaración de la clase hay un par de llaves {} que contienen el cuerpo de la clase.

Dentro del cuerpo de la clase, se define un método constructor. Este es un método especial que se llama cada vez que se crea un nuevo objeto a partir de esta clase. El constructor toma tres parámetros: 'make', 'model' y 'year'. Dentro del constructor, estos parámetros se asignan a variables de instancia, denotadas por this.make, this.model y this.year. La palabra clave this se refiere a la instancia del objeto que se está creando.

Después del constructor, se define un método llamado display. Este es un método de instancia, lo que significa que se puede llamar en cualquier objeto creado a partir de esta clase. El método display usa la función console.log para imprimir una cadena en la consola que incluye la marca, el modelo y el año del automóvil.

Después de definir la clase, se crea una instancia de 'Car' usando la palabra clave new seguida del nombre de la clase y un paréntesis que contiene los argumentos que coinciden con los parámetros definidos en el constructor de la clase. En este caso, se crea un nuevo objeto 'Car' llamado 'myCar' con 'Honda' como la marca, 'Accord' como el modelo y 2021 como el año.

Finalmente, se llama al método display en el objeto myCar, que muestra: "This is a Honda Accord from 2021." en la consola.

Este fragmento de código es una demostración simple pero efectiva de cómo se pueden usar las clases en JavaScript para crear objetos y definir métodos que pueden realizar acciones relacionadas con esos objetos. El uso de clases hace que el código sea más estructurado, organizado y fácil de entender, especialmente cuando se trata de una gran cantidad de objetos que comparten propiedades y comportamientos comunes.

6.2.2 Ventajas de Usar Clases

Sintaxis más simple para la herencia: Una de las principales ventajas de usar extends y super es que las clases pueden heredar unas de otras con facilidad, simplificando significativamente el código requerido para crear una jerarquía de herencia. Esto significa menos tiempo y esfuerzo en escribir líneas de código complejas, aumentando así la eficiencia.

Las definiciones de clases están delimitadas por bloques: A diferencia de las declaraciones de funciones, que son elevadas y por lo tanto pueden ser utilizadas antes de ser declaradas, las declaraciones de clases no son elevadas. Esto las hace delimitadas por bloques, alineándose más estrechamente con otras declaraciones delimitadas por bloques como let y const. Esto proporciona un comportamiento más predecible y fácil de entender.

Las definiciones de métodos no son enumerables: Otra característica notable de las clases es que las definiciones de métodos no son enumerables. Esto es una mejora significativa sobre el patrón de prototipo de función, donde los métodos son enumerables por defecto y deben ser definidos manualmente como no enumerables si es necesario. Esto hace que el código sea más seguro y menos propenso a efectos secundarios no deseados.

Las clases usan modo estricto: Todo el código escrito en el contexto de una clase se ejecuta en modo estricto de forma implícita. Esto significa que no hay forma de optar por no usarlo. El beneficio de esto es doble: ayuda a detectar errores comunes de codificación temprano y hace que el código sea más seguro y robusto. Esto es especialmente útil para aquellos que son nuevos en JavaScript, ya que les impide cometer algunos errores comunes.

Ejemplo: Herencia en Clases

```
class ElectricCar extends Car {
    constructor(make, model, year, batteryCapacity) {
        super(make, model, year);  // Call the parent class's constructor
        this.batteryCapacity = batteryCapacity;
    }

    charge() {
        console.log(`Charging ${this.make} ${this.model}`);
    }
}
```

```
const myElectricCar = new ElectricCar('Tesla', 'Model S', 2020, '100kWh');
myElectricCar.display();  // Outputs: This is a Tesla Model S from 2020.
myElectricCar.charge();   // Outputs: Charging Tesla Model S
```

En este ejemplo, ElectricCar extiende Car, heredando sus métodos y agregando nuevas funcionalidades. La palabra clave super se utiliza para llamar al constructor de la clase padre.

El fragmento de código utiliza la sintaxis de clases de ES6 para definir una clase llamada ElectricCar. Esta clase extiende una clase padre, denominada Car. Este es un ejemplo de herencia en programación orientada a objetos, donde una clase 'hija' (en este caso, ElectricCar) hereda las propiedades y métodos de una clase 'padre' (Car).

La clase ElectricCar incluye un método constructor que toma cuatro parámetros: make, model, year y batteryCapacity. Estos parámetros representan la marca y el modelo del coche, el año de fabricación y la capacidad de la batería, respectivamente.

Dentro del constructor, super(make, model, year) se utiliza para llamar al constructor de la clase padre Car con los parámetros make, model y year. La palabra clave super se utiliza en los métodos de clase para referirse a los métodos de la clase padre. En el constructor, es obligatorio llamar al método super antes de usar this, ya que super es responsable de inicializar this.

Además, la clase ElectricCar define una nueva propiedad batteryCapacity y la asigna a this.batteryCapacity. La palabra clave this se refiere a la instancia del objeto que se está creando.

La clase ElectricCar también incluye un método charge, que no toma ningún parámetro. Este método usa la función console.log para mostrar una cadena en la consola que indica que la make y el model del coche se están cargando.

Después de definir la clase ElectricCar, se crea una instancia de esta clase con el nombre myElectricCar. Se utiliza la palabra clave new para instanciar un nuevo objeto, y se pasan los argumentos 'Tesla', 'Model S', 2020 y '100kWh' para que coincidan con los parámetros requeridos por el constructor de ElectricCar.

Finalmente, se llaman los métodos display y charge en el objeto myElectricCar. El método display proviene de la clase padre Car y muestra una cadena que indica la marca, el modelo y el año del coche. El método charge, específico de la clase ElectricCar, señala que el coche se está cargando.

Este código proporciona un ejemplo de cómo las clases en JavaScript se pueden usar para crear objetos con propiedades y comportamientos específicos, así como cómo la herencia permite que las propiedades y métodos se compartan y se extiendan a través de las clases. Demuestra los principios de la programación orientada a objetos, incluyendo encapsulación, herencia y polimorfismo.

6.2.3 Consideraciones Prácticas

Las clases en JavaScript traen consigo una plétora de ventajas sintácticas y prácticas, pero es crucial comprender que son esencialmente un revestimiento más amigable para el usuario sobre el sistema de herencia basado en prototipos preexistente de JavaScript. Hay un par de puntos clave a tener en cuenta:

- **Comprender la Cadena de Prototipos**: Mientras que las clases simplifican el proceso de trabajar con objetos, no reemplazan la necesidad de entender los prototipos en JavaScript. Adquirir una sólida comprensión de cómo funcionan los prototipos es fundamental para esos momentos en los que las cosas no salen como se espera, o cuando se requiere depurar problemas complejos que involucran la creación y herencia de objetos.
- **Uso Eficiente de la Memoria**: En términos de uso de la memoria, las clases se comportan de manera similar a las funciones constructoras. Los métodos que se definen dentro de una clase no se duplican para cada instancia de la clase. Más bien, se comparten en el objeto prototipo. Esto significa que no importa cuántas instancias de una clase crees, los métodos solo existirán una vez en la memoria, lo que lleva a un uso más eficiente de los recursos del sistema.

Las clases de ES6 ofrecen una forma más elegante y accesible de tratar con la construcción de objetos y la herencia en JavaScript. Al proporcionar una sintaxis familiar para aquellos que vienen de lenguajes basados en clases, las clases de JavaScript ayudan a facilitar la transición y la adopción de JavaScript para el desarrollo de aplicaciones a gran escala.

Permiten a los desarrolladores estructurar su código de manera más limpia y centrarse más en desarrollar funcionalidad en lugar de gestionar las complejidades de la herencia basada en prototipos. A medida que incorporas las clases en tu repertorio de JavaScript, pueden ordenar significativamente tu base de código y mejorar la mantenibilidad.

6.2.4 Métodos y Propiedades Estáticas

En JavaScript, las clases tienen una característica donde pueden soportar métodos y propiedades estáticas. Esto significa que estos métodos y propiedades no se llaman en instancias de la clase, sino que se llaman directamente en la clase misma.

Esto es particularmente beneficioso para funciones utilitarias, que están asociadas con la clase y son una parte integral de su funcionalidad, pero no necesariamente interactúan o operan en instancias individuales de la clase. Estas funciones utilitarias pueden realizar operaciones que son relevantes para la clase en su conjunto, en lugar de instancias específicas, haciendo que los métodos y propiedades estáticas sean una herramienta valiosa dentro de la programación en JavaScript.

Ejemplo: Métodos y Propiedades Estáticas

```
class MathUtility {
    static pi = 3.14159;

    static areaOfCircle(radius) {
        return MathUtility.pi * radius * radius;
    }
}

console.log(MathUtility.areaOfCircle(10));  // Outputs: 314.159
console.log(MathUtility.pi);  // Outputs: 3.14159
```

Este ejemplo muestra cómo se pueden utilizar métodos y propiedades estáticas para agrupar funcionalidades relacionadas en una clase sin necesidad de crear una instancia de la clase.

El ejemplo define una clase llamada 'MathUtility'. Una clase es un plano para crear objetos del mismo tipo en la Programación Orientada a Objetos (OOP).

En esta clase, hay dos elementos estáticos: una propiedad llamada 'pi' y un método llamado 'areaOfCircle'. Los elementos estáticos son aquellos que están adjuntos a la clase misma, y no a las instancias de la clase. Se puede acceder a ellos directamente en la clase, sin la necesidad de crear una instancia de la clase.

La propiedad 'pi' está establecida con el valor de 3.14159, representando la constante matemática Pi, que es la relación entre la circunferencia de cualquier círculo y su diámetro.

El método 'areaOfCircle' es una función que calcula el área de un círculo dado su radio. Esto se hace utilizando la fórmula 'pi * radius * radius'. Dado que 'pi' es una propiedad estática de la clase, se accede a ella dentro del método como 'MathUtility.pi'.

Finalmente, el código incluye dos declaraciones 'console.log'. Estas se utilizan para imprimir el resultado del método 'areaOfCircle' cuando el radio es 10, y el valor de 'pi' respectivamente. Estos valores se acceden directamente en la clase MathUtility, demostrando que las propiedades y métodos estáticos se pueden usar sin crear una instancia de la clase.

En resumen, este fragmento de código proporciona un ejemplo útil de cómo se pueden usar propiedades y métodos estáticos dentro de una clase en JavaScript. Las propiedades y métodos estáticos pueden ser particularmente útiles para agrupar funciones utilitarias o constantes relacionadas bajo un espacio de nombres común, haciendo que el código sea más organizado y fácil de leer.

6.2.5 Getters y Setters

Los getters y setters son métodos diseñados de manera única en la programación que te proporcionan un mecanismo para acceder (get) y modificar (set) las propiedades, o atributos, de un objeto. Sirven como un puente entre la implementación interna de un objeto y el mundo exterior.

La belleza de estos métodos es su capacidad para incorporar funcionalidad adicional o aplicar ciertas reglas cuando se accede a una propiedad o se modifica. Por ejemplo, pueden ser particularmente útiles cuando deseas ejecutar algún código específico cada vez que se accede o establece una propiedad, permitiendo un mayor control y flexibilidad.

Esto convierte a los getters y setters en un componente clave para mantener la integridad y consistencia del estado de un objeto.

Ejemplo: Usando Getters y Setters

```javascript
class User {
    constructor(firstName, lastName) {
        this.firstName = firstName;
        this.lastName = lastName;
    }

    get fullName() {
        return `${this.firstName} ${this.lastName}`;
    }

    set fullName(name) {
        [this.firstName, this.lastName] = name.split(' ');
    }
}

const user = new User('John', 'Doe');
console.log(user.fullName);  // Outputs: John Doe

user.fullName = 'Jane Smith';
console.log(user.fullName);  // Outputs: Jane Smith
```

Este ejemplo demuestra cómo se pueden usar getters y setters para gestionar el acceso a los datos de manera controlada, proporcionando una interfaz para interactuar con las propiedades de un objeto.

El fragmento de código demuestra el concepto de clases, junto con getters y setters, en la sintaxis de ES6.

Define una clase llamada 'User' utilizando la palabra clave class, que es un aspecto fundamental de la programación orientada a objetos en JavaScript. Una clase es un plano para crear objetos que comparten propiedades y comportamientos comunes.

Dentro de la clase 'User', se define un método constructor con dos parámetros: 'firstName' y 'lastName'. El método constructor es una función especial que se ejecuta cada vez que se crea una nueva instancia de la clase. Los parámetros representan el nombre y el apellido de un usuario y se asignan a la instancia del objeto que se está creando utilizando la palabra clave 'this'.

La clase también incluye un getter y un setter para una propiedad llamada 'fullName'. El getter, get fullName(), es un método que, cuando se llama, devuelve el nombre completo del usuario, que es una concatenación de las propiedades 'firstName' y 'lastName'. El setter, set fullName(name), es un método que permite cambiar el valor de las propiedades 'firstName' y 'lastName'. Esto se hace tomando una cadena 'name', dividiéndola en dos partes alrededor del carácter de espacio y asignando los valores resultantes a 'firstName' y 'lastName' respectivamente.

Una vez definida la clase, se crea una instancia de la clase 'User' usando la palabra clave new, seguida de la clase 'User' y los argumentos para el constructor entre paréntesis. En este caso, se crea un nuevo objeto 'User' llamado 'user' con 'John' como nombre y 'Doe' como apellido.

Luego se usa el getter para registrar el nombre completo del usuario en la consola, lo que da como resultado 'John Doe'. Después de eso, se usa el setter para cambiar el nombre completo del objeto 'user' a 'Jane Smith', y se usa nuevamente el getter para registrar el nuevo nombre completo en la consola, resultando en 'Jane Smith'.

Este ejemplo es una ilustración concisa pero efectiva de cómo funcionan las clases, constructores, getters y setters en JavaScript. Muestra cómo se pueden encapsular datos y comportamientos relacionados dentro de una clase, y controlar el acceso a las propiedades de un objeto, haciendo que tu código sea más estructurado, mantenible y seguro.

6.2.6 Métodos y Campos Privados

En el ámbito de la programación, una de las mejoras más notables encontradas en las últimas iteraciones de JavaScript es la introducción del soporte para métodos y campos privados. Este notable desarrollo representa una mejora sustancial en términos de encapsulación.

El principio de encapsulación es un concepto fundamental en la programación orientada a objetos, y gira en torno a la idea de restringir el acceso directo a ciertos componentes de un objeto. Con la introducción de métodos y campos privados en JavaScript, este concepto crucial se ha reforzado significativamente.

Esta mejora asegura que ciertos detalles inherentes a una clase estén seguros y protegidos del acceso externo, preservando así la integridad de los datos y mejorando la seguridad y robustez general del código.

Ejemplo: Campos y Métodos Privados

```javascript
class Account {
    #balance = 0;

    constructor(initialDeposit) {
        this.#balance = initialDeposit;
    }

    #updateBalance(amount) {
        this.#balance += amount;
    }

    deposit(amount) {
        if (amount < 0) throw new Error("Invalid deposit amount");
        this.#updateBalance(amount);
    }

    get balance() {
        return this.#balance;
    }
}

const acc = new Account(100);
acc.deposit(50);
console.log(acc.balance);  // Outputs: 150
```

En este ejemplo, #balance y #updateBalance son privados, lo que significa que no se pueden acceder fuera de la clase Account, salvaguardando así la integridad del estado interno de las instancias de la clase.

El ejemplo de código define una clase llamada 'Account'. Esta clase actúa como un plano para crear objetos de cuenta según los principios de la programación orientada a objetos (POO).

La clase 'Account' tiene un campo privado llamado '#balance'. En JavaScript, los campos privados se denotan con un símbolo de hash '#' antes de sus nombres. Son privados porque solo pueden ser accedidos o modificados dentro de la clase en la que están definidos. Por defecto, este campo '#balance' se inicializa a 0, lo que significa que una nueva cuenta tendrá un saldo de 0 si no se proporciona un depósito inicial.

La clase también tiene un método constructor. En POO, el método constructor es un método especial que se llama automáticamente cada vez que se crea un nuevo objeto a partir de una clase. En este caso, el método constructor toma un parámetro, 'initialDeposit'. Dentro del constructor, el campo privado '#balance' se establece en el valor de 'initialDeposit', lo que indica que cada vez que se crea un nuevo objeto 'Account', su saldo se establecerá en el valor del depósito inicial.

A continuación, se define un método privado '#updateBalance'. Este método toma un parámetro, 'amount', y agrega esta cantidad al saldo actual. El propósito de este método es actualizar el saldo de la cuenta después de una operación de depósito.

Luego, se define un método público 'deposit'. Este método también toma un parámetro, 'amount'. Dentro de este método, hay una declaración 'if' que verifica si el monto del depósito es menor que 0. Si lo es, se lanza un error con el mensaje "Invalid deposit amount". Esto asegura que solo se depositen cantidades válidas en la cuenta. Si el monto del depósito es válido, se llama al método '#updateBalance' con el monto del depósito para actualizar el saldo de la cuenta.

La clase también incluye un método getter para el campo 'balance'. En JavaScript, los métodos getter permiten recuperar el valor de una propiedad de un objeto. En este caso, el método getter 'balance' devuelve el saldo actual de la cuenta.

Después de definir la clase 'Account', se crea una instancia de la clase utilizando la palabra clave 'new'. Esta instancia, llamada 'acc', se crea con un depósito inicial de 100. Luego, se llama al método 'deposit' en 'acc' para depositar 50 adicionales en la cuenta.

Finalmente, el saldo actual de la cuenta se registra en la consola utilizando 'console.log'. Dado que el campo 'balance' es privado y no se puede acceder directamente, se utiliza el método getter 'balance' para recuperar el saldo. El resultado de esta operación es 150, que es la suma del depósito inicial y el depósito posterior.

En resumen, este ejemplo demuestra cómo se pueden usar clases, campos privados, métodos constructores, métodos privados, métodos públicos y métodos getter en JavaScript para crear y manipular objetos, siguiendo los principios de la programación orientada a objetos.

Guía Completa de Mejores Prácticas para el Uso de Clases

- Al tratar con tipos de datos estructurados y complejos que requieren el uso de métodos y herencia, las clases se convierten en una herramienta indispensable. Proporcionan un marco que te permite organizar y manipular datos de manera estructurada y sistemática.
- Aunque la herencia puede ser útil, generalmente se recomienda preferir la composición sobre la herencia siempre que sea posible. Este enfoque puede reducir significativamente la complejidad de tu código al tiempo que aumenta la modularidad. Promueve la reutilización del código y puede hacer que tus programas sean más fáciles de leer y mantener.
- El uso de getters y setters es una práctica común en la programación orientada a objetos. Estas funciones controlan el acceso a las propiedades de una clase. Esto es especialmente útil cuando se necesita validación o preprocesamiento antes de obtener o establecer un valor. Añade una capa de protección a los datos, asegurando que permanezcan consistentes y válidos a lo largo de su ciclo de vida.
- Finalmente, aprovecha las propiedades y métodos estáticos al tratar con funcionalidades que no dependen de los datos de la instancia de la clase. Los métodos y propiedades estáticos pertenecen a la clase en sí, en lugar de a una instancia de la clase. Esto significa que se comparten entre todas las instancias y se pueden llamar sin crear una instancia de la clase.

Las clases de ES6 ofrecen un beneficio claro, sintáctico y funcional para estructurar programas, particularmente cuando provienen de lenguajes con modelos clásicos de POO. Al entender y utilizar funciones avanzadas como propiedades estáticas, getters y setters, y campos privados, puedes crear aplicaciones más seguras, mantenibles y robustas. A medida que JavaScript continúa evolucionando, es probable que estas funciones se conviertan en fundamentales en el desarrollo de aplicaciones complejas del lado del cliente y del servidor.

6.3 Herencia y Polimorfismo

La herencia y el polimorfismo son conceptos fundamentales en el ámbito de la programación orientada a objetos. Contribuyen significativamente a la creación de estructuras de código que son más organizadas, lógicas y mantenibles. Al adoptar estos conceptos, los programadores pueden crear código que sea más fácil de entender, corregir y modificar. En esencia, la herencia y el polimorfismo son principios que permiten la extensión de la funcionalidad y la reutilización del código existente.

Esta capacidad de extender y reutilizar el código puede reducir drásticamente la complejidad en el desarrollo de software, llevando a aplicaciones más eficientes, robustas y escalables. El código que utiliza herencia y polimorfismo puede ser modificado o extendido sin tener un efecto dominó en el resto del programa, reduciendo así la probabilidad de introducir nuevos errores cuando se realizan cambios.

En la siguiente sección, profundizaremos en cómo JavaScript, uno de los lenguajes de programación más utilizados a nivel mundial, maneja la herencia y el polimorfismo. Examinaremos críticamente cómo ES6, la sexta edición del estándar ECMAScript en el que se basa JavaScript, ha habilitado estas características de una manera más intuitiva y poderosa. Las clases de ES6 han sido instrumentales en traer un enfoque más tradicional orientado a objetos a JavaScript, y exploraremos cómo han transformado el panorama de la programación en JavaScript.

6.3.1 Herencia en JavaScript

La herencia, un concepto clave en la programación orientada a objetos, permite que una clase herede o adquiera las propiedades y métodos de otra clase. Esto significa que un objeto puede tener propiedades de otro objeto, permitiendo la reutilización del código y haciendo que el código sea mucho más limpio y fácil de trabajar.

En JavaScript, un lenguaje de programación orientado a objetos dinámico, esto se logra tradicionalmente a través de prototipos. Los prototipos son esencialmente un plano de un objeto, lo que permite la creación de tipos de objetos que pueden heredar propiedades y métodos entre sí.

Sin embargo, con la introducción de ES6, una nueva versión de JavaScript, se introdujo una sintaxis de clase que simplifica aún más la creación de cadenas de herencia. Esta nueva sintaxis proporciona una sintaxis más directa y clara para crear objetos y manejar la herencia.

Entendiendo la Herencia Básica con Clases ES6 en JavaScript

Como se discutió, la herencia es un concepto fundamental en la Programación Orientada a Objetos (POO) que ayuda a construir aplicaciones complejas con código reutilizable y mantenible. Una de las grandes características de JavaScript ES6 es la capacidad de usar clases para tareas de POO más complejas.

En este contexto, exploremos cómo se puede definir una clase que hereda propiedades y métodos de otra clase, una capacidad que puede mejorar significativamente tu eficiencia y productividad como desarrollador. Esto se logra mediante el uso de la palabra clave 'extends' en JavaScript:

Ejemplo: Creación de una Subclase

```javascript
class Animal {
    constructor(name) {
        this.name = name;
    }

    speak() {
        console.log(`${this.name} makes a noise.`);
    }
}

class Dog extends Animal {
    constructor(name, breed) {
        super(name); // Call the parent class's constructor with 'name'
        this.breed = breed;
    }

    speak() {
        console.log(`${this.name} barks.`);
    }
}

const dog = new Dog('Max', 'Golden Retriever');
dog.speak(); // Outputs: Max barks.
```

En este ejemplo, Dog extiende Animal. Al usar la palabra clave extends, Dog hereda todos los métodos de Animal, incluyendo el constructor. La función super llama al constructor del padre, asegurando que Dog se inicialice correctamente. El método speak en Dog sobrescribe el de Animal, demostrando una forma simple de polimorfismo conocida como sobrescritura de métodos.

Este código muestra el concepto de herencia. Lo logra definiendo dos clases: Animal y Dog.

La clase Animal actúa como la clase base o padre. Usa un constructor, que es una función especial en una clase que se ejecuta cada vez que se crea una nueva instancia de la clase. Este constructor acepta un parámetro, name, y lo asigna a la propiedad this.name de una instancia de la clase. Por lo tanto, cada vez que se crea una instancia de Animal, siempre tendrá una propiedad name que puede ser accedida y utilizada en otros métodos dentro de la clase.

Uno de esos métodos es el método speak. Esta es una función simple que genera una salida en la consola. Usa un literal de plantilla para insertar el nombre del animal en una oración, resultando en una cadena como 'Max hace un ruido.' cuando el método se llama en una instancia de Animal.

La clase Dog, por otro lado, es una clase derivada o hija que extiende la clase Animal. Esto significa que Dog hereda todas las propiedades y métodos de Animal, pero también puede definir sus propias propiedades y métodos o sobrescribir los heredados.

La clase Dog también tiene un constructor, pero este acepta dos parámetros: name y breed. El parámetro name se pasa a la función super, que llama al constructor de la clase padre, Animal. Esto asegura que la propiedad name se establezca correctamente en la clase Dog. El parámetro breed se asigna a la propiedad this.breed de la instancia de Dog.

La clase Dog también sobrescribe el método speak de Animal. En lugar de decir que el perro 'hace un ruido', este nuevo método speak indica que el perro 'ladra'. Este es un ejemplo de polimorfismo, otro concepto clave en la programación orientada a objetos, donde una clase hija puede cambiar el comportamiento de un método heredado de una clase padre.

Finalmente, se crea una instancia de Dog usando la palabra clave new, con 'Max' como name y 'Golden Retriever' como breed. Esta instancia se almacena en la variable dog. Cuando se llama al método speak en dog, utiliza la versión del método de la clase Dog, no la versión de Animal. Por lo tanto, imprime 'Max ladra.' en la consola.

Este ejemplo ilustra el poder de la herencia en la programación orientada a objetos, mostrando cómo se pueden crear relaciones jerárquicas complejas entre clases para compartir funcionalidad y comportamiento mientras se mantiene el código DRY (No te repitas).

6.3.2 Polimorfismo

El polimorfismo, un concepto fundamental en la programación orientada a objetos, proporciona la capacidad de que un método exhiba comportamientos variados según el objeto sobre el cual actúa. Esencialmente, esto significa que un solo método podría realizar diferentes funcionalidades dependiendo de la clase o contexto del objeto que lo invoque.

Esta es una característica clave de la programación orientada a objetos, ya que mejora la flexibilidad y promueve la reutilización del código. Por ejemplo, cuando se invoca un método, el comportamiento exacto o la salida que produce puede diferir según la clase o el objeto específico que lo llame. Esta naturaleza dinámica del polimorfismo es lo que lo convierte en una herramienta crucial en el ámbito de la programación orientada a objetos.

Ejemplo de Sobrescritura de Métodos

En el ejemplo proporcionado anteriormente, podemos observar un caso donde el método speak fue sobrescrito específicamente para alterar el comportamiento en instancias de la clase Dog, distinguiéndolas de las instancias de la clase Animal. El método speak, que existe dentro de la clase Animal, fue redefinido en el contexto de la clase Dog para proporcionar una salida o acción diferente.

Este es un ejemplo clásico y sencillo del concepto de polimorfismo en la programación orientada a objetos. El término 'polimorfismo' se refiere a la capacidad de una variable, función u objeto para asumir múltiples formas. En este caso, la interfaz - que está representada por el método speak - permanece consistente.

Sin embargo, su implementación varía significativamente entre diferentes clases. Esta es la esencia del polimorfismo, donde una sola interfaz puede mapear una implementación diferente según la clase específica con la que está tratando.

6.3.3 Usar Efectivamente la Herencia y el Polimorfismo

La herencia y el polimorfismo son herramientas indudablemente formidables en el arsenal de un desarrollador. Ofrecen la capacidad de crear estructuras de código interconectadas y dinámicas. Sin embargo, el poder que ejercen debe manejarse con cuidado para evitar la creación de jerarquías de clases excesivamente intrincadas, que pueden escalar rápidamente en estructuras laberínticas difíciles de navegar, gestionar y comprender.

Aquí hay algunas pautas, extraídas de las mejores prácticas y de la experiencia profesional, para seguir cuando se trabaja con herencia y polimorfismo:

1. **Preferir la Composición sobre la Herencia**: Este principio sugiere que si una clase necesita aprovechar la funcionalidad de otra clase, podría ser más beneficioso usar el enfoque de composición, donde incluye la clase necesaria, en lugar de extender o heredar de ella. Esta metodología no solo ofrece más flexibilidad al permitir el ensamblaje de objetos más complejos a partir de otros más simples, sino que también reduce significativamente las dependencias y minimiza el riesgo de crear jerarquías de clases intransitables.
2. **Usar el Polimorfismo para Simplificar el Código**: En el ámbito de la programación orientada a objetos, el polimorfismo se presenta como una característica clave que permite que una función interactúe con objetos de diferentes clases. Esto puede simplificar drásticamente tu código, haciéndolo más legible, mantenible y escalable. Cuando tengas dudas, recuerda que el polimorfismo puede ser un aliado poderoso en la escritura de código más limpio y eficiente.

3. **Mantener Jerarquías de Herencia Superficiales**: Aunque podría ser tentador crear árboles de herencia profundos por el bien de la exhaustividad, estos pueden llevar inadvertidamente a un código que es difícil de seguir y depurar. Por lo tanto, se recomienda mantener las jerarquías de herencia lo más superficiales posible. Esta práctica ayuda a mantener un alto nivel de claridad y simplicidad en tu código, haciéndolo más fácil de trabajar tanto para ti como para otros.

4. **Asegurarse de que las Clases Derivadas Extiendan las Clases Base de Manera Natural**: Al crear clases derivadas, es importante asegurarse de que sean extensiones apropiadas de sus clases base, adhiriéndose estrictamente a la relación "es-un". Esto significa que la clase derivada debería ser fundamentalmente un tipo de la clase base. Por ejemplo, un Dog es inherentemente un Animal. Por lo tanto, es lógico y apropiado que Dog extienda Animal. Esta práctica asegura que tus estructuras de herencia permanezcan intuitivas y semánticamente correctas.

Entender y aplicar la herencia y el polimorfismo en JavaScript puede mejorar significativamente tu capacidad para escribir código orientado a objetos limpio, efectivo y mantenible. Con las clases de ES6, estos conceptos son más accesibles e intuitivos, permitiendo a los desarrolladores construir sistemas sofisticados que son más fáciles de desarrollar, probar y mantener.

6.3.4 Interfaces y Duck Typing

A diferencia de lenguajes como Java o C#, JavaScript no incorpora interfaces en su arquitectura. Esta es una característica que a menudo se encuentra en lenguajes tipados estáticamente, donde la interfaz actúa como un contrato para asegurar que una clase se comporte de cierta manera. Sin embargo, JavaScript, siendo un lenguaje tipado dinámicamente, emplea un concepto diferente conocido como "duck typing".

En este paradigma, la determinación de la idoneidad de un objeto no se basa en el tipo real del objeto, sino en la presencia de ciertos métodos y propiedades. Este enfoque otorga a JavaScript su flexibilidad, permitiendo que los objetos se utilicen en una variedad de contextos siempre y cuando tengan los atributos requeridos.

Se llama así por la frase "Si parece un pato, nada como un pato y hace quack como un pato, entonces probablemente es un pato", reflejando la idea de que el comportamiento de un objeto determina su idoneidad, en lugar de su linaje o herencia de clase.

Ejemplo: Duck Typing

```
function makeItSpeak(animal) {
    if (animal.speak) {
```

```
        animal.speak();
    } else {
        console.log("This object cannot speak.");
    }
}

const cat = {
    speak() { console.log("Meow"); }
};

const car = {
    horn() { console.log("Honk"); }
};

makeItSpeak(cat);  // Outputs: Meow
makeItSpeak(car);  // Outputs: This object cannot speak.
```

Este ejemplo muestra cómo puedes diseñar funciones que interactúan con objetos basándose en sus capacidades en lugar de su clase específica, encarnando el principio de "si camina como un pato y hace quack como un pato, entonces debe ser un pato".

El ejemplo de código ilustra el concepto de "Duck Typing". En el Duck Typing, la idoneidad de un objeto se determina por la presencia de ciertos métodos y propiedades, en lugar del tipo real del objeto.

El código define una función llamada makeItSpeak que acepta un objeto como parámetro. Esta función verifica si el objeto pasado tiene un método llamado speak. Si el método existe, se ejecuta. Si no existe, se registra un mensaje "Este objeto no puede hablar." en la consola.

A continuación, se definen dos objetos: cat y car. El objeto cat tiene un método speak que registra la cadena "Meow" en la consola cuando se llama. El objeto car, por otro lado, no tiene un método speak. En su lugar, tiene un método horn que registra "Honk" en la consola cuando se llama.

En la última parte del código, la función makeItSpeak se invoca dos veces, primero con el objeto cat y luego con el objeto car. Cuando se pasa el objeto cat a makeItSpeak, se encuentra y se llama al método speak del cat, lo que resulta en que "Meow" se registre en la consola. Sin embargo, cuando se pasa el objeto car, como no tiene un método speak, se registra el mensaje predeterminado "Este objeto no puede hablar." en la consola.

Este ejemplo de código es una demostración del Duck Typing en acción. Muestra que no es el tipo del objeto lo que determina si puede 'hablar', sino si el objeto tiene o no un método speak. Esto refleja el dicho "Si parece un pato, nada como un pato y hace quack como un pato, entonces probablemente es un pato", que es el principio detrás del Duck Typing. La función makeItSpeak no se preocupa por el tipo del objeto que recibe, solo le importa si el objeto puede 'hablar'.

6.3.5 Mixins para Herencia Múltiple

En JavaScript, un lenguaje que no soporta nativamente la herencia múltiple —donde una clase puede heredar propiedades y métodos de más de una clase— existe una solución que proporciona una flexibilidad y funcionalidad similares.

Esta solución se conoce como 'mixins'. Los mixins esencialmente permiten la combinación e incorporación de comportamientos de numerosas fuentes. Esto equipa a los desarrolladores con la capacidad de crear objetos más dinámicos y multifacéticos, mejorando así la robustez de su código sin necesidad de depender del modelo de herencia tradicional.

Ejemplo: Creación de Mixins

```
let SayMixin = {
    say(phrase) {
        console.log(phrase);
    }
};

let SingMixin = {
    sing(lyric) {
        console.log(lyric);
    }
};

class Person {
    constructor(name) {
        this.name = name;
    }
}

// Copy the methods
Object.assign(Person.prototype, SayMixin, SingMixin);

const john = new Person("John");
john.say("Hello");  // Outputs: Hello
john.sing("La la la");  // Outputs: La la la
```

Este enfoque permite "mezclar" funcionalidad adicional en el prototipo de una clase, habilitando una forma de herencia múltiple donde una clase puede heredar métodos de múltiples objetos mixin.

Un mixin es esencialmente una clase u objeto que contiene métodos que pueden ser tomados prestados o "mezclados" con otras clases. Los mixins son una forma de distribuir funcionalidades reutilizables para clases. No están destinados a ser utilizados de forma independiente, sino para ser añadidos y utilizados por otras clases.

En este código, se crean dos mixins: SayMixin y SingMixin. Cada mixin es un objeto que contiene un solo método: SayMixin contiene el método say() y SingMixin contiene el método sing(). Estos métodos simplemente registran en la consola la frase o letra que se les pasa como parámetro.

Luego, se define una clase Person con un constructor que establece una propiedad name. Esta clase no tiene métodos propios en este punto.

Los mixins se aplican al prototipo de la clase Person utilizando el método Object.assign(). Esto esencialmente copia las propiedades de SayMixin y SingMixin a Person.prototype, permitiendo que las instancias de la clase Person usen los métodos say() y sing().

Se crea una instancia de la clase Person, john, utilizando la palabra clave new. Debido a que los mixins se aplicaron a Person.prototype, john puede usar tanto los métodos say() como sing(). El código demuestra esto haciendo que john diga "Hello" y cante "La la la", que se registran en la consola.

En conclusión, este código proporciona una demostración simple de cómo se pueden usar los mixins en JavaScript. Los mixins son una herramienta poderosa para compartir comportamientos entre diferentes clases, ayudando a mantener el código DRY (Don't Repeat Yourself) y organizado.

6.3.6 Funciones Fábrica

Las funciones fábrica representan un patrón alternativo que se puede emplear en lugar de las clases tradicionales para la creación de objetos. Son particularmente beneficiosas ya que pueden encapsular efectivamente la lógica detrás de la creación de objetos.

Esta encapsulación resulta en una separación clara entre el proceso de creación y el uso real de los objetos, proporcionando un nivel de abstracción que puede ayudar en la comprensión y mantenimiento del código.

Además, las funciones fábrica aprovechan el poder de los cierres (closures) para proporcionar privacidad, que es una característica no soportada nativamente en JavaScript. Esto aporta un nuevo nivel de seguridad y control sobre cómo se accede y manipula la información, convirtiéndose en una alternativa viable al uso de constructores y el modelo de herencia basado en clases que típicamente se encuentra en la programación orientada a objetos.

Ejemplo: Función Fábrica

```javascript
function createRobot(name, capabilities) {
    return {
        name,
        capabilities,
        describe() {
            console.log(`This robot can perform: ${capabilities.join(', ')}`);
        }
    };
}

const robo = createRobot("Robo", ["lift things", "play chess"]);
robo.describe();  // Outputs: This robot can perform: lift things, play chess
```

Las funciones fábrica proporcionan flexibilidad y encapsulación, lo que las convierte en una poderosa alternativa a las clases, especialmente cuando la creación de objetos no encaja perfectamente en una única jerarquía de herencia.

El código de ejemplo muestra cómo definir una función que crea y devuelve un objeto. Este es un patrón común en JavaScript y se utiliza a menudo cuando se necesita crear múltiples objetos con las mismas propiedades y métodos.

La función en el código se llama createRobot. Está diseñada para construir objetos "robot" y toma dos argumentos: name y capabilities.

El argumento name representa el nombre del robot. Se espera que sea una cadena de texto. Por ejemplo, podría ser "Robo", "CyberBot", "AlphaBot", etc.

El argumento capabilities representa las habilidades del robot. Se espera que sea un array de cadenas de texto, con cada cadena describiendo una capacidad. Por ejemplo, esto podría incluir tareas que el robot puede realizar, como "levantar cosas", "jugar al ajedrez", "calcular probabilidades", etc.

La función createRobot funciona devolviendo un nuevo objeto. Este objeto incluye el name y las capabilities proporcionadas como argumentos, así como un método llamado describe.

El método describe es una función que, cuando se llama, utiliza la función console.log de JavaScript para mostrar una cadena en la consola. Esta cadena proporciona una descripción de lo que el robot puede hacer, uniendo todas las capacidades con ", " e incluyéndolas en una oración.

Después de definir la función createRobot, el código demuestra cómo usarla. Crea un nuevo robot llamado "Robo" que puede "levantar cosas" y "jugar al ajedrez". Esto se hace llamando a createRobot con los argumentos apropiados y almacenando el objeto devuelto en una constante llamada robo.

Finalmente, se llama al método describe en robo. Esto muestra una oración en la consola que describe las capacidades del robot, específicamente: "This robot can perform: lift things, play chess".

En resumen, este código proporciona un ejemplo claro de cómo definir una función que crea y devuelve objetos en JavaScript. También demuestra cómo usar dicha función para crear un objeto y cómo llamar a un método en ese objeto. Este es un patrón común en JavaScript y muchos otros lenguajes de programación orientada a objetos, y entenderlo es crucial para escribir código efectivo y orientado a objetos.

Al profundizar en estos aspectos avanzados de la herencia y el polimorfismo, puedes desarrollar una comprensión más matizada de la programación orientada a objetos en JavaScript. Ya sea implementando el duck typing, usando mixins para herencia múltiple o empleando funciones fábrica para la creación de objetos, estas técnicas pueden proporcionar herramientas poderosas para construir software flexible, escalable y mantenible.

6.4 Encapsulación y Abstracción

En el ámbito de la programación orientada a objetos (OOP), hay dos conceptos fundamentales que contribuyen sustancialmente a la reducción de la complejidad y al aumento de la reutilización del código. Estos principios esenciales se conocen como encapsulación y abstracción.

La encapsulación es la técnica de encerrar o envolver datos, representados por variables, y los métodos asociados, que son esencialmente funciones que manipulan los datos encapsulados. Este empaquetado de datos y métodos correspondientes se logra dentro de una unidad o clase singular. Este mecanismo asegura que el estado interno de un objeto esté protegido de interferencias externas, conduciendo a un diseño robusto y controlado.

Por el contrario, la abstracción busca ocultar los detalles intrincados de la realidad mientras solo expone aquellas partes de un objeto que se consideran necesarias. Simplifica la representación de la realidad, facilitando al programador manejar la complejidad.

En el contexto de JavaScript, un lenguaje de scripting ampliamente utilizado para el desarrollo web del lado del cliente, estos conceptos se pueden implementar utilizando una variedad de técnicas. Estas incluyen clases, que proporcionan una plantilla para crear objetos y encapsular datos y métodos, cierres que permiten que las funciones tengan variables privadas, y patrones de módulos que ayudan a organizar el código de manera mantenible. Al emplear estas técnicas, los programadores pueden mejorar la seguridad, robustez y mantenibilidad de su código, mejorando así la calidad y fiabilidad general del software.

6.4.1 Comprendiendo la Encapsulación

El principio de encapsulación es un aspecto fundamental de la programación orientada a objetos que permite que un objeto oculte su estado interno, lo que significa que todas las interacciones deben realizarse a través de los métodos del objeto.

Esto es más que solo una forma de estructurar datos; es un enfoque robusto para gestionar la complejidad en sistemas de software a gran escala. Al proporcionar una interfaz controlada para los datos del objeto, la encapsulación asegura que el funcionamiento interno del objeto esté protegido del mundo exterior.

Esto previene que el estado del objeto sea alterado de maneras inesperadas, lo que puede llevar a errores y comportamientos impredecibles. Además, la encapsulación promueve la modularidad y la separación de preocupaciones, haciendo el código más fácil de mantener y entender.

Ejemplo: Uso de Clases para Lograr la Encapsulación

```javascript
class BankAccount {
    #balance;  // Private field

    constructor(initialBalance) {
        this.#balance = initialBalance;
    }

    deposit(amount) {
        if (amount < 0) {
            throw new Error("Amount must be positive");
        }
        this.#balance += amount;
        console.log(`Deposited $${amount}. Balance is now $${this.#balance}.`);
```

```javascript
    }

    withdraw(amount) {
        if (amount > this.#balance) {
            throw new Error("Insufficient funds");
        }
        this.#balance -= amount;
        console.log(`Withdrew $${amount}. Balance is now $${this.#balance}.`);
    }

    getBalance() {
        return this.#balance;
    }
}

const account = new BankAccount(1000);
account.deposit(500);
account.withdraw(200);
console.log(`The balance is $${account.getBalance()}.`);
// Outputs: Deposited $500. Balance is now $1500.
//          Withdrew $200. Balance is now $1300.
//          The balance is $1300.
```

En este ejemplo, el campo #balance es privado, lo que significa que no se puede acceder directamente desde fuera de la clase. Esta encapsulación asegura que el saldo solo pueda ser modificado a través de los métodos deposit y withdraw, que incluyen validaciones.

El fragmento de código define una clase llamada 'BankAccount'. Esta clase es un modelo para crear objetos 'BankAccount', cada uno representando una cuenta bancaria única.

La clase 'BankAccount' contiene un campo privado, #balance. Este campo está destinado a almacenar el saldo de la cuenta bancaria. Está marcado como privado, denotado por el símbolo '#', lo que significa que solo se puede acceder directamente dentro de la clase misma. Este es un aspecto clave de la encapsulación, un principio fundamental en la programación orientada a objetos que restringe el acceso directo a las propiedades de un objeto con el propósito de mantener la integridad de los datos.

La clase también define un método 'constructor'. Este método especial se llama automáticamente cuando se crea un nuevo objeto 'BankAccount'. Toma un parámetro, 'initialBalance', que se usa para establecer el saldo inicial de la cuenta bancaria asignándolo al campo privado #balance.

Tres métodos, 'deposit', 'withdraw' y 'getBalance', están definidos en la clase 'BankAccount':

- El método 'deposit' toma una 'cantidad' como parámetro. Verifica si la cantidad es menor que cero y, si es así, lanza un error. De lo contrario, añade la cantidad al #balance e imprime un mensaje mostrando la cantidad depositada y el nuevo saldo.
- El método 'withdraw' también toma una 'cantidad' como parámetro. Verifica si la cantidad es mayor que el saldo actual (#balance) y, si es así, lanza un error. De lo contrario, resta la cantidad del #balance e imprime un mensaje mostrando la cantidad retirada y el nuevo saldo.
- El método 'getBalance' no toma ningún parámetro. Simplemente devuelve el #balance actual.

Las últimas líneas del fragmento de código demuestran cómo usar la clase 'BankAccount'. Crea un nuevo objeto 'BankAccount' con un saldo inicial de 1000, deposita 500 en la cuenta, retira 200 de la cuenta y, finalmente, imprime el saldo actual de la cuenta.

Así, la clase 'BankAccount' encapsula las propiedades y métodos relacionados con una cuenta bancaria, proporcionando una forma de gestionar el saldo de la cuenta de manera controlada. El saldo solo puede ser modificado a través de los métodos 'deposit' y 'withdraw', y recuperado usando el método 'getBalance', asegurando la integridad del saldo.

6.4.2 Implementación de la Abstracción

La abstracción es un concepto crucial en la programación diseñado con el objetivo explícito de ocultar los detalles intrincados y a menudo complejos de la implementación de una clase en particular, exponiendo solo los componentes esenciales al usuario.

Este concepto es una parte integral de la programación que proporciona una capa de simplicidad y facilidad para el usuario mientras los procesos complejos se llevan a cabo detrás de escena. Este principio fundamental puede implementarse en JavaScript, un lenguaje de programación robusto y popular.

La implementación de la abstracción en JavaScript se puede lograr controlando y limitando cuidadosamente la exposición de propiedades y métodos. Al hacer esto, aseguramos que un usuario solo interactúe con los elementos necesarios, proporcionando así una experiencia de programación más simple y optimizada.

Ejemplo: Uso de Constructores de Funciones para la Abstracción

```
function Car(model, year) {
    this.model = model;
    let mileage = 0;  // Private variable
```

```javascript
    this.drive = function (miles) {
        if (miles < 0) {
            throw new Error("Miles cannot be negative");
        }
        mileage += miles;
        console.log(`Drove ${miles} miles. Total mileage is now ${mileage}.`);
    };

    this.getMileage = function () {
        return mileage;
    };
}

const myCar = new Car("Toyota Camry", 2019);
myCar.drive(150);
console.log(`Total mileage: ${myCar.getMileage()}.`);
// Outputs: Drove 150 miles. Total mileage is now 150.
//          Total mileage: 150.
```

En este ejemplo, la variable mileage no se expone directamente; en su lugar, se accede y se modifica a través de los métodos drive y getMileage. Esta abstracción oculta los detalles de cómo se rastrea y se modifica el kilometraje, lo que puede prevenir mal uso o errores por manipulación directa.

El fragmento de código demuestra la creación de un objeto 'Car' utilizando un constructor de función, que es una de las formas de crear objetos en JavaScript.

En este ejemplo, el constructor de función llamado 'Car' acepta dos parámetros, 'model' y 'year'. El parámetro 'model' representa el modelo del coche, mientras que el parámetro 'year' indica el año de fabricación del coche.

Dentro de esta función, se usa la palabra clave 'this' para asignar los valores de los parámetros 'model' y 'year' a las respectivas propiedades del objeto Car que se está creando.

A continuación, se define una variable privada 'mileage' y se inicializa con un valor de 0. En JavaScript, las variables privadas son variables a las que solo se puede acceder dentro de la función donde se definen. En este caso, 'mileage' solo es accesible dentro de la función 'Car'.

La función 'Car' define además dos métodos, 'drive' y 'getMileage'.

El método 'drive' acepta un parámetro 'miles', que representa el número de millas que ha recorrido el coche. Luego, verifica si 'miles' es menor que 0 y, si es así, lanza un error, porque no es posible recorrer un número negativo de millas. Si 'miles' no es menor que 0, suma 'miles' a 'mileage', aumentando efectivamente el kilometraje total del coche, y luego registra un mensaje que indica cuántas millas se han recorrido y cuál es el kilometraje total ahora.

El método 'getMileage', por otro lado, simplemente devuelve el valor actual de la variable 'mileage'. Esto nos permite comprobar el kilometraje total del coche sin acceder directamente a la variable privada 'mileage'.

Después de definir la función 'Car', el código crea una nueva instancia del objeto Car, llamada 'myCar', con el modelo "Toyota Camry" y el año 2019. Esto se hace utilizando la palabra clave 'new', que invoca la función 'Car' con los argumentos dados y devuelve un nuevo objeto Car.

El objeto 'myCar' luego llama al método 'drive' con un argumento de 150, indicando que 'myCar' ha recorrido 150 millas. Esto aumenta el kilometraje total de 'myCar' en 150 y registra un mensaje al respecto.

Finalmente, el código registra el kilometraje total de 'myCar' llamando al método 'getMileage' en 'myCar'. Esto nos da el kilometraje total de 'myCar' después de recorrer 150 millas.

En resumen, este fragmento de código demuestra cómo crear un objeto con propiedades y métodos públicos, así como una variable privada, en JavaScript utilizando un constructor de función. También muestra cómo crear una instancia de un objeto y llamar a sus métodos.

6.4.3 Mejores Prácticas

- Uno de los principios fundamentales que debes seguir es usar la encapsulación para proteger el estado del objeto de cualquier modificación imprevista o no autorizada. Esto asegurará la integridad de los datos y evitará cambios accidentales que podrían interrumpir la funcionalidad del objeto.
- Otra práctica clave es emplear la abstracción para minimizar la complejidad. Al proporcionar solo los componentes esenciales de un objeto al mundo exterior, puedes simplificar la interacción con el objeto y reducir el riesgo de errores o malentendidos. Este enfoque ayuda a asegurar que cada objeto se entienda en términos de su verdadera esencia, sin detalles innecesarios que distraigan de su funcionalidad central.
- Por último, al diseñar clases y métodos, esfuérzate por exponer una interfaz clara y sencilla para interactuar con los datos. Esto significa crear métodos y propiedades intuitivos que permitan a otros desarrolladores entender y usar fácilmente tu objeto, sin necesidad de conocer los detalles intrincados de su funcionamiento interno. Al hacerlo, puedes mejorar la legibilidad y el mantenimiento general de tu código, facilitando a otros trabajar con él y ampliarlo.

La encapsulación y la abstracción son esenciales para crear código robusto y mantenible. Al usar eficazmente estos conceptos, puedes escribir programas JavaScript que sean seguros, confiables y fáciles de entender. Estos principios guían el diseño de interfaces que son tanto fáciles de usar como difíciles de malinterpretar, mejorando fundamentalmente la calidad de tu software.

6.4.4 Patrón de Módulo para la Encapsulación

El patrón de módulo es un diseño renombrado y ampliamente utilizado en el ámbito de JavaScript. Su función principal es encapsular o envolver un conjunto de funciones, variables o una combinación de ambos en una entidad conceptual unitaria, comúnmente conocida como "módulo".

Este sofisticado patrón puede resultar extremadamente efectivo y beneficioso, especialmente cuando existe la necesidad de mantener un espacio de nombres global limpio y bien organizado. Al utilizar este patrón, puedes prevenir con éxito cualquier contaminación o desorden no deseado en el ámbito global.

Esto asegura que el ámbito global permanezca sin contaminar, promoviendo así mejores prácticas de codificación y mejorando el rendimiento y la legibilidad general de tu código JavaScript.

Ejemplo: Patrón de Módulo

```javascript
const CalculatorModule = (function() {
    let data = { number: 0 };  // Private

    function add(num) {
        data.number += num;
    }

    function subtract(num) {
        data.number -= num;
    }

    function getNumber() {
        return data.number;
    }

    return {
        add,
        subtract,
        getNumber
    };
})();
```

```
CalculatorModule.add(5);
CalculatorModule.subtract(2);
console.log(CalculatorModule.getNumber());  // Outputs: 3
```

En este ejemplo, el CalculatorModule encapsula el objeto data y las funciones add, subtract y getNumber dentro de una expresión de función invocada inmediatamente (IIFE). El módulo expone solo los métodos que quiere hacer públicos, controlando así el acceso a su estado interno.

Este código es un ejemplo del "Patrón de Módulo", un patrón de diseño utilizado en JavaScript para agrupar un conjunto de variables y funciones relacionadas, proporcionando un nivel de encapsulación y organización en tu código.

En este ejemplo específico, el módulo está encapsulando una lógica de calculadora simple. El código define un módulo llamado CalculatorModule. Este módulo se define como una Expresión de Función Invocada Inmediatamente (IIFE), que es una función que se define y luego se invoca o ejecuta inmediatamente.

Dentro de este CalculatorModule, hay varias partes:

- Un objeto privado data que almacena una propiedad number. Este number es el valor sobre el cual la calculadora realizará operaciones. Es privado porque no se expone fuera del módulo y solo puede ser accedido y manipulado por las funciones dentro del módulo.
- Una función add que toma un número como entrada y lo suma a la propiedad number en el objeto data.
- Una función subtract que toma un número como entrada y lo resta de la propiedad number en el objeto data.
- Una función getNumber que devuelve el valor actual de la propiedad number en el objeto data.

Después de definir estas funciones, la declaración return al final del módulo especifica lo que se expondrá al mundo exterior. En este caso, las funciones add, subtract y getNumber se hacen públicas, lo que significa que pueden ser accedidas fuera del CalculatorModule.

Tras la definición e invocación inmediata del CalculatorModule, el ejemplo demuestra cómo usar el módulo. Llama al método add para sumar 5 al número (que comienza en 0), luego llama al método subtract para restar 2, resultando en un número final de 3. Luego llama a getNumber para recuperar el número actual y lo registra en la consola, mostrando 3.

Este patrón de módulo permite a los desarrolladores organizar piezas relacionadas del código JavaScript en una sola unidad autocontenida que proporciona una interfaz controlada y consistente para interactuar con la funcionalidad del módulo. Esto ayuda a la comprensión y mantenimiento del código, asegurando la integridad y seguridad de los datos al ocultar los datos internos y exponer solo las funciones necesarias.

6.4.5 Uso de Módulos ES6 para Mejor Abstracción

Con la introducción de ES6, también conocido como ECMAScript 2015, JavaScript ahora tiene soporte nativo para módulos. Este desarrollo significativo permite a los desarrolladores escribir código modular, que es una forma de gestionar y organizar el código de manera más eficiente y mantenible.

Este código modular puede ser importado y exportado sin problemas a través de diferentes archivos, mejorando la reutilización del código y reduciendo la redundancia. Además, este sistema de módulos nativo soporta principios de programación cruciales como la encapsulación y la abstracción. Estos principios permiten a los desarrolladores ocultar las complejidades de un módulo y exponer solo las partes específicas y necesarias.

Esto conduce a una base de código más limpia, legible y eficiente. En esencia, con el soporte nativo de módulos introducido en ES6, la programación en JavaScript se ha vuelto más simplificada y amigable para el programador.

Ejemplo: Módulo ES6

```
// file: mathUtils.js
let internalCount = 0;  // Private to this module

export function increment() {
    internalCount++;
    console.log(internalCount);
}

export function decrement() {
    internalCount--;
    console.log(internalCount);
}

// file: app.js
import { increment, decrement } from './mathUtils.js';

increment();  // Outputs: 1
decrement();  // Outputs: 0
```

Esta estructura asegura que internalCount permanezca privado al módulo mathUtils.js, con solo las funciones increment y decrement expuestas a otras partes de la aplicación.

En este ejemplo, estamos demostrando el uso de módulos ES6. Los módulos ES6 son una característica introducida en la versión de JavaScript ECMAScript 6 (ES6), que permite a los desarrolladores escribir piezas de código reutilizables en un archivo e importarlas para su uso en otro archivo. Esto ayuda a mantener el código organizado y manejable.

La primera parte del código define un módulo en un archivo llamado "mathUtils.js". Este módulo contiene una variable internalCount y dos funciones: increment y decrement.

La variable internalCount se declara con la palabra clave let y se inicializa con un valor de 0. Esta variable es privada del módulo "mathUtils.js", lo que significa que no se puede acceder a ella directamente desde fuera de este módulo. Su valor solo puede ser manipulado por las funciones dentro de este módulo.

La función increment es una función simple que incrementa el valor de internalCount en 1 cada vez que se llama. Después de incrementar internalCount, registra el nuevo valor en la consola usando la función console.log(). Esta función se exporta del módulo, por lo que se puede importar y usar en otros archivos.

De manera similar, la función decrement disminuye el valor de internalCount en 1 cada vez que se llama. También registra el nuevo valor de internalCount en la consola después de realizar la disminución. Al igual que increment, esta función también se exporta del módulo.

En la segunda parte del código, las funciones increment y decrement se importan en otro archivo llamado "app.js". Esto se hace usando la palabra clave import seguida de los nombres de las funciones a importar, encerrados en llaves, y la ruta relativa al archivo "mathUtils.js".

Una vez importadas, las funciones increment y decrement se llaman en "app.js". La primera llamada a increment aumenta internalCount a 1 y registra '1' en la consola. La llamada subsiguiente a decrement disminuye internalCount de nuevo a 0 y registra '0' en la consola.

En resumen, este ejemplo de código demuestra el uso de módulos ES6 en JavaScript, mostrando cómo definir un módulo que exporta funciones, cómo importar esas funciones en otro archivo y cómo llamar a las funciones importadas. También demuestra el concepto de variables privadas en módulos, que son variables que solo pueden ser accedidas y manipuladas por las funciones dentro del mismo módulo.

6.4.6 Proxy para Acceso Controlado

Los proxies en JavaScript representan una herramienta robusta que facilita la creación de una capa de abstracción sobre un objeto, proporcionando así control sobre las interacciones con dicho objeto. Esta característica es particularmente útil ya que permite a los desarrolladores gestionar y monitorear cómo se accede y manipula el objeto. Las aplicaciones de los proxies son extensas e incluyen, entre otras cosas, el registro de operaciones, la creación de perfiles y la validación.

Por ejemplo, pueden emplearse para registrar el historial de operaciones realizadas en un objeto, realizar perfiles midiendo el tiempo que toman las operaciones, o hacer cumplir reglas de validación antes de que se realicen cambios en el objeto. Por lo tanto, comprender y utilizar los proxies en JavaScript puede mejorar significativamente la funcionalidad y seguridad de tu código.

Ejemplo: Usando Proxy para Validación

```javascript
let settings = {
    temperature: 0
};

let settingsProxy = new Proxy(settings, {
    get(target, prop) {
        console.log(`Accessing ${prop}: ${target[prop]}`);
        return target[prop];
    },
    set(target, prop, value) {
        if (prop === 'temperature' && (value < -273.15)) {
            throw new Error("Temperature cannot be below absolute zero!");
        }
        console.log(`Setting ${prop} to ${value}`);
        target[prop] = value;
        return true;
    }
});

settingsProxy.temperature = -300;  // Throws Error
settingsProxy.temperature = 25;  // Setting temperature to 25
console.log(settingsProxy.temperature);  // Accessing temperature: 25, Outputs: 25
```

En este ejemplo, el Proxy se utiliza para controlar el acceso al objeto settings, añadiendo verificaciones y registros que enriquecen la funcionalidad y hacen cumplir las restricciones, mostrando una aplicación práctica de la abstracción.

El código es una demostración del uso de un objeto Proxy en JavaScript para añadir un comportamiento personalizado a las operaciones básicas realizadas en un objeto. En este caso, el objeto que se proxy es settings, que es un objeto JavaScript simple que contiene una propiedad llamada temperature inicializada en 0.

Se crea un objeto Proxy con dos argumentos: el objeto objetivo y un manejador. El objetivo es el objeto que el proxy virtualiza y el manejador es un objeto cuyos métodos definen el comportamiento personalizado del Proxy.

En este ejemplo, el objeto objetivo es settings y el manejador es un objeto con dos métodos, get y set. Estos métodos se llaman "trampas" porque "interceptan" operaciones, proporcionando una oportunidad para personalizar el comportamiento.

La trampa get es un método que se llama cuando se accede a una propiedad del objeto objetivo. Esta trampa recibe el objeto objetivo y la propiedad a la que se accede como parámetros. En el objeto manejador, la trampa get se define para registrar un mensaje en la consola que especifica qué propiedad se está accediendo y cuál es el valor actual de esa propiedad. Después de registrar el mensaje, devuelve el valor de la propiedad.

La trampa set, por otro lado, es un método que se llama cuando se modifica una propiedad del objeto objetivo. Esta trampa recibe el objeto objetivo, la propiedad que se está modificando y el nuevo valor como parámetros. En el objeto manejador, la trampa set se define para verificar primero si la propiedad que se está modificando es temperature y si el nuevo valor es inferior a -273.15 (que es el cero absoluto en Celsius). Si ambas condiciones son verdaderas, lanza un Error, porque la temperatura en Celsius no puede ser inferior al cero absoluto. Si alguna de las condiciones no es verdadera, registra un mensaje en la consola especificando la propiedad que se está modificando y el nuevo valor. Luego actualiza la propiedad con el nuevo valor y devuelve true para indicar que la propiedad se modificó con éxito.

Las últimas tres líneas del script demuestran cómo usar el objeto settingsProxy. Primero, intenta establecer la propiedad temperature en -300. Esta operación resulta en un Error porque -300 está por debajo del cero absoluto. Luego, establece la propiedad temperature en 25. Esta operación es exitosa y resulta en un mensaje en la consola que indica que la propiedad temperature se estableció en 25. Finalmente, accede a la propiedad temperature, lo que resulta en un mensaje en la consola que indica que se accedió a la propiedad temperature y muestra su valor actual, que es 25.

En conclusión, el objeto Proxy proporciona una forma poderosa de añadir un comportamiento personalizado a las operaciones básicas realizadas en un objeto, como acceder o modificar propiedades. Esto se puede usar para varios propósitos, como el registro de operaciones, la validación o la implementación de reglas de negocio.

La encapsulación y la abstracción son conceptos fundamentales para construir software robusto y mantenible. Al aprovechar las capacidades de JavaScript para implementar estos principios, ya sea a través de patrones de diseño, sintaxis moderna o características avanzadas, puedes asegurar que tus aplicaciones estén bien estructuradas y sean seguras. Estas técnicas no solo mejoran la calidad del código, sino que también fomentan prácticas de desarrollo que escalan eficazmente a medida que las aplicaciones crecen en complejidad.

Ejercicios Prácticos

Este conjunto de ejercicios está diseñado para reforzar los conceptos discutidos en el Capítulo 6, enfocándose en los principios de programación orientada a objetos como la encapsulación, abstracción, herencia y el uso de clases ES6 en JavaScript. Cada ejercicio incluye un desafío y una solución para ayudarte a aplicar lo que has aprendido en escenarios prácticos de codificación.

Ejercicio 1: Implementando una Clase con Encapsulación

Crea una clase Person que encapsule el nombre y la edad de un individuo y proporcione métodos para obtener y establecer cada atributo. Asegúrate de que la edad no pueda ser establecida en un número negativo.

Solución:

```
class Person {
    constructor(name, age) {
        this.name = name;
        this.age = age;
    }

    getName() {
        return this.name;
    }

    setName(name) {
        this.name = name;
    }

    getAge() {
        return this.age;
    }

    setAge(age) {
        if (age < 0) {
            throw new Error("Age cannot be negative");
        }
```

```
        this.age = age;
    }
}

const person = new Person("John", 30);
console.log(person.getName()); // Outputs: John
console.log(person.getAge()); // Outputs: 30

person.setAge(25);
console.log(person.getAge()); // Outputs: 25

// Attempting to set a negative age
try {
    person.setAge(-5);
} catch (e) {
    console.log(e.message); // Outputs: Age cannot be negative
}
```

Ejercicio 2: Implementación de Herencia y Sobrescritura de Métodos

Extiende la clase Person para crear una nueva clase llamada Employee que incluya todo de Person y añada employeeId y un método para mostrar todos los detalles del empleado.

Solución:

```
class Employee extends Person {
    constructor(name, age, employeeId) {
        super(name, age); // Calls the constructor of the base class
        this.employeeId = employeeId;
    }

    display() {
        console.log(`Name:    ${this.name},    Age:    ${this.age},    Employee    ID:
${this.employeeId}`);
    }
}

const employee = new Employee("Alice", 28, "E12345");
employee.display(); // Outputs: Name: Alice, Age: 28, Employee ID: E12345
```

Ejercicio 3: Usando Métodos Estáticos

Crea una clase Calculator con métodos estáticos para operaciones aritméticas básicas (suma, resta, multiplicación, división) que tomen dos números y devuelvan el resultado.

Solución:

```javascript
class Calculator {
    static add(a, b) {
        return a + b;
    }

    static subtract(a, b) {
        return a - b;
    }

    static multiply(a, b) {
        return a * b;
    }

    static divide(a, b) {
        if (b === 0) {
            throw new Error("Division by zero");
        }
        return a / b;
    }
}

console.log(Calculator.add(10, 5)); // Outputs: 15
console.log(Calculator.subtract(10, 5)); // Outputs: 5
console.log(Calculator.multiply(10, 5)); // Outputs: 50
console.log(Calculator.divide(10, 5)); // Outputs: 2
```

Ejercicio 4: Abstracción con Proxies

Crea un proxy para un objeto settings que valide los cambios en las propiedades. Específicamente, asegúrate de que volume esté entre 0 y 100.

Solución:

```javascript
let settings = {
    volume: 30
};

let settingsProxy = new Proxy(settings, {
    set(target, prop, value) {
        if (prop === 'volume') {
            if (value < 0 || value > 100) {
                throw new Error("Volume must be between 0 and 100");
            }
        }
        target[prop] = value;
        return true;
    }
});
```

```
settingsProxy.volume = 90; // Works fine
console.log(settings.volume); // Outputs: 90

// Attempting to set volume out of range
try {
    settingsProxy.volume = 101;
} catch (e) {
    console.log(e.message); // Outputs: Volume must be between 0 and 100
}
```

Estos ejercicios proporcionan aplicaciones prácticas de las características de programación orientada a objetos discutidas en el Capítulo 6, ayudándote a solidificar tu comprensión de estos conceptos a través de desafíos de codificación que reflejan escenarios del mundo real.

Resumen del Capítulo

En el Capítulo 6, emprendimos un viaje exploratorio a través de los principios de la programación orientada a objetos (OOP) tal como se implementan en JavaScript. Este capítulo tenía como objetivo desmitificar los conceptos de encapsulación, abstracción, herencia y polimorfismo, que son fundamentales para desarrollar aplicaciones escalables y mantenibles. Al profundizar en estos principios básicos, te hemos equipado con el conocimiento para aprovechar las capacidades de JavaScript para crear aplicaciones web robustas y eficientes.

Encapsulación y Abstracción

Comenzamos abordando la encapsulación, un concepto fundamental de OOP que implica agrupar los datos (variables) y los métodos (funciones) que actúan sobre los datos en unidades únicas llamadas clases. La encapsulación protege el estado interno de un objeto de interferencias externas no deseadas y mal uso, lo que mejora la integridad y seguridad de los datos. Vimos cómo JavaScript utiliza ámbitos de funciones y cierres para mantener estados privados dentro de los objetos, una práctica crucial para preservar la integridad y seguridad de las aplicaciones.

La abstracción fue otro área de enfoque, simplificando sistemas complejos al ocultar los detalles irrelevantes de los usuarios y exponer solo las partes necesarias de los objetos. Esto ayuda a reducir la complejidad de la programación y aumenta la eficiencia. El soporte de JavaScript para la abstracción viene a través de su capacidad para crear objetos que exponen solo atributos y métodos seleccionados al mundo exterior, permitiendo a los desarrolladores cambiar y refactorizar el funcionamiento interno de un objeto sin alterar cómo interactúa con otros códigos.

Herencia y Polimorfismo

La herencia en JavaScript, tradicionalmente lograda a través de prototipos y más recientemente a través de la sintaxis de clases introducida en ES6, permite que los objetos hereden propiedades y métodos de otros objetos. Exploramos cómo crear jerarquías de clases que reflejan relaciones del mundo real, lo que te permite escribir menos código mientras aumentas la funcionalidad. Al usar la palabra clave extends para la herencia de clases y el constructor super para inicializar el constructor de los padres, JavaScript simplifica la gestión de la cadena de prototipos, haciéndola más accesible para los desarrolladores familiarizados con los lenguajes OOP tradicionales.

El polimorfismo se discutió como un mecanismo que permite que los objetos se traten como instancias de su clase principal, con la capacidad de sobrescribir métodos para realizar diferentes funcionalidades. Este aspecto de OOP en JavaScript te permite llamar al mismo método en diferentes objetos, cada uno respondiendo de una manera adecuada al tipo de objeto, mejorando así la flexibilidad y reutilización del código.

Aplicaciones Prácticas y Mejores Prácticas

A lo largo del capítulo, los ejemplos prácticos demostraron cómo implementar estos principios de OOP en escenarios del mundo real. Desde la creación de clases y la gestión de árboles de herencia hasta la aplicación de la encapsulación y la abstracción para una mejor gestión de datos y diseño del sistema, los ejercicios proporcionaron un enfoque práctico para solidificar tu comprensión de estos conceptos.

Conclusión

Este capítulo ha sentado una base sólida para entender y aplicar los principios orientados a objetos en JavaScript. Al dominar estos conceptos, ahora estás mejor equipado para enfrentar desafíos de desarrollo complejos, crear código altamente reutilizable y diseñar tus aplicaciones con mejor estructura y mantenibilidad. A medida que sigas profundizando en JavaScript y sus características orientadas a objetos, recuerda que estos principios no son solo teóricos, sino herramientas esenciales que pueden mejorar significativamente la funcionalidad y calidad de tus proyectos de software.

Capítulo 7: APIs y Interfaces Web

Bienvenido al capítulo 7, "APIs y Interfaces Web". En este esclarecedor capítulo, profundizaremos en las versátiles interfaces y APIs que ofrecen los navegadores web actuales. Con estas APIs a nuestra disposición, nosotros, como desarrolladores web, tenemos el poder de crear aplicaciones web ricas e interactivas que aprovechan al máximo no solo las capacidades del navegador, sino también el potencial del sistema operativo subyacente.

Este capítulo promete cubrir una amplia gama de APIs web, desde aquellas principalmente involucradas en realizar solicitudes HTTP, hasta las que son expertas en manejar archivos, gestionar diversos medios e incluso aquellas que interactúan directamente con el hardware del dispositivo.

En la era digital en rápida evolución, las aplicaciones web frecuentemente necesitan establecer comunicación con servidores externos, obtener datos cruciales, enviar actualizaciones oportunas e interactuar de manera dinámica y fluida con los usuarios. Tener un sólido entendimiento y un uso efectivo de las APIs web se convierte en una habilidad crítica para construir aplicaciones responsivas. Para equiparte con esta habilidad esencial, comenzamos este capítulo con una exploración profunda del Fetch API, un enfoque contemporáneo y flexible para realizar solicitudes HTTP, diseñado para la web moderna.

7.1 Fetch API para Solicitudes HTTP

El Fetch API representa una interfaz moderna y sofisticada que ofrece la capacidad de realizar solicitudes de red similares a lo que es posible con XMLHttpRequest (XHR). Sin embargo, en comparación con XMLHttpRequest, el Fetch API trae a la mesa un rango mucho más potente y flexible de características. Una de las mejoras clave del Fetch API es su uso de promesas.

Las promesas son un enfoque contemporáneo para gestionar operaciones asíncronas, que son operaciones que no tienen que completarse antes de que otro código pueda ejecutarse. Al usar promesas, el Fetch API permite que el código se escriba y lea de una manera mucho más limpia y organizada, mejorando así la eficiencia del proceso de codificación y llevando a un código más mantenible a largo plazo.

7.1.1 Uso Básico de Fetch API

La función fetch() sirve como columna vertebral del Fetch API, una herramienta significativa en el desarrollo web moderno. Es una función increíblemente versátil que permite una amplia gama de solicitudes de red como GET, POST, PUT, DELETE, entre otros tipos de solicitud. Estas solicitudes son esenciales para interactuar con servidores y manipular datos en la web.

La solicitud GET, por ejemplo, se usa frecuentemente para recuperar datos de un servidor en formato JSON. Los datos recuperados pueden ser cualquier tipo de información que esté almacenada en el servidor. Aquí tienes una breve demostración de cómo puedes usar la función fetch() para ejecutar una sencilla solicitud HTTP GET con el fin de obtener datos JSON de un servidor.

Ejemplo: Obtener Datos JSON

```javascript
fetch('<https://api.example.com/data>')
    .then(response => {
        if (!response.ok) {
            throw new Error('Network response was not ok ' + response.statusText);
        }
        return response.json();
    })
    .then(data => console.log(data))
    .catch(error => console.error('There was a problem with your fetch operation:',
error));
```

Este fragmento de código demuestra el uso del Fetch API. El Fetch API utiliza promesas, un enfoque contemporáneo para gestionar operaciones asíncronas, que son operaciones que no tienen que terminar antes de que el resto del código pueda ejecutarse. Esto permite un código más eficiente, mantenible y legible.

En este ejemplo, estamos usando el Fetch API para hacer una solicitud HTTP GET a un servidor. La solicitud GET se usa a menudo para recuperar datos de un servidor, y en este caso, se espera que los datos estén en formato JSON. El servidor al que estamos solicitando datos está especificado por la URL 'https://api.example.com/data'.

La operación fetch comienza con la función fetch(), que devuelve una promesa. Esta promesa se resuelve en el objeto Response que representa la respuesta a la solicitud. El objeto Response contiene información sobre la respuesta del servidor, incluida la estatus de la solicitud.

El primer método then() en la cadena de promesas maneja la respuesta de la operación fetch. Dentro de este método, estamos verificando si la respuesta fue exitosa utilizando la propiedad ok del objeto Response. Esta propiedad devuelve un Booleano que indica si el estado de la respuesta está dentro del rango exitoso (200-299).

Si la respuesta no fue OK, lanzamos un Error con un mensaje personalizado que incluye el texto del estado de la respuesta. El texto del estado proporciona una explicación legible por humanos del estado de la respuesta, como 'Not Found' para un estado 404.

Si la respuesta fue OK, devolvemos el cuerpo de la respuesta analizado como JSON utilizando el método json(). Este método lee el flujo de la respuesta hasta completarla y analiza el resultado como un objeto JSON.

El segundo método then() en la cadena de promesas recibe los datos JSON analizados del then() anterior. Aquí, simplemente estamos registrando los datos en la consola.

El método catch() al final de la cadena de promesas se usa para capturar cualquier error que pueda ocurrir durante la operación fetch o durante el análisis de los datos JSON. Si se captura un error, lo registramos en la consola con un mensaje de error personalizado.

En resumen, este fragmento de código demuestra el uso básico del Fetch API para hacer una solicitud HTTP GET, verificar si la respuesta fue exitosa, analizar los datos de la respuesta como JSON y manejar cualquier error que pueda ocurrir durante la operación.

7.1.2 Realizar Solicitudes POST con Fetch

Cuando necesitas enviar datos a un servidor, un método eficiente que puedes emplear es realizar una solicitud POST utilizando el Fetch API. Este proceso implica la especificación clara del método de la solicitud como 'POST'. Además, los datos que deseas transmitir deben incluirse en el cuerpo de la solicitud.

Estos datos pueden ser de varios tipos, como JSON o datos de formulario, dependiendo de lo que el servidor esté configurado para recibir. El Fetch API hace que este proceso sea sencillo e intuitivo, simplificando la tarea de enviar datos a servidores y haciendo tus tareas de desarrollo web más eficientes.

Ejemplo: Realizar una Solicitud POST

```
fetch('<https://api.example.com/data>', {
    method: 'POST',
    headers: {
```

```javascript
        'Content-Type': 'application/json',
    },
    body: JSON.stringify({
        name: 'John',
        email: 'john@example.com'
    })
})
.then(response => {
    if (!response.ok) {
        throw new Error('Network response was not ok ' + response.statusText);
    }
    return response.json();
})
.then(data => console.log('Success:', data))
.catch(error => console.error('Error:', error));
```

Este ejemplo demuestra el uso del Fetch API para realizar una solicitud HTTP POST a una URL específica, en este caso, 'https://api.example.com/data'. El Fetch API es una API moderna basada en promesas para realizar solicitudes de red desde aplicaciones JavaScript, y ofrece más flexibilidad y características que el método más antiguo XMLHttpRequest (XHR).

El script comienza con la función fetch(), a la cual le pasamos la URL deseada a la que queremos enviar nuestra solicitud. Inmediatamente después de la URL, se proporciona un objeto que configura los detalles específicos de nuestra solicitud. Este objeto de configuración incluye la propiedad method configurada como 'POST', indicando que estamos enviando datos al servidor, no solo solicitando datos de él.

En la propiedad headers del objeto de configuración, 'Content-Type' está configurado como 'application/json'. Esto le dice al servidor que estamos enviando datos en formato JSON.

La propiedad body contiene los datos que estamos enviando al servidor, que deben ser convertidos en una cadena usando JSON.stringify() porque HTTP es un protocolo basado en texto y requiere que cualquier dato enviado al servidor esté en formato de cadena. En este caso, un objeto que contiene las propiedades 'name' y 'email' se convierte en cadena y se incluye en el cuerpo de la solicitud.

Después de la función fetch(), se construye una cadena de promesas para manejar la respuesta del servidor y cualquier error que pueda ocurrir durante la operación fetch. Esto se hace utilizando los métodos .then() y .catch() que son parte del Fetch API basado en promesas.

El primer bloque .then() recibe la respuesta del servidor como su argumento. Dentro de este bloque, se realiza una verificación para ver si la respuesta fue exitosa utilizando la propiedad ok del objeto response. Si la respuesta no fue correcta, se lanza un error con un mensaje personalizado y el texto del estado de la respuesta. Si la respuesta es correcta, se devuelve como JSON utilizando el método json() del objeto response.

El segundo bloque .then() recibe los datos JSON analizados del bloque anterior. Aquí es donde podemos interactuar con los datos devueltos por el servidor, en este caso, simplemente se registran en la consola con un mensaje de 'Éxito:'.

Finalmente, el bloque .catch() al final de la cadena de promesas captura cualquier error que ocurra durante la operación fetch o durante el análisis de los datos JSON. Estos errores luego se registran en la consola con un mensaje de 'Error:'.

7.1.3 Manejo de Errores

El manejo efectivo de errores es crucial cuando se realizan solicitudes de red en cualquier proyecto de programación, ya que asegura la resistencia y confiabilidad de tu aplicación. En este sentido, el Fetch API es una herramienta poderosa para los desarrolladores.

El Fetch API proporciona una forma de capturar errores de red, como problemas de conectividad o errores del servidor, y manejar errores que puedan ocurrir durante el análisis de datos. Esto incluye problemas que pueden surgir al convertir los datos de respuesta en un formato utilizable. Utilizando el Fetch API, puedes implementar un mecanismo robusto de manejo de errores para tus solicitudes de red, mejorando así la experiencia del usuario.

Ejemplo: Manejo de Errores

```
fetch('<https://api.example.com/data>')
    .then(response => {
        if (!response.ok) {
            throw new Error('Network response was not ok ' + response.statusText);
        }
        return response.json();
    })
    .then(data => console.log(data))
    .catch(error => {
        console.error('There was a problem with your fetch operation:', error);
    });
```

El código comienza con una llamada a la función fetch(), pasando una URL en forma de cadena 'https://api.example.com/data'. Esto envía una solicitud GET a la URL especificada, que se espera devuelva algunos datos.

Esta función fetch() devuelve una Promesa. Las Promesas en JavaScript representan la finalización o el fracaso de una operación asíncrona y su valor resultante. Se utilizan para manejar operaciones asíncronas como esta solicitud de red.

La Promesa devuelta se encadena con un método then(). El método then() toma una función de devolución de llamada que se ejecutará cuando la Promesa se resuelva con éxito. La función de devolución de llamada recibe la respuesta de la operación fetch como su argumento.

Dentro de la devolución de llamada, primero verificamos si la respuesta fue exitosa comprobando la propiedad ok del objeto de respuesta. Si la respuesta no fue exitosa, se lanza un Error con un mensaje que dice 'La respuesta de la red no fue correcta', junto con el texto del estado de la respuesta.

Si la respuesta fue exitosa, la devolución de llamada devuelve otra Promesa llamando a response.json(). Este método lee el flujo de la respuesta hasta completarlo y analiza el resultado como JSON.

El método then() se encadena nuevamente para manejar el valor resuelto de la Promesa response.json(). Esta devolución de llamada recibe los datos JSON analizados como su argumento y los registra en la consola.

Finalmente, un método catch() se encadena al final de la cadena de Promesas. El método catch() se utiliza para manejar cualquier rechazo de las Promesas en la cadena, incluidos los errores que puedan ocurrir durante la operación fetch o el análisis del JSON. Si se captura un error, el error se registra en la consola con un mensaje de error personalizado.

En resumen, este ejemplo de código demuestra cómo usar el Fetch API para realizar una solicitud de red, manejar la respuesta, analizar los datos de la respuesta como JSON y manejar cualquier error que pueda ocurrir durante estas operaciones.

7.1.4 Usar Async/Await con Fetch

El Fetch API, una herramienta poderosa y flexible para hacer solicitudes de red, puede usarse junto con async y await para crear un estilo más sincrónico de manejar operaciones asíncronas. Este enfoque nos permite escribir código que es más fácil de entender y depurar porque parece ser sincrónico, aunque en realidad se está ejecutando de forma asincrónica.

Esto es particularmente útil en escenarios donde necesitamos esperar la respuesta de una solicitud antes de hacer otra, por ejemplo, al encadenar solicitudes a APIs. Al usar async y await con el Fetch API, podemos simplificar en gran medida la estructura y la legibilidad de nuestro código.

El Fetch API facilita la obtención de recursos a través de la red y es una parte integral del desarrollo web moderno, permitiendo una forma más flexible y poderosa de realizar solicitudes HTTP en comparación con el XMLHttpRequest tradicional.

En JavaScript, async y await son palabras clave que proporcionan una forma de escribir código basado en promesas de manera más sincrónica. Permiten a los desarrolladores manejar operaciones asíncronas sin caer en el infierno de las devoluciones de llamada, mejorando la legibilidad y mantenibilidad del código.

Al usar async y await con el Fetch API, las operaciones asíncronas como las solicitudes de red o las operaciones de archivos pueden escribirse de una manera que parece ser bloqueante, pero en realidad no lo es. Esto significa que mientras la operación asíncrona se está procesando, el motor de JavaScript puede ejecutar otras operaciones sin ser bloqueado por la operación asíncrona pendiente.

Ejemplo: Usar Async/Await con Fetch

El uso de async y await con el Fetch API se ve algo así:

```javascript
async function fetchData() {
    try {
        const response = await fetch('<https://api.example.com/data>');
        if (!response.ok) {
            throw new Error('Network response was not ok ' + response.statusText);
        }
        const data = await response.json();
        console.log(data);
    } catch (error) {
        console.error('There was a problem with your fetch operation:', error);
    }
}

fetchData();
```

En este ejemplo, la función fetchData se declara como async, lo que indica que la función devolverá una promesa. Dentro de la función fetchData, se utiliza la palabra clave await antes del método fetch y response.json(). Esto le dice a JavaScript que pause la ejecución de la función fetchData hasta que la promesa de fetch y response.json() se haya resuelto, y luego reanuda la ejecución y devuelve el valor resuelto.

Si ocurre un error durante la operación fetch o al analizar el JSON, se captura en el bloque catch, evitando que el programa se bloquee y proporcionando una oportunidad para manejar el error de manera adecuada.

Combinar el Fetch API con async y await no solo mejora la legibilidad del código, sino que también facilita el manejo de errores y casos extremos, convirtiéndolo en una herramienta poderosa para desarrollar aplicaciones web complejas que dependen en gran medida de operaciones asíncronas.

7.1.5 Manejo de Tiempos de Espera con Fetch

El Fetch API no soporta nativamente tiempos de espera en las solicitudes. Sin embargo, se pueden implementar tiempos de espera utilizando la función Promise.race() de JavaScript para mejorar la robustez de tus solicitudes de red, especialmente en entornos con condiciones de red poco confiables. Aunque el Fetch API proporciona una manera flexible y moderna de hacer solicitudes de red, no incluye soporte incorporado para tiempos de espera en las solicitudes.

Los tiempos de espera en las solicitudes son importantes para gestionar las solicitudes de red, especialmente en entornos donde las condiciones de red pueden ser poco fiables o inestables. Estos tiempos de espera ayudan a asegurar que tu aplicación se mantenga receptiva y no se quede colgada mientras espera que se complete una solicitud de red, proporcionando una mejor experiencia de usuario.

Para implementar tiempos de espera con el Fetch API, el documento sugiere usar la función Promise.race() de JavaScript. Esta función toma un array de promesas y devuelve una promesa que se resuelve o rechaza tan pronto como una de las promesas en el array se resuelva o rechace, de ahí el nombre "race" (carrera).

Al usar Promise.race(), puedes configurar una carrera entre la solicitud fetch y una promesa de tiempo de espera. Si la solicitud fetch se completa antes de que se cumpla el tiempo de espera, la promesa de la solicitud fetch se resolverá primero y se usará su resultado. Si el tiempo de espera ocurre antes de que se complete la solicitud fetch, la promesa de tiempo de espera se rechazará primero, permitiéndote manejar la situación de tiempo de espera según sea necesario.

Este enfoque mejora la robustez de tus solicitudes de red, dándote más control sobre su comportamiento y asegurando que tu aplicación pueda manejar una amplia gama de condiciones de red de manera efectiva. Esto es particularmente crucial en aplicaciones web modernas, donde una interacción fluida y receptiva con servidores externos y APIs es una parte clave para proporcionar una experiencia de usuario de alta calidad.

Ejemplo: Implementación de Tiempos de Espera en Fetch

```javascript
function fetchWithTimeout(url, options, timeout = 5000) {
    const fetchPromise = fetch(url, options);
    const timeoutPromise = new Promise((resolve, reject) => {
        setTimeout(() => reject(new Error("Request timed out")), timeout);
    });
    return Promise.race([fetchPromise, timeoutPromise]);
}

fetchWithTimeout('<https://api.example.com/data>')
    .then(response => response.json())
    .then(data => console.log(data))
    .catch(error => console.error('Failed:', error));
```

Este fragmento de código de JavaScript introduce una función llamada fetchWithTimeout, diseñada para enviar una solicitud de red a una URL específica con un tiempo de espera. Esta función es especialmente útil en escenarios donde se realizan solicitudes de red en entornos con conexiones potencialmente poco confiables o de alta latencia, y se desea evitar que la aplicación se bloquee indefinidamente esperando una respuesta que podría no llegar nunca.

Los parámetros de la función son url, options y timeout. El url es el endpoint al que se envía la solicitud, options son los parámetros adicionales o encabezados que se desean incluir en la solicitud, y timeout es el número máximo de milisegundos que se desea esperar por la respuesta antes de desistir. El tiempo de espera predeterminado es de 5000 milisegundos (o 5 segundos), pero se puede personalizar este valor según las necesidades.

La función funciona utilizando la API fetch para realizar la solicitud, que es un método moderno y basado en promesas para hacer solicitudes de red en JavaScript. fetch proporciona un enfoque más potente y flexible para realizar solicitudes HTTP en comparación con métodos más antiguos como XMLHttpRequest.

Sin embargo, una limitación de la API fetch es que no soporta nativamente tiempos de espera en las solicitudes. Para superar esta limitación, la función usa Promise.race para establecer el tiempo de espera. Promise.race es un método que toma un array de promesas y devuelve una nueva promesa que se resuelve tan pronto como una de las promesas de entrada se resuelve. En otras palabras, "compite" las promesas entre sí y proporciona el resultado de la que se resuelva más rápido.

En este caso, se está haciendo competir la solicitud fetch (que es una promesa que se resuelve cuando la solicitud se completa) contra una promesa de tiempo de espera (que es una promesa que se rechaza automáticamente después del período de tiempo especificado). Si la solicitud fetch se completa antes del tiempo de espera, la promesa fetch se resolverá primero y se usará su resultado. Si el tiempo de espera ocurre antes de que se complete la solicitud fetch, la promesa de tiempo de espera se rechazará primero, y se lanzará un Error con el mensaje "Request timed out".

El uso de la función se demuestra en la parte final del fragmento de código. Aquí, se envía una solicitud GET a 'https://api.example.com/data', se intenta analizar la respuesta como JSON usando el método .json(), y luego se registran los datos resultantes en la consola si la solicitud es exitosa o se registra un mensaje de error si falla.

En este ejemplo, fetchWithTimeout compite la promesa fetch contra una promesa de tiempo de espera, que se rechazará después de un período de tiempo especificado. Esto asegura que la aplicación pueda manejar situaciones en las que una solicitud podría colgarse más tiempo del esperado.

7.1.6 Respuestas en Streaming

El Fetch API soporta el streaming de respuestas, lo que permite empezar a procesar datos tan pronto como comienzan a llegar. Esto es particularmente útil para manejar grandes conjuntos de datos o medios en streaming.

El Fetch API es una característica poderosa que permite a los desarrolladores empezar a procesar datos tan pronto como comienzan a llegar, en lugar de tener que esperar a que el conjunto de datos completo se descargue. Esto es especialmente beneficioso cuando se manejan grandes conjuntos de datos o medios en streaming.

En los escenarios tradicionales de transferencia de datos, generalmente se tendría que esperar a que el conjunto de datos completo se descargue antes de poder empezar a procesarlo. Esto podría resultar en demoras significativas, especialmente al manejar grandes cantidades de datos o en escenarios donde la conectividad de red es deficiente.

Sin embargo, con la característica de Respuestas en Streaming del Fetch API, los datos se pueden procesar en fragmentos a medida que llegan. Esto significa que se puede comenzar a trabajar con los datos casi de inmediato, mejorando el rendimiento percibido de la aplicación y proporcionando una mejor experiencia de usuario.

Esta característica puede ser particularmente beneficiosa al desarrollar aplicaciones que necesitan manejar tareas como transmisión de video en vivo o procesamiento de datos en tiempo real, donde esperar a que se descargue el conjunto completo de datos no es práctico ni eficiente.

El Fetch API abstrae muchas de las complejidades asociadas con el streaming de datos, permitiendo a los desarrolladores centrarse en construir sus aplicaciones sin tener que preocuparse por los detalles subyacentes de la transmisión y el procesamiento de datos. Con su soporte para Respuestas en Streaming, el Fetch API es una herramienta invaluable para el desarrollo web moderno.

Ejemplo: Transmisión de una Respuesta con Fetch

```javascript
async function fetchAndProcessStream(url) {
    const response = await fetch(url);
    const reader = response.body.getReader();
    while (true) {
        const { done, value } = await reader.read();
        if (done) break;
        console.log('Received chunk', value);
        // Process each chunk
    }
    console.log('Response fully processed');
}

fetchAndProcessStream('<https://api.example.com/large-data>');
```

Aquí hay un desglose paso a paso de lo que hace la función:

1. async function fetchAndProcessStream(url) {: Esta línea declara una función asincrónica llamada 'fetchAndProcessStream'. La palabra clave 'async' indica que esta función devolverá una Promesa. La función toma un solo argumento 'url', que es la URL del recurso de datos que se desea obtener.
2. const response = await fetch(url);: Esta línea envía una solicitud fetch a la URL especificada y espera la respuesta. La palabra clave 'await' se utiliza para pausar la ejecución de la función hasta que la Promesa devuelta por el método fetch() se resuelva.
3. const reader = response.body.getReader();: Esta línea obtiene un flujo legible del cuerpo de la respuesta. Un flujo legible es un objeto que permite leer datos de una fuente de manera asincrónica y en streaming.
4. while (true) {: Esta línea inicia un bucle infinito. Este bucle continuará hasta que se rompa explícitamente.
5. const { done, value } = await reader.read();: Esta línea lee un fragmento de datos del flujo. El método read() devuelve una Promesa que se resuelve en un objeto. El objeto contiene dos propiedades: 'done' y 'value'. 'done' es un booleano que indica si el lector ha terminado de leer los datos, y 'value' es el fragmento de datos.
6. if (done) break;: Esta línea verifica si el lector ha terminado de leer los datos. Si 'done' es verdadero, el bucle se rompe y la función deja de leer datos del flujo.

7. console.log('Received chunk', value);: Esta línea registra cada fragmento recibido en la consola. Aquí es donde se podría agregar código para procesar cada fragmento de datos a medida que llega.

8. console.log('Response fully processed');: Después de que todos los fragmentos de datos se hayan recibido y procesado, esta línea registra 'Response fully processed' en la consola, indicando que toda la respuesta ha sido manejada.

9. fetchAndProcessStream('<https://api.example.com/large-data>');: La última línea del código es una llamada a la función fetchAndProcessStream, con la URL de un recurso de datos grande como argumento.

Esta función es particularmente útil cuando se manejan grandes conjuntos de datos o datos en streaming, ya que permite el procesamiento eficiente y en tiempo real de los datos a medida que llegan. En lugar de esperar a que se descargue todo el conjunto de datos antes de comenzar a procesarlo, esta función permite que la aplicación comience a trabajar con los datos casi de inmediato, mejorando el rendimiento percibido de la aplicación y proporcionando una mejor experiencia de usuario.

Este ejemplo de código demuestra cómo leer de una respuesta en streaming de manera incremental, lo cual puede mejorar el rendimiento percibido de tu aplicación web al manejar grandes cantidades de datos.

7.1.7 Fetch con CORS

Cross-Origin Resource Sharing (CORS) es un requisito común para aplicaciones web que realizan solicitudes a dominios diferentes del dominio de origen. Comprender cómo manejar CORS con Fetch es esencial para el desarrollo web moderno.

CORS es un mecanismo que permite o deniega a las aplicaciones web hacer solicitudes a un dominio que es diferente de su propio dominio de origen. Esto es un requisito común en el desarrollo web actual, ya que muchas aplicaciones web necesitan acceder a recursos, como fuentes, JavaScript y APIs, que están alojados en un dominio diferente.

La API Fetch es una API moderna y basada en promesas integrada en JavaScript que proporciona una manera flexible y poderosa de hacer solicitudes de red. Es una mejora con respecto al antiguo XMLHttpRequest y permite a los desarrolladores hacer solicitudes tanto a destinos de mismo origen como de origen cruzado, por lo que es una herramienta valiosa para manejar CORS.

Combinar Fetch con CORS permite a los desarrolladores hacer solicitudes de origen cruzado directamente desde sus aplicaciones web, proporcionando una forma de interactuar con otros sitios y servicios a través de sus APIs. Esto puede expandir enormemente las capacidades de una aplicación web, permitiéndole obtener datos de diversas fuentes, integrarse con otros servicios e interactuar con la web en general.

Sin embargo, al igual que con todo lo relacionado con la seguridad y la web, es importante usar estas herramientas con prudencia. CORS es una característica de seguridad diseñada para proteger a los usuarios y sus datos, por lo que es esencial entender cómo funciona y cómo usarlo correctamente. Fetch, aunque potente y flexible, es una API de bajo nivel que requiere una buena comprensión de HTTP y la política de mismo origen para ser utilizada de manera efectiva y segura.

La API Fetch y CORS son herramientas esenciales en el desarrollo web moderno. Comprender cómo funcionan juntos es clave para construir aplicaciones web sofisticadas que puedan interactuar con la web en general mientras protegen la seguridad del usuario.

Ejemplo: Fetch con CORS

```
fetch('<https://api.another-domain.com/data>', {
    method: 'GET',
    mode: 'cors',  // Ensure CORS mode is set if needed
    headers: {
        'Content-Type': 'application/json'
    }
})
.then(response => response.json())
.then(data => console.log(data))
.catch(error => console.error('CORS or network error:', error));
```

En este ejemplo, estamos utilizando la API Fetch, una interfaz integrada en el navegador para realizar solicitudes HTTP. Está basada en promesas, lo que significa que devuelve una Promesa que se resuelve en el objeto Response que representa la respuesta a la solicitud.

Así es como funciona:

1. fetch('<https://api.another-domain.com/data>', {...}): La función fetch() se llama con la URL de la API a la que queremos acceder. Toma dos argumentos: la entrada y la configuración opcional (init). La entrada es la URL que estamos solicitando y la configuración es un objeto de opciones que contiene cualquier configuración personalizada que desees aplicar a la solicitud.
2. method: 'GET': Esta opción indica el método de solicitud, en este caso, GET. El método GET se usa para solicitar datos de un recurso especificado.
3. mode: 'cors': Este es el modo de la solicitud. Aquí se establece como 'cors', que significa Cross-Origin Resource Sharing (Intercambio de Recursos de Origen Cruzado). Este es

un mecanismo que permite o bloquea los recursos solicitados en función del dominio de origen. Se necesita cuando queremos permitir solicitudes provenientes de diferentes dominios.

4. headers: {...}: Los encabezados de la solicitud se establecen en esta sección. El encabezado 'Content-Type' se establece en 'application/json', lo que significa que el servidor interpretará los datos enviados como un objeto JSON.

5. .then(response => response.json()): Una vez realizada la solicitud, la API Fetch devuelve una Promesa que se resuelve en el objeto Response. El método .then() es un método de Promesa utilizado para funciones de callback para el éxito y el fallo de las Promesas. Aquí, el objeto response se pasa a una función callback donde se convierte en formato JSON utilizando el método json().

6. .then(data => console.log(data)): Después de la conversión a JSON, los datos se pasan a otro callback de .then() donde se registran en la consola.

7. .catch(error => console.error('CORS or network error:', error)): El método catch() aquí se usa para capturar cualquier error que pueda ocurrir durante la operación fetch. Si ocurre un error durante la operación, se pasa a una función callback y se registra en la consola.

En resumen, este código envía una solicitud GET a la URL especificada y registra la respuesta (o cualquier error que pueda ocurrir) en la consola. El uso de promesas con los métodos .then() y .catch() permite manejar operaciones asíncronas, haciendo posible esperar la respuesta del servidor y manejarla una vez que esté disponible.

7.2 Trabajando con Archivos y Blobs

En el dinámico mundo del desarrollo web moderno, la capacidad de manejar archivos y lo que llamamos objetos binarios grandes (o Blobs, por sus siglas en inglés) es un requisito fundamental. Esto es una necesidad común en una amplia gama de tareas, ya sea para la carga de imágenes a un servidor, el procesamiento de archivos descargados de internet o incluso el guardado de datos que se han generado dentro del funcionamiento de la propia aplicación web.

Afortunadamente, JavaScript, un lenguaje de programación que se ha convertido en una parte integral del desarrollo web, nos proporciona APIs robustas y completas para manejar archivos y Blobs. Estas APIs están diseñadas para hacer posible manejar dichos datos de manera tanto eficiente como segura, un aspecto crítico en la era actual donde las brechas de datos son una preocupación real.

En esta sección, profundizaremos en este tema. Exploraremos cómo trabajar con archivos y Blobs en el contexto de tus aplicaciones, ofreciendo ejemplos prácticos y consejos sobre cómo gestionar tales tipos de datos de manera efectiva. Nuestro objetivo es proporcionarte una comprensión clara y equiparte con las habilidades necesarias para manejar estas tareas comunes pero cruciales en tu camino como desarrollador web.

7.2.1 Entendiendo los Blobs

Un Blob (Binary Large Object) representa datos binarios crudos e inmutables, y puede contener grandes cantidades de datos. Los Blobs se utilizan típicamente para manejar tipos de datos como imágenes, audio y otros formatos binarios, junto con archivos de texto.

Un Blob o Binary Large Object en programación, y particularmente en JavaScript, representa datos binarios crudos que son inmutables, lo que significa que no pueden cambiarse una vez que se crean. La capacidad de manejar Blobs es un requisito fundamental en el desarrollo web moderno, especialmente cuando se trata de grandes cantidades de datos.

Los Blobs son inmensamente útiles y versátiles ya que pueden contener grandes cantidades de datos, y se utilizan típicamente para manejar diferentes tipos de datos. Esto incluye imágenes, audio y otros formatos binarios. También pueden utilizarse para manejar archivos de texto. Esto los convierte en una herramienta esencial en el mundo del desarrollo web, donde el manejo y procesamiento de diferentes tipos de datos es un requisito diario.

Puedes crear un Blob directamente en JavaScript. Esto se hace utilizando el constructor Blob(). El constructor Blob toma un array de datos y opciones como parámetros. El array de datos es el contenido que deseas almacenar en el Blob, y el objeto de opciones puede utilizarse para especificar propiedades como el tipo de datos que se están almacenando.

Una vez que se crea un Blob, puede manipularse de numerosas maneras dependiendo de los requisitos de tu aplicación. Por ejemplo, puedes leer su contenido, crear una URL para él o enviarlo a un servidor. La interfaz Blob en JavaScript proporciona una serie de métodos y propiedades que puedes usar para llevar a cabo estas operaciones.

Los Blobs representan una forma poderosa de manejar grandes cantidades de diferentes tipos de datos en JavaScript, y entender cómo crearlos y manipularlos es una habilidad esencial para cualquier desarrollador web moderno.

Crear y Manipular Blobs

Puedes crear un Blob directamente en JavaScript utilizando el constructor Blob(), que toma un array de datos y opciones como parámetros.

Ejemplo:

Aquí hay un ejemplo de cómo podrías crear un Blob:

```
const text = 'Hello, World!';
const blob = new Blob([text], { type: 'text/plain' });
```

En este ejemplo, se crea un nuevo Blob que contiene el texto "¡Hola, Mundo!". El tipo de datos que se está almacenando se especifica como "text/plain".

Los Blobs proporcionan un mecanismo poderoso para manejar grandes cantidades de diferentes tipos de datos en JavaScript, y comprender cómo crearlos y manipularlos es una habilidad esencial para cualquier desarrollador web moderno.

Otro Ejemplo: Creación de un Blob

```
const data = new Uint8Array([0x48, 0x65, 0x6c, 0x6c, 0x6f]); // Binary data for 'Hello'
const blob = new Blob([data], { type: 'text/plain' });

console.log(blob.size); // Outputs: 5
console.log(blob.type); // Outputs: 'text/plain'
```

El código comienza creando un Uint8Array y asignándolo a la variable data. Un Uint8Array es un array tipado que representa un array de enteros sin signo de 8 bits. El array contiene la representación hexadecimal de los valores ASCII de cada carácter en la cadena 'Hello'. El valor ASCII para 'H' es 0x48, para 'e' es 0x65, y para 'l' es 0x6c, y así sucesivamente.

A continuación, se crea un nuevo objeto Blob con el constructor new Blob(). El constructor toma dos argumentos. El primer argumento es un array que contiene los datos que quieres poner en el Blob. En este caso, es el Uint8Array data. El segundo argumento es un objeto options opcional donde puedes establecer la propiedad type a un tipo MIME que represente el tipo de datos que estás almacenando. Aquí, el tipo se establece en 'text/plain', que representa datos de texto plano.

El tamaño y el tipo del objeto Blob se registran en la consola usando console.log(). La propiedad blob.size devuelve el tamaño del Blob en bytes. En este caso, es 5, lo que corresponde al número de caracteres en 'Hello'. La propiedad blob.type devuelve el tipo MIME del Blob. Aquí, es 'text/plain', como se estableció cuando se creó el Blob.

Este ejemplo muestra la creación y manipulación básica de Blobs en JavaScript, lo cual es una característica muy útil al trabajar con datos binarios en el desarrollo web.

7.2.2 Trabajando con la API de Archivos

La API de Archivos extiende la interfaz Blob, proporcionando propiedades y métodos adicionales para soportar contenido de archivos generado por el usuario. Cuando un usuario selecciona archivos usando un elemento de entrada, puedes acceder a esos archivos como un objeto FileList.

La API de Archivos extiende las funcionalidades de la interfaz Blob, un componente de JavaScript que representa datos binarios en bruto. La interfaz Blob es útil para manejar diferentes tipos de datos, como imágenes, archivos de audio y otros formatos binarios, así como archivos de texto.

La API de Archivos lleva esto un paso más allá proporcionando propiedades y métodos adicionales para soportar contenido de archivos generado por el usuario. Esto es particularmente útil en escenarios donde se requiere que un usuario cargue un archivo, como una imagen o un documento, a través de un elemento de entrada en una aplicación web.

Cuando un usuario selecciona archivos usando un elemento de entrada en una aplicación web, esos archivos pueden ser accedidos como un objeto FileList. El objeto FileList es una secuencia similar a un array de objetos File o Blob, y permite a los desarrolladores acceder a los detalles de cada archivo en la lista, como su nombre, tamaño y tipo.

El objeto FileList también permite a los desarrolladores leer el contenido de los archivos, manipularlos o enviarlos a un servidor. Esto es crucial en escenarios como cuando un usuario necesita cargar una foto de perfil o un documento en una aplicación web.

Por ejemplo, un usuario puede necesitar cargar una foto de perfil en una aplicación de redes sociales o un currículum en un portal de empleo. En estos escenarios, la API de Archivos se convierte en una herramienta invaluable, permitiendo a los desarrolladores manejar los archivos cargados, procesarlos y almacenarlos en un servidor.

La API de Archivos extiende la interfaz Blob para proporcionar herramientas poderosas a los desarrolladores para manejar contenido de archivos generados por los usuarios en aplicaciones web. Asegura que los desarrolladores puedan manejar eficazmente los archivos cargados por los usuarios, desde acceder y leer los archivos hasta procesarlos y almacenarlos en un servidor.

Ejemplo: Leyendo Archivos desde un Elemento de Entrada

```javascript
document.getElementById('fileInput').addEventListener('change', event => {
    const file = event.target.files[0]; // Get the first file
```

```
    if (!file) {
        return;
    }

    console.log(`File name: ${file.name}`);
    console.log(`File size: ${file.size} bytes`);
    console.log(`File type: ${file.type}`);
    console.log(`Last modified: ${new Date(file.lastModified)}`);
});
<!-- HTML to include a file input element -->
<input type="file" id="fileInput">
```

En este ejemplo, agregamos un listener de eventos a un elemento de entrada de archivo. Cuando se seleccionan archivos, se registran detalles sobre el primer archivo.

En el código de ejemplo, tenemos dos partes: un fragmento de código JavaScript y un elemento HTML. El elemento HTML es un formulario de entrada de archivo donde un usuario puede seleccionar un archivo desde su computadora. Tiene un ID de 'fileInput', lo que permite seleccionarlo y manipularlo en JavaScript.

El fragmento de código JavaScript hace lo siguiente:

1. Selecciona el elemento de entrada de archivo usando document.getElementById('fileInput'). Esta función de JavaScript selecciona el elemento HTML con el ID 'fileInput', que en este caso es nuestro elemento de entrada de archivo.
2. Luego agrega un listener de eventos a este elemento de entrada de archivo con .addEventListener('change', event => {...}). Un listener de eventos espera a que ocurra un evento específico y luego ejecuta una función cuando ese evento ocurre. En este caso, el evento es 'change', que se dispara cuando el usuario selecciona un archivo del formulario de entrada de archivo.
3. Dentro del listener de eventos, define qué debe suceder cuando ocurra el evento 'change'. La función toma un objeto de evento como parámetro.
4. Luego obtiene el primer archivo seleccionado por el usuario con const file = event.target.files[0]. La propiedad files es un objeto FileList que representa todos los archivos seleccionados por el usuario. Es un objeto similar a un array, por lo que podemos obtener el primer archivo con el índice 0, files[0].
5. Verifica si realmente se ha seleccionado un archivo con una declaración if. Si no se seleccionó ningún archivo (!file), la función sale temprano con return.
6. Si se seleccionó un archivo, registra el nombre, tamaño en bytes, tipo y la fecha de la última modificación del archivo usando console.log().

Este ejemplo es una implementación simple de un formulario de entrada de archivo donde los usuarios pueden seleccionar un archivo de sus computadoras. Luego registra los detalles del archivo seleccionado, como el nombre del archivo, el tamaño, el tipo y la fecha de la última modificación. Esto podría ser útil en escenarios donde necesitas manejar cargas de archivos y deseas asegurarte de que los usuarios suban el tipo y tamaño correctos de archivos, entre otras cosas.

7.2.3 Leyendo Archivos como Texto, URLs de Datos o Arrays

Una vez que tienes una referencia a un objeto File o Blob, puedes leer su contenido en varios formatos usando la API FileReader. Esto es particularmente útil para mostrar el contenido de archivos o procesarlos más a fondo en tu aplicación web.

Esta sección profundiza en el proceso de leer archivos como texto, URLs de Datos o arrays una vez que tienes una referencia a un objeto File o Blob en tu aplicación web.

Los archivos y Blobs representan datos en varios formatos, como imágenes, audio, video, texto y otros formatos binarios. Una vez que has obtenido una referencia a un archivo o Blob, la API FileReader puede ser utilizada para leer su contenido en diferentes formatos, dependiendo de tus necesidades.

La API FileReader es una interfaz proporcionada por JavaScript que permite a las aplicaciones web leer de manera asíncrona el contenido de archivos o búferes de datos sin procesar almacenados en la computadora del usuario, usando objetos File o Blob para especificar el archivo o los datos a leer. Proporciona varios métodos para leer datos de archivos, incluyendo la lectura de datos como una DOMString (texto), como una URL de Datos, o como un búfer de array.

Leer un archivo como texto es sencillo y útil cuando se trata de archivos de texto. El método readAsText del objeto FileReader se usa para comenzar a leer el contenido del Blob o archivo especificado. Cuando la operación de lectura finaliza, se dispara el evento onload y el atributo result contiene el contenido del archivo como una cadena de texto.

Leer un archivo como una URL de Datos es útil para archivos binarios como imágenes o audio. Las URLs de Datos son cadenas que contienen los datos de un archivo como una cadena codificada en base64, precedida por el tipo MIME del archivo. El método readAsDataURL se utiliza para comenzar a leer el Blob o archivo especificado, y al cargar, los datos del archivo se representan como una cadena de URL de Datos que se puede usar como fuente para elementos como <img>.

Leer un archivo como un búfer de array es útil cuando se trata de datos binarios, ya que te permite manipular los datos del archivo a nivel de byte. El método readAsArrayBuffer se utiliza aquí, y comienza a leer el Blob o archivo especificado. Cuando la operación de lectura finaliza, se dispara el evento onload y el atributo result contiene un ArrayBuffer que representa los datos del archivo.

La API FileReader es una herramienta poderosa que permite a las aplicaciones web leer el contenido de archivos o Blobs en una variedad de formatos, dependiendo de los requisitos de tu aplicación. Es particularmente útil para mostrar el contenido de archivos en la web o para procesarlos más a fondo dentro de tu aplicación.

Ejemplo: Leyendo un Archivo como Texto

```javascript
function readFile(file) {
    const reader = new FileReader();
    reader.onload = function(event) {
        console.log('File content:', event.target.result);
    };
    reader.onerror = function(error) {
        console.error('Error reading file:', error);
    };
    reader.readAsText(file);
}

// This function would be called within the 'change' event listener above
```

Este ejemplo presenta una función de JavaScript llamada 'readFile'. Utiliza la API FileReader para leer el contenido de un archivo. La función está diseñada para tomar un archivo como su parámetro.

Dentro de la función, se crea una nueva instancia de FileReader y se asigna a la variable 'reader'. El FileReader es un objeto que permite a las aplicaciones web leer el contenido de archivos (o búferes de datos sin procesar), que están almacenados en la computadora del usuario.

Una vez que se crea el objeto FileReader, se le adjunta un manejador de eventos 'onload'. Este manejador de eventos está configurado para una función que se activa una vez que el archivo se lee con éxito. Dentro de esta función, el contenido del archivo se registra en la consola usando console.log(). El contenido del archivo se puede acceder a través de 'event.target.result'.

También se adjunta un manejador de eventos 'onerror' a la instancia de FileReader. Si ocurre algún error mientras se lee el archivo, este manejador de eventos se activa. Dentro de esta función, el error se registra en la consola usando console.error(). El error se puede acceder a través de 'error'.

Luego, la función procede a iniciar la lectura del archivo con 'reader.readAsText(file)'. Este método se usa para comenzar a leer el contenido del Blob o Archivo especificado. Cuando la operación de lectura finaliza, se dispara el evento 'onload' y el atributo 'result' contiene el contenido del archivo como una cadena de texto.

Se espera que esta función 'readFile' sea llamada dentro de un listener de eventos 'change' para un elemento de entrada de archivo en un formulario HTML, lo que significa que esta función se activaría cada vez que el usuario selecciona un nuevo archivo.

En resumen, esta función de JavaScript 'readFile' es una demostración simple pero efectiva de cómo usar la API FileReader para leer el contenido de un archivo seleccionado por un usuario en una aplicación web. Muestra cómo manejar tanto la lectura exitosa de un archivo como cualquier posible error que pueda ocurrir durante el proceso.

Ejemplo: Leyendo un Archivo como una URL de Datos

```javascript
function readAsDataURL(file) {
    const reader = new FileReader();
    reader.onload = function(event) {
        // This URL can be used as a source for <img> or other elements
        console.log('Data URL of the file:', event.target.result);
    };
    reader.readAsDataURL(file);
}
```

El código de ejemplo proporcionado es una función de JavaScript llamada 'readAsDataURL'. Su propósito es leer el contenido de un archivo usando la API FileReader. Esta potente herramienta de JavaScript permite a las aplicaciones web leer el contenido de los archivos almacenados en el dispositivo del usuario.

En esta función, se pasa un 'file' como argumento. Este 'file' puede ser una imagen, un archivo de texto, un archivo de audio u otro tipo de archivo.

La función comienza creando una nueva instancia de FileReader, que se almacena en la variable 'reader'. El objeto FileReader proporciona varios métodos y manejadores de eventos que pueden usarse para leer el contenido del archivo.

A continuación, se adjunta un manejador de eventos 'onload' al lector. Este evento se activa cuando FileReader ha completado la lectura del archivo con éxito. Dentro de este manejador de eventos, se define una función que registra la URL de datos del archivo en la consola. La URL de datos representa los datos del archivo como una cadena codificada en base64 y se puede usar como fuente para elementos HTML como <img> o <audio>. Esto significa que el archivo se puede renderizar directamente en el navegador sin necesidad de ser descargado o almacenado por separado.

Finalmente, la función inicia la lectura del archivo como una URL de datos llamando al método 'readAsDataURL' en el lector, pasando el archivo. Este método inicia el proceso de lectura y, cuando se completa, se activa el evento 'onload'.

Esta función es una herramienta útil para manejar archivos en JavaScript, especialmente en escenarios donde deseas mostrar el contenido de un archivo directamente en el navegador o manipular los datos del archivo dentro de tu aplicación web. Ilustra el poder y la flexibilidad de la API FileReader para manejar archivos en el desarrollo web.

7.2.4 Manejo Eficiente de Archivos Grandes

Al tratar con archivos grandes, es crucial considerar las implicaciones de rendimiento y memoria del enfoque que elijas. Los archivos grandes pueden consumir una cantidad significativa de memoria y poder de procesamiento, lo que puede degradar el rendimiento de tu aplicación y llevar a una mala experiencia de usuario.

JavaScript proporciona la capacidad de manejar archivos grandes en fragmentos. Este enfoque es particularmente beneficioso al cargar o procesar archivos grandes en el lado del cliente. Al dividir un archivo grande en fragmentos más pequeños, el archivo se puede gestionar de manera más eficiente, evitando que la interfaz de usuario se vuelva no respondiente o "se congele".

Esta técnica de fragmentación permite que cada pieza del archivo se procese individualmente, en lugar de intentar procesar todo el archivo a la vez, lo que podría abrumar los recursos del sistema. Por lo tanto, la fragmentación es especialmente útil cuando se trabaja con archivos lo suficientemente grandes como para superar la memoria disponible o cuando el procesamiento de un archivo podría tomar una cantidad significativa de tiempo.

Al comprender e implementar estas estrategias, los desarrolladores pueden asegurarse de que sus aplicaciones se mantengan receptivas y con buen rendimiento, incluso al manejar archivos grandes.

Ejemplo: Fragmentación de un Archivo para Subida

```javascript
function uploadFileInChunks(file) {
    const CHUNK_SIZE = 1024 * 1024; // 1MB
    let start = 0;

    while (start < file.size) {
        let chunk = file.slice(start, Math.min(file.size, start + CHUNK_SIZE));
        uploadChunk(chunk); // Assume uploadChunk is a function to upload a chunk
        start += CHUNK_SIZE;
    }
}

function uploadChunk(chunk) {
    // Upload logic here
    console.log(`Uploaded chunk of size: ${chunk.size}`);
}
```

En este fragmento de código de ejemplo, hay dos funciones: uploadFileInChunks y uploadChunk.

La función uploadFileInChunks está diseñada para manejar la fragmentación del archivo. Toma un parámetro: file, que es el archivo a cargar. Dentro de la función, se define una constante CHUNK_SIZE, que determina el tamaño de cada fragmento. En este caso, el tamaño del fragmento se establece en 1MB (1024 * 1024 bytes).

También se define una variable start que inicialmente se establece en 0. Esta variable lleva el control del índice de inicio para cada fragmento.

Luego se implementa un bucle while, que continúa ejecutándose mientras el índice start sea menor que el tamaño del archivo. Dentro del bucle, se utiliza el método slice para crear un fragmento del archivo, comenzando desde el índice start y terminando en el menor de los valores entre el tamaño del archivo o start + CHUNK_SIZE. Este fragmento se pasa a la función uploadChunk, que se supone maneja la carga real de cada fragmento.

Después de cada iteración, el índice start se incrementa por el valor de CHUNK_SIZE, moviendo efectivamente el punto de inicio para el siguiente fragmento.

La función uploadChunk es la segunda función en el fragmento. Toma un parámetro: chunk, que es una parte del archivo a cargar. Dentro de esta función, típicamente se implementaría la lógica de carga. Sin embargo, el código proporcionado no incluye la lógica de carga real y, en su lugar, registra un mensaje en la consola que indica el tamaño del fragmento cargado.

Al usar este enfoque de fragmentación, los archivos grandes pueden manejarse de manera más eficiente, ayudando a mejorar el rendimiento del proceso de carga de archivos y evitando que la interfaz de usuario se vuelva no responsiva.

7.2.5 Creación y Descarga de Blobs

Además de las tareas básicas de lectura y carga de archivos, puede haber ocasiones en las que necesites crear nuevos archivos directamente en el lado del cliente. Esto podría ser necesario por una variedad de razones, quizás para generar un informe basado en las actividades del usuario, o para permitir a los usuarios exportar sus datos en un formato utilizable.

Cualquiera que sea la razón, la creación de nuevos archivos en el lado del cliente es un aspecto importante de muchas aplicaciones. Una vez que estos archivos se han creado, a menudo es necesario proporcionar una forma para que los usuarios los descarguen. Esto se puede lograr creando un Blob, un tipo de objeto que representa un fragmento de bytes, que puede contener grandes cantidades de datos. Una vez que has creado tu Blob, puedes usar una URL de datos para representar los datos del Blob.

Alternativamente, puedes usar el método URL.createObjectURL(), que crea un DOMString que contiene una URL que representa el objeto dado en el parámetro. Esta URL puede ser utilizada para facilitar la descarga de los datos del Blob. Ambos métodos son efectivos para permitir a los usuarios descargar archivos directamente desde el lado del cliente.

Ejemplo: Creación y Descarga de un Archivo de Texto

```javascript
function downloadTextFile(text, filename) {
    const blob = new Blob([text], {type: 'text/plain'});
    const url = URL.createObjectURL(blob);

    const a = document.createElement('a');
    a.href = url;
    a.download = filename;
    document.body.appendChild(a);
    a.click();

    document.body.removeChild(a);
    URL.revokeObjectURL(url); // Clean up the URL object
}

downloadTextFile('Hello, world!', 'example.txt');
```

En este fragmento de código de ejemplo, se crea un nuevo archivo de texto a partir de una cadena, se convierte en un Blob y luego se crea un enlace temporal para descargar el archivo.

Este método maneja de manera eficiente la creación y limpieza de los recursos necesarios para la descarga.

La función llamada 'downloadTextFile' está diseñada para crear un archivo de texto a partir de una cadena de texto especificada y luego desencadenar la descarga de ese archivo en la computadora del usuario.

La función toma dos parámetros: 'text' y 'filename'. 'text' es el contenido que se escribirá en el archivo, y 'filename' es el nombre que se dará al archivo descargado.

La función comienza creando un nuevo objeto Blob, que es una forma de manejar datos en bruto en JavaScript. Este objeto Blob se crea a partir del parámetro 'text' y es del tipo 'text/plain', indicando que son datos de texto plano.

Una vez creado el objeto Blob, se crea una URL que representa este objeto usando el método URL.createObjectURL(). Este método genera una URL que puede usarse para representar los datos del Blob. Esta URL se almacena en una variable llamada 'url'.

A continuación, se crea un nuevo elemento de ancla (<a>) HTML usando document.createElement('a'). Este elemento de ancla se utiliza para facilitar la descarga de los datos del Blob. El atributo 'href' del elemento de ancla se establece en la URL del Blob y el atributo 'download' se establece en el parámetro 'filename'. Esto asegura que cuando se haga clic en el elemento de ancla, los datos del Blob se descargarán con el nombre de archivo especificado.

El elemento de ancla se agrega al cuerpo del documento usando document.body.appendChild(a), y se simula un evento de clic en el elemento de ancla usando a.click(). Esto desencadena la descarga del archivo.

Después de que el archivo se descarga, el elemento de ancla se elimina del documento usando document.body.removeChild(a), y la URL del Blob se revoca usando URL.revokeObjectURL(url). Revocar la URL del Blob es importante ya que libera recursos del sistema.

Finalmente, se llama a la función con los parámetros 'Hello, world!' y 'example.txt', lo que crea un archivo de texto llamado 'example.txt' que contiene el texto 'Hello, world!', e inicia la descarga de este archivo.

En resumen, esta función demuestra un método de crear y descargar un archivo de texto puramente en el lado del cliente, sin necesidad de interactuar con un servidor. Muestra el uso de objetos Blob, URLs de objeto y la manipulación de elementos HTML para lograr esta funcionalidad.

7.2.6 Consideraciones de Seguridad

Al permitir la carga de archivos o realizar cualquier tipo de manipulación de archivos, es de suma importancia tener en cuenta las implicaciones de seguridad que podrían surgir.

- **Validar Entrada**: Siempre es importante validar la entrada tanto del lado del cliente como del servidor. En el caso de la carga de archivos, es crucial verificar el tipo de archivo, su tamaño y el contenido que lleva. Esto se hace para evitar la carga de archivos que puedan ser dañinos o representar una amenaza de seguridad.
- **Sanitizar Datos**: Cuando se muestra el contenido de un archivo, es imperativo sanitizarlo a fondo. Este paso es particularmente importante si el contenido comprende entrada generada por el usuario, ya que ayuda a prevenir ataques de scripting entre sitios (XSS), que pueden tener graves repercusiones de seguridad.
- **Usar HTTPS**: Cuando se cargan o descargan archivos, es esencial asegurar que las conexiones estén protegidas con HTTPS. Esto es para evitar cualquier posible interceptación de los datos durante el proceso, añadiendo así una capa adicional de seguridad al manejo de archivos.

7.2.7 Mejores Prácticas para el Manejo de Archivos

- **Retroalimentación al Usuario**: Para mejorar la experiencia del usuario, es esencial proporcionar retroalimentación clara y concisa al usuario sobre el progreso de la carga de archivos o cualquier procesamiento que se esté realizando en los archivos. Esta retroalimentación es aún más importante para las operaciones que pueden tomar un tiempo significativo. Al hacerlo, los usuarios se mantienen informados y pueden manejar sus expectativas sobre el tiempo de finalización de la tarea.
- **Manejo de Errores**: La implementación de un manejo de errores robusto es absolutamente crucial. Es importante anticipar siempre posibles fallos que puedan ocurrir durante las operaciones de archivos. Estos fallos anticipados deben manejarse de manera elegante dentro de tu aplicación para evitar cualquier impacto negativo en la experiencia del usuario o en el rendimiento de la aplicación.
- **Optimización del Rendimiento**: La consideración del impacto en el rendimiento de tus operaciones de manejo de archivos es imprescindible, particularmente en aplicaciones web que se espera manejen archivos grandes o un gran volumen de transacciones de archivos. La velocidad y eficiencia de estas operaciones pueden afectar considerablemente el rendimiento general de la aplicación, y como tal, las estrategias de optimización deben pensarse e implementarse cuidadosamente.

7.3 La API de Historial

La API de Historial, una herramienta vital en el ámbito del desarrollo web moderno, ofrece a los desarrolladores una oportunidad única para interactuar con el historial de la sesión del navegador. Esta sofisticada interfaz otorga a los desarrolladores el poder de manipular la pila de historial del navegador, una característica crucial que ha revolucionado la forma en que interactuamos con la web hoy en día.

Esta funcionalidad tiene un efecto particularmente transformador en las aplicaciones de una sola página (SPA). En un escenario de navegación web tradicional, navegar a una sección diferente de un sitio web generalmente requeriría una recarga completa de la página. Sin embargo, con el advenimiento de las SPA y las capacidades proporcionadas por la API de Historial, la navegación del navegador ahora puede manejarse de manera más eficiente, sin necesidad de una recarga completa de la página.

En esta sección completa, profundizaremos en las capacidades que la API de Historial trae a la mesa. Exploraremos sus funcionalidades, demostrando cómo puede aprovecharse para mejorar significativamente la experiencia de navegación para los usuarios en tus aplicaciones web.

Al comprender y adoptar la API de Historial, los desarrolladores pueden crear aplicaciones web más dinámicas y amigables para el usuario. Esto no solo mejora la experiencia del usuario, sino que también resulta en una aplicación más efectiva y con mejor rendimiento en general.

7.3.1 Descripción General de la API de Historial

La API de Historial proporciona métodos que permiten la adición, eliminación y modificación de entradas de historial. Estas funciones son beneficiosas para aplicaciones que necesitan cambiar dinámicamente la URL sin recargar la página, gestionar el estado basado en la navegación del usuario, o restaurar el estado anterior cuando un usuario navega dentro de su navegador.

Interactuar con el historial de la sesión del navegador es una característica clave de la API de Historial, permitiendo la manipulación de la pila de historial del navegador web. Esta capacidad ha influido significativamente en cómo los usuarios interactúan con las aplicaciones web hoy en día.

La API de Historial es especialmente transformadora para las aplicaciones de una sola página (SPAs). A diferencia de la navegación web tradicional, donde navegar a diferentes secciones de un sitio web requiere una recarga completa de la página, las SPAs, junto con la API de Historial, permiten una forma de navegación del navegador más eficiente que no requiere una recarga completa de la página.

Métodos Clave de la API de Historial:

Los métodos clave de la API de Historial son los siguientes:

- history.pushState(): Este método añade una entrada a la pila de historial del navegador. Es útil cuando deseas rastrear la navegación del usuario dentro de tu aplicación.
- history.replaceState(): Este método modifica la entrada de historial actual sin añadir una nueva. Esto es útil cuando deseas actualizar el estado o la URL de la entrada de historial actual.
- history.back(): Este método navega un paso atrás en la pila de historial. Simula que el usuario hace clic en el botón de retroceso en su navegador.
- history.forward(): Este método navega un paso adelante en la pila de historial. Simula que el usuario hace clic en el botón de avance en su navegador.
- history.go(): Este método navega a un punto específico en la pila de historial. Puede ir hacia adelante o hacia atrás en la pila de historial en relación con la página actual.

A través de estos métodos, la API de Historial permite a los desarrolladores añadir, eliminar y modificar entradas de historial. Esta funcionalidad es especialmente útil en aplicaciones donde necesitas cambiar dinámicamente la URL sin recargar la página, gestionar el estado de la aplicación basado en la navegación del usuario, o restaurar el estado anterior cuando un usuario navega hacia adelante y hacia atrás en su navegador.

En esencia, la API de Historial permite a los desarrolladores gestionar directamente la pila de historial, proporcionándoles la capacidad de controlar la experiencia de navegación del usuario con mayor precisión. Esto no solo mejora la experiencia del usuario al hacer la navegación web más intuitiva y eficiente, sino que también resulta en una aplicación más efectiva y con mejor rendimiento en general.

7.3.2 Uso de pushState y replaceState

Estos métodos son esenciales para gestionar las entradas de historial. Ambos toman argumentos similares: un objeto de estado, un título (que actualmente es ignorado por la mayoría de los navegadores, pero debería incluirse para compatibilidad futura) y una URL. Esto es especialmente útil en aplicaciones de una sola página (SPAs), donde la experiencia de navegación puede mejorarse significativamente sin necesidad de recargar completamente la página.

Tanto pushState como replaceState toman argumentos similares. El primer argumento es un objeto de estado, que puede contener cualquier tipo de dato que desees asociar con la nueva entrada de historial. Esto podría ser desde el ID de una pieza específica de contenido, las coordenadas de una vista de mapa, o cualquier otro tipo de datos que necesites para restaurar el estado anterior de tu aplicación cuando el usuario navegue.

El segundo argumento es un título. Vale la pena señalar que este argumento actualmente es ignorado por la mayoría de los navegadores debido a problemas de legado. Sin embargo, se recomienda incluirlo por el bien de la compatibilidad futura, ya que algunos navegadores pueden optar por usarlo en el futuro.

El tercer y último argumento es una URL. Esta es la nueva URL que se mostrará en la barra de direcciones del navegador. Esta URL debe corresponder a algo que el usuario espere ver cuando navegue a la página, proporcionando una experiencia de usuario consistente y predecible.

En esencia, el método pushState se utiliza para añadir una entrada a la pila de historial del navegador y modificar la URL mostrada en la barra de direcciones, sin causar una recarga de la página. Por otro lado, replaceState se utiliza para modificar la entrada de historial actual, reemplazándola con el nuevo estado, título y URL proporcionados.

Al usar eficazmente estos métodos, los desarrolladores pueden crear una experiencia de navegación más dinámica, eficiente y amigable para el usuario, mejorando el rendimiento general y la efectividad de sus aplicaciones web.

Ejemplo: Uso de pushState

```
document.getElementById('newPage').addEventListener('click', function() {
    const state = { page_id: 1, user_id: 'abc123' };
    const title = 'New Page';
    const url = '/new-page';

    history.pushState(state, title, url);
    document.title = title; // Update the document title
    // Load and display the new page content here
    console.log('Page changed to:', url);
});
```

Este es un ejemplo de cómo el método history.pushState() puede ser utilizado para manipular la pila de historial del navegador. Esto es particularmente útil en aplicaciones de una sola página (SPAs) para imitar el proceso de navegación a una nueva página sin requerir una recarga completa de la página.

Aquí tienes un desglose paso a paso del código:

1. document.getElementById('newPage').addEventListener('click', function() {...});:: Esta línea de código añade un listener de evento 'click' al elemento HTML con el id 'newPage'. Cuando se hace clic en este elemento, se ejecuta la función encerrada dentro del listener de eventos.
2. Dentro de la función, se crea un nuevo objeto de estado con const state = { page_id: 1, user_id: 'abc123' };. Este objeto puede contener cualquier dato relevante para la nueva entrada de historial. En este ejemplo, el objeto de estado contiene un page_id y un user_id.
3. El título para la nueva página se define con const title = 'New Page';.
4. La URL para la nueva página se define con const url = '/new-page';.
5. Luego, la línea history.pushState(state, title, url); utiliza el método history.pushState() para actualizar la pila de historial del navegador con el nuevo objeto de estado, título y URL definidos. Esto efectivamente añade una nueva entrada a la pila de historial sin recargar la página.
6. El título del documento se actualiza para coincidir con el nuevo título de la página con document.title = title;.
7. Se asume que el contenido de la nueva página se cargaría y mostraría en este punto, aunque esto no se muestra en el fragmento de código.
8. Finalmente, se registra un mensaje en la consola indicando que la página ha cambiado a la nueva URL con console.log('Page changed to:', url);.

Este ejemplo demuestra cómo se puede usar el método history.pushState() para manejar la navegación dentro de una aplicación de una sola página actualizando el historial del navegador y la URL mostrada en la barra de direcciones, sin necesidad de recargar la página.

Ejemplo: Uso de replaceState

```javascript
document.getElementById('updatePage').addEventListener('click', function() {
    const state = { page_id: 1, user_id: 'abc123' };
    const title = 'Updated Page';
    const url = '/updated-page';

    history.replaceState(state, title, url);
    document.title = title; // Update the document title
    // Update the current page content here
    console.log('Page URL updated to:', url);
});
```

El fragmento de código se inicia al escuchar un evento de clic en un elemento HTML con el id 'updatePage'. Este id presumiblemente corresponde a un botón o un enlace que, al hacer clic, desencadena la función encerrada dentro del listener de eventos.

Dentro de la función, el primer paso es crear un nuevo objeto de estado con const state = { page_id: 1, user_id: 'abc123' };. El objeto de estado es un objeto JavaScript que puede contener cualquier dato relevante para la nueva entrada de historial. En este ejemplo, contiene un page_id y un user_id.

A continuación, se define el título para la nueva página con const title = 'Updated Page';. Este título se usará para actualizar el título del documento más adelante en la función.

La URL para la nueva página también se define con const url = '/updated-page';. Esta URL se mostrará en la barra de direcciones del navegador cuando se ejecute la función.

El núcleo de la función es el uso del método history.replaceState(state, title, url);. El método replaceState modifica la entrada de historial actual en la pila de historial del navegador con el nuevo objeto de estado, título y URL definidos. Lo hace sin añadir una nueva entrada a la pila de historial y sin causar una recarga de la página.

El título del documento se actualiza para coincidir con el nuevo título de la página con document.title = title;. Esto ayuda a mantener la coherencia entre el título del documento y la entrada de historial.

En este punto, se asume que el contenido correspondiente a la nueva página se cargaría y mostraría, sin embargo, esta parte no se muestra en el fragmento de código.

Finalmente, se registra un mensaje en la consola indicando que la página ha cambiado a la nueva URL con console.log('Page URL updated to:', url);.

Esta función demuestra cómo se puede utilizar el método replaceState en la API de Historial para manejar la navegación dentro de una aplicación de una sola página. Muestra cómo actualizar el historial del navegador y la URL mostrada en la barra de direcciones sin necesidad de recargar la página.

7.3.3 Manejo del Evento popstate

Cuando el usuario navega a un nuevo estado, el navegador dispara un evento popstate. Manejar este evento es crucial para restaurar el estado cuando el usuario navega utilizando los botones de retroceso y avance del navegador.

En aplicaciones web, el término 'estado' a menudo se refiere a la condición o el contenido de la página web en un momento determinado. Cuando un usuario navega de un estado a otro en una aplicación web, el navegador dispara un evento conocido como popstate. Este evento se envía a la ventana cada vez que cambia la entrada activa del historial. Ocurre cuando el usuario hace clic en los botones de retroceso o avance del navegador, o cuando se invocan programáticamente los métodos history.back(), history.forward() o history.go().

Manejar este evento popstate es crucial para un aspecto clave de la experiencia del usuario, que es restaurar el estado de la aplicación web cuando el usuario navega a través de ella utilizando los botones de retroceso y avance del navegador. Esto es particularmente importante para las aplicaciones de una sola página (SPAs), donde múltiples 'páginas' o estados de una aplicación se gestionan dentro de un solo documento HTML.

Por ejemplo, supongamos que un usuario está llenando un formulario de varios pasos en una aplicación de una sola página. Llena el primer paso del formulario y pasa al segundo paso. Si decide usar el botón de retroceso del navegador para revisar su información en el primer paso, se disparará el evento popstate. Una aplicación web bien diseñada tendrá un manejador de eventos configurado para este evento popstate. El manejador tomará la información de estado proporcionada por el evento popstate y la usará para mostrar correctamente el primer paso del formulario, así como los datos que el usuario ingresó.

El evento popstate juega un papel crítico en el mantenimiento de la consistencia y previsibilidad en la experiencia del usuario a través de aplicaciones web. El manejo adecuado de este evento permite a las aplicaciones web responder con precisión a las acciones de navegación del usuario, manteniendo el estado correcto de la aplicación a medida que los usuarios navegan a través de ella.

Ejemplo: Manejo de popstate

```javascript
window.addEventListener('popstate', function(event) {
    if (event.state) {
        console.log('State:', event.state);
        // Restore the page using the state object
        document.title = event.state.title;
        // Load the content corresponding to event.state.page_id or other state
properties
    }
});
```

Este ejemplo demuestra cómo responder a las acciones de navegación que cambian el estado del historial. La propiedad state del evento popstate contiene el objeto de estado asociado con la nueva entrada de historial, que puede usarse para actualizar el contenido de la página según corresponda.

El evento popstate es disparado por el navegador cuando el usuario navega a través del historial de la sesión. Esto puede ocurrir debido a que el usuario hace clic en los botones de retroceso o avance, o cuando los métodos history.back(), history.forward(), o history.go() son invocados programáticamente.

El listener de eventos se añade al evento popstate usando el método window.addEventListener(). El primer argumento proporcionado a este método es la cadena 'popstate', que especifica el evento a escuchar. El segundo argumento es una función que define qué hacer cuando se dispara el evento popstate.

Dentro de la función, hay una declaración condicional que verifica si la propiedad state del objeto event existe. La propiedad state contiene el objeto de estado asociado con la entrada de historial actual. Este objeto de estado es el mismo que se especificó cuando se creó la entrada de historial utilizando los métodos history.pushState() o history.replaceState().

Si la propiedad state existe (es decir, es verdadera), se toman varias acciones. Primero, el objeto de estado se registra en la consola usando console.log(). Esto puede ser útil para propósitos de depuración, permitiendo a los desarrolladores ver el contenido del objeto de estado cuando se dispara el evento popstate.

A continuación, el título del documento se actualiza para coincidir con la propiedad title del objeto de estado con document.title = event.state.title;. Esto ayuda a mantener la coherencia entre el título del documento y el estado de la aplicación.

El comentario en el código indica que el siguiente paso sería cargar y mostrar el contenido correspondiente a la page_id u otras propiedades del objeto de estado. Esto podría implicar la obtención de datos de un servidor y la actualización del DOM, o simplemente mostrar/ocultar diferentes elementos en la página.

7.3.4 Sincronizando el Estado con la Interfaz de Usuario

Uno de los desafíos al usar la API de Historial es asegurarse de que la interfaz de usuario de la aplicación permanezca sincronizada con el estado actual del historial. Es importante gestionar esta sincronización cuidadosamente, especialmente en aplicaciones complejas donde la interfaz de usuario depende de múltiples variables de estado.

Usar la API de Historial en aplicaciones web puede presentar desafíos, particularmente cuando se trata de asegurar que la interfaz de usuario (UI) de la aplicación refleje con precisión el estado actual del historial. Esta sincronización entre la UI y el estado del historial es crucial para la consistencia y coherencia de la experiencia del usuario.

La API de Historial permite a los desarrolladores manipular la pila de historial del navegador web. Esta es una característica particularmente transformadora para las aplicaciones de una sola página (SPAs), donde la navegación del navegador ahora puede manejarse de manera más eficiente, sin necesidad de una recarga completa de la página. Sin embargo, a medida que el estado del historial cambia, ya sea debido a acciones del usuario como hacer clic en enlaces o botones, o programáticamente a través de métodos como history.pushState() o history.replaceState(), es importante que estos cambios se reflejen adecuadamente en la UI de la aplicación.

En aplicaciones complejas, donde la UI depende de múltiples variables de estado, gestionar esta sincronización puede volverse especialmente desafiante. Los cambios en el estado de la aplicación deben reflejarse de manera precisa y oportuna en la UI. Por ejemplo, si un usuario navega de una página a otra, no solo la URL debe reflejar este cambio (lo cual es manejado por la API de Historial), sino que la UI también debe actualizarse para mostrar el contenido de la nueva página.

Por lo tanto, al trabajar con la API de Historial, los desarrolladores necesitan gestionar cuidadosamente la sincronización entre el estado del historial y la UI, para asegurar una experiencia de usuario fluida e intuitiva. Esto podría implicar configurar listeners de eventos que respondan a los cambios en el estado del historial, y actualizar la UI según corresponda. También podría implicar el uso de otras características del framework de desarrollo web que se esté utilizando, como las funciones de gestión de estado de React, para ayudar a gestionar esta sincronización.

Mientras que la API de Historial puede mejorar significativamente la experiencia de navegación para los usuarios, es importante gestionar cuidadosamente la sincronización entre el estado del historial y la UI. Al hacerlo, los desarrolladores pueden asegurar que sus aplicaciones no solo proporcionen una navegación eficiente e intuitiva, sino también una interfaz de usuario coherente y precisa.

Ejemplo: Sincronizando el Estado con la UI

```javascript
function updateContent(state) {
    if (!state) return;

    // Update UI components based on state
    if (state.page_id === "home") {
        loadHomePage();
    } else if (state.page_id === "contact") {
        loadContactPage();
```

```
    }
    // Update other UI elements as necessary
}

window.addEventListener('popstate', function(event) {
    updateContent(event.state);
});
```

La función updateContent se define como una forma de actualizar los componentes de la Interfaz de Usuario (UI) de la aplicación basada en el estado actual. El estado se pasa como un parámetro a esta función. Si no hay estado (es decir, si state es null o undefined), la función regresa inmediatamente y no hace nada.

Sin embargo, si el estado existe, la función actualizará la UI basándose en la propiedad page_id del objeto de estado. Si el page_id es igual a "home", llama a una función llamada loadHomePage() que presumiblemente carga y muestra el contenido de la página de inicio. Si el page_id es "contact", llama a loadContactPage(), que cargaría y mostraría el contenido de la página de contacto.

Además, el comentario en la función indica que puede haber otros elementos de la UI que necesiten ser actualizados basándose en el estado. Estas actualizaciones no se muestran en este ejemplo, pero probablemente involucrarían mostrar u ocultar diferentes elementos en la página, actualizar los valores de los campos de formulario, cambiar el estado activo de los enlaces de navegación u otros cambios en la UI que deban ocurrir cuando el estado de la aplicación cambie.

Después de definir la función updateContent, se añade un listener de eventos al evento 'popstate' utilizando el método window.addEventListener(). Esto significa que cada vez que se dispare un evento 'popstate', se ejecutará la función proporcionada como segundo argumento a addEventListener().

En este caso, la función es una función anónima que llama a updateContent(), pasando la propiedad state del objeto del evento 'popstate' como argumento. La propiedad state contiene el objeto de estado asociado con la entrada de historial actual. Este objeto de estado es el mismo que se especificó cuando se creó la entrada de historial utilizando los métodos history.pushState() o history.replaceState().

Esta configuración permite que la aplicación responda adecuadamente a las acciones de navegación del usuario, actualizando la UI para reflejar el estado actual de la aplicación cada vez que cambia la entrada de historial activa.

7.3.5 Integración con Frameworks

Muchos frameworks y bibliotecas modernas de JavaScript, como React, Vue.js y Angular, tienen soporte integrado para la gestión del historial y el enrutamiento, a menudo integrándose sin problemas con la API de Historial. Al trabajar con estos frameworks, típicamente es mejor utilizar sus soluciones de enrutamiento, que están diseñadas para funcionar naturalmente con el sistema reactivo del framework.

Una de las características clave que ofrecen estas bibliotecas es su soporte integrado para la gestión del historial del navegador y el enrutamiento. Este es un aspecto crucial del desarrollo de aplicaciones web, especialmente cuando se trata de SPAs. En tales aplicaciones, en lugar de cargar una nueva página para cada vista diferente, la misma página se actualiza dinámicamente en respuesta a la interacción del usuario, a menudo necesitando manejar cambios en la pila de historial del navegador y la URL para proporcionar una experiencia de usuario fluida.

La API de Historial es una herramienta poderosa que permite a los desarrolladores manipular directamente la pila de historial del navegador. Sin embargo, frameworks como React, Vue.js y Angular han ido un paso más allá y han integrado esta funcionalidad en sus sistemas, proporcionando sus propios mecanismos para la gestión del historial y el enrutamiento.

Por ejemplo, React tiene una biblioteca llamada React Router, Vue.js tiene vue-router y Angular tiene @angular/router. Estas bibliotecas proporcionan interfaces abstractas de alto nivel para gestionar el enrutamiento, que bajo el capó utilizan la API de Historial o recurren a otras técnicas para navegadores más antiguos que no la soportan.

Cuando los desarrolladores trabajan con estos frameworks, típicamente es más beneficioso usar estas soluciones de enrutamiento, ya que están específicamente diseñadas para funcionar de manera fluida y natural con el sistema reactivo del framework respectivo. Usar estas herramientas no solo abstrae la complejidad de tratar directamente con la API de Historial, sino que también asegura que el comportamiento del enrutamiento de la aplicación sea consistente y confiable, ya que aprovecha las soluciones probadas y comprobadas proporcionadas por el framework.

Mientras que la API de Historial es una parte crucial del desarrollo web moderno, al trabajar con frameworks de JavaScript modernos como React, Vue.js y Angular, generalmente es mejor aprovechar sus soluciones de enrutamiento integradas. Estas soluciones están diseñadas para integrarse sin problemas con la API de Historial y la arquitectura del framework, proporcionando una interfaz más poderosa y amigable para el desarrollador para gestionar el historial del navegador y el enrutamiento.

Ejemplo: Usando React Router

```
// A basic example in a React application using React Router
import { BrowserRouter as Router, Route, Switch, Link } from 'react-router-dom';

function App() {
    return (
        <Router>
            <div>
                <nav>
                    <Link to="/">Home</Link>
                    <Link to="/about">About</Link>
                </nav>
                <Switch>
                    <Route path="/about">
                        <About />
                    </Route>
                    <Route path="/">
                        <Home />
                    </Route>
                </Switch>
            </div>
        </Router>
    );
}
```

Este es un ejemplo simple de cómo se realiza el enrutamiento en una aplicación React usando la biblioteca React Router.

La primera línea importa los componentes necesarios de la biblioteca 'react-router-dom'. 'BrowserRouter' se renombra a 'Router' por conveniencia, y también se importan 'Route', 'Switch' y 'Link'. Estos componentes son esenciales para configurar el enrutamiento en una aplicación React:

- 'BrowserRouter' o 'Router' es un componente que utiliza la API de historial de HTML5 (pushState, replaceState y el evento popstate) para mantener tu UI sincronizada con la URL.
- 'Route' es un componente que renderiza una UI cuando una ubicación coincide con la ruta del camino.
- 'Switch' se usa para renderizar solo la primera 'Route' o 'Redirect' que coincide con la ubicación actual.
- 'Link' se usa para crear enlaces en tu aplicación. Al hacer clic en un 'Link', se desencadena una navegación y se actualiza la URL.

La función 'App' es un componente funcional que devuelve un elemento JSX (JavaScript XML). Dentro de esta función, se usa un componente 'Router' para envolver toda la aplicación.

Dentro del 'Router', hay un elemento 'div' que contiene un elemento 'nav' y un componente 'Switch'. El elemento 'nav' contiene dos componentes 'Link' que crean enlaces a las páginas 'Home' y 'About' de la aplicación.

El prop 'to' en el componente 'Link' se usa para especificar la ruta a la que la aplicación navegará cuando se haga clic en el enlace. Aquí, hay enlaces a la ruta raíz ('/') y la ruta '/about'.

El componente 'Switch' se usa para agrupar componentes 'Route'. Solo renderiza la primera 'Route' o 'Redirect' en sus hijos que coincide con la ubicación. Aquí, hay dos componentes 'Route': uno para la ruta '/about' y otro para la ruta raíz ('/').

Cuando la ruta en la URL coincide con '/about', se renderiza el componente 'About'. Cuando la ruta coincide con '/', se renderiza el componente 'Home'.

Esta configuración de React Router permite que la aplicación navegue entre las páginas 'Home' y 'About' sin una recarga de página, lo cual es una ventaja clave de las aplicaciones de una sola página (SPAs).

7.3.6 Manejo de Casos Límite

Al usar la API de Historial, considera casos límite como lo que ocurre cuando un usuario modifica directamente la URL o navega a una URL manualmente. Asegúrate de que tu aplicación pueda manejar tales escenarios de manera elegante, proporcionando páginas de error o redirección según sea necesario.

En términos prácticos, manejar casos límite significa considerar escenarios que no son los más comunes, pero que pueden ocurrir y potencialmente llevar a errores o comportamientos inesperados si no se manejan adecuadamente. En el contexto de la API de Historial, estos casos límite podrían incluir situaciones en las que un usuario modifica manualmente la URL en la barra de direcciones del navegador, o navega a una URL directamente al ingresarla en la barra de direcciones o hacer clic en un marcador, en lugar de llegar a la página a través del flujo de navegación normal de la aplicación.

Tales manipulaciones directas de la URL no actualizan automáticamente el estado de la aplicación, lo que puede llevar a una discrepancia entre la URL y el estado de la aplicación. Esto puede ser confuso para los usuarios y puede llevar a errores o comportamientos inesperados. Por ejemplo, un usuario podría navegar manualmente a una URL que corresponde a un estado específico de la aplicación que requiere que se cumplan algunas condiciones previas. Si estas condiciones previas no se cumplen, la aplicación podría no funcionar correctamente.

Para prevenir tales problemas, el texto aconseja a los desarrolladores asegurarse de que sus aplicaciones puedan manejar tales escenarios de manera elegante. Esto podría significar proporcionar páginas de error que informen al usuario de un problema y lo guíen de regreso a un estado válido, o implementar mecanismos de redirección que naveguen automáticamente al usuario a un estado válido de la aplicación cuando intenten acceder directamente a un estado inválido.

En general, el manejo de casos límite es un aspecto importante del diseño de aplicaciones robustas. Asegura que la aplicación pueda manejar todas las interacciones potenciales del usuario de manera elegante y confiable, lo que mejora la experiencia general del usuario y la robustez de la aplicación.

Ejemplo: Validando el Estado

```javascript
window.addEventListener('popstate', function(event) {
    if (!event.state || !isValidState(event.state)) {
        console.error('Invalid state or direct navigation detected');
        loadDefaultPage();   // Load a default page or redirect
    } else {
        updateContent(event.state);
    }
});

function isValidState(state) {
    return state && state.page_id && isValidPageId(state.page_id);
}
```

Este código de ejemplo está escrito en la sintaxis JSX de React y muestra cómo manejar un evento 'popstate' en una aplicación web. El evento 'popstate' es disparado por el navegador cuando el usuario navega a través del historial del navegador usando los botones de retroceso o avance, o cuando los métodos history.back(), history.forward() o history.go() son invocados programáticamente.

En el contexto de una aplicación de una sola página (SPA), el evento 'popstate' es crucial para restaurar el estado de la aplicación cuando el usuario navega a través de ella usando los botones de retroceso y avance del navegador.

El código comienza añadiendo un listener de eventos al evento 'popstate' usando el método window.addEventListener(). El primer argumento de este método es la cadena 'popstate', que especifica el evento a escuchar. El segundo argumento es una función de callback que define qué hacer cuando se dispara el evento 'popstate'.

La función de callback primero verifica si la propiedad state del objeto event existe y si es válida usando la función isValidState(). La propiedad state del objeto event contiene el objeto de estado que estaba asociado con la entrada del historial cuando se creó usando los métodos history.pushState() o history.replaceState().

Si la propiedad state no existe o no es válida (según lo determinado por isValidState()), se registra un mensaje de error en la consola y luego se llama a la función loadDefaultPage(). Esta función presumiblemente carga una página predeterminada o redirige al usuario a una ubicación predeterminada. Esta es una forma de manejar casos límite donde un usuario puede navegar manualmente a una URL que no corresponde a un estado válido de la aplicación.

Si la propiedad state existe y es válida, la función de callback llama a la función updateContent(), pasando el objeto state como argumento. Presumiblemente, la función updateContent() actualiza el contenido de la página basado en el estado.

La función isValidState() es una función auxiliar que verifica si el objeto state es válido. Devuelve true si el objeto state existe, contiene una propiedad page_id, y si el page_id es válido (según lo determinado por otra función isValidPageId()), y false en caso contrario.

7.4 Almacenamiento Web

El Almacenamiento Web es una característica integral e indispensable en el desarrollo web contemporáneo. Esta poderosa herramienta ofrece la capacidad de almacenar datos localmente dentro del navegador del usuario, eliminando la necesidad de solicitudes continuas al servidor. Al hacerlo, mejora significativamente la experiencia del usuario al garantizar la persistencia de los datos, permitiendo que las aplicaciones web guarden, recuperen y manipulen datos a lo largo de las sesiones del navegador. Esta capacidad es particularmente crucial en escenarios donde el usuario podría necesitar alejarse temporalmente de su computadora o enfrentar problemas de conectividad intermitente.

En esta sección completa, profundizaremos en los dos mecanismos principales de Almacenamiento Web: localStorage y sessionStorage. Discutiremos en detalle sus casos de uso específicos, las diferencias clave entre ellos y las técnicas prácticas para implementarlos eficazmente en tus aplicaciones web.

Al entender y aprovechar estos mecanismos, los desarrolladores pueden crear aplicaciones web más eficientes y amigables que recuerden las preferencias del usuario, mantengan el estado de la aplicación e incluso funcionen sin conexión. A lo largo de esta sección, proporcionaremos ejemplos del mundo real y mejores prácticas, dándote las herramientas y el conocimiento necesarios para implementar soluciones de almacenamiento robustas y resilientes en tus proyectos de desarrollo web.

7.4.1 Comprendiendo el Almacenamiento Web

El Almacenamiento Web, una característica importante de las aplicaciones web modernas, proporciona dos tipos distintos de almacenamiento:

- **localStorage**: Este es un tipo de Almacenamiento Web que proporciona almacenamiento persistente a través de sesiones. A diferencia de otros tipos de almacenamiento, los datos almacenados en localStorage no caducan ni se eliminan cuando se cierra el navegador. En su lugar, permanecen almacenados en el dispositivo del usuario hasta que se eliminan explícitamente, ya sea por el usuario o la aplicación web. Esto hace que localStorage sea una excelente opción para almacenar datos que necesitan ser accedidos a lo largo de múltiples sesiones o visitas al sitio web, como preferencias del usuario o progreso de un juego guardado.
- **sessionStorage**: Este tipo de almacenamiento, por otro lado, ofrece almacenamiento que está estrictamente limitado a la duración de la ventana o pestaña en la que se ejecuta la aplicación web. Tan pronto como se cierra la ventana o pestaña, cualquier dato almacenado en sessionStorage se elimina inmediatamente. Esto hace que sessionStorage sea una opción perfecta para almacenar datos que son relevantes solo durante la duración de una sola sesión, como datos de formularios que el usuario está ingresando actualmente.

A pesar de sus diferencias en la duración y los casos de uso, tanto localStorage como sessionStorage proporcionan una interfaz muy similar para almacenar y recuperar datos. Los datos se almacenan en un sistema simple y fácil de usar de pares clave-valor, lo que permite que las aplicaciones web guarden datos rápida y fácilmente y los recuperen más tarde. Esto hace que el Almacenamiento Web sea una herramienta poderosa para mejorar la experiencia del usuario de una aplicación web.

Características Clave del Almacenamiento Web:

El Almacenamiento Web es una herramienta poderosa que tiene varias características únicas. Una de sus características principales es su capacidad para almacenar datos en forma de pares clave-valor. Esto significa que cada elemento de datos (el valor) está asociado con un identificador único (la clave), que se puede usar para recuperar rápidamente los datos cuando sea necesario.

Otra característica notable del Almacenamiento Web es su considerable capacidad de almacenamiento de datos. Permite almacenar alrededor de 5MB de datos por origen. Esta es una cantidad significativa de espacio, que puede ser de gran utilidad en una variedad de aplicaciones. Además, esta gran capacidad de almacenamiento no afecta el rendimiento del sitio web, asegurando así que la experiencia del usuario se mantenga suave y sin interrupciones.

Por último, el Almacenamiento Web está diseñado de tal manera que no transmite datos de vuelta al servidor. Esto puede ayudar a reducir la cantidad total de datos que se envían con cada solicitud, lo que puede ser beneficioso en términos de mejorar la eficiencia de la transmisión de datos y reducir la carga en el servidor.

7.4.2 Usando localStorage

localStorage es particularmente útil para almacenar preferencias, configuraciones y otros datos que necesitan persistir más allá de la sesión actual.

La API de Almacenamiento Web proporciona mecanismos para que las aplicaciones web almacenen datos en el navegador web de un usuario. Entre sus dos tipos de almacenamiento, localStorage es uno que proporciona almacenamiento persistente de datos. En otras palabras, los datos almacenados en localStorage no caducan ni se eliminan cuando termina la sesión del navegador o se cierra el navegador. En su lugar, estos datos permanecen almacenados en el dispositivo del usuario hasta que se eliminan explícitamente, ya sea por el usuario o por la aplicación web.

localStorage es muy útil cuando una aplicación web necesita guardar ciertos tipos de datos a largo plazo. Por ejemplo, una aplicación web podría usar localStorage para guardar las preferencias o configuraciones del usuario. Dado que estos son detalles que un usuario probablemente querrá mantener iguales en múltiples visitas al sitio web, guardarlos en localStorage significa que se pueden recuperar fácilmente cada vez que el usuario regrese al sitio, mejorando la experiencia del usuario.

Otro caso de uso común para localStorage es guardar el progreso o el estado en una aplicación web. Por ejemplo, si un usuario está trabajando en una tarea en una aplicación web y necesita alejarse, la aplicación podría guardar el estado actual de la tarea en localStorage. Cuando el usuario regrese, incluso si es desde una sesión de navegador diferente, la aplicación puede recuperar el estado guardado desde localStorage y restaurarlo, permitiendo al usuario retomar justo donde lo dejó.

En resumen, localStorage es una herramienta poderosa para los desarrolladores web, ofreciendo un método simple y del lado del cliente para almacenar y persistir datos en el navegador web de un usuario. Al aprovechar localStorage, los desarrolladores pueden mejorar la funcionalidad y la experiencia del usuario de sus aplicaciones web al mantener datos a lo largo de múltiples sesiones.

Ejemplo: Usando localStorage para Almacenar Configuraciones de Usuario

```
function saveSettings(settings) {
    for (const key in settings) {
        localStorage.setItem(key, settings[key]);
    }
    console.log('Settings saved:', settings);
}

function loadSettings() {
    return {
        theme: localStorage.getItem('theme') || 'light',
        notifications: localStorage.getItem('notifications') || 'enabled'
    };
}

// Example usage
saveSettings({ theme: 'dark', notifications: 'enabled' });
const settings = loadSettings();
console.log('Loaded settings:', settings);
```

Este código de ejemplo incluye dos funciones: saveSettings() y loadSettings().

- La función saveSettings(settings) toma un objeto como parámetro, que debe contener configuraciones. Almacena cada configuración en el almacenamiento local del navegador web. Después de guardar las configuraciones, registra un mensaje en la consola confirmando que las configuraciones fueron guardadas.
- La función loadSettings() recupera las configuraciones de 'theme' y 'notifications' del almacenamiento local. Si no se encuentra una configuración en el almacenamiento local, usa un valor predeterminado ('light' para el tema y 'enabled' para las notificaciones). La función devuelve un objeto con estas configuraciones.

El uso de ejemplo muestra cómo guardar un objeto de configuraciones con el tema 'dark' y las notificaciones habilitadas usando saveSettings(), y luego cómo cargar estas configuraciones usando loadSettings().

7.4.3 Usando sessionStorage

sessionStorage es ideal para almacenar datos que no deberían persistir una vez que se cierra el navegador, como datos relacionados con una sesión específica. sessionStorage es único en su funcionalidad ya que su duración de almacenamiento está limitada a la duración de la sesión de la página. Una sesión de página dura mientras el navegador esté abierto y sobrevive a recargas y restauraciones de la página. Sin embargo, está diseñado para ser mucho más transitorio y los datos almacenados en sessionStorage se eliminan cuando termina la sesión de la página, es decir, cuando el usuario cierra la pestaña específica del navegador.

Esto hace que sessionStorage sea ideal para almacenar datos que no deberían persistir una vez que se cierra la pestaña del navegador. Por ejemplo, puede usarse para almacenar información relacionada con una sesión específica, como las entradas del usuario en un formulario antes de enviarlo, o el estado de una aplicación web que necesita preservarse a lo largo de varias páginas dentro de una sola sesión, pero no más allá.

Esta característica proporciona a los desarrolladores una herramienta poderosa para mejorar la experiencia del usuario al hacer que la aplicación web sea más receptiva y reducir la necesidad de interacciones continuas con el servidor. Al almacenar datos en el navegador del usuario, la aplicación puede acceder rápidamente y utilizar estos datos para mejorar la funcionalidad y la experiencia del usuario de la aplicación web durante esa sesión específica.

Ejemplo: Usando sessionStorage para Datos Específicos de la Sesión

```javascript
function storeSessionData(key, data) {
    sessionStorage.setItem(key, data);
    console.log(`Session data stored [${key}]:`, data);
}

function getSessionData(key) {
    return sessionStorage.getItem(key);
}

// Example usage
storeSessionData('pageVisit', 'Homepage');
console.log('Session data loaded:', getSessionData('pageVisit'));
```

Este ejemplo define dos funciones para manejar datos específicos de la sesión: storeSessionData y getSessionData.

La función storeSessionData toma dos parámetros: key y data. El key es una cadena que actúa como identificador para los datos que deseas almacenar. El data es la información real que deseas guardar en la sesión del usuario. Esta función utiliza el método sessionStorage.setItem para almacenar los datos en el navegador del usuario durante la duración de la sesión. Este método toma dos argumentos: la clave y los datos, y almacena los datos bajo la clave especificada. Después de almacenar los datos, se registra un mensaje en la consola para confirmar la operación, mostrando la clave y los datos que se almacenaron.

Por otro lado, la función getSessionData se utiliza para recuperar datos del almacenamiento de la sesión. Toma un parámetro: key, que es el identificador de los datos que deseas recuperar. Esta función utiliza el método sessionStorage.getItem, que toma una clave como argumento y devuelve los datos almacenados bajo esa clave. Si no se encuentran datos bajo la clave especificada, getItem devuelve null.

Al final del script, tenemos un ejemplo de cómo se pueden usar estas funciones. Primero, se llama a la función storeSessionData con 'pageVisit' como la clave y 'Homepage' como los datos. Esto almacenará la cadena 'Homepage' en el almacenamiento de la sesión bajo la clave 'pageVisit'. Luego, se llama a la función getSessionData con 'pageVisit' como la clave para recuperar los datos que se acaban de almacenar. Los datos recuperados se registran en la consola.

Este ejemplo es particularmente útil en escenarios donde necesitas almacenar y recuperar datos dentro de una sola sesión, y deseas que los datos se eliminen tan pronto como termine la sesión (es decir, cuando el usuario cierre la pestaña o el navegador).

Mejores Prácticas para Usar Almacenamiento Web

1. **Consideraciones de Seguridad**: El Almacenamiento Web, aunque extremadamente conveniente, viene con sus propias consideraciones de seguridad. Dado que no es una solución de almacenamiento segura, es crucial tener en cuenta que nunca se debe almacenar información sensible directamente en localStorage o sessionStorage. La razón de esto es que cualquier script que se ejecute en la página puede acceder fácilmente a los datos, lo que podría llevar a brechas de seguridad.

2. **Limitaciones de Tamaño de Datos**: Otro factor importante a considerar es la capacidad de almacenamiento, que típicamente es de alrededor de 5MB. Si excedes este límite, pueden ocurrir excepciones, interrumpiendo la funcionalidad de tu aplicación. Por lo tanto, es esencial monitorear los límites de almacenamiento con herramientas como localStorage.length o sessionStorage.length antes de intentar agregar más datos. Esto te ayudará a gestionar tu almacenamiento de manera efectiva y evitar posibles problemas.

3. **Eficiencia y Rendimiento**: Aunque el Almacenamiento Web generalmente se considera una solución de almacenamiento rápida, su uso excesivo puede llevar a una ralentización en el rendimiento de tu aplicación. Esto es especialmente cierto si se están leyendo grandes volúmenes de datos con frecuencia. Para optimizar el uso del Almacenamiento Web, considera almacenar en caché los datos en variables donde sea posible. Este enfoque puede ayudar a mejorar el rendimiento y asegurar que tu aplicación funcione sin problemas.

7.5 Ejercicios Prácticos para el Capítulo 7: APIs e Interfaces Web

Para solidificar tu comprensión de las APIs web discutidas en el Capítulo 7, esta sección proporciona ejercicios prácticos que se centran en implementar y usar estas tecnologías en escenarios del mundo real. Cada ejercicio incluye una explicación detallada y el código de solución, ayudándote a aplicar lo que has aprendido de manera efectiva.

Ejercicio 1: Usando la Fetch API

Objetivo: Escribir una función utilizando la Fetch API para recuperar datos de usuario de una API pública y registrar los nombres de usuario en la consola.

Solución:

```javascript
function fetchUserData() {
    fetch('<https://jsonplaceholder.typicode.com/users>')
        .then(response => {
            if (!response.ok) {
                throw new Error('Network response was not ok');
            }
            return response.json();
        })
        .then(users => {
            users.forEach(user => {
                console.log(user.name);
            });
        })
        .catch(error => {
            console.error('Fetch error:', error);
        });
}

fetchUserData();
```

Esta función realiza una solicitud GET a una API pública que devuelve una lista de usuarios. Procesa la respuesta JSON para extraer y registrar el nombre de cada usuario.

Ejercicio 2: Implementando localStorage

Objetivo: Crear funciones para guardar, recuperar y eliminar una configuración de tema en localStorage.

Solución:

```
function saveTheme(theme) {
    localStorage.setItem('theme', theme);
    console.log('Theme saved:', theme);
}

function getTheme() {
    return localStorage.getItem('theme') || 'default'; // Return 'default' if no theme
set
}

function removeTheme() {
    localStorage.removeItem('theme');
    console.log('Theme removed');
}

// Example usage
saveTheme('dark');
console.log('Current theme:', getTheme());
removeTheme();
```

Este ejercicio demuestra cómo usar localStorage para almacenar, recuperar y eliminar configuraciones de usuario, específicamente una preferencia de tema.

Ejercicio 3: Manejo de Datos de Sesión con sessionStorage

Objetivo: Escribir funciones para almacenar y recuperar datos de sesión sobre el recuento de visitas de la página del usuario.

Solución:

```
function incrementPageVisit() {
    let visits = parseInt(sessionStorage.getItem('visitCount')) || 0;
    visits++;
    sessionStorage.setItem('visitCount', visits);
    console.log(`Visit count updated: ${visits}`);
}

function getPageVisits() {
    return sessionStorage.getItem('visitCount') || 0;
}

// Example usage
incrementPageVisit();
console.log(`Page visits: ${getPageVisits()}`);
```

Este ejercicio muestra cómo gestionar datos específicos de la sesión utilizando sessionStorage, rastreando el número de veces que un usuario visita una página durante una sesión.

Ejercicio 4: Manipulando el Historial con la API de Historial

Objetivo: Implementar una función que navegue al usuario de regreso a la página de inicio utilizando la API de Historial después de modificar las entradas del historial.

Solución:

```
function navigateHome() {
    history.pushState({ page: 'homepage' }, 'homepage', '/home');
    history.go(); // Navigates to the new state
    console.log('Navigation to homepage triggered');
}

// Trigger the navigation
navigateHome();
```

Esta función utiliza la API de Historial para agregar programáticamente una nueva entrada de historial para la página de inicio y luego navega a ella. Esto es útil en aplicaciones de una sola página donde necesitas gestionar el historial de navegación manualmente.

Estos ejercicios están diseñados para ayudarte a practicar y entender el uso de varias APIs web e interfaces cubiertas en el Capítulo 7. Al completar estos ejercicios, deberías obtener una comprensión práctica de cómo integrar estas APIs en aplicaciones web, mejorando su funcionalidad e interactividad.

Resumen del Capítulo 7: APIs Web e Interfaces

En el Capítulo 7 de "JavaScript desde Cero: Desata tus Superpoderes de Desarrollo Web", profundizamos en las APIs web esenciales e interfaces que permiten a los desarrolladores construir aplicaciones web sofisticadas, interactivas y dinámicas. Este capítulo proporcionó una exploración completa de varias APIs clave proporcionadas por los navegadores web modernos, incluyendo la Fetch API, Almacenamiento Web, la API de Historial y más. Cada sección no solo introdujo las funcionalidades y beneficios de estas APIs, sino que también demostró aplicaciones prácticas a través de ejemplos detallados y ejercicios.

La Fetch API

Comenzamos con la Fetch API, una herramienta moderna para realizar solicitudes HTTP. Esta API es crucial para comunicarse con servidores y manejar flujos de datos asíncronos en aplicaciones web. La Fetch API ofrece una alternativa más poderosa y flexible a XMLHttpRequest, utilizando Promesas para hacer que el manejo de operaciones asíncronas sea más simple y eficiente. Exploramos cómo realizar solicitudes GET y POST, manejar respuestas y gestionar errores de manera efectiva, proporcionando una base para que los desarrolladores recuperen y envíen datos sin problemas dentro de sus aplicaciones.

Almacenamiento Web

A continuación, cubrimos la API de Almacenamiento Web, que incluye localStorage y sessionStorage. Esta API permite el almacenamiento de datos localmente en el navegador del usuario, permitiendo a las aplicaciones guardar, recuperar y gestionar datos de usuario a lo largo de las sesiones. Discutimos las diferencias entre localStorage (que persiste los datos a través de sesiones) y sessionStorage (que retiene los datos solo durante la duración de la sesión de la página), y proporcionamos ejemplos de cómo usar estas opciones de almacenamiento para mejorar la experiencia del usuario y mantener el estado dentro de las aplicaciones.

La API de Historial

La API de Historial fue otro enfoque de este capítulo. Permite a los desarrolladores interactuar con el historial de la sesión del navegador, proporcionando métodos para manipular la pila de historial de manera programática. Esto es particularmente útil en aplicaciones de una sola página donde gestionar la pila de navegación es crucial para una experiencia de usuario fluida. Examinamos cómo usar métodos como pushState y replaceState para modificar el historial del navegador sin recargar la página, y cómo manejar el evento popstate para actualizar el contenido cuando los usuarios navegan a través de su historial.

Ejercicios Prácticos

Cada sección incluyó ejercicios prácticos que te desafiaron a implementar las APIs discutidas en escenarios del mundo real. Estos ejercicios fueron diseñados para reforzar el aprendizaje, mejorar la comprensión y proporcionar experiencia práctica con las APIs. Desde realizar solicitudes de red y gestionar el almacenamiento local hasta manipular el historial del navegador, estos ejercicios te prepararon para integrar estas capacidades en tus propios proyectos de manera efectiva.

Conclusión

Entender y utilizar APIs web e interfaces es esencial para el desarrollo web moderno. Estas herramientas proporcionan los mecanismos necesarios para crear aplicaciones web interactivas, receptivas y amigables para el usuario. Al concluir este capítulo, recuerda que dominar estas APIs no solo mejora la funcionalidad de tus aplicaciones, sino que también mejora significativamente la experiencia general del usuario. El conocimiento adquirido aquí establece una base sólida para explorar características e integraciones más avanzadas en proyectos futuros, asegurando que estés bien equipado para enfrentar los desafíos del desarrollo de aplicaciones web dinámicas.

Capítulo 8: Manejo de Errores y Pruebas

Bienvenido al Capítulo 8, titulado "Manejo de Errores y Pruebas", un tema de suma importancia cuando se trata de desarrollar aplicaciones web que sean robustas y confiables. En el mundo en constante evolución del desarrollo web, garantizar el funcionamiento sin problemas de las aplicaciones es fundamental, y este capítulo está dedicado a proporcionar una guía completa sobre las estrategias, técnicas y herramientas que los desarrolladores pueden utilizar para identificar, manejar y prevenir errores de manera efectiva. Además, proporciona ideas sobre cómo asegurar que el código se comporte según lo esperado a través de procedimientos de prueba rigurosos.

El manejo efectivo de errores y las pruebas exhaustivas son dos pilares críticos en el proceso de desarrollo. No solo mejoran la calidad general y la confiabilidad de las aplicaciones, sino que, igualmente importante, aumentan su mantenibilidad. La experiencia del usuario se mejora significativamente también, ya que estos procesos trabajan juntos para reducir errores y frenar comportamientos inesperados que pueden interrumpir la interacción del usuario con la aplicación.

A lo largo de este capítulo, emprenderemos un viaje explorando varios mecanismos de manejo de errores en JavaScript. Estos incluyen los tradicionales bloques try, catch, finally, los conceptos esenciales de la propagación de errores, así como la práctica de la creación de errores personalizados. Estos mecanismos sirven como la primera línea de defensa contra los errores en tiempo de ejecución, asegurando que tu aplicación permanezca receptiva y con buen rendimiento incluso ante problemas inesperados.

Además del manejo de errores, también profundizaremos en el ámbito de las estrategias y marcos de pruebas. Estas herramientas están diseñadas para ayudar a asegurar que tu base de código permanezca libre de errores y funcione de manera óptima. Comenzaremos nuestra exploración con un análisis detallado de la técnica fundamental para manejar errores en tiempo de ejecución: la declaración try, catch, finally. Esta declaración forma la base del manejo de errores en JavaScript, y dominarla es clave para crear aplicaciones web resilientes y confiables.

8.1 Try, Catch, Finally

El constructo try, catch, finally juega un papel crucial en el mundo de la programación en JavaScript como un mecanismo fundamental de manejo de errores. Proporciona a los desarrolladores una vía estructurada para manejar excepciones con gracia, que son errores imprevistos que ocurren durante la ejecución del programa. Su belleza radica en la capacidad no solo de capturar estas excepciones, sino también de proporcionar un medio para responder a ellas de manera controlada y ordenada.

Además, la cláusula finally dentro de este constructo tiene una importancia significativa. Asegura que se ejecuten acciones de limpieza específicas, independientemente de si ocurrió un error o no. Esto agrega una capa adicional de resiliencia a tu código, asegurando que tareas importantes (como cerrar conexiones o liberar recursos) siempre se realicen, manteniendo así la integridad general del programa.

Comprendiendo Try, Catch, Finally

- **Bloque try**: El bloque try encapsula el código que podría resultar potencialmente en un error o una excepción. Sirve como una carcasa protectora, permitiendo que el programa pruebe un bloque de código en busca de errores mientras se ejecuta. Si ocurre una excepción durante la ejecución de este bloque, el flujo normal del código se interrumpe y el control se pasa inmediatamente al bloque catch correspondiente.
- **Bloque catch**: El bloque catch es esencialmente una red de seguridad para el bloque try. Se ejecuta si y solo si ocurre un error en el bloque try. Actúa como un manejador de excepciones, que es un bloque especial de código que define qué debe hacer el programa cuando ocurre un error o una excepción específica. Por ejemplo, si se intenta abrir un archivo que no existe dentro del bloque try, el bloque catch podría definir la acción para crear el archivo o notificar al usuario sobre el archivo faltante.
- **Bloque finally**: El bloque finally desempeña un papel único en este constructo. Contiene el código que se ejecutará ya sea que ocurra un error en el bloque try o no. Este bloque no depende de la ocurrencia de un error, sino que garantiza que ciertas partes clave del código se ejecuten independientemente de lo que ocurra en los bloques try y catch. Esto se utiliza típicamente para limpiar recursos o realizar tareas que deben completarse independientemente de lo que suceda en los bloques try y catch. Por ejemplo, si se abrió un archivo para leer en el bloque try, debe cerrarse en el bloque finally ya sea que ocurra un error o no. Esto asegura que los recursos como la memoria y los manejadores de archivos se gestionen adecuadamente, independientemente del resultado de los bloques try y catch.

En el contexto más amplio de la programación, los bloques try, catch y finally forman la piedra angular del manejo de errores, proporcionando un enfoque estructurado y sistemático para gestionar y responder a errores o excepciones que puedan ocurrir durante la ejecución de un programa. Dominar el uso de estos bloques es crucial para desarrollar aplicaciones de software robustas y resilientes que puedan manejar problemas inesperados con gracia sin interrumpir la experiencia del usuario.

Ejemplo: Uso Básico de Try, Catch, Finally

```javascript
function performCalculation() {
    try {
        const value = potentiallyFaultyFunction(); // This function may throw an error
        console.log('Calculation successful:', value);
    } catch (error) {
        console.error('An error occurred:', error.message);
    } finally {
        console.log('This always executes, error or no error.');
    }
}

function potentiallyFaultyFunction() {
    if (Math.random() < 0.5) {
        throw new Error('Fault occurred!');
    }
    return 'Success';
}

performCalculation();
```

En este ejemplo, potentiallyFaultyFunction podría arrojar un error aleatoriamente. El bloque try intenta ejecutar esta función, el bloque catch maneja cualquier error que ocurra y el bloque finally ejecuta el código que se ejecuta sin importar el resultado, asegurando que se tomen todas las acciones finales necesarias.

La función performCalculation utiliza un bloque try para intentar ejecutar potentiallyFaultyFunction. El bloque try sirve como una carcasa protectora alrededor del código que podría potencialmente resultar en un error o una excepción. Si ocurre una excepción durante la ejecución de este bloque, el flujo normal del código se interrumpe y el control se pasa inmediatamente al bloque catch correspondiente.

La función potentiallyFaultyFunction está diseñada para arrojar un error aleatoriamente. Esta función utiliza Math.random() para generar un número aleatorio entre 0 y 1. Si el número generado es menor que 0.5, arroja un error con el mensaje 'Fault occurred!'. Si no arroja un error, devuelve la cadena 'Success'.

De vuelta en la función performCalculation, si potentiallyFaultyFunction se ejecuta correctamente (es decir, no arroja un error), el bloque try registra el mensaje 'Calculation successful:' seguido del valor de retorno de la función ('Success').

Si potentiallyFaultyFunction arroja un error, el bloque catch en performCalculation se activa. El bloque catch sirve como una red de seguridad para el bloque try. Se ejecuta si y cuando ocurre un error en el bloque try. En este caso, el bloque catch registra el mensaje 'An error occurred:' seguido del mensaje de error de la excepción ('Fault occurred!').

Finalmente, la función performCalculation incluye un bloque finally. El bloque finally desempeña un papel único en el constructo try, catch, finally. Contiene el código que se ejecutará ya sea que ocurra un error en el bloque try o no. En este ejemplo, el bloque finally registra el mensaje 'This always executes, error or no error.' Esto demuestra que ciertas partes del código se ejecutarán independientemente de un error, un aspecto crucial para mantener la integridad general de un programa.

El constructo try, catch, finally en este ejemplo demuestra un enfoque estructurado y sistemático para manejar y responder a errores o excepciones que pueden ocurrir durante la ejecución de un programa. Al manejar problemas inesperados con gracia, ayuda a desarrollar aplicaciones de software robustas y resilientes que pueden seguir funcionando sin interrumpir la experiencia del usuario, incluso cuando ocurren errores.

8.1.2 Usando Try, Catch para un Manejo de Errores Elegante

Usar try, catch permite que los programas continúen ejecutándose incluso después de que ocurra un error, evitando que toda la aplicación se bloquee. Esto es particularmente útil en aplicaciones orientadas al usuario donde los bloqueos abruptos pueden llevar a experiencias de usuario pobres.

"Usar Try, Catch para un Manejo de Errores Elegante" es un concepto en programación que enfatiza el uso de los constructos "try" y "catch" para gestionar errores en un programa. Este enfoque es particularmente crítico para asegurar que un programa pueda continuar su ejecución incluso cuando ocurre un error, en lugar de bloquearse abruptamente.

En JavaScript, el bloque "try" se usa para envolver el código que podría potencialmente llevar a un error durante su ejecución. Si ocurre un error dentro del bloque "try", el flujo de control se pasa inmediatamente al bloque "catch" correspondiente.

El bloque "catch" actúa como una red de seguridad para el bloque "try". Se ejecuta cuando ocurre un error o excepción en el bloque "try". El bloque "catch" sirve como un manejador de excepciones, que es un bloque especial de código que define lo que el programa debe hacer cuando ocurre un error o excepción específica.

El uso de "try" y "catch" permite que los errores se manejen de manera elegante, lo que significa que el programa puede reaccionar al error de manera controlada, tal vez corrigiendo el problema, registrándolo para su revisión o informando al usuario, en lugar de permitir que toda la aplicación se bloquee. Este mecanismo de manejo de errores mejora significativamente la experiencia del usuario, ya que el programa permanece funcional y receptivo incluso cuando ocurren problemas imprevistos.

Dominar el uso de "try" y "catch" es vital para desarrollar aplicaciones robustas, resilientes y amigables para el usuario que puedan gestionar y responder a errores de manera estructurada y sistemática.

Ejemplo: Manejo de Errores en la Entrada del Usuario

```javascript
function processUserInput(input) {
    try {
        validateInput(input); // Throws error if input is invalid
        console.log('Input is valid:', input);
    } catch (error) {
        console.error('Invalid user input:', error.message);
        return; // Return early or handle error by asking for new input
    } finally {
        console.log('User input processing attempt completed.');
    }
}

function validateInput(input) {
    if (!input || input.trim() === '') {
        throw new Error('Input cannot be empty');
    }
}

processUserInput('');
```

Este escenario demuestra cómo manejar entradas de usuario potencialmente inválidas. Si la validación de la entrada falla, se lanza un error, se captura y se maneja, evitando que la aplicación termine inesperadamente mientras se proporciona retroalimentación al usuario.

processUserInput recibe una entrada, intenta validarla usando validateInput, y registra un mensaje de éxito si la entrada es válida. Si la validación de la entrada falla (es decir, si validateInput lanza un error), processUserInput captura el error, registra un mensaje de error y regresa temprano. Independientemente de si ocurre un error, se registra un mensaje "User input processing attempt completed." debido a la cláusula finally.

validateInput verifica si la entrada es inexistente o solo contiene espacios en blanco. Si cualquiera de estos es verdadero, lanza un error con el mensaje 'Input cannot be empty'.

La última línea del código ejecuta processUserInput con una cadena vacía como argumento, lo que lanzará un error y registrará 'Invalid user input: Input cannot be empty'.

La estructura try, catch, finally es una herramienta poderosa para manejar errores en JavaScript, permitiendo a los desarrolladores escribir aplicaciones más resilientes y amigables para el usuario. Al entender e implementar estos constructos de manera efectiva, puedes proteger tus aplicaciones contra fallos inesperados y asegurar que las tareas de limpieza esenciales siempre se realicen.

8.1.3 Manejo de Errores Personalizados

Más allá de manejar errores integrados en JavaScript, puedes crear tipos de errores personalizados que sean específicos para las necesidades de tu aplicación. Esto permite una gestión de errores más granular y un código más claro.

El manejo de errores personalizados en programación se refiere al proceso de definir e implementar respuestas o acciones específicas para varios tipos de errores que pueden ocurrir dentro de una base de código. Esta práctica va más allá de manejar errores integrados e implica crear tipos de errores personalizados que sean específicos para las necesidades de tu aplicación.

En JavaScript, por ejemplo, puedes crear una clase de error personalizado que extienda la clase integrada Error. Esta clase de error personalizada puede entonces ser utilizada para lanzar errores que sean específicos a ciertas situaciones en tu aplicación. Cuando estos errores personalizados se lanzan, pueden ser capturados y manejados de una manera que se alinee con las necesidades específicas de tu aplicación.

Este enfoque permite una gestión de errores más granular, un código más claro y la capacidad de manejar diferentes tipos de errores de manera distinta, mejorando así la claridad y mantenibilidad del manejo de errores en la aplicación. Proporciona a los desarrolladores un mayor control sobre el comportamiento de la aplicación durante escenarios de error, permitiendo que el software se recupere con gracia de los errores o proporcione mensajes de error significativos a los usuarios.

En aplicaciones complejas, no es raro encontrar bloques try-catch anidados o manejo de errores asíncronos para gestionar errores en diferentes capas de la lógica de la aplicación. Este enfoque estructurado para el manejo de errores es vital para desarrollar aplicaciones robustas, resilientes y amigables para el usuario que puedan gestionar y responder a errores de manera sistemática.

Ejemplo: Definiendo y Lanzando Errores Personalizados

```javascript
class ValidationError extends Error {
    constructor(message) {
        super(message);
        this.name = "ValidationError";
    }
}

function validateUsername(username) {
    if (username.length < 4) {
        throw new ValidationError("Username must be at least 4 characters long.");
    }
}

try {
    validateUsername("abc");
} catch (error) {
    if (error instanceof ValidationError) {
        console.error('Invalid data:', error.message);
    } else {
        console.error('Unexpected error:', error);
    }
} finally {
    console.log('Validation attempt completed.');
}
```

En este ejemplo, se define una clase personalizada ValidationError. Esto facilita el manejo de tipos específicos de errores de manera diferente, mejorando la claridad y la mantenibilidad del manejo de errores.

El código comienza definiendo un tipo de error personalizado llamado 'ValidationError', que extiende la clase incorporada 'Error' en JavaScript. A través de esta extensión, la clase 'ValidationError' hereda todas las propiedades y métodos estándar de un Error, al tiempo que nos permite agregar propiedades o métodos personalizados si es necesario. En este caso, el nombre del error se establece como "ValidationError".

A continuación, se define una función llamada 'validateUsername'. Esta función está diseñada para validar un nombre de usuario en función de una condición específica, es decir, el nombre de usuario debe tener al menos 4 caracteres de longitud. La función toma un parámetro 'username' y verifica si su longitud es menor a 4. Si se cumple esta condición, lo que indica que el nombre de usuario no es válido, la función lanza un nuevo 'ValidationError'. El mensaje de error especifica la razón del error, en este caso, "Username must be at least 4 characters long."

Después de esto, se implementa una declaración try-catch-finally. Este es un mecanismo de manejo de errores incorporado en JavaScript que permite que el programa "intente" ejecutar un bloque de código y "capture" cualquier error que ocurra durante su ejecución. En este escenario, el bloque "try" intenta ejecutar la función 'validateUsername' con "abc" como argumento. Dado que "abc" tiene menos de 4 caracteres, la función lanzará un 'ValidationError'.

El bloque "catch" está diseñado para capturar y manejar cualquier error que ocurra en el bloque "try". En este caso, verifica si el error capturado es una instancia de 'ValidationError'. Si lo es, se registra un mensaje de error específico en la consola: 'Invalid data:' seguido del mensaje de error. Si el error no es un 'ValidationError', es decir, si es un error inesperado, se registra un mensaje diferente en la consola: 'Unexpected error:' seguido del propio error. Esta diferenciación en el manejo de errores proporciona claridad y ayuda en la depuración al proporcionar mensajes de error específicos y significativos.

Finalmente, el bloque "finally" ejecuta el código que se ejecutará independientemente de si ocurrió un error o no. Este bloque no depende de la ocurrencia de un error, sino que garantiza que ciertas partes clave del código se ejecuten independientemente del resultado en los bloques "try" y "catch". En este caso, registra el mensaje 'Validation attempt completed.' en la consola, indicando que el proceso de validación ha terminado, independientemente de si fue exitoso o no.

Este ejemplo no solo muestra cómo definir errores personalizados y lanzarlos bajo ciertas condiciones, sino también cómo capturar y manejar estos errores de manera significativa y controlada, mejorando así la robustez y confiabilidad del software.

8.1.4 Bloques Try-Catch Anidados

En aplicaciones complejas, puedes encontrarte con situaciones donde un bloque try-catch está anidado dentro de otro. Esto puede ser útil para manejar errores en diferentes capas de la lógica de tu aplicación.

Los bloques try-catch anidados se utilizan en programación cuando tienes una situación en la que un bloque try-catch está encerrado dentro de otro bloque try-catch. En tal situación, esencialmente estás creando múltiples capas de manejo de errores en tu código.

El bloque try externo contiene una sección de código que podría potencialmente lanzar una excepción. Si ocurre una excepción, el control se pasa al bloque catch asociado. Sin embargo, dentro de este bloque try externo, podemos tener otro bloque try: esto es lo que llamamos un bloque try anidado. Este bloque try anidado se usa para manejar una sección diferente del código que también podría potencialmente lanzar una excepción. Si ocurre una excepción dentro de este bloque try anidado, tiene su propio bloque catch asociado que manejará la excepción.

Esta estructura puede ser particularmente útil en aplicaciones complejas donde diferentes partes del código pueden lanzar diferentes excepciones, y cada excepción podría necesitar ser manejada de una manera específica. Al usar bloques try-catch anidados, los desarrolladores pueden manejar errores en diferentes capas de la lógica de la aplicación, proporcionando múltiples capas de protección y asegurando que todas las posibles opciones de recuperación sean intentadas.

Un ejemplo de esto sería una situación en la que una operación de alto nivel (manejada por el bloque try-catch externo) involucra varias sub-operaciones, cada una de las cuales podría potencialmente fallar (manejadas por los bloques try-catch anidados). Al anidar los bloques try-catch, puedes manejar errores al nivel de cada sub-operación, mientras también proporcionas una red de seguridad a nivel alto.

En resumen, los bloques try-catch anidados proporcionan una herramienta poderosa para manejar y responder a errores en varios niveles de complejidad dentro de una aplicación, permitiendo a los desarrolladores construir software más robusto y resiliente.

Ejemplo: Uso de Try-Catch Anidados

```javascript
try {
    performTask();
} catch (error) {
    console.error('High-level error handler:', error);
    try {
        recoverFromError();
    } catch (recoveryError) {
        console.error('Failed to recover:', recoveryError);
    }
}

function performTask() {
    throw new Error("Something went wrong!");
}

function recoverFromError() {
    throw new Error("Recovery attempt failed!");
}
```

Esta estructura permite manejar errores e intentos de recuperación de manera distinta, proporcionando múltiples capas de respaldo y asegurando que se intenten todas las opciones posibles de recuperación.

La función performTask se llama dentro del bloque try externo. Esta función, cuando se invoca, está diseñada intencionalmente para lanzar un error con el mensaje "Something went wrong!". La declaración throw en JavaScript se usa para crear errores personalizados. Cuando se lanza un error, el tiempo de ejecución de JavaScript detiene inmediatamente la ejecución de la función actual y salta al bloque catch de la estructura try-catch más cercana. En este caso, el bloque catch registra el mensaje de error en la consola utilizando console.error.

La función console.error es similar a console.log, pero también incluye el seguimiento de la pila en la consola del navegador y está estilizada de manera diferente (generalmente en rojo) para destacarse como un error. El mensaje de error 'High-level error handler:' se registra junto con el error capturado.

Dentro de este bloque catch, hay un bloque try-catch anidado. Este bloque try anidado llama a la función recoverFromError. Esta función es un mecanismo de recuperación hipotético que se activa cuando performTask falla. Pero al igual que performTask, recoverFromError también está diseñada para lanzar un error diciendo "Recovery attempt failed!".

El propósito de esto es simular un escenario donde el propio mecanismo de recuperación falla. En aplicaciones del mundo real, el mecanismo de recuperación podría involucrar acciones como volver a intentar la operación fallida, cambiar a un servicio de respaldo o pedir al usuario que proporcione una entrada válida, y es posible que estas acciones también fallen.

Si la recuperación falla y lanza un error, el bloque catch anidado captura este error y lo registra en la consola con el mensaje 'Failed to recover:'.

Este script es una representación simplificada de cómo podrías manejar errores e intentos de recuperación en JavaScript. En una aplicación real, tanto performTask como recoverFromError tendrían una lógica más compleja, y podría haber manejo de errores adicional e intentos de recuperación en varios niveles de la aplicación.

8.1.5 Manejo de Errores Asíncronos

Manejar errores de operaciones asíncronas dentro de bloques try, catch, finally requiere una consideración especial, especialmente al usar Promesas o async/await.

El manejo de errores asíncronos se refiere a un método de programación utilizado para gestionar y resolver errores que ocurren durante operaciones asíncronas. Las operaciones asíncronas son tareas que pueden ocurrir independientemente del flujo principal del programa, lo que significa que no necesitan esperar a que otras tareas se completen antes de que puedan comenzar.

En JavaScript, las tareas asíncronas a menudo están representadas por Promesas o pueden manejarse utilizando la sintaxis async/await. Las operaciones asíncronas pueden ser recursos obtenidos de una red, operaciones del sistema de archivos o cualquier operación que dependa de algún tipo de tiempo de espera.

Cuando se usan operaciones asíncronas dentro de un bloque try-catch-finally, se necesita una consideración especial para manejar los posibles errores. Esto se debe a que el bloque try se completará antes de que la Promesa se resuelva o la función async complete su ejecución, por lo que cualquier error que ocurra dentro de la Promesa o la función async no será capturado por el bloque catch.

Una forma de manejar errores asíncronos es adjuntando manejadores .catch a la Promesa. Alternativamente, si estás utilizando async/await, puedes usar un bloque try-catch dentro de una función async. Cuando ocurre un error en el bloque try de una función async, puede ser capturado en el bloque catch al igual que los errores síncronos.

Ejemplo 1:

```
async function fetchData() {
    try {
        const response = await fetch('<https://api.example.com/data>');
        const data = await response.json();
        console.log('Fetched data:', data);
    } catch (error) {
        console.error('Failed to fetch data:', error);
    } finally {
        console.log('Fetch attempt completed.');
    }
}

fetchData();
```

En este ejemplo, la función asíncrona fetchData intenta obtener datos de una API y convertir la respuesta a formato JSON. Si alguna de estas operaciones falla, el error se captura en el bloque catch y se registra en la consola. Independientemente de si ocurre un error, el bloque finally registra 'Fetch attempt completed.' en la consola. Este manejo de errores asíncronos puede hacer que el código asíncrono sea más fácil de leer y gestionar, de manera similar a cómo se maneja el código síncrono.

La función utiliza la API fetch, una función incorporada en el navegador para realizar solicitudes HTTP. La API fetch devuelve una Promesa que se resuelve en el objeto Response que representa la respuesta a la solicitud. Esta promesa puede cumplirse (si la operación fue exitosa) o rechazarse (si la operación falló).

Dentro de la función fetchData, el bloque try se usa para encapsular el código que podría potencialmente arrojar un error. En este caso, dos operaciones están contenidas dentro del bloque try. Primero, la función realiza una solicitud fetch a la URL 'https://api.example.com/data'. Esta operación se antepone con la palabra clave await, lo que hace que JavaScript espere hasta que la Promesa se resuelva y devuelva su resultado.

Si la operación fetch tiene éxito, la función luego intenta analizar los datos de la respuesta en formato JSON utilizando el método response.json(). Este método también devuelve una promesa que se resuelve con el resultado de analizar el texto del cuerpo como JSON, por lo tanto, se usa nuevamente la palabra clave await.

Si ambas operaciones tienen éxito, la función registra los datos obtenidos en la consola utilizando console.log.

En caso de un error durante la operación fetch o al convertir la respuesta en JSON, se ejecutará el bloque catch. El bloque catch actúa como un mecanismo de respaldo, permitiendo que el programa maneje errores o excepciones de manera elegante sin bloquearse por completo. Si ocurre un error, la función registra el mensaje de error en la consola utilizando console.error.

El bloque finally contiene el código que se ejecutará independientemente de si ocurrió un error o no. Esto es útil para realizar operaciones de limpieza o registros que no dependen del éxito de las operaciones en el bloque try. En este caso, registra 'Fetch attempt completed.' en la consola.

Después de definir la función fetchData, se llama y se ejecuta utilizando fetchData(). Esto desencadena las operaciones de la función, comenzando la operación asíncrona fetch.

Mejores Prácticas para Usar Try, Catch, Finally

- **Minimiza el Código en los Bloques Try**: Es una buena práctica incluir solo el código que podría potencialmente arrojar una excepción dentro de los bloques try. De esta manera, puedes evitar capturar excepciones no intencionadas que podrían ser difíciles de depurar y podrían llevar a información de error engañosa. Al aislar el código que podría fallar, puedes gestionar las excepciones de manera más efectiva.

- **Sé Específico con los Tipos de Errores en los Bloques Catch**: Al capturar errores, es aconsejable ser lo más específico posible con respecto a los tipos de errores que estás manejando. Esta precisión ayuda a evitar enmascarar problemas no relacionados que podrían estar ocurriendo en tu código. Al especificar los tipos de excepciones, puedes tener más control sobre el manejo de errores y proporcionar una retroalimentación más precisa a los usuarios.
- **Limpia Recursos en los Bloques Finally**: Siempre usa el bloque finally para asegurarte de que todas las operaciones de limpieza necesarias se realicen. Esto podría incluir cerrar archivos o liberar conexiones de red, entre otras tareas. Esto es crucial independientemente de si ocurrió un error o no. Asegurarte de que los recursos se liberen o cierren adecuadamente puede prevenir fugas de memoria y otros problemas relacionados, mejorando la robustez de tu código.

Dominar el uso de try, catch, finally en JavaScript es crucial para escribir aplicaciones robustas, confiables y amigables para el usuario. Al emplear técnicas avanzadas y adherirse a las mejores prácticas, puedes gestionar eficazmente una amplia gama de condiciones de error y asegurarte de que tus aplicaciones se comporten de manera predecible incluso en condiciones adversas.

8.2 Lanzamiento de Errores

En el desarrollo de software, el empleo estratégico del lanzamiento de errores es una faceta integral para desarrollar un mecanismo de manejo de errores robusto. Esta técnica crítica empodera a los desarrolladores para hacer cumplir condiciones específicas, asegurar la validación de datos y gestionar el flujo de ejecución de manera metódica y controlada, mejorando así la confiabilidad y el rendimiento general de la aplicación.

En la sección siguiente de este documento, profundizaremos en el uso matizado de la declaración 'throw', una herramienta poderosa en JavaScript, para diseñar e implementar condiciones de error personalizadas. Esta exploración incluirá una guía paso a paso sobre cómo gestionar y abordar eficazmente estos errores inducidos intencionalmente.

Al dominar estas técnicas, puedes mantener la integridad de tus aplicaciones, al tiempo que mejoras su confiabilidad y robustez, incluso frente a circunstancias inesperadas o entradas de datos.

8.2.1 Comprender throw en JavaScript

La declaración throw en JavaScript se utiliza para crear un error personalizado. Cuando se lanza un error, el flujo normal del programa se detiene y el control se pasa al manejador de excepciones más cercano, típicamente un bloque catch.

La declaración throw en JavaScript es una herramienta poderosa utilizada para crear y lanzar errores personalizados. La función principal de throw es detener la ejecución normal del código y pasar el control al manejador de excepciones más cercano, que generalmente es un bloque catch dentro de una declaración try...catch. Esto es particularmente útil para hacer cumplir reglas y condiciones en tu código, como la validación de entradas, y para señalar que algo inesperado o erróneo ha ocurrido y que el programa no puede manejar o recuperarse de ello.

Por ejemplo, podrías usar una declaración throw cuando una función recibe un argumento que está fuera de un rango aceptable, o cuando un recurso requerido (como una conexión de red o un archivo) no está disponible. Cuando se encuentra una declaración throw, el intérprete de JavaScript detiene inmediatamente la ejecución normal y busca el bloque catch más cercano para manejar la excepción.

Aquí está la sintaxis básica de una declaración throw:

```
throw expression;
```

En esta sintaxis, expression puede ser una cadena, número, booleano o, más comúnmente, un objeto Error. El objeto Error se usa típicamente porque incluye automáticamente un seguimiento de pila que puede ser extremadamente útil para la depuración.

Aquí hay un ejemplo de cómo lanzar un error simple:

```
function checkAge(age) {
    if (age < 18) {
        throw new Error("Access denied - you are too young!");
    }
    console.log("Access granted.");
}

try {
    checkAge(16);
} catch (error) {
    console.error(error.message);
}
```

En este ejemplo, la función checkAge lanza un error si la edad es inferior a 18. Este error se captura en el bloque catch, donde se muestra un mensaje apropiado.

Además del objeto Error estándar proporcionado por JavaScript, también puedes definir tipos de errores personalizados extendiendo la clase Error. Esto permite un manejo de errores más matizado y distingue mejor las diferentes condiciones de error en tu código.

Por ejemplo, podrías definir una clase ValidationError para manejar errores de validación de entradas, proporcionando mayor claridad y granularidad en tu estrategia de manejo de errores.

Como una buena práctica, es importante usar mensajes de error significativos, considerar los tipos de errores, lanzar errores temprano y documentar cualquier error que tus funciones puedan lanzar.

En conclusión, entender cómo usar la declaración throw en JavaScript es crucial para un manejo efectivo de errores, ya que te permite controlar el flujo del programa, hacer cumplir condiciones específicas y gestionar errores de manera metódica y controlada.

8.2.2 Tipos de Errores Personalizados

Aunque JavaScript proporciona un objeto Error estándar, a menudo es beneficioso definir tipos de errores personalizados. Esto se puede lograr extendiendo la clase Error. Los errores personalizados son útiles para un manejo de errores más detallado y para distinguir diferentes tipos de condiciones de error en tu código.

Los Tipos de Errores Personalizados son errores definidos por el usuario en programación que extienden los tipos de errores incorporados. Son particularmente beneficiosos cuando el error que necesitas lanzar es específico de la lógica de negocio o del dominio del problema de tu aplicación, y los tipos de errores estándar proporcionados por el lenguaje de programación no son suficientes.

En el contexto de JavaScript, como en el ejemplo proporcionado, puedes definir un tipo de error personalizado extendiendo la clase Error incorporada. Esto te permite crear un error nombrado con un mensaje específico. El error personalizado puede ser lanzado cuando se cumple una cierta condición.

En el ejemplo dado, se define un error personalizado llamado ValidationError. Este error es lanzado por la función validateUsername si el nombre de usuario proporcionado no cumple con la condición requerida, que es tener al menos 4 caracteres de longitud.

Este tipo de error personalizado puede ser específicamente manejado en un bloque try-catch. En el bloque catch, se verifica si el error capturado es una instancia de ValidationError. Si lo es, se registra un mensaje de error específico en la consola. Si no lo es, se registra un mensaje de error genérico diferente.

Definir tipos de errores personalizados permite un manejo de errores más detallado y específico. Permite a los desarrolladores distinguir entre diferentes tipos de condiciones de error en su código, y manejar cada error de una manera que sea apropiada y específica para ese error. Esto puede mejorar enormemente la depuración, los informes de errores y la robustez general de una aplicación.

Ejemplo: Definiendo un Tipo de Error Personalizado

```javascript
class ValidationError extends Error {
    constructor(message) {
        super(message); // Call the superclass constructor with the message
        this.name = "ValidationError";
        this.date = new Date();
    }
}

function validateUsername(username) {
    if (username.length < 4) {
        throw new ValidationError("Username must be at least 4 characters long.");
    }
}

try {
    validateUsername("abc");
} catch (error) {
    if (error instanceof ValidationError) {
        console.error(`${error.name} on ${error.date}: ${error.message}`);
    } else {
        console.error('Unexpected error:', error);
    }
}
```

Este ejemplo introduce una clase ValidationError para manejar errores de validación. Proporciona una indicación clara de que el error está específicamente relacionado con la validación, añadiendo una capa adicional de claridad al proceso de manejo de errores.

En la clase ValidationError, que extiende la clase Error incorporada en JavaScript, se utiliza el método constructor para crear una nueva instancia de un ValidationError. El constructor acepta un parámetro message y lo pasa al constructor de la superclase (Error). También establece la propiedad name en 'ValidationError' y la propiedad date en la fecha actual.

En la función validateUsername, se evalúa el nombre de usuario de entrada. Si la longitud del nombre de usuario es menor a 4 caracteres, se lanza un nuevo ValidationError con un mensaje de error específico.

El mecanismo try-catch se utiliza para manejar posibles errores lanzados por la función validateUsername. Si la función lanza un ValidationError (lo que hará cuando el nombre de usuario tenga menos de 4 caracteres), el error se captura y se registra en la consola con un mensaje de error específico. Si el error no es un ValidationError, se considera un error inesperado y se registra como tal.

El ejemplo también discute el uso de bloques try-catch anidados, que pueden ser útiles en aplicaciones complejas para manejar errores en diferentes capas de la lógica. Se proporciona un ejemplo donde una operación de alto nivel involucra varias sub-operaciones, cada una de las cuales podría fallar potencialmente. Al anidar los bloques try-catch, puedes manejar errores al nivel de cada sub-operación mientras también proporcionas una red de seguridad a nivel alto.

Además, se discute el manejo de errores asíncronos, especialmente al usar Promesas o async/await. Se explica que se necesita una consideración especial porque el bloque try se completará antes de que la Promesa se resuelva o la función async complete su ejecución, por lo que cualquier error que ocurra dentro de la Promesa o la función async no será capturado por el bloque catch. Se proporciona un ejemplo para ilustrar esto.

Finalmente, se cubren las mejores prácticas para usar bloques try-catch-finally, incluyendo minimizar el código en los bloques try, ser específico con los tipos de errores en los bloques catch y limpiar recursos en los bloques finally. Luego se detalla sobre el lanzamiento de errores y la creación de tipos de errores personalizados, explicando por qué estas técnicas son cruciales para un manejo efectivo de errores en aplicaciones JavaScript.

Mejores Prácticas al Lanzar Errores

- **Usar mensajes de error significativos**: Es importante asegurarse de que los mensajes de error que tu código lanza sean descriptivos y útiles para identificar y rectificar problemas. Deben incluir suficientes detalles para que cualquiera que los lea pueda entender completamente el contexto en el que ocurrió el error.
- **Considerar los tipos de errores**: Siempre usa tipos de errores específicos donde sea apropiado. Al hacer esto, puedes asistir en gran medida con las estrategias de manejo de errores porque se vuelve más fácil implementar diferentes respuestas para

diferentes tipos de errores. Esto puede agilizar el proceso de depuración y ayudar a prevenir problemas adicionales.

- **Lanzar errores temprano**: Es vital lanzar errores lo antes posible, idealmente en el momento en que se detecta algo incorrecto. Esto ayuda a prevenir la ejecución posterior de cualquier operación que podría estar potencialmente corrupta, minimizando así el riesgo de que se desarrollen problemas más graves más adelante.
- **Documentar los errores lanzados**: Asegúrate de documentar cualquier error que tus funciones puedan lanzar en la documentación o comentarios de la función. Esto es particularmente crucial cuando se trata de API públicas y bibliotecas, ya que asegura que otros que usen tu código puedan entender cuáles son los posibles problemas y cómo pueden solucionarse.

Lanzar y manejar errores de manera efectiva son habilidades fundamentales en la programación JavaScript. Al usar la declaración throw de manera responsable y definiendo tipos de errores personalizados, puedes mejorar en gran medida la robustez y la usabilidad de tus aplicaciones. Entender estos conceptos te permite prevenir estados erróneos, guiar la ejecución de la aplicación y proporcionar retroalimentación significativa a los usuarios y otros desarrolladores, contribuyendo a la estabilidad y confiabilidad general de la aplicación.

8.2.3 Información Contextual de Errores

Al lanzar errores, incluir información contextual puede ayudar significativamente en la depuración y resolución de errores. Esto implica no solo indicar qué salió mal, sino dónde y por qué salió mal, lo cual puede ser crucial para identificar y solucionar problemas rápidamente.

En el contexto de la programación, un mensaje de error típicamente incluye una descripción del problema. Sin embargo, solo tener esta descripción puede no ser suficiente para diagnosticar y solucionar el problema. Por lo tanto, es importante proporcionar información adicional sobre el estado del sistema o la aplicación cuando ocurrió el error.

Por ejemplo, si ocurre un error mientras se procesa un pago en una tienda en línea, el mensaje de error podría indicar que el pago ha fallado. Pero para identificar la causa del problema, sería útil tener información adicional, como los detalles de la cuenta del usuario, el método de pago utilizado, la hora en que ocurrió el error y cualquier código de error devuelto por la pasarela de pago.

Incluir información contextual en los mensajes de error puede ayudar significativamente en la depuración y resolución de errores. Esto implica no solo indicar qué salió mal, sino dónde y por qué salió mal, lo cual puede ser crucial para identificar y solucionar problemas rápidamente. Esta información luego puede usarse para mejorar la robustez de la aplicación y prevenir que tales errores ocurran en el futuro.

Por ejemplo, si ciertos errores siempre ocurren con tipos específicos de métodos de pago, entonces el código de procesamiento de pagos para esos métodos puede ser revisado y mejorado. O si ciertos errores siempre ocurren en momentos específicos, esto podría indicar un problema con la carga del servidor, lo que llevaría a mejorar la capacidad o el rendimiento del servidor.

En conclusión, la información contextual de errores es una parte crucial del manejo y resolución de errores en el desarrollo de software, ayudando a los desarrolladores a diagnosticar problemas, mejorar la robustez de la aplicación y proporcionar mejores experiencias a los usuarios.

Ejemplo: Incluyendo Contexto en los Errores

```javascript
function processPayment(amount, account) {
    if (amount <= 0) {
        throw new Error(`Invalid amount: ${amount}. Amount must be greater than
zero.`);
    }
    if (!account.isActive) {
        throw new Error(`Account ${account.id} is inactive. Cannot process payment.`);
    }
    // Process the payment
}

try {
    processPayment(0, { id: 123, isActive: true });
} catch (error) {
    console.error(`Payment processing error: ${error.message}`);
}
```

Este fragmento de código incluye detalles específicos en los mensajes de error, como la cantidad que causó el fallo y el estado de la cuenta, lo cual puede ser inmensamente útil durante la resolución de problemas.

Cuenta con una función llamada processPayment diseñada para procesar pagos. La función toma dos parámetros: amount, que se refiere a la cantidad a pagar, y account, que se refiere a la cuenta desde la cual se realizará el pago.

Dentro de la función processPayment, hay dos declaraciones condicionales que verifican condiciones específicas y lanzan errores si las condiciones no se cumplen.

La primera declaración if verifica si el amount es menor o igual a cero. Esta es una validación básica para asegurar que la cantidad del pago sea un número positivo. Si el amount es menor o igual a cero, la función lanza un error con un mensaje que indica que la cantidad es inválida y que debe ser mayor que cero.

La segunda declaración if verifica si la account está activa revisando el atributo isActive del objeto account. Si la cuenta no está activa, la función lanza un error indicando que la cuenta está inactiva y no puede procesar el pago.

Estos mensajes de error son útiles porque proporcionan información contextual sobre lo que salió mal, lo cual puede ayudar en la depuración y resolución de errores.

Después de la definición de la función processPayment, se utiliza un bloque try-catch para probar la función. El mecanismo try-catch en JavaScript se utiliza para manejar excepciones (errores) que se lanzan durante la ejecución del código dentro del bloque try.

En este caso, la función processPayment se llama dentro del bloque try con una cantidad de 0 y una cuenta activa. Debido a que la cantidad es 0, esto activará el error en la primera declaración if de la función processPayment.

Cuando se lanza este error, la ejecución del bloque try se detiene y el control pasa al bloque catch. El bloque catch captura el error y ejecuta su propio bloque de código, que en este caso, es registrar el mensaje de error en la consola.

Este es un patrón común en JavaScript para manejar errores y excepciones de manera elegante, evitando que estos bloqueen todo el programa y permitiendo que se muestren o registren mensajes de error más informativos.

8.2.4 Encadenamiento de Errores

El encadenamiento de errores es un concepto de programación que ocurre en aplicaciones complejas donde los errores a menudo resultan de otros errores. En tales situaciones, JavaScript permite encadenar errores al incluir un error original como parte de un nuevo error. Esto proporciona un rastro de lo que salió mal en cada paso, permitiendo a los desarrolladores rastrear la progresión de errores a través de la cadena.

Este método de manejo de errores es particularmente útil en escenarios donde los errores de bajo nivel necesitan transformarse en errores de mayor nivel más significativos para el código que llama. Ayuda a mantener la información del error original, que puede ser crucial para la depuración, mientras también proporciona contexto adicional sobre la operación de alto nivel que falló.

Por ejemplo, considera un caso donde una operación de base de datos de bajo nivel falla. Este error de bajo nivel puede ser capturado y envuelto en un nuevo error de alto nivel, como DatabaseError. El nuevo error incluye el error original como causa, preservando la información del error original y proporcionando más contexto sobre la operación de alto nivel que falló.

Aquí hay un ejemplo de código que ilustra esto:

```
class DatabaseError extends Error {
    constructor(message, cause) {
        super(message);
        this.name = 'DatabaseError';
        this.cause = cause;
    }
}

function updateDatabase(entry) {
    try {
        // Simulate a database operation that fails
        throw new Error('Low-level database error');
    } catch (err) {
        throw new DatabaseError('Failed to update database', err);
    }
}

try {
    updateDatabase({ data: 'some data' });
} catch (error) {
    console.error(`${error.name}: ${error.message}`);
    if (error.cause) {
        console.error(`Caused by: ${error.cause.message}`);
    }
}
```

En este ejemplo, un DatabaseError encapsula un error de nivel inferior, preservando la información del error original y proporcionando más contexto sobre la operación de alto nivel que falló. Cuando se registra el error, se muestran tanto los mensajes de error de alto nivel como de bajo nivel, proporcionando una imagen clara de lo que salió mal en cada paso.

Al principio, se define una clase de error personalizada llamada DatabaseError. Esta clase extiende la clase incorporada Error en JavaScript, formando una subclase que hereda todas las propiedades y métodos de la clase Error pero también añade algunas personalizadas. En la clase DatabaseError, se define una función constructora que acepta dos parámetros: message y cause. El parámetro message se pasa al constructor de la superclase (Error) usando la palabra clave super, mientras que cause se almacena en una propiedad del mismo nombre. La propiedad name también se establece en DatabaseError para indicar el tipo de error.

La función updateDatabase es donde ocurre una operación de base de datos simulada. Esta operación está diseñada para fallar y por lo tanto lanza un error, indicado por la declaración throw. El mensaje de error aquí es "Low-level database error", indicando un error típico que podría ocurrir a nivel de base de datos. Este error se captura inmediatamente en el bloque catch que sigue al bloque try.

En el bloque catch, el error capturado (denotado por err) se encapsula en un DatabaseError y se lanza de nuevo. Esto es un ejemplo de encadenamiento de errores, donde un error de bajo nivel se captura y se encapsula en un error de alto nivel. El error original se pasa como la causa del DatabaseError, preservando la información del error original mientras se proporciona contexto adicional sobre la operación que falló (en este caso, actualizar la base de datos).

A continuación, la función updateDatabase se invoca dentro de un bloque try. Se espera que esta llamada a la función lance un DatabaseError debido a la falla simulada de la base de datos. Este error luego se captura en el bloque catch.

En el bloque catch, el mensaje de error se registra en la consola. Si hay una causa adicional presente (lo cual será el caso aquí, ya que el DatabaseError incluye una cause), el mensaje del error de causa también se registra en la consola, precedido por el texto 'Caused by: '.

De esta manera, se muestran tanto el mensaje de error de alto nivel ('Failed to update database') como el mensaje de error de bajo nivel ('Low-level database error'), proporcionando una visión clara de lo que salió mal en cada paso.

Este concepto de crear y usar tipos de errores personalizados es una herramienta poderosa en el manejo de errores. Permite una generación de informes de errores más matizada y detallada, haciendo que la depuración y la resolución sean más fáciles y eficientes. La práctica del encadenamiento de errores demostrada aquí es particularmente útil en aplicaciones complejas donde los errores de bajo nivel necesitan transformarse en errores de alto nivel más significativos.

8.2.5 Lanzamiento Condicional de Errores

A veces, el lanzamiento de un error puede depender de múltiples condiciones o del estado de la aplicación. Gestionar estratégicamente estas condiciones puede prevenir el lanzamiento innecesario de errores y hacer que la lógica de tu aplicación sea más clara y predecible.

En muchos lenguajes de programación, puedes crear un conjunto de condiciones que, cuando se cumplen, desencadenarán el lanzamiento de un error por parte del sistema. Estas condiciones pueden ser cualquier cosa que el programador defina; por ejemplo, podría ser cuando una función recibe un argumento que está fuera de un rango aceptable, cuando un recurso requerido (como una conexión de red o un archivo) no está disponible, o cuando una operación produce un resultado que no es el esperado.

El propósito de lanzar estos errores es prevenir que el programa continúe en un estado erróneo y alertar a los desarrolladores o usuarios sobre problemas que el programa no puede manejar o de los cuales no puede recuperarse.

Por ejemplo, considera una función que se supone que debe leer datos de un archivo y realizar algunas operaciones sobre ellos. Si el archivo no existe o no es accesible por alguna razón, la función no puede realizar su trabajo. En tales casos, en lugar de continuar la ejecución y posiblemente producir resultados incorrectos, la función puede lanzar un error indicando que el archivo requerido no está disponible.

Una vez que se lanza un error, la ejecución normal del programa se detiene y el control pasa a una rutina especial de manejo de errores, que puede estar diseñada para manejar el error de manera controlada y tomar medidas apropiadas, como registrar el error, notificar al usuario o al desarrollador, o intentar una operación de recuperación.

El lanzamiento condicional de errores es una herramienta poderosa para manejar situaciones inesperadas en aplicaciones de software. Al lanzar errores bajo condiciones específicas, los programadores pueden asegurar que sus aplicaciones se comporten de manera predecible bajo condiciones de error, haciéndolas más robustas y confiables.

Ejemplo: Lanzamiento Condicional de Errores

```javascript
function loadData(data) {
    if (!data) {
        throw new Error('No data provided.');
    }

    if (data.isLoaded && !data.isDirty) {
        console.log('Data is already loaded and not dirty.');
        return;  // No need to throw an error if the data is already loaded and not
dirty
    }

    // Assume data needs reloading
    console.log('Reloading data...');
}

try {
    loadData(null);
} catch (error) {
    console.error(`Error loading data: ${error.message}`);
}
```

Este ejemplo muestra cómo las condiciones alrededor del estado de los datos influyen en si se lanza un error, promoviendo un manejo de datos eficiente y libre de errores.

Dentro de la función loadData, la primera operación es una verificación condicional para ver si el argumento data existe. Si el argumento data no se proporciona o es null, la función lanza un error con el mensaje "No data provided.". Este es un ejemplo de manejo de errores "fail-fast", donde la función detiene inmediatamente la ejecución cuando encuentra una condición de error.

Luego, la función verifica dos propiedades del argumento data: isLoaded e isDirty. Si los datos ya están cargados (data.isLoaded es true) y los datos no están sucios (data.isDirty es false), simplemente registra un mensaje "Data is already loaded and not dirty." y sale de la función. En este caso, la función considera que no hay necesidad de proceder con la carga de los datos porque ya están cargados y no han cambiado desde que se cargaron.

Si no se cumplen ninguna de las condiciones anteriores, la función asume que los datos necesitan ser recargados. Luego registra un mensaje "Reloading data...".

La función loadData se llama dentro de un bloque try, pasando null como argumento. Dado que null no es un argumento válido para la función loadData (ya que espera un objeto con las propiedades isLoaded y isDirty), esto resulta en lanzar un error con el mensaje "No data provided.".

El bloque try se empareja con un bloque catch, que está diseñado para manejar cualquier error lanzado en el bloque try. Cuando la función loadData lanza un error, el bloque catch captura este error y ejecuta su código. En este caso, registra un mensaje de error en la consola, incluyendo el mensaje del error capturado.

Este código, por lo tanto, demuestra un patrón común en JavaScript para trabajar con posibles errores: lanzar errores cuando una función no puede proceder correctamente y capturar esos errores para manejarlos adecuadamente y prevenir que bloqueen todo el programa.

Mejores Prácticas para Lanzar Errores

- **Consistencia**: Es crucial mantener la consistencia en la forma y el momento en que lanzas errores en toda tu aplicación. Al hacerlo, creas un entorno predecible, lo que a su vez hace que tu código sea más fácil de comprender y mantener tanto para ti como para otros desarrolladores.
- **Documentación**: En la documentación de la API, asegúrate de documentar los tipos de errores que tus funciones son capaces de lanzar. Este nivel de transparencia es

beneficioso ya que ayuda a otros desarrolladores a prever y gestionar posibles excepciones, reduciendo así la probabilidad de problemas inesperados.

- **Pruebas**: No olvides incluir pruebas específicamente para tu lógica de manejo de errores. Es importante recordar que asegurar que tu aplicación se comporte correctamente bajo condiciones de error es tan vital como su operación normal. Las pruebas robustas bajo una variedad de condiciones ayudan a garantizar que los errores inesperados no descarrilen el rendimiento de tu aplicación.

Manejar y lanzar errores efectivamente es esencial para construir software resistente. Al incorporar técnicas avanzadas como información contextual, encadenamiento de errores y lanzamiento condicional, junto con adherirse a las mejores prácticas, puedes mejorar la estabilidad de tu aplicación y proporcionar una mejor experiencia tanto para los usuarios como para los desarrolladores.

8.3 Pruebas Unitarias y Pruebas de Integración

En el complejo e intrincado proceso del desarrollo de software, un aspecto se destaca como primordial para la creación de software robusto, confiable y mantenible: las pruebas rigurosas. Profundizando en esta parte integral del ciclo de vida del software, encontramos dos métodos críticos de pruebas que tienen una importancia significativa: las pruebas unitarias y las pruebas de integración.

Las pruebas unitarias, como su nombre sugiere, se centran en probar componentes individuales o "unidades" del software para asegurar que funcionen como se espera bajo varias condiciones. Por otro lado, las pruebas de integración toman una perspectiva más amplia, evaluando cómo estas unidades individuales interactúan y trabajan juntas como un todo cohesivo, asegurando una funcionalidad sin problemas.

Estas metodologías de pruebas, cuando se entienden e implementan correctamente, forman la columna vertebral de un desarrollo de software eficiente y efectivo. Sirven a un doble propósito: en primer lugar, reducen significativamente la probabilidad de que errores o fallos se escapen y lleguen al producto final; en segundo lugar, facilitan el mantenimiento al hacer más fácil identificar y rectificar problemas dentro del sistema.

Promoviendo una cultura de pruebas exhaustivas, los desarrolladores pueden no solo mejorar la calidad de su software, sino también mejorar su fiabilidad y longevidad, llevando en última instancia a una mayor satisfacción del usuario.

8.3.1 Pruebas Unitarias

Las pruebas unitarias son un aspecto crucial de las pruebas de software donde se prueban componentes individuales o unidades de un software. El propósito principal de las pruebas unitarias es verificar que cada unidad del software funcione como se espera y fue diseñada, bajo una variedad de condiciones. Una unidad puede ser una función, método, módulo u objeto individual en un lenguaje de programación.

En las pruebas unitarias, las unidades se prueban de manera aislada del resto del sistema para asegurar que la prueba solo cubra la funcionalidad de la unidad en sí misma. Este enfoque en una sola unidad ayuda a identificar y corregir errores temprano en el ciclo de desarrollo, haciendo de las pruebas unitarias un aspecto clave del desarrollo de software.

Las pruebas unitarias se caracterizan por la automatización y la repetibilidad. Las pruebas a menudo se automatizan para ejecutarse con cada compilación o a través de un sistema de integración continua para asegurar que todas las pruebas se ejecuten. Esta automatización es crucial para identificar y corregir problemas o errores de manera oportuna. Además, las pruebas unitarias pueden ejecutarse múltiples veces bajo las mismas condiciones y deberían producir los mismos resultados cada vez, asegurando la consistencia y confiabilidad de la unidad de software.

Por ejemplo, en JavaScript, una prueba unitaria simple puede escribirse para una función add usando un marco de pruebas como Jest o Mocha. La prueba verificaría que la función add sume correctamente dos números.

Las pruebas unitarias son una parte fundamental del proceso de desarrollo de software, contribuyendo significativamente a la producción de software robusto, confiable y de alta calidad.

Características de las Pruebas Unitarias:

- **Aislamiento**: En este procedimiento de pruebas, se examinan unidades individuales dentro del sistema de manera aislada del resto del sistema integrado. Esto se hace para asegurar que la prueba se enfoque únicamente en la funcionalidad de la unidad en sí. Este enfoque permite una identificación más precisa de cualquier error o problema potencial dentro de cada unidad.
- **Automatización**: El proceso de pruebas está automatizado, lo que significa que las pruebas están programadas para ejecutarse automáticamente con cada nueva compilación. Esto también puede facilitarse a través de un sistema de integración continua. El objetivo de esta automatización es asegurar que todas las pruebas se

ejecuten sin fallar, reduciendo así la posibilidad de error humano y aumentando la eficiencia general del procedimiento de pruebas.

- **Repetibilidad**: Una característica clave de estas pruebas es su repetibilidad. Pueden ejecutarse múltiples veces bajo las mismas condiciones. Esto es crucial ya que asegura que las pruebas deben producir los mismos resultados cada vez que se ejecuten. Este aspecto de la repetibilidad permite un seguimiento y detección consistentes de cualquier problema o error dentro del sistema.

Ejemplo: Prueba Unitaria de una Función Simple

```
function add(a, b) {
    return a + b;
}

describe('add function', () => {
    it('adds two numbers correctly', () => {
        expect(add(2, 3)).toBe(5);
    });
});
```

En este ejemplo, se escribe una prueba unitaria simple para una función add utilizando un framework de pruebas de JavaScript (como Jest o Mocha). La prueba verifica que la función add suma correctamente dos números.

La primera sección del código define una función llamada 'add'. El propósito de esta función es realizar una operación aritmética simple, que es la suma de dos números. Esta función recibe dos argumentos, denominados 'a' y 'b'. Devuelve el resultado de la suma de estos dos argumentos. La declaración 'return' se utiliza para especificar el valor que debe devolver una función. En este caso, devuelve la suma de 'a' y 'b'.

Siguiendo la definición de la función, hay un conjunto de pruebas para la función 'add'. La prueba es un aspecto crucial del desarrollo de software que asegura que el código se comporte como se espera. El framework de pruebas que se está utilizando en este código no se menciona explícitamente, pero se parece a la sintaxis utilizada por bibliotecas populares de pruebas de JavaScript como Jest o Mocha.

La función 'describe' se utiliza para agrupar pruebas relacionadas en un conjunto de pruebas. Aquí, agrupa las pruebas para la función 'add'. Toma dos argumentos: una cadena y una función de callback. La cadena 'add function' es una descripción del conjunto de pruebas que puede ser útil al leer los resultados de las pruebas. La función de callback contiene las pruebas reales.

Dentro del bloque 'describe', hay una función 'it' que define una sola prueba. La función 'it' también toma una cadena y una función de callback como argumentos. La cadena 'adds two numbers correctly' es una descripción de lo que se supone que debe hacer la prueba. La función de callback contiene la lógica de la prueba.

En esta prueba, se utiliza la función 'expect' para hacer una afirmación sobre el valor devuelto por la función 'add' cuando se llama con los argumentos 2 y 3. La función 'toBe' se llama sobre el resultado de la función 'expect' para afirmar que el valor devuelto debe ser idéntico a 5.

Si 'add(2, 3)' devuelve efectivamente 5, entonces esta prueba pasará. Si devuelve cualquier otro valor, la prueba fallará, indicando que hay un problema con la función 'add' que debe ser corregido.

Este fragmento de código es una demostración simple pero clara de la definición de funciones y las pruebas en JavaScript, mostrando cómo se pueden probar las funciones para asegurar que funcionen correctamente bajo diferentes escenarios.

8.3.2 Pruebas de Integración

Mientras que las pruebas unitarias cubren componentes individuales, las pruebas de integración se centran en los puntos de interacción entre esos componentes para asegurar que sus combinaciones produzcan los resultados deseados. Este tipo de pruebas es crucial para identificar problemas que ocurren cuando los módulos individuales se combinan.

Este tipo de pruebas es particularmente importante cuando múltiples componentes, que pueden haber sido desarrollados de forma independiente, se combinan para crear un sistema más grande. Permite descubrir problemas relacionados con la comunicación de datos entre módulos, llamadas a funciones o información compartida por el estado compartido u otros recursos.

Por ejemplo, considere un escenario donde una función debe pasar sus resultados a otra función para un procesamiento adicional. Cada función podría funcionar perfectamente cuando se prueba de forma independiente (pruebas unitarias), pero podrían surgir problemas cuando se combinan debido a razones como formatos de datos incompatibles, suposiciones incorrectas sobre el orden de ejecución u otras discrepancias. Las pruebas de integración están diseñadas para detectar tales problemas.

Además, las pruebas de integración pueden ayudar a verificar la funcionalidad, el rendimiento y los requisitos de fiabilidad a nivel del sistema. Pueden llevarse a cabo de manera descendente, ascendente o combinada.

- El enfoque de arriba hacia abajo prueba primero los componentes de alto nivel, utilizando stubs para los componentes de nivel inferior que aún no se han integrado.
- El enfoque de abajo hacia arriba prueba primero los componentes de nivel inferior, utilizando drivers para los componentes de alto nivel que aún no se han integrado.
- El enfoque combinado es una combinación de los enfoques de arriba hacia abajo y de abajo hacia arriba.

Las pruebas de integración generalmente son realizadas por un equipo de pruebas. Se realizan después de las pruebas unitarias y antes de las pruebas del sistema. Su objetivo principal es asegurar que los componentes integrados funcionen como se espera y que cualquier error que surja debido a las interacciones entre módulos sea detectado y corregido antes de que el sistema entre en las fases finales de pruebas o, peor aún, llegue al usuario final.

Características de las Pruebas de Integración:

- **Combinación de Módulos**: Este proceso está orientado a probar la integración de dos o más unidades. El objetivo principal es asegurar que su operación combinada e interacción lleven a la producción del resultado esperado. Este es un paso esencial para mantener la funcionalidad y fiabilidad del sistema en su conjunto.
- **Flujo de Datos y Flujo de Control**: Esto implica un examen minucioso tanto del flujo de datos entre módulos como de la lógica de control que integra los módulos sin problemas. Al asegurar tanto el flujo adecuado de datos como la lógica de control apropiada, se puede lograr una operación del sistema más eficiente y libre de errores.

Ejemplo: Pruebas de Integración para una Aplicación Web

```javascript
// Assuming an application with a user module and a database module
function getUser(id) {
    return database.findUserById(id);   // This function interacts with the database
module
}

describe('getUser integration', () => {
    it('retrieves a user correctly from the database', () => {
        // Mock the database.findUserById to return a specific user
        const mockId = 1;
        const mockUser = { id: mockId, name: 'John Doe' };
        jest.spyOn(database, 'findUserById').mockReturnValue(mockUser);

        const user = getUser(mockId);
        expect(user).toEqual(mockUser);
        expect(database.findUserById).toHaveBeenCalledWith(mockId);
    });
});
```

Este ejemplo demuestra una prueba de integración para una función que recupera datos de usuario de una base de datos. La función database.findUserById se simula para asegurar que la prueba se centre en los puntos de integración sin depender de la implementación real de la base de datos.

La función getUser(id) se comunica con un módulo de base de datos hipotético en el sistema, llamando específicamente a una función database.findUserById(id). Esta función interactúa con la base de datos para recuperar un registro de usuario asociado con el id dado.

La prueba de integración se crea dentro de un bloque describe, una construcción de prueba de Jest que agrupa pruebas relacionadas. En este caso, agrupa pruebas relacionadas con la 'integración de getUser'. Anidado dentro del bloque describe hay una prueba unitaria definida por la función it, otra construcción de Jest que especifica un solo caso de prueba. Este caso de prueba se titula 'recupera un usuario correctamente de la base de datos'.

Para probar la función getUser en aislamiento sin realizar llamadas reales a la base de datos, la función database.findUserById se simula usando jest.spyOn(database, 'findUserById').mockReturnValue(mockUser);. Esta línea reemplaza la función real con una función simulada que siempre devuelve un objeto de usuario predefinido, mockUser, cuando se llama. Esta técnica se conoce como simulación (mocking) y es una herramienta poderosa en pruebas porque permite controlar el comportamiento y la salida de una función durante una prueba.

El objeto de usuario simulado se define como const mockUser = { id: mockId, name: 'John Doe' };, representando a un usuario con ID 1 llamado 'John Doe'. Este es el objeto de usuario que se devuelve cuando se llama a database.findUserById durante la prueba.

La prueba real se lleva a cabo en las dos últimas líneas del bloque it. La función getUser se llama con mockId como su argumento y el usuario devuelto se compara con mockUser. Si getUser funciona correctamente, debería devolver un objeto de usuario idéntico a mockUser. Esto se verifica utilizando la función expect de Jest junto con el matcher toEqual.

La última línea verifica si la función database.findUserById se llamó con mockId como su argumento. Esto ayuda a verificar que getUser está haciendo la llamada correcta a la función de la base de datos con el argumento correcto.

Esta prueba asegura que la función getUser se está integrando correctamente con la función database.findUserById para recuperar datos de usuario de la base de datos. Demuestra el uso de simulaciones para aislar la función que se está probando y controlar el comportamiento de las dependencias durante una prueba.

8.3.3 Mejores Prácticas para las Pruebas

- **Mantenibilidad**: Es importante escribir pruebas que sean no solo fáciles de mantener, sino también fáciles de entender. A medida que tu base de código evoluciona y sufre cambios, tus pruebas deben ser simples de actualizar. Esto asegura que sigan siendo relevantes y efectivas, proporcionando los controles necesarios para tu código a medida que madura.
- **Cobertura**: Aunque es beneficioso aspirar a una alta cobertura de pruebas, es esencial priorizar y enfocarse en los caminos críticos. No todo el código necesita el mismo nivel de escrutinio o pruebas extensivas. En su lugar, concéntrate en áreas que sean cruciales para la funcionalidad de tu aplicación o que tengan un mayor riesgo de causar problemas significativos.
- **Integración Continua**: Incorporar pruebas en tu pipeline de integración continua (CI) es un paso clave para detectar posibles problemas temprano y con frecuencia. Esto te permite abordar los problemas rápidamente, asegurando que tu código sea consistentemente de alta calidad y reduciendo el riesgo de que los problemas persistan hasta las últimas etapas del desarrollo.

Las pruebas unitarias y de integración son cruciales para desarrollar software de alta calidad. Al asegurar que las unidades individuales funcionan correctamente y que se integran adecuadamente, los desarrolladores pueden construir sistemas más confiables y mantenibles. Implementar estas prácticas de prueba de manera efectiva no solo detecta errores temprano, sino que también apoya mejores decisiones de diseño, lo que lleva en última instancia a soluciones de software más robustas.

8.4 Herramientas y Bibliotecas para Pruebas (Jest, Mocha)

En el complejo y siempre cambiante ámbito del desarrollo de software, la selección de herramientas y bibliotecas apropiadas específicamente para fines de prueba puede tener un impacto profundo en la eficiencia, efectividad y facilidad general de tus esfuerzos de prueba. La elección del framework puede simplificar tu proceso o crear complejidades innecesarias, haciendo de este un factor importante a considerar para cualquier proyecto.

Esta sección del documento está dedicada a arrojar luz sobre dos de los frameworks de prueba de JavaScript más utilizados y bien considerados en el panorama moderno del desarrollo web: Jest y Mocha.

Cada uno de estos poderosos frameworks viene con su conjunto único de características, características y ecosistemas, que colectivamente contribuyen a hacerlos altamente adecuados para una variedad de escenarios de prueba distintivos dentro del contexto más amplio del desarrollo web. Aunque comparten algunas similitudes, las diferencias entre Jest y Mocha pueden hacer que uno sea más adecuado que el otro dependiendo de los requisitos y escenarios específicos del proyecto.

Entender las complejidades de estas herramientas, sus fortalezas y posibles debilidades, así como cómo utilizarlas de la manera más efectiva, es absolutamente crucial para cualquier desarrollador de software o equipo que busque implementar una estrategia de prueba robusta, completa y confiable. Esta comprensión puede optimizar tu flujo de trabajo, asegurar la calidad de tu código y, en última instancia, contribuir al éxito de tu proyecto de desarrollo de software.

8.4.1 Jest

Jest, desarrollado por Facebook, es un framework de pruebas de JavaScript encantador con un enfoque en la simplicidad y el soporte para aplicaciones web grandes. A menudo se prefiere por su configuración cero, lo que significa que puedes comenzar a escribir tus pruebas con una configuración mínima.

Jest es un framework de pruebas de JavaScript popular, robusto y rico en funciones desarrollado por Facebook. Está equipado con un conjunto extenso de características que lo convierten en una opción ideal para probar código JavaScript, incluyendo sintaxis ES6, y es particularmente favorecido en las comunidades de React y React Native.

Algunas de las características principales de Jest incluyen una configuración cero, lo que significa que funciona justo después de la instalación sin requerir ninguna configuración inicial. Esto lo hace muy amigable para principiantes y reduce el código boilerplate típicamente asociado con la configuración de un entorno de pruebas.

Jest también ofrece una biblioteca de simulaciones poderosa y flexible. Permite reemplazar la funcionalidad de JavaScript con datos o funciones simuladas, aislando el código bajo prueba y asegurando que tus pruebas se ejecuten de manera predecible. La biblioteca de simulaciones puede manejar simulaciones de funciones, simulaciones manuales y simulaciones de temporizadores, lo cual es útil al probar código que depende de los temporizadores integrados de JavaScript como setTimeout o setInterval.

Otra característica destacada es la capacidad de pruebas de instantáneas de Jest. Las pruebas de instantáneas comparan la salida de tu código (la "instantánea") con una versión almacenada. Si la salida cambia, la prueba falla. Esto es especialmente útil al probar componentes de React, ya que ayuda a asegurar que la interfaz de usuario no cambie inesperadamente.

Jest también ejecuta pruebas en paralelo, distribuyendo la carga de prueba entre las CPUs de tu máquina. Esto puede mejorar significativamente la velocidad de conjuntos de pruebas grandes y proporcionar retroalimentación más rápida, especialmente en entornos de integración continua (CI).

Una característica más notable es el soporte de Jest para pruebas asincrónicas. Las operaciones asincrónicas son comunes en JavaScript, y manejarlas correctamente en las pruebas puede ser complicado. Jest proporciona varios métodos para tratar esto, haciendo que sea sencillo probar código asincrónico.

En resumen, Jest es una solución de prueba completa para aplicaciones de JavaScript. Su amplia gama de características, facilidad de uso y capacidades poderosas lo convierten en una excelente opción para cualquier proyecto de JavaScript o React. Ya seas un principiante en pruebas o un probador experimentado, Jest tiene herramientas y funcionalidades que pueden simplificar tu proceso de pruebas y ayudarte a crear código robusto y libre de errores.

Características Clave de Jest:

- **Configuración Cero**: Jest se distingue por funcionar sin problemas con una configuración mínima desde el primer momento. Esta característica es particularmente notable y beneficiosa en proyectos que han sido creados utilizando Create React App, eliminando la necesidad de configuraciones que consumen tiempo.
- **Simulaciones y Espías Integrados**: Jest viene equipado con un conjunto completo de herramientas para simular funciones, módulos y temporizadores. Esta característica simplifica el proceso de prueba de módulos en aislamiento, ahorrando tiempo a los desarrolladores y mejorando la eficiencia y confiabilidad de las pruebas.
- **Pruebas de Instantáneas**: Jest admite pruebas de instantáneas, una funcionalidad importante para el desarrollo moderno. Las pruebas de instantáneas son particularmente útiles para asegurar que la interfaz de usuario no cambie inesperadamente, mejorando así la estabilidad y previsibilidad de la aplicación.
- **Ejecuciones de Pruebas en Paralelo**: Jest ejecuta automáticamente las pruebas en paralelo, utilizando múltiples CPUs. Esta característica mejora drásticamente la velocidad del conjunto de pruebas, lo que lleva a iteraciones más rápidas y ciclos de desarrollo más productivos.

Ejemplo: Una Prueba Simple con Jest

```
// sum.test.js
function sum(a, b) {
    return a + b;
}

test('adds 1 + 2 to equal 3', () => {
    expect(sum(1, 2)).toBe(3);
```

```
});
```

Para ejecutar esta prueba con Jest, simplemente necesitas instalar Jest (npm install --save-dev jest) y agregar un script a tu package.json: "test": "jest"

En la definición de la función, tenemos function sum(a, b), donde sum es el nombre de la función y a y b son los parámetros de esta función. Estos parámetros representan los dos números que vamos a sumar.

El cuerpo de la función contiene la instrucción return a + b;. Esta es la operación que realiza la función, que es sumar los parámetros a y b. La palabra clave return especifica el resultado que produce la función, que en este caso, es la suma de a y b.

Debajo de la definición de la función, hay una prueba de Jest definida usando la función test. La función test se usa para definir una prueba en Jest. Toma dos argumentos, una cadena y una función de callback. El argumento de cadena es una descripción de lo que se supone que debe hacer la prueba. En este caso, la descripción es 'adds 1 + 2 to equal 3'.

El argumento de la función de callback contiene la lógica de la prueba. Dentro de esta función, tenemos una llamada a la función expect expect(sum(1, 2)). La función expect se usa en Jest para probar valores. Toma el valor real que produce tu código como argumento, en este caso, el valor de retorno de llamar a sum(1, 2).

La llamada a la función expect es seguida por un método de coincidencia .toBe(3);. Los métodos de coincidencia se usan en Jest para afirmar cómo se deben comparar los valores esperados y reales. El método .toBe verifica si el valor real es el mismo que el valor esperado. Aquí, verifica si el resultado de sum(1, 2) es 3.

En resumen, este ejemplo es una demostración simple pero clara de la definición de funciones y pruebas en JavaScript. Define una función para sumar dos números y luego escribe una prueba para verificar que esta función funcione correctamente.

8.4.2 Mocha

Mocha es un potente framework de pruebas de JavaScript que se ejecuta tanto en Node.js como en el navegador, lo que lo convierte en una herramienta versátil para pruebas en diferentes entornos. Simplifica las pruebas asíncronas, haciéndolas directas y agradables para los desarrolladores.

Mocha ejecuta las pruebas de manera secuencial, lo que permite informes flexibles y precisos. Esta característica es particularmente útil al depurar, ya que asigna excepciones no detectadas a los casos de prueba correctos, facilitando la identificación de la fuente de un error.

Las características clave de Mocha incluyen su informe flexible y preciso, una interfaz rica que admite diferentes estilos de prueba como el Desarrollo Guiado por Comportamiento (BDD) y el Desarrollo Guiado por Pruebas (TDD), y compatibilidad con pruebas de JavaScript tanto del lado del cliente como del lado del servidor.

Además, Mocha es altamente personalizable. Ofrece una amplia variedad de complementos, incluyendo reporteros para diferentes formatos de salida, integraciones con bibliotecas de aserciones para pruebas más legibles, y utilidades de simulación para aislar el código bajo prueba. Esto convierte a Mocha en una elección ideal para desarrolladores que necesitan un framework de pruebas flexible y rico en características.

Características Clave de Mocha:

- **Flexible y Preciso**: Nuestro framework de pruebas ejecuta las pruebas de manera secuencial, proporcionando la ventaja de informes detallados. Esto permite un seguimiento de errores más preciso y una depuración más fácil, mejorando el proceso de desarrollo en general.
- **Interfaz Rica**: Admite varios estilos de prueba, incluidos pero no limitados a, Desarrollo Guiado por Comportamiento (BDD) y Desarrollo Guiado por Pruebas (TDD). Este amplio soporte de estilos de prueba se adapta a diversas metodologías de desarrollo y requisitos del proyecto.
- **Compatibilidad con Navegador y Node.js**: Nuestro framework es una herramienta versátil que puede ser utilizada para probar JavaScript tanto del lado del cliente como del lado del servidor. Su amplio rango de aplicación asegura pruebas completas y resultados consistentes independientemente del entorno.
- **Personalizable**: Es altamente personalizable, ofreciendo una amplia variedad de complementos. Estos incluyen reporteros que proporcionan información detallada sobre los resultados de las pruebas, bibliotecas de prueba para pruebas estructuradas y utilidades de simulación que simulan comportamientos de funciones. Esta adaptabilidad permite un entorno de pruebas personalizado que puede satisfacer necesidades únicas del proyecto.

Ejemplo: Una Prueba Simple con Mocha y la Biblioteca de Aserciones Chai

```
// test.js
const assert = require('chai').assert;
const sum = require('./sum');
```

```javascript
describe('Sum Function', () => {
    it('adds 1 + 2 to equal 3', () => {
        assert.equal(sum(1, 2), 3);
    });
});

// sum.js
function sum(a, b) {
    return a + b;
}
module.exports = sum;
```

Para ejecutar pruebas con Mocha, necesitas instalar Mocha y Chai (npm install --save-dev mocha chai), luego agregar un script de prueba a tu package.json: "test": "mocha"

El archivo sum.js contiene una función llamada sum que toma dos argumentos a y b, que representan dos números. La función realiza una operación aritmética básica de suma sobre estos dos números y devuelve el resultado.

El archivo test.js, por otro lado, es donde se define el conjunto de pruebas para la función sum. El conjunto está estructurado utilizando las funciones describe e it de Mocha, que se utilizan para organizar y definir las pruebas.

La función describe agrupa pruebas relacionadas en un conjunto de pruebas. Aquí, se utiliza para agrupar las pruebas para la función sum. Toma dos argumentos: una cadena que describe el conjunto y una función de callback que contiene las pruebas.

Anidada dentro del bloque describe está la función it de Mocha, que se utiliza para definir una sola prueba. También toma una cadena y una función de callback como argumentos. La cadena describe lo que se supone que debe hacer la prueba, en este caso, verifica que la suma de 1 y 2 sea igual a 3. La función de callback contiene la lógica de la prueba.

La prueba real se realiza utilizando la función assert de Chai, que se usa para hacer afirmaciones en las pruebas. Aquí, se utiliza para afirmar la igualdad del resultado de sum(1, 2) y 3. Si la función sum funciona correctamente y devuelve 3, la prueba pasará. Si devuelve cualquier otro valor, la prueba fallará.

El uso de Mocha y Chai en este código proporciona una forma estructurada y descriptiva de definir un conjunto de pruebas para una función, afirmando la corrección de la función y manejando los resultados de pasar o fallar de las pruebas.

Conclusión

Elegir la herramienta de prueba adecuada es esencial para realizar pruebas de software efectivas. Jest ofrece una solución integral con un enfoque en la simplicidad y el rendimiento, adecuada para proyectos que necesitan funcionalidad lista para usar con una configuración mínima.

Mocha, con sus capacidades de prueba flexibles y precisas, es ideal para desarrolladores que necesitan un marco altamente personalizable compatible con entornos Node.js y de navegador. Al comprender y aprovechar estas herramientas, los desarrolladores pueden asegurarse de que sus aplicaciones sean robustas, mantenibles y libres de errores.

Ejercicios Prácticos para el Capítulo 8: Manejo de Errores y Pruebas

Para reforzar tu comprensión del manejo de errores y pruebas en JavaScript, esta sección proporciona ejercicios prácticos centrados en estos conceptos. Estos ejercicios están diseñados para ayudarte a aplicar las teorías discutidas en el Capítulo 8 mediante la implementación práctica utilizando marcos de prueba populares y técnicas de manejo de errores.

Ejercicio 1: Manejo de Excepciones con Try, Catch, Finally

Objetivo: Escribe una función que intente analizar datos JSON y use try, catch, finally para manejar cualquier error que pueda ocurrir durante el análisis, registrando el error y asegurando que se realice una acción de limpieza.

Solución:

```javascript
function safeJsonParse(jsonString) {
    let parsedData = null;
    try {
        parsedData = JSON.parse(jsonString);
        console.log("Parsing successful:", parsedData);
    } catch (error) {
        console.error("Failed to parse JSON:", error);
    } finally {
        console.log("Parse attempt finished.");
    }
    return parsedData;
}

// Example usage
const jsonData = '{"name": "John", "age": 30}';
const malformedJsonData = '{"name": "John", age: 30}';
safeJsonParse(jsonData);  // Should log the parsed data
```

```
safeJsonParse(malformedJsonData);  // Should log an error
```

Ejercicio 2: Pruebas con Jest

Objetivo: Crea una prueba con Jest para una función simple que suma dos números. Asegúrate de que la prueba verifique la corrección de la función.

Solución:

```
// sum.js
function sum(a, b) {
    return a + b;
}
module.exports = sum;

// sum.test.js
const sum = require('./sum');

test('adds 1 + 2 to equal 3', () => {
    expect(sum(1, 2)).toBe(3);
});

// Run this test by adding `"test": "jest"` to your package.json scripts and running
`npm test` in your terminal.
```

Ejercicio 3: Pruebas de Integración con Mocha y Chai

Objetivo: Escribe una prueba de integración para una función que obtiene datos de usuario desde una API. Usa Mocha para el marco de prueba y Chai para las aserciones. Supón que la API devuelve un objeto JSON.

Solución:

```
// userFetcher.js
const fetch = require('node-fetch');

async function fetchUser(userId) {
    const                    response                    =                    await
fetch(`https://jsonplaceholder.typicode.com/users/${userId}`);
    return response.json();
}
module.exports = fetchUser;

// userFetcher.test.js
const fetchUser = require('./userFetcher');
const chai = require('chai');
```

```javascript
const expect = chai.expect;

describe('fetchUser', function() {
    it('should fetch user data', async function() {
        const user = await fetchUser(1);
        expect(user).to.have.property('id');
        expect(user.id).to.equal(1);
    });
});

// Ensure you have Mocha and Chai installed (`npm install --save-dev mocha chai`), and
set the test script in package.json: `"test": "mocha"`
```

Estos ejercicios están diseñados para solidificar tu comprensión sobre el manejo de errores y las prácticas de pruebas cubiertas en el Capítulo 8. Al completar estas tareas, no solo practicarás la implementación de mecanismos de manejo de errores, sino que también obtendrás experiencia práctica escribiendo pruebas unitarias y de integración utilizando marcos de prueba populares de JavaScript. Este enfoque práctico te ayudará a construir una base sólida para escribir aplicaciones JavaScript más seguras, limpias y confiables.

Resumen del Capítulo 8: Manejo de Errores y Pruebas

En el Capítulo 8, exploramos los aspectos críticos del manejo de errores y las pruebas en JavaScript. Estos componentes son esenciales para desarrollar software confiable, robusto y mantenible. A través de discusiones detalladas y ejercicios prácticos, este capítulo tiene como objetivo proporcionarte las herramientas y el conocimiento necesarios para implementar estrategias efectivas de manejo de errores y garantizar la integridad de tu código mediante pruebas sistemáticas.

Importancia del Manejo de Errores

El manejo de errores es una parte fundamental del desarrollo de software que asegura que tu aplicación se comporte de manera predecible en todas las circunstancias, incluyendo cuando ocurren fallos. Comenzamos el capítulo discutiendo la estructura try, catch, finally, que permite a los desarrolladores gestionar y responder a los errores en JavaScript de manera elegante. Este mecanismo no solo ayuda a mantener la estabilidad de la aplicación, sino que también mejora la experiencia del usuario al prevenir fallos abruptos de la aplicación.

Profundizamos en las sutilezas de lanzar errores, donde aprendiste cómo generar deliberadamente errores con la palabra clave throw. Esto es particularmente útil para hacer cumplir ciertas condiciones dentro de tu aplicación, como validar entradas de usuario o asegurar que los recursos necesarios estén disponibles. También se discutieron los tipos de errores personalizados, que facilitan estrategias específicas de manejo de errores adaptadas a tipos particulares de errores, haciendo que el proceso de depuración sea más intuitivo y enfocado.

El Rol de las Pruebas

Las pruebas son la piedra angular del desarrollo de software confiable. Implican verificar que tu código funcione como se espera y continúe haciéndolo a medida que evoluciona. En este capítulo, cubrimos dos tipos principales de pruebas:

- **Pruebas Unitarias**: Se enfocan en componentes individuales o "unidades" de código, asegurando que cada parte funcione correctamente en aislamiento. Exploramos cómo las pruebas unitarias son cruciales para validar el comportamiento de pequeñas piezas discretas de funcionalidad dentro de tu aplicación.
- **Pruebas de Integración**: Confirman que múltiples unidades funcionan juntas como se espera. Las pruebas de integración son clave para asegurar que la combinación de partes individuales de tu aplicación resulte en un todo coherente y funcional.

Herramientas y Bibliotecas para Pruebas

Revisamos dos marcos de prueba prominentes de JavaScript, Jest y Mocha, que son instrumentales para facilitar tanto pruebas unitarias como de integración. Jest es elogiado por su simplicidad y funcionalidad lista para usar, incluyendo ejecutores de pruebas y bibliotecas de aserción integradas, lo que lo hace ideal para proyectos donde la configuración rápida y la facilidad de uso son prioridades. Mocha, conocido por su flexibilidad y extenso ecosistema, permite entornos de prueba más personalizados e integra a la perfección con diversas bibliotecas de aserción y herramientas de simulación.

Conclusión

El manejo de errores y las pruebas no se tratan simplemente de prevenir o corregir errores; se trata de crear proactivamente una base robusta para tus aplicaciones. Al comprender e implementar las estrategias discutidas en este capítulo, puedes mejorar significativamente la fiabilidad y calidad de tu software.

Estas prácticas no solo protegen tus aplicaciones contra fallos inesperados, sino que también fomentan la confianza en tu código, tanto para ti como para otros que dependen de tu software. A medida que continúas desarrollando y refinando tus habilidades en JavaScript, recuerda que las pruebas exhaustivas y el manejo diligente de errores son herramientas indispensables en tu kit de herramientas de desarrollador, esenciales para crear aplicaciones de grado profesional en el dinámico paisaje del software actual.

Cuestionario para la Parte II: JavaScript Intermedio

Este cuestionario está diseñado para evaluar tu comprensión de los conceptos discutidos en la Parte II: JavaScript Intermedio, que cubre Funciones Avanzadas, JavaScript Orientado a Objetos, APIs e Interfaces Web, y Manejo y Pruebas de Errores. Cada pregunta refleja temas y principios clave que son esenciales para dominar las habilidades de JavaScript Intermedio.

Pregunta 1: Funciones Avanzadas

¿Cuál es el principal beneficio de usar funciones flecha en JavaScript?

A) Tienen su propio contexto this.

B) No pueden contener código asincrónico.

C) No tienen su propio contexto this.

D) Son más rápidas que las funciones tradicionales.

Pregunta 2: JavaScript Orientado a Objetos

¿Cuál de las siguientes afirmaciones sobre la cadena de prototipos en JavaScript es verdadera?

A) Los objetos de JavaScript contienen directamente todos los métodos de su prototipo.

B) Los cambios en el prototipo de un objeto afectan solo a esa instancia.

C) El prototipo de un objeto define métodos que pueden ser compartidos por todas las instancias de ese objeto.

D) Los prototipos se utilizan típicamente en JavaScript para prevenir la herencia.

Pregunta 3: APIs e Interfaces Web

¿Qué API se utiliza para almacenar datos que deberían persistir a través de sesiones en una aplicación web?

A) sessionStorage

B) localStorage

C) fetch()

D) XMLHttpRequest

Pregunta 4: Manejo y Pruebas de Errores

¿Qué hace el bloque finally en una declaración try...catch...finally?

A) Se ejecuta si ocurre un error en el bloque try.

B) Se ejecuta después del bloque catch, pero solo si no se capturaron errores.

C) Se ejecuta independientemente de si se lanzó o capturó un error.

D) Contiene el código de limpieza que se ejecuta dependiendo del tipo de error.

Pregunta 5: Funciones Avanzadas

En JavaScript, ¿qué es un cierre?

A) Un tipo de función que puede ejecutarse de forma asincrónica.

B) Una combinación de una función junto con referencias a su estado circundante.

C) El proceso de combinar varias funciones en una sola.

D) Una función que es devuelta por otra función.

Pregunta 6: JavaScript Orientado a Objetos

¿Qué palabra clave se usa para crear una herencia de clase en JavaScript?

A) inherits

B) extends

C) prototype

D) super

Pregunta 7: APIs e Interfaces Web

¿Cuál es el uso principal de la API fetch()?

A) Manipular el historial del navegador.

B) Realizar solicitudes de red y manejar las respuestas.

C) Almacenar datos en el navegador que desaparecen después de que finaliza la sesión.

D) Enviar datos al almacenamiento local.

Pregunta 8: Manejo y Pruebas de Errores

¿Cuál es el propósito de lanzar errores personalizados en JavaScript?

A) Romper la aplicación deliberadamente.

B) Mejorar el proceso de depuración proporcionando errores más claros.

C) Reducir la velocidad de ejecución de las funciones.

D) Evitar la necesidad de bibliotecas externas para el manejo de errores.

Instrucciones para la Finalización

Elige la mejor respuesta para cada pregunta. Este cuestionario está diseñado para reflexionar sobre tu conocimiento y comprensión de los conceptos de JavaScript intermedio discutidos a lo largo de la Parte II del libro. Las respuestas correctas te proporcionarán una visión sobre qué tan bien has entendido los temas, y revisar cualquier respuesta incorrecta puede ayudarte a reforzar el aprendizaje.

Proyecto 2: Creación de una Aplicación del Clima Usando APIs

1. Resumen del Proyecto: Creación de una Aplicación del Clima Usando APIs

1.1 Propósito

El objetivo principal de esta aplicación del clima es proporcionar a los usuarios información meteorológica en tiempo real, incluyendo temperatura, humedad, velocidad del viento y pronósticos. Esta aplicación servirá como una herramienta confiable para planificar actividades diarias, viajes o cualquier evento que pueda verse afectado por las condiciones meteorológicas.

1.2 Características

La aplicación del clima incluirá varias características clave para asegurar que cumpla con las necesidades de sus usuarios:

1. **Visualización del Clima Actual**: Muestra las condiciones meteorológicas actuales de una ubicación específica, incluyendo temperatura, humedad, nubosidad e información del viento.
2. **Pronóstico del Clima**: Proporciona un pronóstico a corto plazo (próximas 24 horas) y un pronóstico a largo plazo (hasta 7 días) para ayudar a los usuarios a planificar con anticipación.
3. **Búsqueda de Ciudades**: Permite a los usuarios buscar condiciones meteorológicas en diferentes ciudades del mundo.
4. **Clima Basado en la Ubicación**: Detecta automáticamente la ubicación actual del usuario para mostrar el clima local al iniciar la aplicación.
5. **Mapa Interactivo**: (Opcional) Integra un mapa interactivo que muestra las condiciones meteorológicas en diferentes regiones.
6. **Diseño Responsivo**: Asegura que la aplicación sea accesible en varios dispositivos, incluyendo computadoras de escritorio, tabletas y teléfonos inteligentes.

1.3 Elección del API

Para este proyecto, utilizaremos el API de OpenWeatherMap. Esta elección se basa en varios factores:

- **Datos Comprensivos**: OpenWeatherMap proporciona una amplia gama de datos meteorológicos, incluyendo condiciones actuales, pronósticos de precipitación minuto a minuto, pronósticos horarios, pronósticos diarios y datos históricos.
- **Cobertura Global**: Ofrece datos meteorológicos para ubicaciones en todo el mundo, lo cual es crucial para una aplicación del clima destinada a una base de usuarios global.
- **Facilidad de Uso**: El API de OpenWeatherMap tiene una interfaz bien documentada y sencilla que simplifica el proceso de integración.
- **Disponibilidad de Plan Gratuito**: El API ofrece un generoso plan gratuito, permitiendo hasta 60 llamadas por minuto, lo cual es adecuado para el desarrollo y uso moderado.

Estas características hacen de OpenWeatherMap una excelente elección para los desarrolladores que buscan integrar datos meteorológicos fiables en aplicaciones sin un costo o complejidad significativos.

Este proyecto no solo tiene como objetivo construir una aplicación meteorológica funcional, sino también mejorar la comprensión de trabajar con APIs, manejar operaciones asíncronas en JavaScript y desarrollar interfaces de usuario responsivas. Al final de este proyecto, habrás adquirido experiencia valiosa en la integración de APIs, manejo de datos y diseño de aplicaciones, un conjunto de habilidades muy relevante en el panorama actual del desarrollo web.

2. Configuración e Instalación

Configurar e instalar adecuadamente tu entorno de desarrollo es crucial para un proceso de desarrollo fluido y una implementación exitosa de la aplicación. Esta sección describe los pasos necesarios para prepararse para construir la aplicación del clima, incluyendo la configuración del entorno, obtención de una clave API e inicialización de la estructura del proyecto.

2.1 Configuración del Entorno

1. **Herramientas de Desarrollo**:
   - **Editor de Código**: Instala un editor de código adecuado para el desarrollo web, como Visual Studio Code, que ofrece excelente soporte para JavaScript, HTML, CSS y varias extensiones.

- o **Node.js**: Instala Node.js si planeas usar herramientas basadas en Node o scripting del lado del servidor. Viene con npm (administrador de paquetes de Node), que es esencial para gestionar bibliotecas de JavaScript.
- o **Git**: Instala Git para el control de versiones, permitiéndote gestionar y rastrear cambios en tu proyecto.

2. **Navegador**: Asegúrate de tener un navegador web moderno como Google Chrome o Firefox para pruebas. Estos navegadores soportan las últimas tecnologías web y proporcionan potentes herramientas para desarrolladores.

2.2 Registro de la Clave API

Para obtener datos meteorológicos de OpenWeatherMap, necesitarás obtener una clave API. Sigue estos pasos para registrarte y obtener tu clave:

- **Visita el Sitio Web de OpenWeatherMap**: Ve a OpenWeatherMap y crea una cuenta.
- **Suscríbete a un Plan de API**: Navega a la sección 'API' y elige un plan. El plan gratuito debería ser suficiente para propósitos de desarrollo.
- **Obtén tu Clave API**: Después de suscribirte, puedes encontrar tu clave API en el panel de tu cuenta bajo la pestaña 'API Keys'. Nota que puede tomar unos minutos para que la clave API se active.

2.3 Inicialización del Proyecto

1. **Crear un Directorio de Proyecto**:

```
mkdir weather-app
cd weather-app
```

2. **Inicializar el Proyecto**:

- Si usas HTML, CSS y JavaScript simples, configura tu directorio con los archivos básicos:

```
touch index.html style.css app.js
```

- Si usas un framework de JavaScript como React: Este comando configura una nueva aplicación React con todas las dependencias y configuraciones de compilación necesarias.

```
npx create-react-app .
```

3. **Control de Versiones**:

- Inicializa un repositorio Git en tu directorio de proyecto:

```
git init
```

- Crea un archivo .gitignore para excluir node_modules y otros archivos no esenciales:
- node_modules/
- .env

4. **Variables de Entorno**:

- Para almacenar tu clave API de forma segura, usa una variable de entorno. Si estás usando Node.js o un framework como React, instala dotenv:

```
npm install dotenv
```

- Crea un archivo .env en la raíz de tu proyecto y almacena tu clave API:
- REACT_APP_OPEN_WEATHER_MAP_API_KEY=your_api_key_here

La configuración e instalación adecuadas son la base del entorno de desarrollo de tu proyecto. Al completar estos pasos, aseguras que tu proceso de desarrollo sea eficiente y que tu aplicación esté lista para un desarrollo y eventual despliegue exitosos. Con tu entorno configurado, clave API segura y estructura de proyecto inicializada, ahora estás listo para comenzar a desarrollar las funcionalidades principales de la aplicación del clima.

3. Diseñando la Interfaz de Usuario

Diseñar una interfaz de usuario (UI) intuitiva y efectiva es crucial para el éxito de cualquier aplicación. Para la aplicación del clima, la UI no solo debe ser estéticamente agradable, sino también funcional y fácil de navegar. Esta sección cubre los componentes clave del proceso de diseño de UI, incluyendo la planificación del diseño, la descomposición de componentes y los enfoques de estilo.

3.1 Planificación del Diseño

1. **Creación de Wireframes**:
   - Comienza esbozando un wireframe básico de la interfaz de la aplicación. Enfócate en la colocación de los elementos principales, como la barra de búsqueda, el área de visualización del clima y los enlaces de navegación si es necesario.
   - Herramientas como Balsamiq, Adobe XD o incluso simples bocetos en papel pueden usarse para este proceso.
2. **Consideraciones de Diseño Responsivo**:
   - Asegúrate de que el diseño sea responsivo, adaptándose a varios tamaños y orientaciones de pantalla. Usa un enfoque mobile-first, que diseña primero para pantallas más pequeñas antes de escalar a pantallas más grandes.
   - Incorpora media queries en tu CSS para manejar diferentes tamaños de pantalla y mantener la integridad del diseño en todos los dispositivos.

3.2 Componentes de la UI

1. **Barra de Búsqueda**:
   - Aquí es donde los usuarios ingresarán el nombre de la ciudad para la cual desean información meteorológica. Debe estar ubicada de manera prominente, típicamente en la parte superior de la página.
   - Incluye validación de entrada para asegurar que la entrada no esté vacía.
2. **Tarjetas de Visualización del Clima**:
   - Diseña tarjetas para mostrar datos meteorológicos como temperatura, humedad, velocidad del viento y condiciones meteorológicas (soleado, nublado, etc.).
   - Considera usar íconos o visuales para representar diferentes condiciones meteorológicas de manera dinámica según los datos recibidos del API.
3. **Menú de Navegación** (Opcional):
   - Si tu aplicación tiene múltiples vistas (por ejemplo, clima actual, pronóstico detallado, datos históricos), incluye un menú de navegación para cambiar entre estas vistas.
   - Asegúrate de que los elementos de navegación sean accesibles y fácilmente identificables.

3.3 Estilo

1. **CSS/SASS**:

- o Decide si usar CSS simple o un preprocesador como SASS. SASS ofrece ventajas como reglas anidadas, variables y mixins que pueden simplificar hojas de estilo complejas.
- o Organiza tus hojas de estilo lógicamente, separando estilos específicos de componentes y aquellos que son más generales.

2. **Uso de un Framework CSS**:
   - o Considera usar frameworks como Bootstrap, Material-UI (para React) o Tailwind CSS para acelerar el proceso de desarrollo y asegurar consistencia y responsividad.
   - o Estos frameworks proporcionan componentes pre-construidos y clases utilitarias que pueden reducir significativamente el tiempo necesario para el estilo.

3. **Tema y Colores**:
   - o Elige un esquema de colores que refleje la naturaleza de la aplicación: azules suaves y blancos pueden evocar una sensación de calma apropiada para aplicaciones meteorológicas.
   - o Asegúrate de que el texto sea legible en todos los fondos y que los elementos interactivos estén destacados de manera efectiva para guiar la interacción del usuario.

3.4 Consideraciones de Accesibilidad

- Asegúrate de que todas las partes de la UI sean accesibles, incluyendo soporte para navegación con teclado y compatibilidad con lectores de pantalla.
- Usa HTML semántico para mejorar la accesibilidad. Por ejemplo, usa <button> para botones en lugar de <div> y asegúrate de que las imágenes tengan texto alternativo.

Diseñar la interfaz de usuario es un paso crítico que afecta cómo los usuarios interactúan con tu aplicación. Al considerar cuidadosamente el diseño, los componentes y el estilo, y asegurando la accesibilidad, creas un entorno amigable para el usuario que puede comunicar efectivamente la información meteorológica. Este proceso de diseño reflexivo no solo mejora el compromiso del usuario, sino que también promueve una experiencia de usuario positiva.

4. Funcionalidad de la Aplicación

Desarrollar la funcionalidad principal de tu aplicación del clima implica manejar la recuperación, procesamiento y gestión de datos. Esta sección describe cómo implementar las funciones primarias de la aplicación del clima, incluyendo la obtención de datos meteorológicos, el manejo de respuestas de la API y la gestión del estado de la aplicación.

4.1 Obtención de Datos Meteorológicos

1. **Uso de la Fetch API**:
   o Utiliza la Fetch API de JavaScript para hacer solicitudes asincrónicas al API de OpenWeatherMap. Esto implica construir una URL con los parámetros de consulta necesarios, como el nombre de la ciudad y la clave API.

Ejemplo de Solicitud Fetch:

```javascript
function fetchWeather(city) {
    const apiKey = process.env.REACT_APP_OPEN_WEATHER_MAP_API_KEY;
    const                             url                             =
`https://api.openweathermap.org/data/2.5/weather?q=${city}&appid=${apiKey}&units=met
ric`;

    fetch(url)
        .then(response => {
            if (!response.ok) {
                throw new Error('Network response was not ok');
            }
            return response.json();
        })
        .then(data => updateWeatherDisplay(data))
        .catch(error => console.error('Failed to fetch weather:', error));
}
```

1. **Manejo de Errores**:

• Maneja adecuadamente los errores que puedan ocurrir durante la solicitud a la API, como problemas de red o errores en los datos. Proporciona mensajes de error amigables para el usuario y mecanismos de respaldo.

4.2 Procesamiento de Respuestas de la API

1. **Análisis de Datos**:
   o Una vez que los datos se recuperan de la API, analízalos para extraer y formatear la información necesaria como temperatura, velocidad del viento, humedad y condiciones meteorológicas.
2. **Actualizar la UI:Ejemplo de Función de Actualización de Datos**:
   o Utiliza los datos analizados para actualizar dinámicamente los componentes de la UI. Esto podría implicar mostrar el clima actual, actualizar los íconos meteorológicos y poblar los datos del pronóstico.

```javascript
function updateWeatherDisplay(weatherData) {
    const temperature = weatherData.main.temp;
    const conditions = weatherData.weather[0].description;
    const humidity = weatherData.main.humidity;

    document.getElementById('temp').textContent = `${temperature} °C`;
    document.getElementById('conditions').textContent = conditions;
    document.getElementById('humidity').textContent = `Humidity: ${humidity}%`;
}
```

4.3 Gestión del Estado

1. **Uso de State Hooks (React)**:

Si utilizas React, emplea state hooks (por ejemplo, useState) para gestionar el estado de la aplicación, como la ciudad actual, los datos meteorológicos y cualquier estado de carga o error.

Ejemplo de Gestión del Estado en React:

```javascript
import React, { useState } from 'react';

function WeatherApp() {
    const [city, setCity] = useState('');
    const [weather, setWeather] = useState(null);
    const [loading, setLoading] = useState(false);
    const [error, setError] = useState(null);

    const handleSearch = () => {
        setLoading(true);
        setError(null);
        fetchWeather(city).then(data => {
            setWeather(data);
            setLoading(false);
        }).catch(err => {
            setError(err.message);
            setLoading(false);
        });
    };

    return (
        // JSX for rendering the UI
    );
}
```

2. **Almacenamiento Local para Búsquedas Recientes**:

Opcionalmente, utiliza localStorage para recordar búsquedas recientes o guardar preferencias del usuario, como unidades de medida (Celsius o Fahrenheit).

Implementar la funcionalidad de la aplicación implica configurar la obtención de datos de manera eficiente, un manejo robusto de errores y actualizaciones dinámicas de la UI. Al gestionar eficazmente el estado de la aplicación e integrar estas funcionalidades, tu aplicación del clima se convierte en una herramienta poderosa para proporcionar información meteorológica precisa y oportuna. A medida que refinas estos procesos, considera agregar características más avanzadas como notificaciones de clima severo o la integración de otras fuentes de datos para una experiencia de usuario más rica.

5. Mostrar Datos Meteorológicos

Una vez que hayas obtenido y procesado correctamente los datos meteorológicos, el siguiente paso crítico es mostrar esta información de manera efectiva en tu interfaz de usuario. Esta sección se enfoca en cómo presentar dinámicamente los datos meteorológicos a los usuarios de una manera clara y atractiva.

5.1 Estructuración de la Visualización

1. **Tarjetas de Información Meteorológica**:

Crea componentes de UI distintos o "tarjetas" para diferentes piezas de información meteorológica. Por ejemplo, ten tarjetas separadas para mostrar el clima actual, pronósticos por hora y pronósticos semanales. Este enfoque modular facilita la gestión y actualización de secciones específicas de la visualización de manera independiente.

Ejemplo de Estructura HTML para Tarjetas de Clima:

```
<div id="currentWeather" class="weather-card">
    <h2>Current Weather</h2>
    <div id="temp" class="weather-detail"></div>
    <div id="conditions" class="weather-detail"></div>
    <div id="humidity" class="weather-detail"></div>
</div>
```

2. **Actualizaciones Dinámicas**:

Implementa funciones de JavaScript para actualizar estas tarjetas dinámicamente según los datos recibidos de la API meteorológica. Asegúrate de que las actualizaciones se realicen sin refrescar la página para proporcionar una experiencia de usuario fluida.

5.2 Implementación de Visualización de Datos

1. **Íconos del Clima**:

Utiliza los códigos de condiciones meteorológicas devueltos por la API para mostrar íconos meteorológicos apropiados que representen visualmente las condiciones climáticas actuales. Los íconos pueden ser más efectivos que el texto para transmitir rápidamente la información meteorológica.

Ejemplo de Actualización de Íconos del Clima:

```
function updateWeatherIcon(conditionCode) {
    const iconElement = document.getElementById('weatherIcon');
    iconElement.src = `/path/to/icons/${conditionCode}.png`;
}
```

2. **Gráficos y Diagramas** (Opcional):

Para pronósticos más detallados, considera usar representaciones gráficas como gráficos o diagramas. Bibliotecas como Chart.js o D3.js pueden usarse para crear gráficos interactivos que muestren cambios de temperatura, probabilidades de precipitación o patrones de viento a lo largo del tiempo.

5.3 Consideraciones de Accesibilidad

1. **Fuentes y Colores Legibles**:

Elige tamaños de fuente y colores que aseguren la legibilidad en todos los dispositivos y condiciones de iluminación. Un alto contraste entre el texto y los colores de fondo es esencial para la legibilidad y accesibilidad.

2. **Texto Alternativo para Íconos**:

Proporciona texto alternativo descriptivo para todos los íconos utilizados en la aplicación. Este texto debe transmitir la misma información que el ícono en sí, asegurando que el contenido sea accesible para usuarios con discapacidades visuales.

5.4 Diseño Responsivo

1. **Diseños Fluidós**:

Usa CSS Grid o Flexbox para crear diseños fluidos que se adapten a diferentes tamaños de pantalla. Esta capacidad de respuesta asegura que la información meteorológica se presente de manera ordenada y legible tanto en pantallas grandes como en dispositivos móviles.

2. **Media Queries**:

Emplea media queries para ajustar estilos y configuraciones de diseño según las características del dispositivo, como el ancho, la altura o la orientación.

Mostrar datos meteorológicos de manera efectiva no se trata solo de mostrar números y texto; se trata de crear una presentación intuitiva, informativa y accesible que mejore la participación del usuario. Al estructurar cuidadosamente los elementos de visualización, incorporar ayudas visuales como íconos y gráficos, y asegurar la accesibilidad, tu aplicación meteorológica proporcionará una experiencia amigable para el usuario que entregará información meteorológica esencial de manera eficiente. A medida que refines la visualización de los datos meteorológicos, continúa recopilando comentarios de los usuarios para realizar mejoras iterativas, asegurando que la aplicación siga siendo útil y relevante para tu audiencia.

6. Funcionalidades Adicionales

Mejorar la funcionalidad principal de tu aplicación del clima con características adicionales puede mejorar significativamente la participación y satisfacción del usuario. Esta sección discute posibles mejoras que podrían hacer tu aplicación meteorológica más completa, interactiva y amigable.

6.1 Pronóstico Extendido

Agregar una función de pronóstico extendido permite a los usuarios planificar mejor eventos futuros al ver predicciones meteorológicas durante un período más largo.

Implementación:

- Obtén y muestra un pronóstico del clima de 5 o 7 días utilizando la misma API ajustando el endpoint o los parámetros de la API.

- Muestra el pronóstico de cada día en una tarjeta o sección separada, mostrando información clave como temperaturas máximas y mínimas, condiciones meteorológicas y probabilidades de precipitación.

6.2 Integración de Geolocalización

Detectar automáticamente la ubicación actual del usuario para mostrar el clima local es una característica conveniente para usuarios móviles.

Implementación:

- Utiliza la API de Geolocalización para obtener la latitud y longitud actuales del usuario.
- Pasa estas coordenadas a la API del clima para obtener y mostrar el clima local.
- Asegúrate de manejar correctamente los permisos y proporcionar opciones alternativas si el usuario niega los permisos de geolocalización.

Ejemplo de Uso de Geolocalización:

```javascript
function fetchLocalWeather() {
    navigator.geolocation.getCurrentPosition(position => {
        const { latitude, longitude } = position.coords;
        fetchWeatherByCoords(latitude, longitude);
    }, showError);
}

function fetchWeatherByCoords(lat, lon) {
    const                            url                              =
`https://api.openweathermap.org/data/2.5/weather?lat=${lat}&lon=${lon}&appid=${apiKey}`;
    // fetch and update UI logic here
}
```

6.3 Alertas Meteorológicas

Mostrar alertas meteorológicas puede ser crucial para la seguridad del usuario durante condiciones climáticas extremas.

Implementación:

- Utiliza un endpoint dedicado de la API del clima que proporcione alertas meteorológicas.

- Muestra las alertas en un área prominente de la aplicación con un estilo distintivo para captar la atención del usuario.

6.4 Conmutador de Unidades

Permite a los usuarios alternar entre Celsius y Fahrenheit para las lecturas de temperatura, atendiendo a las preferencias basadas en la geografía o elección personal.

Implementación:

- Implementa un interruptor en la UI.
- Convierte las temperaturas entre unidades según la selección del usuario y actualiza la visualización en consecuencia.

6.5 Mapa Interactivo del Clima

Incorpora un mapa interactivo que visualice varias condiciones meteorológicas en diferentes regiones, mejorando la interactividad y el valor informativo de la aplicación.

Implementación:

- Integra un servicio de mapas como Google Maps o Leaflet.
- Superpone datos meteorológicos en el mapa, como gradientes de temperatura, precipitación o cobertura de nubes.

Ejemplo de Integración de Mapa:

```javascript
function initWeatherMap() {
    const map = L.map('weatherMap').setView([51.505, -0.09], 13);
    L.tileLayer('https://{s}.tile.openstreetmap.org/{z}/{x}/{y}.png', {
        attribution: '© OpenStreetMap contributors'
    }).addTo(map);
    // Additional logic to overlay weather data
}
```

6.6 Panel Personalizado de Clima

Permite a los usuarios crear un panel personalizado donde puedan agregar múltiples ubicaciones para monitorear, configurar notificaciones meteorológicas y personalizar el diseño.

Implementación:

- Proporciona un sistema de inicio de sesión de usuario o basado en almacenamiento local para guardar las preferencias del usuario.
- Permite a los usuarios agregar y eliminar ciudades o regiones para el monitoreo del clima.

Al implementar estas características adicionales, tu aplicación del clima puede ofrecer más que solo actualizaciones meteorológicas básicas, transformándose en una herramienta integral para el monitoreo y la planificación del clima. Estas características no solo mejoran la participación del usuario, sino que también proporcionan valor práctico, haciendo de tu aplicación un recurso esencial para la información relacionada con el clima. A medida que desarrolles estas características, continúa probando y recopilando comentarios de los usuarios para refinar la funcionalidad y la usabilidad, asegurando que la aplicación se mantenga relevante y útil en diversos escenarios.

7. Pruebas y Despliegue

Las pruebas y el despliegue son fases cruciales en el desarrollo de tu aplicación del clima. Esta sección describe estrategias para probar exhaustivamente tu aplicación para asegurar que sea confiable y funcione bien en diversas condiciones, así como los pasos para desplegar la aplicación en un entorno en vivo donde los usuarios puedan acceder a ella.

7.1 Pruebas

1. **Pruebas Unitarias:Ejemplo de una Prueba Unitaria**:
   - Enfócate en probar componentes individuales de la aplicación, como funciones de obtención de datos, componentes de UI y funciones utilitarias.
   - Utiliza Jest o Mocha/Chai para escribir pruebas unitarias que verifiquen la funcionalidad de estos componentes de manera aislada.

```
// Testing a function that formats weather data
describe('formatWeatherData', () => {
    it('correctly formats temperature data', () => {
        const rawWeather = { temp: 283.15 }; // Kelvin
        const expectedOutput = { temp: 10 }; // Celsius
        expect(formatTemperature(rawWeather.temp)).toEqual(expectedOutput.temp);
    });
});
```

2. **Pruebas de Integración**:

- Asegúrate de que las diferentes partes de la aplicación funcionen juntas como se espera. Prueba escenarios como las interacciones del usuario con la barra de búsqueda que llevan a llamadas correctas a la API y actualizaciones correctas de la UI.
- Simula acciones del usuario y verifica el manejo adecuado de respuestas y gestión de errores.

3. **Pruebas de Extremo a Extremo**:
   o Utiliza herramientas como Cypress o Selenium para simular recorridos de usuario de principio a fin.
   o Valida el flujo completo de la aplicación, incluyendo la integración de todos los componentes, desde ingresar el nombre de una ciudad, obtener datos, hasta mostrar el clima y actualizar los elementos de la UI.

7.2 Despliegue

1. **Preparación para el Despliegue**:
   o Asegúrate de que todas las variables de entorno, como las claves API, estén seguras y no estén codificadas en los archivos fuente. Utiliza archivos .env o mecanismos similares para gestionarlas.
   o Minimiza y optimiza los activos de tu aplicación (HTML, CSS, JavaScript, imágenes) para producción.
2. **Elección de una Plataforma de Alojamiento**:
   o Selecciona un servicio de alojamiento adecuado basado en las necesidades de tu aplicación. Para una aplicación meteorológica simple, plataformas como Netlify, Vercel o GitHub Pages ofrecen soluciones de alojamiento gratuitas y fáciles.
   o Para aplicaciones más dinámicas que puedan requerir servicios backend, considera plataformas como Heroku o AWS.
3. **Proceso de Despliegue:Ejemplo de Despliegue usando Netlify**:
   o Configura tu repositorio de proyecto en GitHub o un servicio similar.
   o Conecta tu repositorio a la plataforma de alojamiento.
   o Configura el despliegue continuo desde tu repositorio para desplegar automáticamente nuevas versiones de tu aplicación cuando se realicen cambios en la rama principal.

```
# Assuming the project is set up with a GitHub repository
# Link your GitHub repository to Netlify
# Set up build commands and publish directory in Netlify
npm run build  # Build your application for production
# Netlify will handle the rest, deploying your site after each push to your repo
```

4. **Post-Despliegue**:
    - o   Después del despliegue, realiza pruebas para asegurarte de que la aplicación funcione como se espera en el entorno de producción.
    - o   Monitorea el rendimiento y las interacciones de los usuarios para obtener información que pueda guiar el desarrollo o las mejoras futuras.

Las pruebas aseguran que tu aplicación del clima sea robusta y libre de errores, mientras que un despliegue efectivo la hace accesible a tus usuarios de manera confiable. Al planificar y ejecutar cuidadosamente estas etapas, puedes mejorar la calidad de tu aplicación y proporcionar una experiencia de usuario fluida y atractiva. Continúa monitoreando la aplicación después del despliegue para manejar cualquier problema y mejorarla basándote en los comentarios de los usuarios.

8. Desafíos y Extensiones

Desarrollar una aplicación del clima ofrece una valiosa oportunidad para abordar una variedad de desafíos técnicos y explorar posibles extensiones que puedan mejorar su funcionalidad y experiencia de usuario. Esta sección discutirá algunos de los desafíos comunes que podrías encontrar y sugerirá posibles extensiones para mejorar y expandir tu aplicación.

8.1 Desafíos

1. **Limitaciones del API**:
    - o   **Desafío**: Los planes gratuitos de las APIs meteorológicas a menudo tienen limitaciones en la cantidad de solicitudes por minuto o día, lo que puede restringir la frecuencia con la que puedes obtener actualizaciones.
    - o   **Solución**: Implementa mecanismos de almacenamiento en caché para guardar temporalmente los datos meteorológicos y reducir la cantidad de llamadas a la API. Proporciona retroalimentación a los usuarios cuando se alcance el límite, explicando por qué las actualizaciones pueden demorarse.
2. **Precisión y Oportunidad de los Datos**:
    - o   **Desafío**: Los datos meteorológicos podrían no reflejar siempre las condiciones en tiempo real debido a retrasos en las actualizaciones de datos de la API.
    - o   **Solución**: Muestra la hora de la última actualización de datos para establecer las expectativas correctas para los usuarios. Considera usar APIs que ofrezcan actualizaciones más frecuentes si la puntualidad es crítica.
3. **Interfaces de Usuario Complejas**:
    - o   **Desafío**: Gestionar una interfaz de usuario compleja, especialmente cuando se incorporan características como mapas interactivos o datos extensos de pronósticos, puede llevar a problemas de rendimiento.

- o **Solución**: Optimiza los activos del front-end y considera la carga diferida de componentes pesados como los mapas solo cuando sea necesario.
4. **Manejo de Diversos Formatos de Datos**:
    - o **Desafío**: Las APIs meteorológicas pueden devolver datos en varios formatos, lo que dificulta estandarizar el manejo de datos a través de diferentes fuentes.
    - o **Solución**: Crea una capa de normalización de datos que convierta todos los datos entrantes a un formato estándar antes de que sean procesados o mostrados.

8.2 Extensiones

1. **Personalización del Usuario**:
    - o Permite a los usuarios personalizar la interfaz, como elegir entre un modo oscuro y claro o seleccionar qué puntos de datos meteorológicos desean ver por defecto.
    - o Implementa widgets o paneles que los usuarios puedan personalizar con su información y diseño preferidos.
2. **Características Sociales**:
    - o Integra características sociales donde los usuarios puedan compartir los pronósticos meteorológicos en redes sociales o comunicarse con otros sobre planes relacionados con el clima.
    - o Permite a los usuarios enviar informes meteorológicos locales y fotos, mejorando la participación comunitaria.
3. **Análisis Meteorológicos Avanzados**:
    - o Proporciona comparaciones de datos meteorológicos históricos para ofrecer información sobre tendencias y anomalías climáticas.
    - o Integra características de modelado predictivo del clima que puedan prever cambios climáticos con mayor precisión utilizando algoritmos de aprendizaje automático.
4. **Agregación de Datos Meteorológicos de Múltiples Fuentes**:
    - o Combina datos de múltiples APIs meteorológicas para mejorar la fiabilidad y precisión de los pronósticos proporcionados.
    - o Implementa un sistema para comparar y contrastar pronósticos de diferentes fuentes, dando a los usuarios un "puntaje de confianza" basado en qué tan de cerca coinciden estos pronósticos.
5. **Aplicación Móvil**:
    - o Desarrolla una aplicación móvil dedicada para proporcionar una funcionalidad más robusta, como notificaciones para cambios climáticos, características de widgets o disponibilidad sin conexión.
    - o Optimiza los servicios basados en ubicación en la aplicación móvil para ofrecer actualizaciones meteorológicas y alertas más precisas.

Navegar por los desafíos y explorar las posibles extensiones son partes integrales del desarrollo de una aplicación del clima robusta. Estos esfuerzos no solo mejoran la fiabilidad y satisfacción del usuario, sino que también fomentan el aprendizaje y la mejora continua. A medida que desarrollas tu aplicación del clima, considera estos desafíos y extensiones como oportunidades para innovar y mejorar el valor de tu proyecto. Al abordar estas áreas, puedes crear una aplicación más completa, atractiva y amigable para el usuario que destaque en un mercado saturado de aplicaciones meteorológicas.

9. Conclusión

El viaje de crear una aplicación del clima desde cero es tanto desafiante como gratificante. Este proyecto no solo ha mejorado tus habilidades en el uso de JavaScript y varias tecnologías web, sino que también ha profundizado tu comprensión del diseño de aplicaciones, la integración de APIs, la creación de interfaces de usuario y el manejo de datos.

9.1 Puntos Clave

1. **Integración de API**: Has aprendido a usar efectivamente la API de OpenWeatherMap para obtener datos meteorológicos en tiempo real. Manejar solicitudes y respuestas de API con la Fetch API de JavaScript ha mejorado tus habilidades en programación asincrónica y manejo de errores.
2. **Diseño de UI Responsiva**: El diseño e implementación de una interfaz amigable y responsiva utilizando prácticas modernas de HTML y CSS (y potencialmente frameworks de JavaScript como React) te han preparado para construir una variedad de aplicaciones web accesibles en cualquier dispositivo.
3. **JavaScript Avanzado**: A través de este proyecto, has aplicado conceptos avanzados de JavaScript, incluyendo el manejo de datos asincrónicos, el trabajo con variables de entorno y la creación de contenido dinámico basado en interacciones del usuario. Esto ha solidificado tu conocimiento de JavaScript y cómo puede aplicarse a proyectos del mundo real.
4. **Pruebas y Despliegue**: Has abordado las prácticas esenciales de pruebas y despliegue de aplicaciones web, asegurando la fiabilidad y disponibilidad para los usuarios finales. Estas habilidades son críticas para cualquier proyecto de desarrollo de software y te ayudarán en tus futuros esfuerzos profesionales.

9.2 Reflexionando sobre los Desafíos

A lo largo de este proyecto, enfrentaste numerosos desafíos, desde lidiar con los límites de tasa de las APIs hasta asegurar que la aplicación funcione eficientemente en diferentes plataformas. Superar estos desafíos te enseñó estrategias de resolución de problemas y optimización que son vitales para una carrera exitosa en programación.

9.3 Mejoras Futuras

Si bien la funcionalidad principal de la aplicación del clima está completa, las posibilidades de mejora y expansión son vastas. Ya sea a través de la integración de fuentes de datos adicionales para predicciones climáticas más precisas, la adición de características sociales o el desarrollo de una aplicación móvil complementaria, siempre hay espacio para mejorar e innovar.

9.4 Reflexiones Finales

La finalización de este proyecto de aplicación del clima marca un hito significativo en tu viaje como desarrollador web. Sirve como testimonio de tu arduo trabajo y dedicación para aprender y aplicar nuevas tecnologías y conceptos. A medida que avanzas, utiliza esta experiencia como base para proyectos más complejos y continúa explorando nuevas tecnologías y metodologías.

Sigue codificando, sigue aprendiendo y recuerda que cada línea de código que escribes no solo construye aplicaciones, sino que también construye tus habilidades y moldea tu futuro. Felicitaciones por completar este proyecto, y te deseo mucho éxito en tus futuros esfuerzos de desarrollo.

Parte III: JavaScript y Más Allá

Capítulo 9: Frameworks Modernos de JavaScript

Bienvenido al Capítulo 9, "Frameworks Modernos de JavaScript". En este esclarecedor capítulo, profundizaremos en el mundo transformador e innovador de los frameworks y bibliotecas más influyentes y revolucionarios de JavaScript que han tenido un tremendo impacto en el estado actual del desarrollo web.

El objetivo principal de este capítulo es explorar meticulosamente y arrojar luz sobre los actores clave que han moldeado activa y significativamente el panorama del desarrollo web moderno. Nuestro objetivo es ilustrar, con vívida claridad, cómo estas poderosas e intuitivas herramientas pueden mejorar drásticamente la productividad, aumentar significativamente la mantenibilidad y elevar sustancialmente la calidad general de las aplicaciones web.

Estas herramientas han cambiado la dinámica del desarrollo web, haciéndolo más eficiente y accesible, y contribuyendo a una experiencia de usuario más rica.

9.1 Introducción a Frameworks y Bibliotecas

En el paisaje en rápida evolución del desarrollo web, los frameworks y bibliotecas de JavaScript han surgido como componentes integrales del ecosistema. Estas herramientas indispensables proporcionan bases de código estructuradas, reutilizables y mantenibles que pueden mejorar drásticamente la eficiencia y la productividad de los desarrolladores.

Facilitan la construcción de aplicaciones web complejas, escalables y robustas que pueden satisfacer las demandas de los entornos en línea dinámicos de hoy. Esta sección ofrece una introducción en profundidad al concepto de frameworks y bibliotecas. Dibuja distinciones claras entre estos dos tipos de recursos, cada uno de los cuales tiene sus propias características y ventajas únicas.

Además, la sección profundiza en su profunda importancia en el desarrollo web moderno, elucidando cómo contribuyen a la creación de soluciones web innovadoras, fáciles de usar y de alto rendimiento.

9.1.1 Entendiendo Frameworks y Bibliotecas

Frameworks

En el contexto de la programación y el desarrollo web, los frameworks son esencialmente herramientas integrales que sirven como una estructura fundamental sobre la cual construir y dar forma a las aplicaciones de software. Están compuestos por código preescrito y reutilizable diseñado para ayudar a los desarrolladores a construir aplicaciones o componentes de manera más eficiente y efectiva.

Los frameworks dictan la arquitectura de tu software, proporcionando un andamiaje completo que los desarrolladores pueden llenar con su propio código único. Son de naturaleza opinativa, lo que significa que establecen reglas y directrices específicas que los desarrolladores deben seguir. Esta estructura ayuda en la creación de bases de código escalables y mantenibles. En esencia, simplifican el proceso de programación, ofreciendo formas estandarizadas de construir y desplegar diferentes tipos de aplicaciones, aumentando así la eficiencia y la productividad de un desarrollador.

Además, los frameworks a menudo vienen con herramientas y características integradas para tareas como la validación de entrada, el manejo de sesiones, la interacción con bases de datos y más, reduciendo la cantidad de codificación manual requerida y permitiendo a los desarrolladores centrarse más en la lógica de la aplicación en lugar de en los elementos rutinarios.

En el mundo del desarrollo web, hay numerosos frameworks populares, cada uno con sus propias características, ventajas y casos de uso únicos. Estos incluyen Angular, React y Vue.js, entre otros.

Los frameworks juegan un papel indispensable en el desarrollo de software moderno, proporcionando a los desarrolladores una base robusta y eficiente para construir aplicaciones de alta calidad y escalables. No solo aceleran el proceso de desarrollo, sino que también promueven las mejores prácticas, contribuyendo significativamente a la calidad y mantenibilidad general del software.

Bibliotecas

En el ámbito de la programación y el desarrollo web, las "bibliotecas" son colecciones de fragmentos de código o rutinas preescritas que los desarrolladores pueden utilizar para realizar tareas o funciones específicas dentro de sus aplicaciones. Estas bibliotecas suelen proporcionar un conjunto de interfaces, clases, métodos y funciones bien definidos, que pueden ser invocados o reutilizados según sea necesario.

Las bibliotecas juegan un papel crucial en el desarrollo de software, ya que permiten a los desarrolladores evitar reinventar la rueda para funcionalidades comunes, ahorrando así un valioso tiempo y recursos de desarrollo. Consisten en funciones y componentes reutilizables que sirven para funcionalidades específicas y ayudan en la construcción de aplicaciones. Los

JAVASCRIPT DE CERO A SUPERHÉROE: DESBLOQUEA TUS SUPERPODERES EN EL DESARROLLO WEB

desarrolladores llaman a estas funciones y componentes cuando es necesario, proporcionándoles un mayor control sobre la arquitectura de la aplicación.

Aquí es donde las bibliotecas difieren de los frameworks: las bibliotecas son menos opinativas y más flexibles que los frameworks, permitiendo a los desarrolladores una mayor libertad para estructurar sus aplicaciones como lo deseen.

Las bibliotecas pueden servir para una amplia gama de funcionalidades y pueden ser generales o específicas en su alcance. Por ejemplo, algunas bibliotecas se enfocan en componentes de la interfaz de usuario, algunas ayudan con tareas de redes, otras proporcionan funciones matemáticas, y así sucesivamente. Pueden ser utilizadas en prácticamente cualquier área del desarrollo de aplicaciones, desde interfaces de usuario frontend hasta operaciones en servidores backend.

En esencia, una biblioteca es como un conjunto de herramientas para los desarrolladores, proporcionándoles herramientas listas para usar que pueden ayudarles a construir aplicaciones de software funcionales y eficientes. El uso de bibliotecas no solo acelera el proceso de desarrollo, sino que también mejora la legibilidad y mantenibilidad del código, ya que las bibliotecas adhieren a prácticas y convenciones de codificación estandarizadas.

Las bibliotecas son una parte integral del desarrollo de software, contribuyendo significativamente a la eficiencia, escalabilidad y calidad de las aplicaciones de software. Ayudan a los desarrolladores a evitar la duplicación de código, promueven la reutilización del código y ayudan a construir software más robusto y confiable.

9.1.2 Ejemplos de Frameworks y Bibliotecas

React

React, desarrollado por Facebook, es una biblioteca de JavaScript ampliamente utilizada que se especializa en ayudar a los desarrolladores a construir interfaces de usuario, o UIs. Utilizado principalmente para aplicaciones de una sola página, permite a los desarrolladores crear aplicaciones web grandes que pueden cambiar datos sin necesidad de refrescar la página.

React es conocido por su eficiencia y flexibilidad. Opera en un DOM (Document Object Model) virtual, que le permite refrescar solo la porción de la página que necesita ser actualizada en lugar de refrescar toda la página. Esto lleva a un rendimiento mucho más fluido y rápido.

Además, React permite a los desarrolladores crear componentes, que son piezas reutilizables de código que devuelven un elemento React para ser renderizado en la página. El uso de componentes promueve la reutilización, haciendo que el código sea más fácil de mantener y depurar, ya que cada componente tiene su propia lógica. Este enfoque modular también facilita que los equipos trabajen cohesivamente en proyectos grandes.

React es también conocido por su rico ecosistema. Sus bibliotecas pueden combinarse con una variedad de otras bibliotecas o frameworks, como Redux para la gestión de estado o Jest para pruebas. Además, React tiene una comunidad grande y activa que proporciona una gran cantidad de recursos, incluyendo tutoriales, foros y bibliotecas de terceros.

React es una poderosa biblioteca de JavaScript que ofrece un rendimiento eficiente y flexibilidad, lo que la convierte en una excelente opción para construir interfaces de usuario complejas.

Angular

Angular es un prominente framework de aplicaciones web de código abierto desarrollado y mantenido por Google. Es ampliamente utilizado por desarrolladores en todo el mundo para construir aplicaciones web dinámicas de una sola página.

Angular está escrito en TypeScript, un superconjunto de JavaScript con tipado estático, que ofrece una mayor legibilidad y previsibilidad del código. Adopta una estructura de desarrollo modular, donde la funcionalidad se divide en módulos separados, haciendo que el código sea más fácil de organizar, gestionar y reutilizar.

Una de las características definitorias de Angular es el uso de plantillas declarativas, que son HTML más directivas personalizadas adicionales. Las plantillas son analizadas por el motor de plantillas de Angular para producir la vista en vivo renderizada. El sistema de inyección de dependencias, otra característica clave, ayuda a aumentar la eficiencia y modularidad al permitir a los desarrolladores reutilizar componentes y servicios en diferentes partes de una aplicación.

Además, Angular proporciona una gran cantidad de funcionalidades integradas como vinculación de datos, validación de formularios, enrutamiento e implementación de HTTP. La vinculación de datos reduce la necesidad de escribir una cantidad sustancial de código repetitivo. La característica de validación de formularios asegura la corrección de los datos antes de que sean enviados al servidor.

La característica de enrutamiento de Angular permite la navegación entre diferentes vistas de una aplicación. La implementación de HTTP permite una fácil comunicación con un servidor HTTP remoto para la recuperación, modificación y almacenamiento de datos.

Al proporcionar un enfoque estructurado para el desarrollo de aplicaciones web, Angular ayuda a los desarrolladores a escribir código más organizado, reutilizable y testeable, aumentando así su productividad y eficiencia. Es adecuado para construir aplicaciones a gran escala debido a sus potentes características y fuerte apoyo de la comunidad.

Vue.js

Vue.js es un popular framework de JavaScript que se utiliza para construir interfaces de usuario y aplicaciones de una sola página. Se conoce como un framework progresivo. Esto significa que está diseñado para ser adoptado incrementalmente, lo que permite a los desarrolladores adoptar tanto o tan poco del framework como necesiten, añadiendo más complejidad solo cuando sea necesario. Esta flexibilidad hace que Vue.js sea una herramienta versátil tanto para proyectos simples como complejos.

Desarrollado por el exingeniero de Google Evan You, Vue.js ha ganado popularidad debido a su simplicidad y facilidad de uso. Presenta una arquitectura adaptable que se enfoca en la renderización declarativa y la composición de componentes, lo que permite a los desarrolladores escribir código limpio y mantenible.

Vue.js también es altamente eficiente y de alto rendimiento, proporcionando a los desarrolladores características como carga diferida, renderización asíncrona y una serie de otras opciones de optimización. Su arquitectura basada en componentes permite la reutilización de componentes, lo que lleva a una eficiencia y consistencia del código.

Además, Vue.js tiene una comunidad vibrante y de apoyo que puede proporcionar recursos y soporte valiosos. La extensa documentación del framework, tutoriales y ejemplos lo hacen accesible tanto para principiantes como para desarrolladores experimentados.

En conclusión, Vue.js es un framework poderoso, flexible y fácil de usar que ha tenido un impacto significativo en el mundo del desarrollo web. Su combinación de características robustas, optimizaciones de rendimiento y apoyo comunitario lo convierten en una excelente opción para muchos desarrolladores.

9.1.3 ¿Por qué Usar Frameworks y Bibliotecas?

1. **Eficiencia**: Una de las principales ventajas de usar frameworks y bibliotecas es la eficiencia mejorada que ofrecen. Aceleran el proceso de desarrollo proporcionando plantillas y funciones predefinidas. Esta automatización de tareas repetitivas libera tiempo valioso para los desarrolladores, permitiéndoles centrarse en la implementación de características únicas e innovaciones. Esto significa menos tiempo dedicado a escribir código repetitivo y más tiempo dedicado a crear los aspectos únicos de una aplicación.

2. **Calidad**: Muchos de estos frameworks y bibliotecas son el producto de equipos de desarrollo hábiles y comunidades grandes y activas. Estos equipos están continuamente desarrollando, refinando y manteniendo estas herramientas, asegurándose de que cumplan con altos estándares de calidad. Las actualizaciones y mejoras continuas ofrecen la garantía de una base confiable para construir aplicaciones.

3. **Escalabilidad**: A medida que las empresas crecen, su software necesita adaptarse y crecer con ellas. Los frameworks están equipados con patrones y herramientas diseñados para hacer que la ampliación de aplicaciones sea más manejable y menos laboriosa. Proporcionan la infraestructura necesaria para apoyar el crecimiento de las aplicaciones, asegurando que el software pueda manejar cargas y complejidad aumentadas.

4. **Comunidad y Recursos**: Un beneficio significativo de los frameworks y bibliotecas populares es sus extensas, a menudo globales, comunidades. Estas comunidades contribuyen a una abundancia de recursos como tutoriales, foros y plugins de terceros. Estos recursos pueden ayudar a resolver una amplia gama de problemas, desde problemas comunes enfrentados por muchos desarrolladores hasta desafíos más específicos y poco comunes. Este apoyo comunitario puede ser un salvavidas para los desarrolladores, proporcionando acceso a una gran cantidad de conocimientos y experiencia.

Ejemplo: Configuración de una Aplicación React Simple

React se ha convertido en sinónimo de desarrollo web moderno debido a su flexibilidad y la riqueza de su ecosistema. Aquí hay un ejemplo básico de cómo configurar una aplicación React simple:

```
# Install Create React App globally
npm install -g create-react-app

# Create a new React application
create-react-app my-react-app

# Navigate into your new application folder
cd my-react-app

# Start the development server
npm start
```

Siguiendo estas instrucciones, tendrás una nueva aplicación React configurada y lista para el desarrollo en tu máquina local.

Esta configuración te dará una aplicación React base con soporte para recarga en caliente, características modernas de JavaScript y una buena estructura para aplicaciones tanto pequeñas como grandes.

create-react-app es una herramienta de interfaz de línea de comandos (CLI) mantenida por la comunidad de código abierto de Facebook que te permite generar una nueva aplicación React y usar una configuración de webpack preconfigurada para el desarrollo. Configura tu entorno de desarrollo para que puedas usar las últimas características de JavaScript, proporciona una buena experiencia de desarrollador y optimiza tu aplicación para producción.

Aquí tienes un desglose de cada comando:

• npm install -g create-react-app: Este comando instala create-react-app globalmente en tu computadora. npm es el administrador de paquetes para Node.js, que es un entorno de ejecución que te permite ejecutar JavaScript en tu computadora. La bandera g instala el paquete globalmente, haciendo que el comando create-react-app esté disponible desde cualquier ubicación en tu línea de comandos.

- create-react-app my-react-app: Este comando crea una nueva aplicación React con el nombre "my-react-app". Cuando ejecutas este comando, create-react-app configurará un nuevo directorio con el nombre "my-react-app" y llenará este directorio con los archivos base necesarios para ejecutar una aplicación React.

- cd my-react-app: Este comando navega hacia el directorio de tu nueva aplicación. cd significa "cambiar de directorio", lo que cambia el directorio actual en tu línea de comandos al directorio "my-react-app".

- npm start: Este comando inicia el servidor de desarrollo. Cuando ejecutas una aplicación React, se ejecuta en un servidor local en tu entorno de desarrollo (a menudo referido como un "servidor de desarrollo"). Este comando inicia ese servidor y hace que tu nueva aplicación React esté disponible para verla en tu navegador web.

Los frameworks y librerías son indispensables en el kit de herramientas de los desarrolladores web modernos. No solo proporcionan los bloques de construcción para crear aplicaciones web avanzadas, sino que también imponen mejores prácticas y patrones que son esenciales para la colaboración en equipo y la escalabilidad del proyecto.

9.1.4 Conceptos Avanzados de Integración

Desarrollo Modular

Los frameworks y librerías modernas de JavaScript soportan prácticas de desarrollo modular, que implican descomponer la aplicación en componentes más pequeños e intercambiables. Este enfoque mejora la reutilización del código y facilita la gestión de grandes bases de código.

El desarrollo modular es una técnica de diseño de software que descompone el sistema en componentes más pequeños, independientes e intercambiables conocidos como módulos. Cada módulo es una unidad de software separada que maneja una funcionalidad específica en el sistema más grande.

Este enfoque de desarrollo de software tiene numerosas ventajas.

En primer lugar, hace que el código sea más manejable. Al dividir la base de código en partes más pequeñas, es más fácil para los desarrolladores entender y trabajar en un módulo específico sin perderse en la complejidad del sistema completo. Esto es especialmente beneficioso en proyectos grandes con varios desarrolladores, ya que permite que múltiples personas trabajen en diferentes módulos simultáneamente sin interferir en el código de los demás.

En segundo lugar, mejora la reutilización del código. Una vez que un módulo se desarrolla, se puede usar en varias partes de la aplicación, reduciendo la necesidad de escribir el mismo código múltiples veces. Esto no solo ahorra tiempo de desarrollo, sino que también ayuda a mantener la consistencia en toda la aplicación.

En tercer lugar, el desarrollo modular promueve la escalabilidad. A medida que la aplicación crece, se pueden agregar nuevos módulos sin interrumpir el sistema existente. Esto facilita la expansión de la funcionalidad de la aplicación y la adaptación a los cambios en los requisitos.

Finalmente, mejora las pruebas y el mantenimiento. Dado que cada módulo es una unidad separada, se puede probar de manera independiente. Esto facilita aislar y corregir errores. También simplifica las actualizaciones y modificaciones, ya que los cambios en un solo módulo no afectan a todo el sistema.

En los frameworks modernos de JavaScript como React, Angular y Vue.js, el desarrollo modular es una parte integral de su diseño. Por ejemplo, en React, la aplicación se divide en componentes (módulos) que son reutilizables y pueden gestionar su propio estado y props. De manera similar, Angular usa una estructura jerárquica de componentes para sus aplicaciones.

En resumen, el desarrollo modular es una estrategia efectiva para gestionar la complejidad en grandes sistemas de software. Optimiza el proceso de desarrollo, promueve la reutilización y la escalabilidad del código, y mejora el mantenimiento, lo que lo convierte en un enfoque popular en el desarrollo web moderno.

Ejemplo: En React, los componentes son los bloques de construcción de la aplicación. Cada componente tiene su propio estado y props, lo que los hace reutilizables e independientes.

Gestión de Estado

Las aplicaciones complejas requieren soluciones eficientes de gestión de estado para manejar datos entre diferentes componentes. Librerías como Redux para React o Vuex para Vue.js proporcionan herramientas robustas para gestionar el estado a escala global.

La gestión de estado en el desarrollo web se refiere al manejo de datos que pueden ser manipulados por interacciones del usuario y eventos del sistema dentro de una aplicación. Implica almacenar, manipular y eliminar datos a lo largo del ciclo de vida de una aplicación o un componente dentro de una aplicación.

En una aplicación web, el estado puede representar cualquier dato que pueda cambiar con el tiempo y afectar el comportamiento o la salida de la aplicación. Esto podría ser el estado de inicio de sesión del usuario, el contenido de un carrito de compras, los datos de un formulario o cualquier otro dato que la aplicación necesite para funcionar.

La gestión de estado puede ser local o global. La gestión de estado local se refiere a un estado que es específico de un solo componente y no afecta a otras partes de la aplicación. Por ejemplo, el valor de entrada de un campo de formulario es local a ese campo y no afecta a otros componentes a menos que se comparta explícitamente.

Por otro lado, la gestión de estado global implica datos que se comparten entre múltiples componentes. Un ejemplo sería el estado de inicio de sesión de un usuario, que podría afectar el comportamiento de toda la aplicación y necesita ser accesible por múltiples componentes.

Gestionar el estado de manera eficiente es crucial para asegurar que una aplicación se comporte de manera consistente y predecible. Ayuda a rastrear los cambios en los datos a lo largo del tiempo y puede ayudar en la depuración y las pruebas de la aplicación.

Utilizar librerías como Redux para React, Vuex para Vue.js o NgRx para Angular puede simplificar en gran medida la tarea de gestionar el estado, especialmente en aplicaciones más grandes con requisitos de datos complejos. Estas librerías proporcionan una tienda centralizada para el estado que puede ser accesada a lo largo de la aplicación, lo que facilita el seguimiento y la gestión de los cambios en el estado. También proporcionan beneficios adicionales como la depuración de viaje en el tiempo, soporte para middleware y más.

Ejemplo: Usar Redux en una aplicación React para gestionar el estado global, como el estado de autenticación del usuario, que necesita ser accesado por múltiples componentes.

Renderizado en el Servidor (SSR)

Frameworks como Next.js (para React) y Nuxt.js (para Vue.js) permiten el renderizado en el servidor de aplicaciones, lo que puede mejorar significativamente el rendimiento y SEO de las páginas web al servir páginas completamente renderizadas desde el servidor.

El renderizado en el servidor (SSR) es una técnica utilizada en el desarrollo web moderno que optimiza el rendimiento de un sitio web y lo hace más compatible con la optimización para motores de búsqueda (SEO).

En una aplicación de una sola página típica (SPA), la mayor parte del trabajo de renderizado se realiza en el lado del cliente, lo que significa que el navegador del usuario descarga una página HTML mínima, que luego se llena con JavaScript. Este JavaScript es responsable de obtener datos y marcar el HTML. Si bien este enfoque proporciona una experiencia de usuario fluida, especialmente para sitios web donde el contenido cambia dinámicamente, tiene algunas desventajas. La más significativa es que puede llevar a tiempos de carga de página más lentos, ya que el navegador necesita esperar a que se descargue y ejecute todo el JavaScript antes de poder renderizar completamente la página.

Además, este enfoque también puede tener un impacto negativo en el SEO. Esto se debe a que los rastreadores web de los motores de búsqueda pueden no renderizar y entender completamente el contenido agregado a través de JavaScript, lo que lleva a una menor visibilidad en los resultados de búsqueda.

El renderizado en el servidor aborda estos problemas haciendo la mayor parte del trabajo de renderizado en el servidor. Con SSR, cuando un usuario navega a una página web, el servidor genera el HTML completo de la página en el servidor en respuesta a la solicitud. El servidor luego envía este HTML completamente renderizado al navegador del cliente, permitiendo que la página se renderice más rápido de lo que lo haría con el renderizado del lado del cliente. Esto da al usuario una página completamente poblada tan pronto como se descarga el HTML, lo que resulta en un tiempo de carga más rápido.

Además, debido a que el servidor envía una página completamente renderizada al cliente, todo el contenido de la página es visible para los motores de búsqueda, lo que puede mejorar el SEO.

En la práctica, SSR se implementa utilizando frameworks específicos para librerías de JavaScript, como Next.js para React y Nuxt.js para Vue.js. Estos frameworks proporcionan un conjunto de herramientas y características que simplifican el proceso de configurar el renderizado en el servidor para tu aplicación.

En conclusión, el renderizado en el servidor es una técnica valiosa para mejorar tanto el rendimiento como el SEO de una aplicación web. Al renderizar la página en el servidor en lugar del cliente, SSR puede proporcionar una experiencia de usuario más rápida y amigable para el SEO.

Ejemplo: Implementar Next.js en un proyecto React para prerenderizar páginas en el servidor, mejorando los tiempos de carga y el SEO al entregar contenido listo para ver al usuario y a los motores de búsqueda.

9.1.5 Optimización del Rendimiento

Carga Diferida

Implementar la carga diferida puede mejorar significativamente el rendimiento de la aplicación al cargar recursos solo cuando se requieren.

La carga diferida es un patrón de diseño comúnmente utilizado en la programación de computadoras que pospone la inicialización de un objeto o la ejecución de un proceso complejo hasta el punto en que realmente se necesita. Esto puede mejorar significativamente el rendimiento de una aplicación de software al reducir su tiempo de carga inicial y conservar recursos del sistema, como la memoria y la potencia de procesamiento.

En el contexto del desarrollo web, la carga diferida se utiliza a menudo para aplazar la carga de recursos como imágenes, scripts o incluso secciones enteras de una página web hasta que se necesitan. Por ejemplo, cuando un usuario visita una página web, en lugar de cargar todas las imágenes de la página a la vez, una técnica de carga diferida podría cargar solo las imágenes que son visibles en el área de visualización del usuario. A medida que el usuario se desplaza hacia abajo en la página, se cargan imágenes adicionales justo a tiempo a medida que se vuelven visibles. Esto puede acelerar significativamente el tiempo de carga inicial de la página, resultando en una experiencia de usuario más rápida y receptiva.

La carga diferida también se puede aplicar a otras áreas del desarrollo de software. Por ejemplo, en la programación orientada a objetos, un objeto podría configurarse con un objeto de marcador de posición o proxy hasta que se necesite el objeto completo, momento en el cual se inicializa completamente. Esto puede ser particularmente útil en situaciones donde crear el objeto completo es un proceso intensivo en recursos.

La carga diferida es un patrón de diseño útil que puede ayudar a mejorar el rendimiento y la eficiencia del software al posponer operaciones intensivas en recursos hasta que sean absolutamente necesarias. Al utilizar la carga diferida, los desarrolladores pueden crear aplicaciones que sean más rápidas, más receptivas y más eficientes en el uso de los recursos del sistema.

Ejemplo: Usar React.lazy y Suspense de React para dividir el código a nivel de componente, lo que te permite cargar solo las características orientadas al usuario según sea necesario.

División de Código

La mayoría de los frameworks modernos soportan la división de código de fábrica, que divide el código en varios paquetes o fragmentos que se pueden cargar bajo demanda.

La división de código es una técnica utilizada en el desarrollo web moderno que permite a los desarrolladores dividir su código en paquetes o fragmentos separados, que se pueden cargar bajo demanda o en paralelo.

Este proceso tiene beneficios sustanciales para el rendimiento y los tiempos de carga de la aplicación. Cuando un usuario visita una página web inicialmente, en lugar de cargar todo el paquete de JavaScript para toda la aplicación, solo se cargan los fragmentos necesarios para la vista actual. Esto reduce la cantidad de datos que se necesitan transferir y analizar, resultando en tiempos de carga más rápidos y una experiencia de usuario más receptiva.

A medida que el usuario navega a través de la aplicación, se cargan fragmentos adicionales de código según sea necesario. Esta carga bajo demanda es especialmente beneficiosa para aplicaciones grandes con numerosas rutas y características, ya que asegura que los usuarios solo descarguen el código necesario para las características que están utilizando en un momento dado.

Además, la división de código también puede mejorar la eficiencia de la caché. Dado que el código se divide en varios paquetes más pequeños, cualquier cambio en una parte de la aplicación no invalida toda la caché, sino solo el fragmento afectado. Esto significa que los usuarios solo necesitan descargar el código actualizado, mientras que las partes no cambiadas permanecen en la caché de visitas anteriores.

La mayoría de los frameworks y empaquetadores de JavaScript modernos, como React con Webpack o Vue.js con Vue CLI, soportan la división de código de fábrica. Por ejemplo, en un proyecto de Vue.js, puedes configurar Webpack para usar importaciones dinámicas, lo que divide los componentes de cada ruta en fragmentos separados, por lo que solo se cargan cuando el usuario accede a esa ruta.

En conclusión, la división de código es una técnica poderosa en el desarrollo web que mejora el rendimiento y la experiencia del usuario al optimizar la carga y la caché del código JavaScript.

Ejemplo: Configurar Webpack en un proyecto Vue.js para usar importaciones dinámicas, lo que divide los componentes de cada ruta en fragmentos separados para que solo se carguen cuando el usuario accede a esa ruta.

9.1.6 Frameworks y Herramientas de Pruebas

El proceso de escribir pruebas unitarias e integradas puede ser significativamente simplificado mediante la integración de frameworks y herramientas de pruebas. Estos incluyen, pero no se limitan a Jest, Mocha, Enzyme para aplicaciones construidas con React, o Vue Test Utils para aplicaciones basadas en Vue.js. Estas herramientas no solo simplifican el proceso de pruebas, sino que también aseguran una cobertura máxima y una detección eficiente de errores.

Además, el uso de plataformas de integración continua (CI) y despliegue continuo (CD) es altamente ventajoso. Estas plataformas, como Jenkins, CircleCI o GitHub Actions, ofrecen un medio para automatizar procedimientos de pruebas y despliegue. Esta automatización asegura que cada commit o cambio realizado en la base de código sea probado y verificado, minimizando el riesgo de errores o bugs en el entorno de producción.

Además, estas plataformas aseguran que las versiones estables se desplieguen automáticamente, optimizando efectivamente el proceso de lanzamiento y asegurando que los usuarios finales siempre tengan acceso a la versión más reciente y estable de la aplicación.

Aunque los frameworks y librerías proporcionan una base sólida para construir aplicaciones, entender cómo usar características avanzadas e integraciones es crucial para desarrollar aplicaciones web de alto rendimiento, escalables y mantenibles. A medida que te adentres en las secciones específicas de cada framework, considera cómo la arquitectura y las características de cada framework pueden optimizarse para satisfacer las necesidades específicas de tu proyecto.

9.2 Fundamentos de React

React es una biblioteca de JavaScript extremadamente poderosa que está específicamente diseñada para la construcción de interfaces de usuario. Su función y fortaleza principal radican en su capacidad para construir aplicaciones de una sola página dinámicas y altamente receptivas, donde una rápida reacción a las interacciones del usuario es primordial. Originada en el equipo innovador de Facebook, React ha ganado un espacio propio debido a sus capacidades de renderizado notablemente eficientes y su arquitectura sencilla e intuitiva basada en componentes.

En esta sección, nos embarcamos en un viaje a través de los conceptos fundamentales y características de React, con el objetivo de proporcionarte una comprensión sólida de cómo utilizar esta herramienta de manera efectiva. Está diseñada para asistirte en el inicio con la creación de interfaces de usuario interactivas que sean tanto altamente funcionales como estéticamente agradables. Cubriremos todo, desde los conceptos básicos hasta las técnicas avanzadas, dándote el conocimiento y la confianza para crear aplicaciones React que sean tanto poderosas como fáciles de usar.

9.2.1 Entendiendo los Componentes de React

En React, las aplicaciones se estructuran alrededor de componentes. Estos componentes pueden entenderse como los bloques de construcción fundamentales de cualquier aplicación construida con React. Cada componente en una aplicación React funciona como un módulo distinto y autónomo. Son responsables de gestionar su propio contenido, presentación y comportamiento, creando una estructura fácilmente manejable dentro de la propia aplicación.

Los componentes en React encapsulan toda la lógica necesaria para su operación. Esto incluye la renderización de la interfaz de usuario (UI), el manejo del estado (los datos que pueden cambiar con el tiempo y afectar cómo se comporta la aplicación) y la respuesta a las interacciones del usuario. Al encapsular esta lógica dentro de cada componente, React facilita la creación de una estructura limpia, eficiente y escalable para las aplicaciones.

Hay dos tipos de componentes en React: Componentes Funcionales y Componentes de Clase. Los componentes funcionales son funciones de JavaScript que aceptan propiedades (props) y devuelven elementos HTML que describen cómo debería verse la UI. Los componentes de clase eran el método principal para crear componentes que manejan lógica de estado compleja y métodos de ciclo de vida antes de la introducción de Hooks.

React también utiliza una extensión de sintaxis para JavaScript llamada JSX (JavaScript XML) para describir cómo debería verse la UI. JSX te permite escribir código similar a HTML dentro de tu JavaScript, haciendo que el código sea más legible y fácil de entender.

En React, el estado es un objeto que determina cómo se renderiza y se comporta un componente. Los componentes de React pueden tener un estado local, gestionado ya sea por useState en componentes funcionales o this.state en componentes de clase. Los métodos de ciclo de vida en componentes de clase y el Hook useEffect en componentes funcionales te permiten ejecutar código en momentos específicos del ciclo de vida del componente.

El manejo de entradas y acciones del usuario es una parte crítica de cualquier aplicación. React simplifica el manejo de eventos con su propio sistema de eventos sintéticos, asegurando la consistencia en todos los navegadores.

En general, entender los componentes de React es crucial para desarrollar aplicaciones usando React. El concepto de componentes permite a los desarrolladores crear interfaces de usuario complejas con piezas de código reutilizables, llevando a aplicaciones que son más fáciles de desarrollar y mantener.

Tipos de Componentes:

Componentes Funcionales

Estos son funciones de JavaScript que aceptan propiedades (props) y devuelven elementos HTML que describen la UI. Con la introducción de Hooks, los componentes funcionales también pueden gestionar el estado y otras características de React.

Los componentes funcionales son un tipo específico de arquitectura de componentes en React, que es una biblioteca popular de JavaScript para construir interfaces de usuario interactivas. Se nombran así porque son simplemente funciones de JavaScript. A diferencia de los componentes de clase, no extienden ninguna clase base, sino que devuelven HTML a través de una función de renderizado.

Los componentes funcionales han ganado popularidad por su simplicidad y concisión. Son menos verbosos, más fáciles de leer y probar, lo que lleva a menos errores en el código. Los componentes funcionales simplemente reciben datos y los muestran de alguna forma; es decir, son principalmente responsables de la UI.

En las primeras versiones de React, los componentes funcionales también se conocían como componentes sin estado, ya que no tenían acceso al estado ni a los métodos del ciclo de vida. Sin embargo, con la introducción de Hooks en React 16.8, los componentes funcionales ahora pueden gestionar el estado y los efectos secundarios, que eran capacidades anteriormente exclusivas de los componentes de clase.

Una ventaja significativa de los componentes funcionales es la capacidad de usar los Hooks integrados de React. Los Hooks permiten a los componentes funcionales usar el estado y otras características de React sin escribir una clase. Los Hooks useState y useEffect son los más comúnmente utilizados, permitiendo la gestión del estado y el uso de eventos del ciclo de vida respectivamente dentro de los componentes funcionales.

Un ejemplo de un componente funcional simple sería:

```
import React from 'react';

function Welcome(props) {
    return <h1>Hello, {props.name}!</h1>;
}

export default Welcome;
```

Este es un ejemplo simple de un componente funcional en React. El componente está escrito en un lenguaje llamado JSX (JavaScript XML), una extensión de sintaxis para JavaScript que te permite escribir lo que parece HTML en tu código JavaScript.

El componente es una función llamada 'Welcome'. Como es común en los componentes funcionales en React, esta función toma un argumento llamado 'props', que son las propiedades. Estas propiedades son esencialmente entradas para el componente que se pueden usar para pasar datos a él. En este caso, se espera que 'props' contenga una propiedad llamada 'name'.

Dentro de la función, se devuelve un único elemento similar a HTML, un encabezado 'h1'. Entre las etiquetas de apertura y cierre de este encabezado, se escribe la expresión {props.name}. Este es un ejemplo de sintaxis JSX, donde las expresiones de JavaScript se pueden incrustar dentro del código similar a HTML envolviendo la expresión en llaves. Aquí, la expresión está accediendo a la propiedad 'name' del objeto 'props'.

Cuando este componente se usa en una aplicación React, renderizará un encabezado 'h1' con el contenido "Hello, {name}!", donde {name} será reemplazado por cualquier valor que se pase como la propiedad 'name' al componente 'Welcome'.

Finalmente, la línea 'export default Welcome' al final del código está usando el sistema de módulos de JavaScript para exportar la función 'Welcome' desde este archivo. La palabra clave 'default' indica que 'Welcome' es la exportación predeterminada de este archivo, lo que significa que se puede importar sin necesidad de usar llaves en la declaración de importación. Esto hace que el componente 'Welcome' esté disponible para ser importado y utilizado en otras partes de la aplicación.

Para resumir, este es un componente funcional simple de React que toma una propiedad 'name' y renderiza un mensaje de saludo con ese nombre en un encabezado 'h1'. Este componente se puede reutilizar en cualquier lugar donde se necesite un mensaje de saludo en la aplicación.

Componentes de Clase

Antes de los Hooks, los componentes de clase eran el método principal para crear componentes que manejan lógica de estado compleja y métodos de ciclo de vida.

En el contexto de React, los componentes de clase son clases de JavaScript ES6 que extienden la clase React.Component importada de la biblioteca React. La clase React.Component es una clase base abstracta que proporciona la funcionalidad central para los componentes de React, incluyendo los métodos de ciclo de vida y la capacidad de mantener y gestionar el estado.

Los componentes de clase tienen un método render que devuelve un elemento React (normalmente escrito en JSX, una extensión de sintaxis para JavaScript que se asemeja a HTML). Este elemento React describe lo que debería aparecer en la pantalla cuando se renderiza el componente.

Una de las características distintivas de los componentes de clase es su capacidad para tener estado local. El estado en React es una estructura de datos que mantiene y gestiona los datos que pueden cambiar durante el ciclo de vida del componente y afectan el comportamiento y la renderización del componente. En los componentes de clase, el estado se inicializa en el constructor y se puede actualizar usando el método setState proporcionado por React.Component.

Otra característica importante de los componentes de clase son los métodos de ciclo de vida. Estos son métodos especiales que se llaman automáticamente durante diferentes etapas del ciclo de vida de un componente, como cuando se crea, se actualiza o se destruye. Estos métodos permiten a los desarrolladores controlar lo que sucede cuando los componentes se montan, se actualizan o se desmontan, proporcionando un alto grado de control sobre el comportamiento del componente.

Sin embargo, aunque los componentes de clase son poderosos, también pueden ser verbosos y complejos, especialmente para los principiantes. Además, la introducción de Hooks en React 16.8 ha hecho posible usar características de estado y ciclo de vida en componentes funcionales, haciéndolos igualmente poderosos que los componentes de clase, lo que ha llevado a un cambio en la comunidad de React hacia los componentes funcionales.

Aún así, entender los componentes de clase es crucial, ya que muchas bases de código de React más antiguas y existentes usan ampliamente los componentes de clase, y siguen siendo una parte fundamental del modelo de componentes de React.

9.2.2 JSX - JavaScript XML

JSX, que significa JavaScript XML, es una extensión de sintaxis para JavaScript. Fue desarrollado y es ampliamente utilizado por React, una popular biblioteca de JavaScript para construir interfaces de usuario. JSX no es un lenguaje de programación, pero permite a los desarrolladores escribir una sintaxis similar a HTML directamente en su código JavaScript.

JSX hace que sea más fácil e intuitivo crear y gestionar HTML complejo y dinámico en tu aplicación JavaScript. Proporciona una sintaxis más legible y expresiva para estructurar tu código UI y se beneficia del poder y la flexibilidad de JavaScript.

Uno de los aspectos únicos de JSX es que no solo se usa para el marcado HTML. También puede crear componentes definidos por el usuario, permitiendo la composición de interfaces de usuario complejas a partir de componentes más pequeños y reutilizables. Esta arquitectura basada en componentes está en el corazón de bibliotecas como React, y JSX juega un papel crucial en ella.

Un ejemplo simple de código JSX podría verse así:

const element = <h1 className="greeting">Hello, world!</h1>;

En este ejemplo, el JSX se traduce en una función JavaScript que crea un elemento HTML h1 con la clase "greeting" y el texto "Hello, world!".

Lo más importante a recordar sobre JSX es que, en última instancia, se compila en JavaScript regular. En el fondo, la sintaxis de JSX se transforma en llamadas a React.createElement(), un método proporcionado por la biblioteca React. Esta conversión generalmente se realiza usando un compilador de JavaScript como Babel.

A pesar de su sintaxis similar a HTML, JSX viene con todo el poder de JavaScript. Permite incrustar cualquier expresión de JavaScript dentro de llaves {} en tu código JSX.

En conclusión, JSX es una herramienta poderosa para escribir código de interfaz de usuario declarativo y basado en componentes en JavaScript. Combina la expresividad de HTML con el poder de JavaScript, resultando en una forma más intuitiva y eficiente de construir interfaces de usuario en JavaScript.

9.2.3 Estado y Ciclo de Vida

En React, el estado es un objeto que determina cómo se renderiza y se comporta un componente. Los componentes de React pueden tener estado local, gestionado ya sea por useState en componentes funcionales o this.state en componentes de clase.

El 'estado' en React es un objeto incorporado que contiene valores de propiedades que pertenecen a un componente. Cuando el objeto de estado cambia, el componente se vuelve a renderizar. El estado se usa para datos que cambiarán con el tiempo o que afectarán el comportamiento o la renderización del componente. Por ejemplo, la entrada del usuario, las respuestas del servidor y más. El estado se inicializa en el constructor de un componente de clase, o utilizando el Hook useState en componentes funcionales. Las actualizaciones del estado se realizan a través del método setState o la función de establecimiento de valores devuelta por useState.

El 'Ciclo de Vida' de un componente React se refiere a las diferentes fases por las que pasa un componente desde su creación hasta su eliminación del DOM. Cada fase viene con métodos que React llama en momentos particulares, lo que te permite controlar lo que sucede cuando un componente se monta, se actualiza o se desmonta. En los componentes de clase, estos son métodos como componentDidMount, componentDidUpdate y componentWillUnmount. Con la introducción de los hooks en React, se pueden lograr efectos similares en componentes funcionales usando el Hook useEffect.

Entender estos conceptos es clave para gestionar datos y comportamientos en aplicaciones React. Permiten a los desarrolladores controlar el proceso de renderización y reaccionar a cambios en el estado o las propiedades, creando interfaces de usuario dinámicas e interactivas.

Ejemplo de Estado en un Componente Funcional:

```javascript
import React, { useState } from 'react';

function Counter() {
    const [count, setCount] = useState(0);

    const increment = () => {
        setCount(count + 1);
    };

    return (
        <div>
            <p>You clicked {count} times</p>
            <button onClick={increment}>Click me</button>
        </div>
    );
}

export default Counter;
```

Este ejemplo utiliza la biblioteca React para crear un componente de contador simple. El código demuestra el uso de componentes funcionales de React y el hook useState, una característica introducida en la versión 16.8 de React que permite agregar estado a tus componentes funcionales.

Desglosamos el código:

1. La declaración import React, { useState } from 'react'; se usa para importar la biblioteca React y el hook useState en el archivo.

2. function Counter() { ... } define un componente funcional llamado Counter. En React, un componente se puede definir como una función que devuelve un elemento React. Este elemento describe lo que debe aparecer en la pantalla cuando se renderiza el componente.

3. Dentro del componente Counter, const [count, setCount] = useState(0); utiliza el hook useState para crear una nueva variable de estado llamada count. Esta variable contendrá el conteo actual. El hook useState también devuelve una función (setCount) que podemos usar para actualizar el estado count. El argumento pasado a useState (en este caso, 0) es el valor inicial del estado.

4. const increment = () => { ... }; define una función llamada increment. Esta función, cuando se llame, actualizará el estado count llamando a setCount(count + 1), aumentando efectivamente el count en 1.

5. La declaración return en la función describe la salida renderizada del componente. Devuelve un elemento div que contiene un párrafo y un botón. El párrafo muestra el conteo actual, que se inserta dinámicamente usando llaves. El botón, cuando se haga clic en él, llamará a la función increment, incrementando así el conteo.

6. La línea export default Counter; exporta el componente Counter, haciéndolo disponible para su uso en otras partes de la aplicación.

La salida de este componente en la pantalla sería un texto que muestra "You clicked X times", donde X es el conteo actual, y un botón que dice "Click me". Cada vez que se haga clic en el botón, el conteo aumentará en 1.

Este ejemplo de código demuestra los conceptos básicos de la gestión del estado en React usando el hook useState y los componentes funcionales, ambos centrales para el desarrollo moderno de React.

Los métodos de ciclo de vida en los componentes de clase te permiten ejecutar código en momentos particulares del ciclo de vida, como componentDidMount, componentDidUpdate y componentWillUnmount. Con los Hooks en componentes funcionales, se logran efectos similares usando useEffect.

9.2.4 Manejo de Eventos

"Manejo de Eventos" se refiere al proceso de gestionar y responder a las interacciones del usuario o eventos del sistema en una aplicación de software. Estas interacciones pueden incluir una amplia variedad de acciones, como clics del mouse, pulsaciones de teclas del teclado, gestos táctiles o incluso comandos de voz en algunas aplicaciones. Los eventos del sistema pueden ser cualquier cosa, desde que se agote un temporizador, cambie el estado del sistema, se reciban datos de un servidor, etc.

Cuando un usuario interactúa con una aplicación, se crean y se despachan eventos para ser manejados por la aplicación. Por ejemplo, cuando un usuario hace clic en un botón, se genera un evento de clic. La aplicación debe decidir cómo responder a este evento, que es donde entra el manejo de eventos. Esta respuesta podría ser cualquier cosa, desde abrir una nueva ventana, obtener datos, cambiar el estado de la aplicación y más.

En el contexto de JavaScript y aplicaciones web, el manejo de eventos a menudo se asocia con elementos HTML específicos. Por ejemplo, un elemento de botón podría tener un controlador de eventos de clic que desencadena una función cuando se hace clic en el botón.

En frameworks de JavaScript como React, el manejo de eventos se realiza usando lo que se conoce como Eventos Sintéticos. El sistema de Eventos Sintéticos de React es un envoltorio multiplataforma alrededor del sistema de eventos nativo del navegador, que asegura que los eventos tengan propiedades consistentes en diferentes navegadores.

Aquí tienes un ejemplo de manejo de eventos en React:

```
function ActionLink() {
    const handleClick = (e) => {
        e.preventDefault();
        console.log('The link was clicked.');
    };

    return (
        <a href="#" onClick={handleClick}>
            Click me
        </a>
    );
}
```

Este ejemplo demuestra la creación de un componente funcional en React. El componente específico detallado en el código se llama 'ActionLink'. Este es un tipo de componente funcional en React. Los componentes funcionales son una forma más simple de escribir componentes en React. Son simplemente funciones de JavaScript que devuelven elementos React.

El componente ActionLink se define como una función de JavaScript:

```
function ActionLink() {
    ...
```

```
}
Dentro de la función ActionLink, se define otra función llamada handleClick:
const handleClick = (e) => {
    e.preventDefault();
    console.log('The link was clicked.');
};
```

Esta función handleClick es un controlador de eventos para eventos de clic. Toma un objeto de evento e como argumento. Este objeto e representa el evento que ocurrió. El método preventDefault se llama en el objeto del evento para evitar que se realice la acción predeterminada asociada con el evento. En este caso, evita la acción predeterminada de un clic en un enlace, que es navegar a una nueva URL.

En lugar de navegar a una nueva URL, la función registra 'The link was clicked.' en la consola. Esto se logra con el método console.log, que imprime el mensaje proporcionado en la consola del navegador web.

Finalmente, el componente ActionLink devuelve un elemento JSX:

```
return (
    <a href="#" onClick={handleClick}>
        Click me
    </a>
);
```

JSX es una extensión de sintaxis para JavaScript que se usa con React para describir cómo debería verse la UI. El elemento JSX devuelto es una etiqueta de anclaje, que generalmente se usa para crear enlaces.

El atributo onClick es una prop especial en React que se usa para manejar eventos de clic. La función handleClick se pasa a la prop onClick. Esto significa que cuando se hace clic en el enlace, se ejecutará la función handleClick.

En resumen, este componente ActionLink, cuando se usa en una aplicación React, renderizará un enlace que dice 'Click me'. Cuando se hace clic en este enlace, en lugar de navegar a una nueva URL (que es el comportamiento predeterminado de los enlaces), registrará 'The link was clicked.' en la consola.

React proporciona un conjunto rico de características que lo hacen ideal para desarrollar interfaces de usuario complejas con menos código y mayor reutilización. Comenzando con estos conceptos básicos—componentes, JSX, estado, métodos de ciclo de vida y manejo de eventos—ahora tienes el conocimiento fundamental para profundizar en características y patrones más avanzados de React.

Si quieres profundizar en React, consulta nuestros otros libros publicados en: https://www.cuantum.tech/books. Considera nuestro libro específico de React o sigue

nuestra ruta de aprendizaje completa de desarrollo web para convertirte en un maestro en desarrollo web.

9.3 Fundamentos de Vue

Vue.js, comúnmente conocido como Vue, es un framework progresivo de JavaScript que se utiliza principalmente para construir interfaces de usuario. A diferencia de otros frameworks monolíticos que pueden ser abrumadores, Vue.js está cuidadosamente diseñado para ser incrementalmente adoptable desde cero.

La filosofía de diseño detrás de Vue.js es simple: se enfoca solo en la capa de vista. Esto lo hace altamente flexible y fácil de integrar con otras bibliotecas o incluso con proyectos ya existentes. No impone una estructura y permite a los desarrolladores estructurar su código como lo consideren adecuado, lo cual puede ser una gran ventaja para proyectos que necesitan un cierto nivel de personalización.

Además de su simplicidad y flexibilidad, Vue.js también es una herramienta poderosa para construir aplicaciones de una sola página (SPAs) sofisticadas. Cuando se usa en combinación con herramientas modernas y bibliotecas de soporte, Vue.js es perfectamente capaz de asumir proyectos a gran escala. Es un framework versátil y flexible que puede manejar una amplia gama de proyectos, desde sitios web pequeños y simples hasta aplicaciones web grandes y complejas.

9.3.1 Entendiendo los Componentes de Vue

En su núcleo, Vue trabaja con la arquitectura basada en componentes, al igual que React. Los componentes son instancias reutilizables de Vue con un nombre, y encapsulan plantillas, lógica y estilos de manera detallada.

Vue.js, a menudo abreviado como Vue, es un framework progresivo de JavaScript utilizado principalmente para construir interfaces de usuario. A diferencia de otros frameworks monolíticos, Vue está diseñado para ser incrementalmente adoptable y se enfoca únicamente en la capa de vista, lo que facilita su integración con otras bibliotecas o proyectos existentes.

En el corazón de la arquitectura de Vue están los componentes. Estos son instancias reutilizables de Vue con un nombre, y juegan un papel crucial en la construcción de aplicaciones Vue. Los componentes en Vue encapsulan plantillas, lógica y estilos de manera autónoma y reutilizable. Esta encapsulación facilita la creación de interfaces de usuario complejas a partir de piezas más pequeñas y manejables.

Un componente de Vue tiene tres partes principales:

1. La 'template' que contiene el marcado HTML con directivas y enlaces. Estos vinculan la plantilla a los datos subyacentes del componente.

2. El 'script' que define la lógica del componente. Esto incluye sus propiedades de datos, propiedades computadas, métodos y más.

3. El 'style' que describe la apariencia visual del componente.

Crear un componente de Vue implica definir estas tres partes en un archivo .vue. Una vez definido, el componente se puede reutilizar en toda la aplicación.

Entender cómo crear y usar componentes de Vue es una parte fundamental para dominar Vue.js. A medida que te sientas más cómodo con los componentes de Vue, serás capaz de construir aplicaciones de Vue más complejas e interactivas.

Ejemplo de un Componente Simple de Vue:

```
<template>
  <div>
    <h1>Hello, {{ name }}!</h1>
  </div>
</template>

<script>
export default {
  data() {
    return {
      name: 'Vue World'
    };
  }
}
</script>

<style>
h1 {
  color: blue;
}
</style>
```

Este componente de Vue incluye tres secciones:

- **template**: Contiene el marcado HTML con directivas y enlaces que vinculan la plantilla con los datos subyacentes del componente.

- **script**: Define la lógica del componente, incluidas sus propiedades de datos, propiedades computadas, métodos y más.

- **style**: Describe la apariencia visual del componente.

Ahora, desglosamos el código:

1. <template>: Esta sección contiene la estructura HTML del componente de Vue. Dentro del <template>, tenemos un div que contiene una etiqueta h1. Dentro de la etiqueta

h1, tenemos "Hello, {{ name }}!". Aquí, {{ name }} es un marcador de posición para una variable llamada name. Este es un ejemplo de la renderización declarativa de Vue, donde el resultado renderizado se actualizará cuando los datos de name cambien.

2. <script>: Esta sección contiene el JavaScript que controla el comportamiento del componente. Dentro del <script>, definimos y exportamos un objeto de JavaScript, que es la definición del componente de Vue. La función data devuelve el objeto de datos reactivos del componente. En este caso, devuelve un objeto con una propiedad: name, que tiene un valor de 'Vue World'. Este valor de name es lo que se renderiza en el marcador de posición {{ name }} en la plantilla.

3. <style>: Esta sección contiene las reglas CSS para el componente de Vue. Aquí, tenemos una regla que establece el color del texto de los elementos h1 en azul.

Entonces, cuando se renderiza este componente de Vue, producirá un encabezado azul que dice "Hello, Vue World!". El poder de los componentes de Vue.js proviene de su reutilización: este componente se puede reutilizar en cualquier lugar donde se necesite un mensaje de saludo en la aplicación, y el name se puede cambiar fácilmente para saludar a diferentes entidades.

9.3.2 La Instancia de Vue

Cada aplicación de Vue comienza creando una nueva instancia de Vue con el método Vue.createApp, que sirve como la raíz de una aplicación Vue.

La Instancia de Vue, denominada Vue.createApp en Vue 3, es un aspecto fundamental del framework Vue.js. Es el bloque de construcción principal de las aplicaciones de Vue y es el punto de partida cuando estás construyendo una aplicación con Vue.js.

Al crear una instancia de Vue, se pasa un objeto de opciones que incluye propiedades declarativas como data, methods, computed, watch, components y hooks del ciclo de vida como created, mounted, updated y destroyed.

La opción data contiene el objeto de datos de la instancia de Vue. Cada propiedad declarada en el objeto de datos será reactiva, lo que significa que si su valor cambia, la instancia de Vue se actualizará para reflejar los cambios.

methods son funciones que se pueden invocar desde dentro de la instancia de Vue o en la parte del DOM del componente. A menudo se usan para el manejo de eventos (como la entrada del usuario).

Las propiedades computed son funciones que se utilizan para calcular el estado derivado basado en los datos de la instancia. Estas propiedades se almacenan en caché según sus dependencias y solo se vuelven a evaluar cuando alguna dependencia cambia.

La opción watch permite realizar operaciones asincrónicas o costosas en respuesta a cambios en los datos. Esto es más útil cuando quieres realizar alguna operación cuando cambia un dato particular.

La opción components es donde declaras los componentes que se pueden usar dentro de la plantilla de la instancia de Vue.

Los hooks del ciclo de vida son métodos especiales que proporcionan visibilidad en la vida de una instancia de Vue desde la creación hasta la destrucción. Te permiten ejecutar código en etapas específicas del ciclo de vida de una instancia de Vue.

En resumen, una Instancia de Vue es la raíz de cada aplicación de Vue y se crea instanciando Vue con el método Vue.createApp(). Proporciona la funcionalidad necesaria para construir una aplicación reactiva de Vue y sirve como el pegamento que mantiene unida una aplicación de Vue.

Ejemplo de Creación de una Instancia de Vue:

```
const App = Vue.createApp({
  data() {
    return {
      greeting: 'Hello Vue!'
    };
  }
});

App.mount('#app');
```

Este fragmento inicializa una nueva aplicación Vue y la monta en un elemento del DOM con el id app.

Aquí tienes un desglose paso a paso de lo que hace el código:

1. const App = Vue.createApp({}): Esta línea inicializa una nueva aplicación Vue. El método createApp crea una nueva aplicación y devuelve una instancia de la aplicación, que se almacena en la constante App.

2. Dentro del método createApp, se pasa un objeto como argumento. Este objeto, a menudo referido como el "objeto de opciones", define las propiedades de la instancia de Vue.

3. En el objeto de opciones, se define una función data. Esta función devuelve un objeto que representa el estado local del componente, es decir, los datos reactivos que el componente utilizará.

4. En este caso, el objeto de datos consta de una única propiedad, greeting, que se inicializa con la cadena 'Hello Vue!'. Esta propiedad greeting ahora puede ser accedida y manipulada por la instancia de Vue, y cualquier cambio en ella causará automáticamente que las partes relevantes del DOM se actualicen.

5. App.mount('#app'): Esta línea de código le dice a Vue que monte la aplicación en un elemento HTML. El argumento '#app' es un selector CSS que selecciona el elemento

HTML que servirá como punto de montaje para la aplicación Vue. Este elemento es la raíz de la aplicación Vue. En este caso, la aplicación se monta en un elemento con el id 'app'.

En conclusión, este script crea una simple aplicación Vue con un único dato reactivo, 'greeting', y la monta en un elemento del DOM con el id 'app'. Este patrón básico de crear una instancia de aplicación, definir sus datos y luego montarla en el DOM es común en las aplicaciones Vue.

9.3.3 Directivas y Enlace de Datos

"Directivas y Enlace de Datos" es un concepto importante en los frameworks modernos de JavaScript como Vue.js y Angular.

Las directivas son atributos especiales con el prefijo "v-" que puedes incluir en tus etiquetas HTML. Se usan para aplicar comportamiento reactivo al DOM (Document Object Model) renderizado. En otras palabras, las directivas amplían la funcionalidad de HTML permitiéndote crear contenido dinámico basado en los datos de tu aplicación.

Un ejemplo de una directiva es v-if, que renderiza condicionalmente un elemento basado en la veracidad de la propiedad de datos a la que está vinculado. Otro ejemplo es v-for, que renderiza una lista de elementos basada en un array en tus datos.

El Enlace de Datos, por otro lado, es una técnica que establece una conexión entre la interfaz de usuario (UI) de la aplicación y sus datos. Esta conexión asegura que cualquier cambio en los datos se refleje automáticamente en la UI, y viceversa.

Una de las directivas más comúnmente usadas para el enlace de datos en Vue.js es v-model, que crea un enlace de datos bidireccional en elementos de formulario como input y textarea. Esto significa que no solo la UI se actualiza cada vez que los datos cambian, sino que los datos también cambian cada vez que la UI se actualiza.

Estos dos conceptos juegan un papel crucial en el desarrollo de aplicaciones web interactivas, ya que permiten a los desarrolladores crear interfaces de usuario dinámicas y responsivas con menos código.

Vue utiliza directivas para proporcionar funcionalidad a las aplicaciones HTML, y estas directivas ofrecen una manera de aplicar efectos secundarios de manera reactiva al DOM cuando cambia el estado de la aplicación.

- **v-bind**: Esta es una directiva de Vue.js que se usa para enlazar un atributo o una prop de componente a una expresión. La directiva 'v-bind' crea una conexión entre los datos en tu aplicación Vue y el atributo o prop al que estás enlazando. Esto significa que si los datos cambian, el atributo o prop se actualizará automáticamente para reflejar este cambio. Es una forma de decir "mantén este atributo o prop sincronizado con el valor actual de esta expresión". Por ejemplo, si quisieras enlazar el atributo 'title' de un elemento HTML a una propiedad en los datos de tu instancia Vue, podrías usar v-

JAVASCRIPT DE CERO A SUPERHÉROE: DESBLOQUEA TUS SUPERPODERES EN EL DESARROLLO WEB

bind:title="myTitle". Entonces, cada vez que myTitle cambie, el atributo 'title' en ese elemento se actualizará para reflejar el nuevo valor.

- **v-model**: Esta directiva en Vue.js crea un enlace de datos bidireccional en elementos de formulario como input, textarea o select. Esto significa que no solo actualiza la vista cada vez que el modelo cambia, sino que también actualiza el modelo cuando la vista se actualiza. En otras palabras, 'v-model' proporciona una manera para que tus datos y tu vista permanezcan sincronizados en ambas direcciones. Por ejemplo, si tienes un elemento de entrada y quieres mantener su valor sincronizado con una propiedad en los datos de tu instancia Vue, podrías usar v-model="myInput". Entonces, cada vez que el usuario cambie la entrada, myInput se actualizará con el nuevo valor, y viceversa: si myInput cambia, el valor del elemento de entrada se actualizará para reflejar el nuevo valor.

Al usar estas directivas, Vue.js te permite crear aplicaciones web dinámicas y responsivas donde la vista se actualiza automáticamente para reflejar los cambios en los datos, y los datos pueden actualizarse basándose en las interacciones del usuario en la vista.

Ejemplo de Enlace de Datos:

```
<div id="app">
  <input v-model="message" placeholder="edit me">
  <p>The message is: {{ message }}</p>
</div>

<script>
Vue.createApp({
  data() {
    return {
      message: 'Hello Vue!'
    };
  }
}).mount('#app');
</script>
```

Este ejemplo muestra cómo v-model se puede usar para crear un enlace de datos bidireccional en un elemento input, de manera que no solo muestra el valor de message, sino que también lo actualiza cada vez que el usuario modifica la entrada.

La aplicación consiste en un solo elemento div con un id de 'app'. Dentro de este div, hay dos elementos: un campo de entrada (input) y una etiqueta de párrafo (p). El campo de entrada tiene una directiva v-model que lo vincula a una propiedad de datos 'message'. Esto significa que cualquier cambio realizado en el campo de entrada actualizará automáticamente la propiedad de datos 'message', y viceversa. El texto de marcador de posición para el campo de entrada es 'edit me'.

La etiqueta p contiene un marcador de posición {{ message }}. Esta sintaxis se utiliza en Vue.js para mostrar datos reactivos. En este caso, muestra el valor de la propiedad de datos 'message'. Como esta propiedad de datos 'message' está vinculada al campo de entrada a través de v-model, cualquier cambio realizado en el campo de entrada se reflejará en el texto del párrafo.

La sección de script de la aplicación es donde se crea y monta la instancia de Vue. La función Vue.createApp se utiliza para crear una nueva instancia de Vue. Dentro de esta función, se define una función data, que devuelve el estado de datos inicial de la aplicación. En este caso, devuelve un objeto con una sola propiedad: 'message', que se inicializa con la cadena 'Hello Vue!'.

Luego se llama al método mount en la instancia de Vue, con '#app' pasado como argumento. Esto le dice a Vue que monte la aplicación en el elemento HTML con el id 'app'. Este elemento sirve como el elemento raíz de la aplicación Vue.

En resumen, esta es una aplicación sencilla de Vue.js que demuestra el uso de la directiva v-model para crear un enlace de datos bidireccional entre un campo de entrada y una propiedad de datos. Esto permite que cualquier cambio en el campo de entrada actualice automáticamente la propiedad de datos, y cualquier cambio en la propiedad de datos actualice automáticamente el contenido del campo de entrada.

9.3.4 Manejo de Eventos

"Manejo de Eventos" se refiere al proceso de gestionar y responder a las interacciones del usuario o eventos del sistema en una aplicación de software. Estas interacciones pueden incluir una amplia variedad de acciones, como clics del mouse, pulsaciones de teclas del teclado, gestos táctiles o incluso comandos de voz en algunas aplicaciones. Los eventos del sistema pueden ser cualquier cosa, desde que se agote un temporizador, cambie el estado del sistema, se reciban datos de un servidor, etc.

Cuando un usuario interactúa con una aplicación, se crean y despachan eventos para ser manejados por la aplicación. Por ejemplo, cuando un usuario hace clic en un botón, se genera un evento de clic. La aplicación debe decidir cómo responder a este evento, que es donde entra el manejo de eventos. Esta respuesta podría ser cualquier cosa, desde abrir una nueva ventana, obtener datos, cambiar el estado de la aplicación y más.

En el contexto de JavaScript y aplicaciones web, el manejo de eventos a menudo se asocia con elementos HTML específicos. Por ejemplo, un elemento de botón podría tener un controlador de eventos de clic que desencadena una función cuando se hace clic en el botón.

En frameworks de JavaScript como React, el manejo de eventos se realiza usando lo que se conoce como Eventos Sintéticos. El sistema de Eventos Sintéticos de React es un envoltorio multiplataforma alrededor del sistema de eventos nativo del navegador, que asegura que los eventos tengan propiedades consistentes en diferentes navegadores.

Vue.js ofrece una característica conocida como directivas. Una de estas directivas es v-on, que sirve para escuchar eventos del DOM (Document Object Model). La función principal de esta directiva v-on es ejecutar código JavaScript específico cada vez que se desencadenan los eventos mencionados del DOM. Esta característica es particularmente útil en el desarrollo web dinámico e interactivo, permitiendo a los desarrolladores crear experiencias más responsivas.

Ejemplo de Manejo de Eventos de Clic:

```
<div id="event-example">
  <button v-on:click="count++">Click me</button>
  <p>Times clicked: {{ count }}</p>
</div>

<script>
Vue.createApp({
  data() {
    return {
      count: 0
    };
  }
}).mount('#event-example');
</script>
```

En este ejemplo, la directiva v-on:click le dice a Vue que incremente la propiedad de datos count cada vez que se hace clic en el botón.

El script crea un elemento de página web que consiste en un botón y un párrafo de texto. El botón está etiquetado como "Click me". Este botón se configura con un escuchador de eventos a través de la directiva v-on:click de Vue. Esta directiva le dice a Vue.js que escuche eventos de clic en el botón, y cada vez que ocurre un evento de clic, la propiedad de datos count se incrementa en uno.

La propiedad de datos count se inicializa en cero cuando se crea la aplicación Vue. Esta propiedad es reactiva, lo que significa que cada vez que su valor cambia, Vue.js actualizará automáticamente el DOM para reflejar el nuevo valor.

El párrafo de texto muestra la cadena "Times clicked: " seguida del valor actual de la propiedad de datos count. Debido a que count es una propiedad reactiva, el texto en este párrafo se actualizará automáticamente cada vez que se haga clic en el botón, mostrando el recuento de clics actualizado.

En resumen, este script demuestra un aspecto simple pero fundamental de Vue.js y muchos otros frameworks de JavaScript: la capacidad de responder a interacciones del usuario con un comportamiento dinámico. En este caso, la interacción del usuario es un clic en el botón, y el comportamiento dinámico es el incremento de un contador de clics y la actualización automática del recuento de clics mostrado.

El diseño de Vue se centra en la simplicidad y flexibilidad. Ofrece una curva de aprendizaje suave y puede ser una opción perfecta tanto para desarrolladores nuevos como para profesionales experimentados. El sistema central es sencillo, pero también es increíblemente adaptable y permite personalizaciones poderosas con un mínimo de sobrecarga. A medida que continúas explorando Vue, considera aprovechar su extenso ecosistema de complementos y bibliotecas comunitarias para expandir aún más tus aplicaciones.

9.4 Fundamentos de Angular

Angular es una plataforma altamente dinámica y un extenso framework para construir aplicaciones del lado del cliente. Emplea HTML y TypeScript, que son lenguajes de programación versátiles que mejoran sus capacidades. Angular fue desarrollado y es mantenido continuamente por Google, lo que lo convierte en un framework confiable y robusto para los desarrolladores.

Como uno de los frameworks front-end más completos disponibles hoy en día, Angular ofrece una miríada de herramientas robustas y capacidades impresionantes para construir aplicaciones complejas y de alto rendimiento. Es una solución sofisticada que satisface las necesidades del desarrollo web moderno, ofreciendo una experiencia fluida tanto para desarrolladores como para usuarios.

Una de las razones por las que Angular destaca frente a otros frameworks es su sólido diseño arquitectónico. Esta estructura sólida permite a los desarrolladores crear aplicaciones escalables que pueden manejar cargas pesadas manteniendo un alto rendimiento. Su rico conjunto de características también incluye una gama de funcionalidades y componentes diseñados para simplificar tareas complejas y aumentar la productividad.

Otro aspecto significativo de Angular es su vibrante ecosistema. Tiene una gran y activa comunidad de desarrolladores de todo el mundo que contribuyen a su desarrollo continuo y mejora, proporcionando recursos valiosos, conocimientos y apoyo a otros usuarios.

Esta sección tiene como objetivo introducir los conceptos fundamentales que sustentan Angular. Al comprender estos principios básicos, puedes comenzar a construir aplicaciones efectivas utilizando este poderoso framework. Ya sea que seas un principiante que busca comenzar con el desarrollo front-end o un desarrollador experimentado que busca mejorar tus habilidades, Angular es una herramienta versátil y poderosa que puede ayudarte a alcanzar tus objetivos.

9.4.1 Resumen de la Arquitectura de Angular

Angular se construye en torno a una arquitectura de alto nivel que utiliza una jerarquía de componentes como su característica arquitectónica principal. También aprovecha servicios que proporcionan funcionalidades específicas no directamente relacionadas con las vistas e inyectables en los componentes como dependencias.

Algunos de los conceptos básicos en la arquitectura de Angular incluyen:

- **Módulos**

- **Componentes**

- **Plantillas**

- **Servicios**

- **Inyección de Dependencias (DI)**

Comprender estos principios básicos ayuda a construir aplicaciones efectivas utilizando este poderoso framework. Angular es una herramienta versátil y poderosa que puede ayudarte a alcanzar tus objetivos, ya seas un principiante que busca comenzar con el desarrollo front-end o un desarrollador experimentado que busca mejorar sus habilidades.

Conceptos Básicos:

Módulos

Las aplicaciones Angular son modulares por naturaleza. Esto significa que están construidas a partir de varios módulos diferentes, cada uno responsable de una característica o funcionalidad específica dentro de la aplicación. Esta modularidad ayuda a organizar el código, haciéndolo más mantenible, reutilizable y más fácil de entender.

Angular ha desarrollado su propio sistema de modularidad, conocido como NgModule. Un NgModule es una forma de consolidar componentes, directivas, pipes y servicios que están relacionados, de manera que puedan combinarse con otros NgModules para crear una aplicación completa.

Cada aplicación Angular tiene al menos un NgModule, el módulo raíz, que convencionalmente se llama AppModule. El módulo raíz proporciona el mecanismo de arranque que lanza la aplicación. Es el módulo base mediante el cual el framework Angular crea el contexto o entorno de la aplicación.

Los NgModules pueden importar funcionalidades de otros NgModules de la misma manera que los módulos de JavaScript. También pueden declarar sus propios componentes, directivas, pipes y servicios. Los componentes definen vistas, que son conjuntos de elementos de pantalla que Angular puede elegir y modificar según la lógica del programa y los datos.

Las directivas proporcionan lógica de programa, y los servicios que tu aplicación necesita pueden agregarse a los componentes como dependencias, haciendo que tu código sea modular, reutilizable y eficiente. Los pipes transforman los valores mostrados dentro de una plantilla.

En resumen, los módulos en Angular actúan como los bloques de construcción de la aplicación y juegan un papel crucial en la estructuración y arranque de la aplicación.

Componentes

Cada aplicación Angular tiene al menos un componente: el componente raíz. Los componentes en Angular sirven como controladores para las plantillas (capas de vista) y gestionan la interacción de la vista con varios servicios y otros componentes.

Los componentes son los bloques de construcción principales de las aplicaciones Angular, y desempeñan un papel crítico en la definición de la estructura de la aplicación. Cada aplicación Angular consiste en un árbol de componentes, comenzando con al menos un componente raíz. Este componente raíz sirve como punto de entrada para la lógica de la aplicación, y es el primer componente que Angular crea e inserta en el DOM (Document Object Model) cuando la aplicación comienza a ejecutarse.

Los componentes en Angular son esencialmente clases que interactúan con el archivo .html del componente, que se muestra en el navegador. Las responsabilidades principales de un componente Angular son encapsular los datos, la estructura HTML y la lógica para la sección de la pantalla que controlan. Sirven como controladores para las plantillas asociadas (capas de vista) y gestionan la interacción de estas capas de vista con varios servicios y otros componentes.

Cada componente en Angular puede considerarse como una pieza específica de la interfaz de usuario (UI) de tu aplicación. Los componentes pueden contener otros componentes, creando así una estructura jerárquica que organiza de manera ordenada la funcionalidad de la aplicación en piezas modulares y manejables. Esta estructura jerárquica también refleja la estructura del DOM, haciendo que la aplicación sea más intuitiva y fácil de entender.

Además, los componentes manejan datos y funcionalidades y pueden reaccionar a la entrada del usuario y otros eventos. Encapsulan los datos y el comportamiento que la aplicación necesita para mostrar en la vista y responder a las interacciones del usuario. Esta encapsulación hace que los componentes sean reutilizables, ya que pueden integrarse en diferentes partes de la UI de la aplicación, o incluso en diferentes aplicaciones, sin necesidad de duplicar el código.

Los componentes en Angular son herramientas poderosas y flexibles para construir aplicaciones web dinámicas e interactivas. Proporcionan los medios para definir elementos personalizados y reutilizables que encapsulan su propio comportamiento y lógica de renderización, lo que puede simplificar drásticamente la construcción de interfaces de usuario complejas.

Plantillas

Las plantillas en Angular son una parte crucial de la estructura de la aplicación. Definen las vistas de la aplicación. Las vistas son lo que los usuarios ven e interactúan con en el navegador. Representan la interfaz de usuario de una aplicación Angular.

Estas plantillas están escritas en HTML. Sin embargo, no son solo HTML simple. Incorporan elementos y atributos específicos de Angular que son analizados por Angular y luego transformados en el Document Object Model (DOM), que representa la estructura del sitio web.

Este proceso es lo que permite a Angular proporcionar características dinámicas e interactivas en sus aplicaciones.

Las plantillas de Angular pueden incluir declaraciones de control de flujo, enlaces de datos, manejo de entrada del usuario y muchas más características. Las declaraciones de control de flujo como bucles y condicionales permiten a los desarrolladores manipular dinámicamente la estructura del DOM. Los enlaces de datos permiten la sincronización de datos entre el modelo (JavaScript) y la vista (HTML). El manejo de entrada del usuario permite a las plantillas responder a las interacciones del usuario.

Además, estas plantillas también pueden aprovechar las directivas de Angular. Las directivas son funciones que se ejecutan cada vez que el compilador de Angular las encuentra en el DOM. Estas directivas pueden manipular el DOM, controlar el diseño, crear componentes reutilizables o incluso extender la sintaxis de HTML.

En resumen, las plantillas en Angular son mucho más que HTML estático. Son dinámicas, responsivas y altamente personalizables, proporcionando a los desarrolladores una herramienta poderosa para crear interfaces de usuario intrincadas e interactivas.

Servicios

En el contexto del desarrollo de software, especialmente dentro de frameworks como Angular, "Servicios" se refiere a un componente arquitectónico crítico. Los servicios encapsulan esencialmente la lógica de negocio reutilizable que está separada de la vista, que es la parte de la aplicación con la que interactúa el usuario.

La lógica de negocio se refiere a las reglas, flujos de trabajo y procedimientos que una aplicación utiliza para manipular y procesar datos. Esto podría incluir cálculos, transformaciones de datos, interacciones con bases de datos y otras funciones centrales de la aplicación.

Lo que hace únicos a los Servicios es que están diseñados para ser independientes de las vistas. Esta independencia les permite ser reutilizables, lo que significa que pueden ser utilizados en diferentes partes de una aplicación sin tener que reescribir la misma lógica varias veces.

Los servicios se inyectan en los componentes como dependencias, un proceso que proporciona a los componentes las funcionalidades que necesitan para realizar sus tareas. En Angular, esto se hace utilizando un mecanismo conocido como Inyección de Dependencias (DI). DI es un patrón de diseño donde una clase recibe sus dependencias de una fuente externa en lugar de crearlas ella misma.

Al inyectar Servicios en los componentes, puedes hacer que el código de tu aplicación sea más modular. La modularidad es un principio de diseño donde el software se divide en componentes separados e intercambiables. Cada uno de estos componentes tiene un rol específico y puede funcionar independientemente de los demás. Esta separación hace que el código sea más fácil de entender, mantener y escalar.

Además, el uso de Servicios promueve la reutilización del código. Dado que los Servicios encapsulan la lógica de negocio que puede ser utilizada en múltiples componentes, no tienes que duplicar la misma lógica en diferentes partes de tu aplicación. Esto no solo hace que tu base de código sea más limpia y organizada, sino también más fácil de gestionar y depurar.

Por último, los Servicios contribuyen a la eficiencia de tu aplicación. Con la lógica de negocio encapsulada ordenadamente en Servicios, los componentes pueden centrarse en su rol principal: controlar las vistas y gestionar las interacciones del usuario. Esta clara separación de responsabilidades conduce a una aplicación más eficiente y de mejor rendimiento.

En conclusión, los Servicios en Angular y frameworks similares ofrecen una forma robusta y eficiente de gestionar y reutilizar la lógica de negocio en toda tu aplicación. Al hacer que tu código sea más modular y reutilizable, los Servicios juegan un papel crucial en la construcción de software escalable y mantenible.

Inyección de Dependencias (DI)

La Inyección de Dependencias (DI) es un patrón de diseño de software que se utiliza para hacer que el código sea más mantenible, testeable y modular. Implica que una clase reciba sus dependencias, que son los objetos con los que trabaja, de una fuente externa en lugar de crearlas ella misma.

En el contexto de Angular, DI es una característica central que permite al framework proporcionar dependencias a una clase en el momento de su instanciación. Estas dependencias pueden incluir varios servicios, que son piezas de código reutilizables que pueden compartirse entre múltiples partes de una aplicación.

El uso de DI en Angular ayuda a minimizar la cantidad de código rígido dentro de la aplicación y promueve el acoplamiento flexible entre clases. Esto significa que las clases pueden operar de manera independiente unas de otras, lo que hace que el código sea más fácil de modificar y probar.

Además, DI proporciona una forma de gestionar las dependencias del código en un lugar centralizado en lugar de dispersarlas por toda la aplicación. Esto hace que la base de código sea más limpia, más fácil de entender y más fácil de mantener.

Otra ventaja de DI es que permite una mejor reutilización y eficiencia del código. Cuando un servicio se inyecta en una clase como una dependencia, ese servicio puede reutilizarse en múltiples componentes, lo que elimina la necesidad de duplicar código. Además, al inyectar dependencias, una clase no necesita crear y gestionar sus propias dependencias, lo que la hace más eficiente y fácil de gestionar.

Para resumir, la Inyección de Dependencias (DI) en Angular es un poderoso patrón de diseño que ayuda a crear código más mantenible, testeable y modular al proporcionar a una clase sus dependencias desde una fuente externa en lugar de crearlas ella misma. Este enfoque resulta en una base de código más limpia, eficiente y reutilizable que es más fácil de entender y mantener.

9.4.2 Configuración de un Proyecto Angular

Cuando planeas comenzar con Angular, hay algunos pasos necesarios que debes tomar para configurar adecuadamente tu entorno de desarrollo. Angular opera en un sistema robusto que requiere cierta configuración antes de que puedas comenzar a crear aplicaciones.

Un componente clave de este proceso de configuración es Angular CLI, también conocido como la Interfaz de Línea de Comandos. Esta herramienta no solo es esencial para inicializar tus proyectos Angular, sino que es igualmente importante para el desarrollo, andamiaje y mantenimiento de tus aplicaciones Angular.

Al usar Angular CLI, puedes agilizar tu flujo de trabajo y mejorar tu eficiencia a medida que navegas por tus proyectos Angular.

Instalación:

```
npm install -g @angular/cli
```

Crear un nuevo proyecto:

```
ng new my-angular-app
cd my-angular-app
```

Ejecutar la aplicación:

```
ng serve
```

Este comando inicia el servidor, observa tus archivos y reconstruye la aplicación a medida que realizas cambios en esos archivos.

Este ejemplo proporciona instrucciones sobre cómo instalar Angular CLI (Interfaz de Línea de Comandos), crear una nueva aplicación Angular y ejecutarla.

npm install -g @angular/cli es un comando para instalar Angular CLI globalmente usando npm (Node Package Manager).

El comando ng new my-angular-app crea una nueva aplicación Angular llamada "my-angular-app".

cd my-angular-app cambia el directorio actual al directorio de la aplicación Angular recién creada.

Finalmente, ng serve se usa para ejecutar la aplicación Angular.

9.4.3 Ejemplo Básico de Angular

Vamos a crear un componente simple que muestre un mensaje:

Generar un nuevo componente:

```
ng generate component hello-world
```

Editar el componente (src/app/hello-world/hello-world.component.ts):

```
import { Component } from '@angular/core';

@Component({
  selector: 'app-hello-world',
  template: `<h1>Hello, {{ name }}!</h1>`,
  styleUrls: ['./hello-world.component.css']
})
export class HelloWorldComponent {
  name: string = 'Angular';
}
```

Usar el componente en tu aplicación (src/app/app.component.html):

```
<!-- Display the hello-world component -->
<app-hello-world></app-hello-world>
```

En el ejemplo de código proporcionado, comenzamos generando un nuevo componente. Esto se hace utilizando la Interfaz de Línea de Comandos (CLI) de Angular, que es una herramienta de línea de comandos que ayuda con tareas como la generación de nuevos componentes, servicios y más. El comando ng generate component hello-world se usa para crear un nuevo componente llamado 'hello-world'. Este comando, al ejecutarse, crea un nuevo directorio llamado 'hello-world' dentro del directorio 'app', y dentro de este nuevo directorio, se crean cuatro archivos nuevos: un archivo CSS para estilos, un archivo HTML para la plantilla, un archivo spec para pruebas y un archivo TypeScript para la lógica del componente.

A continuación, el ejemplo indica cómo editar el componente recién creado. Esto se hace en el archivo TypeScript del componente (src/app/hello-world/hello-world.component.ts). Se define una nueva clase HelloWorldComponent y se decora con el decorador @Component. Este decorador identifica la clase inmediatamente debajo de él como un componente y proporciona la plantilla y los metadatos específicos del componente relacionados.

En los metadatos del componente, especificamos el selector CSS del componente como 'app-hello-world', su plantilla HTML como <h1>Hello, {{ name }}!</h1>, y una lista de archivos CSS (en este caso, solo uno) que estiliza este componente.

La clase HelloWorldComponent tiene una propiedad name establecida en 'Angular'. Esta propiedad se usa en la plantilla HTML del componente. Las llaves ({{ }}) son la sintaxis de enlace de interpolación de Angular, que se utiliza aquí para mostrar la propiedad name del componente. Por lo tanto, el texto "Hello, Angular!" se mostrará en el navegador.

Finalmente, el ejemplo muestra cómo usar el componente hello-world en la aplicación. Esto se hace agregando su selector (<app-hello-world></app-hello-world>) al archivo HTML principal de la aplicación (src/app/app.component.html). Cuando Angular ve este selector, lo reemplaza con el HTML de la plantilla de este componente. Así que en este caso, mostrará "Hello, Angular!" en el navegador donde se coloque la etiqueta <app-hello-world></app-hello-world>.

En resumen, este ejemplo proporciona una introducción básica a la creación y uso de un nuevo componente en Angular. Los componentes son una parte crucial de las aplicaciones Angular, y comprender cómo crearlos y usarlos es clave para dominar Angular.

9.4.4 Manejo de Datos y Eventos

Angular proporciona enlace de datos bidireccional, enlace de eventos y enlace de propiedades, que son esenciales para manejar datos dinámicos e interacciones del usuario.

El manejo de datos en Angular implica gestionar el estado de la aplicación, obtener datos de fuentes externas (como un servidor o una API) y actualizar los datos en respuesta a acciones del usuario u otros eventos. Angular proporciona varias herramientas y técnicas para el manejo de datos, como servicios, cliente HTTP y Observables, que permiten a los desarrolladores gestionar los datos de manera eficiente.

El manejo de eventos, por otro lado, implica responder a las acciones del usuario, como clics, pulsaciones de teclas o movimientos del ratón. Angular ofrece un robusto sistema de manejo de eventos que permite a los desarrolladores definir comportamientos personalizados en respuesta a estas interacciones del usuario. Esto puede incluir actualizar el estado de la aplicación, realizar llamadas a API, validar la entrada de formularios y mucho más.

Angular combina estos dos aspectos —manejo de datos y manejo de eventos— para crear aplicaciones web dinámicas e interactivas. A través del enlace de datos bidireccional, por ejemplo, Angular permite a los desarrolladores crear una conexión perfecta entre los datos de la aplicación y la interfaz de usuario. Esto significa que los cambios en el estado de la aplicación se reflejan inmediatamente en la interfaz de usuario, y viceversa.

En resumen, el manejo de datos y eventos en Angular es una parte fundamental de la creación de aplicaciones web utilizando este poderoso framework. Implica gestionar los datos de la aplicación, responder a las interacciones del usuario y unir ambos aspectos para crear una experiencia de usuario responsiva e intuitiva.

Ejemplo de Enlace de Datos Bidireccional:

```
<!-- Add FormsModule to your module imports -->
<input [(ngModel)]="name" placeholder="Enter your name">
<p>Hello, {{ name }}!</p>
```

Este fragmento de código demuestra cómo crear un campo de entrada y vincularlo a una variable, permitiendo actualizaciones en tiempo real tanto en la variable como en el campo de entrada.

Antes de profundizar en el código, es importante señalar que el comentario sugiere agregar FormsModule a tus importaciones de módulos. FormsModule es un módulo de Angular que exporta clases de directivas que se pueden usar para crear formularios y gestionar controles de formulario. FormsModule es necesario en este contexto porque incluye la directiva ngModel, que es clave para implementar el enlace de datos bidireccional.

La etiqueta input crea un campo de entrada en un formulario HTML. El atributo [(ngModel)]="name" dentro de la etiqueta input es la sintaxis de enlace de datos bidireccional de Angular. Aquí, ngModel es una directiva incorporada en Angular que configura el enlace de datos bidireccional en un elemento de entrada de formulario. El name en la expresión [(ngModel)] se refiere a una propiedad name en la clase del componente.

El enlace de datos bidireccional significa que si el usuario cambia el valor en el campo de entrada, la propiedad name en la clase del componente se actualiza. A la inversa, si la propiedad name cambia por cualquier motivo, el valor en el campo de entrada también se actualizará para reflejar el nuevo valor. Esto es lo que hace que el enlace de datos sea "bidireccional", funciona en ambas direcciones: desde el campo de entrada a la propiedad de la clase y viceversa.

La línea <p>Hello, {{ name }}!</p> es un párrafo que muestra un mensaje de saludo. La sintaxis {{ name }} es la sintaxis de enlace de interpolación de Angular. Esto significa que el valor de la propiedad name se insertará dinámicamente en lugar de {{ name }}. A medida que el valor de name cambia, el saludo mostrado se actualizará automáticamente para incorporar el nuevo valor de name.

En resumen, este fragmento de código demuestra cómo el enlace de datos bidireccional de Angular puede crear una interacción dinámica entre la interfaz de usuario y los datos subyacentes. Al vincular un campo de entrada y una variable, Angular permite actualizaciones bidireccionales en tiempo real que crean una experiencia de usuario receptiva e intuitiva.

Conclusión

Angular proporciona una plataforma bien estructurada y robusta que es ideal para el desarrollo de aplicaciones a gran escala. Adopta un enfoque integral de la arquitectura de aplicaciones, lo que lo convierte en una herramienta poderosa para gestionar la complejidad típicamente asociada con grandes proyectos de software. Entre sus muchas características, Angular ofrece módulos, componentes, servicios y un sistema de inyección de dependencias, todos los cuales contribuyen a su idoneidad para aplicaciones a nivel empresarial.

Los módulos permiten a los desarrolladores organizar el código en bloques cohesivos, mientras que los componentes facilitan la creación de fragmentos de código reutilizables que pueden mejorar drásticamente la eficiencia y la mantenibilidad. Los servicios proporcionan una forma de compartir funcionalidades comunes en diferentes partes de una aplicación, y el sistema de inyección de dependencias simplifica la tarea de suministrar instancias de clases con sus dependencias.

A medida que profundices en Angular, descubrirás que no solo fomenta buenas prácticas de codificación como la modularidad y la testabilidad, sino que también viene con una amplia gama de herramientas y utilidades diseñadas para asistir en el desarrollo de aplicaciones web sofisticadas y modernas. Desde utilidades de prueba hasta un motor de plantillas poderoso, Angular es una solución completa para el desarrollo web profesional.

Ejercicios Prácticos para el Capítulo 9: Frameworks Modernos de JavaScript

Estos ejercicios están diseñados para reforzar tu comprensión de los frameworks de JavaScript discutidos en el Capítulo 9. Al completar estas tareas, obtendrás experiencia práctica en la aplicación de los conceptos fundamentales de React, Vue y Angular para construir componentes básicos y gestionar el estado de la aplicación de manera efectiva.

Ejercicio 1: Componente Contador en React

Objetivo: Crear un componente de React que implemente un contador simple. El componente debe mostrar un botón y un número. Cada clic en el botón debe incrementar el número.

Solución:

```
import React, { useState } from 'react';

function Counter() {
    const [count, setCount] = useState(0);

    const increment = () => {
        setCount(count + 1);
    };

    return (
        <div>
            <p>Count: {count}</p>
            <button onClick={increment}>Increment</button>
        </div>
    );
}

export default Counter;
```

Ejercicio 2: Lista de Tareas en Vue

Objetivo: Construir una aplicación simple de Vue que permita a los usuarios agregar elementos a una lista de tareas y mostrarlos.

Solución:

```
<template>
  <div>
    <input v-model="newTodo" @keyup.enter="addTodo" placeholder="Add a todo">
    <ul>
      <li v-for="todo in todos" :key="todo.id">
        {{ todo.text }}
      </li>
    </ul>
  </div>
</template>

<script>
export default {
  data() {
    return {
      newTodo: '',
      todos: [],
      nextTodoId: 1
    };
  },
  methods: {
    addTodo() {
      this.todos.push({ id: this.nextTodoId++, text: this.newTodo });
      this.newTodo = '';
    }
  }
}
</script>

<style>
/* Add style as necessary */
</style>
```

Ejercicio 3: Enlace de Datos en Angular

Objetivo: Crear un componente de Angular que vincule un campo de entrada a un elemento de párrafo, actualizando el contenido del párrafo en tiempo real a medida que escribes en el campo de entrada.

Solución:

```
import { Component } from '@angular/core';

@Component({
  selector: 'app-data-binding',
  template: `
    <input [(ngModel)]="name" placeholder="Enter your name">
    <p>Hello, {{ name }}!</p>
  `,
```

```
  styleUrls: ['./data-binding.component.css']
})
export class DataBindingComponent {
  name: string = '';
}
```

Nota: Asegúrate de haber importado FormsModule en tu módulo de Angular para usar ngModel.

Estos ejercicios sirven como un punto de partida para entender cómo trabajar con React, Vue y Angular. Se enfocan en características fundamentales como la gestión del estado en React, el renderizado dinámico de listas en Vue y el enlace de datos bidireccional en Angular.

A medida que te sientas cómodo con estos frameworks, intenta extender estos ejercicios con características adicionales como editar y eliminar tareas o implementar una lógica de estado más compleja en la aplicación de contador. Estas habilidades son esenciales para cualquier desarrollador web moderno y proporcionan una base sólida para construir aplicaciones complejas.

Resumen del Capítulo 9: Frameworks Modernos de JavaScript

En el Capítulo 9, exploramos lo esencial de los frameworks modernos de JavaScript, enfocándonos en React, Vue y Angular, tres de las herramientas más influyentes en el panorama del desarrollo web actual. Cada framework ofrece filosofías únicas y enfoques técnicos para construir aplicaciones web, atendiendo a diferentes necesidades de proyectos y preferencias de desarrolladores. Este capítulo tuvo como objetivo proporcionar una comprensión fundamental de estos frameworks, permitiéndote apreciar sus capacidades y cómo pueden ser utilizados para mejorar tus proyectos de desarrollo web.

React: Una Biblioteca para Construir Interfaces de Usuario

React, desarrollado por Facebook, enfatiza la programación declarativa y la gestión eficiente de datos a través de su DOM virtual. Su arquitectura basada en componentes permite a los desarrolladores construir componentes encapsulados que gestionan su propio estado, lo que lleva a actualizaciones eficientes y una base de código predecible.

Discutimos cómo React utiliza JSX para la creación de plantillas, lo cual combina el poder de JavaScript con una sintaxis similar a HTML, haciendo el código más legible y expresivo. También cubrimos la gestión del estado y la característica de React Hooks, que permite usar estado y otras características de React en componentes funcionales, simplificando el código y aumentando la flexibilidad.

Vue: El Framework Progresivo de JavaScript

Vue.js es conocido por su simplicidad y facilidad de integración. Está diseñado para ser adoptado de manera incremental, haciéndolo tan fácil de integrar con proyectos existentes como poderoso para impulsar aplicaciones de una sola página sofisticadas e interfaces web complejas.

Examinamos el uso de componentes de un solo archivo en Vue que encapsulan la plantilla, la lógica y el estilo específicos de ese componente. El sistema de directivas de Vue, como v-model para el enlace bidireccional y v-if para el renderizado condicional, proporciona a los desarrolladores herramientas poderosas e intuitivas para construir interfaces de usuario dinámicas. El núcleo del sistema de reactividad de Vue asegura que los cambios en los datos se reflejen eficientemente en la UI.

Angular: Una Plataforma para Aplicaciones Web Móviles y de Escritorio

Angular, mantenido por Google, es un framework MVC (Model-View-Controller) completo que proporciona opiniones fuertes sobre cómo deben estructurarse las aplicaciones. Analizamos los componentes, servicios y módulos de Angular, que ayudan a organizar el código y promover la reutilización.

El conjunto extenso de características de Angular incluye inyección de dependencias, enrutamiento integral, gestión de formularios y más, lo que lo hace adecuado para aplicaciones a nivel empresarial que requieren escalabilidad, mantenibilidad y capacidades de prueba. TypeScript, una parte central de Angular, ofrece seguridad de tipos, lo que puede detectar errores en tiempo de compilación, mejorando la calidad del código.

Conclusión

El capítulo proporcionó ideas prácticas sobre cada framework con ejemplos y ejercicios para consolidar tu comprensión de conceptos clave como la arquitectura basada en componentes, la reactividad y la gestión del estado. Al concluir con ejercicios para construir aplicaciones simples y características interactivas, queda claro que aprender estos frameworks no solo aumenta tu productividad sino que también amplía tu capacidad para resolver desafíos de desarrollo complejos.

Entender y utilizar los frameworks y bibliotecas modernos de JavaScript es crucial para cualquier desarrollador que busque sobresalir en el campo del desarrollo web. Cada framework tiene sus fortalezas y casos de uso ideales, y saber cuál usar y cuándo puede afectar significativamente el éxito de tus proyectos. Ya sea que elijas la flexibilidad de React, la simplicidad de Vue o la robustez de Angular, tu viaje en el desarrollo web moderno está bien respaldado por estas poderosas herramientas.

Capítulo 10: Desarrollando Aplicaciones de Una Sola Página

Bienvenidos a la extensa travesía del Capítulo 10, en la cual nos sumergiremos en el intrigante y progresivo mundo de las Aplicaciones de Una Sola Página (SPA). Este capítulo está completamente dedicado a la comprensión integral de cómo funcionan las SPA, las razones detrás de su creciente popularidad en el ámbito de las aplicaciones web modernas, y las metodologías más efectivas para desarrollarlas utilizando las tecnologías más avanzadas disponibles hoy en día.

Las Aplicaciones de Una Sola Página, en su esencia, proporcionan una experiencia de usuario más fluida, dinámica y significativamente más rápida. Esto se logra mediante la carga dinámica de contenido, reduciendo así sustancialmente la necesidad de recargar páginas.

Esta carga dinámica de contenido es uno de los elementos clave que hacen de las SPA una opción atractiva. Ofrece a los usuarios finales una experiencia fluida e ininterrumpida, similar a una aplicación de escritorio, mientras navegan por el sitio web, mejorando en última instancia la satisfacción y el compromiso del usuario.

10.1 El Modelo SPA

El modelo SPA cambia fundamentalmente la forma en que las aplicaciones web interactúan con los usuarios al cargar una única página HTML y actualizar dinámicamente esa página a medida que el usuario interactúa con la aplicación.

El Modelo SPA (Single Page Application) es un enfoque de diseño utilizado en el desarrollo web donde se carga una única página HTML una vez y se actualiza dinámicamente a medida que el usuario interactúa con la aplicación. A diferencia de las aplicaciones web tradicionales donde el navegador inicia la comunicación con un servidor para solicitar y cargar nuevas páginas, el modelo SPA reduce la necesidad de recargar páginas, proporcionando así una experiencia de usuario más fluida, continua y significativamente más rápida.

En el modelo SPA, la mayoría de los recursos como HTML, CSS y scripts se cargan solo una vez durante la carga inicial de la página. El servidor envía los archivos necesarios para cargar la aplicación web. A medida que los usuarios interactúan con la aplicación, JavaScript intercepta sus acciones, realiza llamadas API para obtener datos y utiliza estos datos para actualizar dinámicamente el Document Object Model (DOM) sin actualizar la página.

Uno de los desafíos en las SPA es gestionar el estado de la aplicación, ya que la página del navegador no se recarga. El estado debe manejarse de manera eficiente para mantener la interfaz de usuario en sincronía con los datos subyacentes.

El modelo SPA es una opción atractiva para las aplicaciones web modernas, ya que ofrece a los usuarios finales una experiencia fluida e ininterrumpida, similar a una aplicación de escritorio, mientras navegan por el sitio web, mejorando en última instancia la satisfacción y el compromiso del usuario. Sin embargo, entender e implementar las SPA requiere un buen dominio de JavaScript, AJAX y técnicas de gestión del estado.

Esta sección explora el modelo SPA, describiendo su arquitectura, beneficios y cómo se diferencia de las aplicaciones tradicionales de múltiples páginas.

10.1.1 Entendiendo el Modelo SPA

Concepto Principal:

En una aplicación web tradicional, el navegador, también conocido como el cliente, inicia la comunicación con un servidor para solicitar nuevas páginas. Al recibir el nuevo contenido HTML, el navegador recarga la página. Este proceso suele ser lento y puede interferir con la fluidez de la experiencia del usuario, causando posibles interrupciones y retrasos.

En contraste, una Aplicación de Una Sola Página (SPA) adopta un enfoque diferente. Una SPA carga una única página HTML una vez durante la visita inicial y actualiza dinámicamente esa página a medida que el usuario sigue interactuando con la aplicación. Los recursos necesarios para la página, incluidos el contenido HTML, las hojas de estilo CSS y los scripts de JavaScript, se cargan solo una vez durante la primera carga de la página.

A medida que el usuario navega por la SPA, cualquier dato adicional necesario se recupera según sea necesario. Esta recuperación de datos generalmente se realiza en formato JSON, utilizando llamadas AJAX. AJAX, que significa JavaScript Asíncrono y XML, permite la actualización de partes de una página web sin necesidad de recargar toda la página. Esto mejora significativamente la experiencia del usuario al proporcionar una interacción más fluida e ininterrumpida con la página web.

En esencia, el modelo SPA imita el comportamiento de una aplicación de escritorio dentro del navegador web, proporcionando una experiencia de usuario fluida, continua y significativamente más rápida. El proceso de cargar contenido dinámicamente y minimizar las recargas de página es una de las características clave que hacen de las SPA una opción atractiva en el desarrollo web moderno. Sin embargo, vale la pena señalar que entender e implementar las SPA de manera efectiva requiere un sólido dominio de JavaScript, AJAX y técnicas para gestionar el estado de la aplicación.

Flujo Técnico:

Carga Inicial de la Página

El servidor envía los archivos HTML, CSS y JavaScript necesarios para cargar la aplicación web. Esta es la única 'carga de página' real en el sentido tradicional. Durante esta carga inicial de la página, el servidor envía todos los recursos necesarios, incluidos archivos HTML, CSS y JavaScript, al cliente (el navegador). Esta es la única vez que la página web se carga en el sentido tradicional en el modelo SPA.

El HTML proporciona la estructura básica de la página, el CSS estiliza la página y el JavaScript añade interactividad. El navegador luego interpreta estos archivos para construir y renderizar la aplicación web en el dispositivo del usuario.

Una vez que se completa la carga inicial de la página, la SPA opera actualizando dinámicamente la página existente a medida que el usuario interactúa con la aplicación. Esto significa que cualquier dato adicional necesario para actualizar el contenido de la página web se recupera según sea necesario, sin necesidad de una recarga completa de la página.

La carga inicial de la página es un aspecto crítico de las SPA: es el primer punto de contacto que el usuario tiene con la aplicación, y la eficiencia y velocidad de este proceso pueden tener un impacto significativo en la percepción del usuario sobre el rendimiento de la aplicación.

En esencia, durante la carga inicial de la página, el servidor envía los archivos necesarios para cargar la aplicación web, y estos archivos se cargan solo una vez. Después de esto, a medida que los usuarios interactúan con la aplicación, JavaScript intercepta sus acciones, obtiene datos según sea necesario y actualiza dinámicamente el Document Object Model (DOM) sin actualizar la página. Esto conduce a una experiencia de usuario más fluida y rápida, mejorando la satisfacción y el compromiso del usuario.

Interacción y Contenido Dinámico

A medida que los usuarios interactúan con la aplicación, JavaScript intercepta los comportamientos del navegador y realiza llamadas API para obtener datos. Estos datos luego se utilizan para actualizar dinámicamente el DOM sin actualizar la página. En el contexto de las Aplicaciones de Una Sola Página (SPA), esto es especialmente crítico.

Cuando los usuarios interactúan con una SPA, sus acciones son interceptadas por JavaScript. Esto podría incluir acciones como hacer clic en un botón, enviar un formulario o navegar por diferentes secciones de la aplicación. Tras estas interacciones, JavaScript realiza llamadas API para obtener los datos necesarios.

Una vez que se recuperan los datos, se utilizan para actualizar dinámicamente el contenido mostrado en la página sin requerir una recarga completa de la página. Esta actualización dinámica se logra modificando el Document Object Model (DOM), la estructura que representa la página web en el navegador.

Este proceso de interacción y carga dinámica de contenido es parte de lo que hace que las SPA sean tan eficientes y amigables para el usuario. Permite una experiencia de usuario fluida e ininterrumpida, similar a la que se encuentra en una aplicación de escritorio. A medida que el usuario interactúa con la SPA, el contenido se actualiza y cambia en tiempo real según sus acciones, sin la necesidad de recargas de página disruptivas y que consumen tiempo.

Sin embargo, este enfoque dinámico e interactivo también conlleva algunos desafíos, como la necesidad de una gestión eficaz del estado. Dado que la página no se recarga, el estado de la aplicación, que incluye todos los datos que se muestran actualmente en la página y el estado de cualquier interacción en curso, debe gestionarse cuidadosamente para garantizar que la interfaz de usuario permanezca en sincronía con los datos subyacentes.

Gestión del Estado

Dado que las SPA no recargan la página del navegador, gestionar el estado de la aplicación se vuelve crucial. El estado debe manejarse de manera eficiente para mantener la interfaz de usuario en sincronía con los datos subyacentes.

En el contexto de las Aplicaciones de Una Sola Página (SPA), la gestión del estado toma un papel central debido a la naturaleza dinámica de estas aplicaciones. Dado que las SPA no recargan toda la página, sino que actualizan partes de ella según las interacciones del usuario, gestionar el estado de la aplicación se vuelve una tarea crucial.

La gestión del estado implica llevar un registro del estado de una aplicación, incluidos los datos que se muestran y el estado de cualquier interacción en curso. Este estado debe manejarse de manera eficiente para garantizar que la interfaz de usuario (UI) permanezca en sincronía con los datos subyacentes. Si el estado no se gestiona adecuadamente, puede llevar a inconsistencias en la UI, causando una discrepancia entre lo que el usuario ve y los datos reales.

Por ejemplo, considera una aplicación de compras en línea. El estado de la aplicación podría incluir los artículos actualmente en el carrito de compras del usuario, los detalles personales del usuario y el estado de cualquier transacción en curso. Si el usuario agrega un artículo a su carrito, esta acción debe reflejarse inmediatamente en el estado del carrito. De manera similar, si el usuario actualiza su dirección de entrega, esta nueva información debe actualizar el estado al instante.

En una SPA, estas actualizaciones del estado ocurren dinámicamente, sin recargar toda la página. Por lo tanto, la gestión del estado en las SPA implica métodos y técnicas para actualizar eficientemente el estado de la aplicación en tiempo real, manteniendo la UI en sincronía con los datos subyacentes.

Implementar una gestión efectiva del estado es un desafío técnico que requiere un buen entendimiento de JavaScript y, a menudo, el uso de bibliotecas o frameworks dedicados a este propósito. Una gestión adecuada del estado mejora la experiencia del usuario al asegurar una interacción fluida y continua con la aplicación, similar a una aplicación de escritorio, mejorando la satisfacción y el compromiso del usuario.

Ejemplo: Estructura Básica de una SPA

Veamos un ejemplo básico de una estructura de SPA utilizando JavaScript y HTML puro:

HTML (index.html):

```
<!DOCTYPE html>
<html lang="en">
<head>
    <meta charset="UTF-8">
    <meta name="viewport" content="width=device-width, initial-scale=1.0">
    <title>Simple SPA</title>
</head>
<body>
    <div id="app">
        <header>
            <h1>Simple SPA Example</h1>
            <nav>
                <a href="#" onclick="loadHome()">Home</a>
                <a href="#" onclick="loadAbout()">About</a>
            </nav>
        </header>
        <main id="content">
            <!-- Content updated dynamically -->
        </main>
    </div>
```

```
    <script src="app.js"></script>
</body>
</html>
```

JavaScript (app.js):

```javascript
function loadHome() {
    document.getElementById('content').innerHTML = '<h2>Home Page</h2><p>Welcome to
the home page!</p>';
}

function loadAbout() {
    document.getElementById('content').innerHTML = '<h2>About Page</h2><p>Welcome to
the about page!</p>';
}

// Load the default page
loadHome();
```

Esta sencilla SPA consiste en dos "páginas", Home y About, que se cargan dinámicamente en el contenedor main sin causar una recarga completa de la página. Los enlaces en la barra de navegación activan funciones de JavaScript que actualizan el contenido dentro del elemento main.

Las SPA, en esencia, proporcionan una experiencia de usuario fluida, continua y más rápida al cargar contenido dinámicamente y reducir la necesidad de recargar páginas. Esta carga dinámica de contenido es uno de los elementos clave que hacen de las SPA una opción atractiva, ya que ofrece una experiencia de usuario ininterrumpida mientras se navega por el sitio web, mejorando la satisfacción y el compromiso del usuario.

El ejemplo profundiza luego en el modelo SPA, explicando cómo cambia fundamentalmente la interacción entre aplicaciones web y usuarios. A diferencia de las aplicaciones web tradicionales que requieren que el navegador inicie la comunicación con un servidor para solicitar y cargar nuevas páginas, el modelo SPA reduce esta necesidad. Carga una sola página HTML y la actualiza dinámicamente a medida que el usuario interactúa con la aplicación. Este modelo proporciona una experiencia de usuario fluida, continua y más rápida.

El modelo SPA carga la mayoría de los recursos, como HTML, CSS y scripts, solo una vez durante la carga inicial de la página. A medida que los usuarios interactúan con la aplicación, JavaScript intercepta sus acciones, realiza llamadas API para obtener datos y utiliza estos datos para actualizar dinámicamente el Document Object Model (DOM) sin actualizar la página. Este manejo eficiente de recursos e interacción del usuario mejora la experiencia del usuario pero también introduce desafíos como la gestión del estado de la aplicación, ya que la página no se recarga.

Para ejemplificar estos conceptos, el ejemplo de código proporciona un ejemplo básico de una estructura SPA usando JavaScript y HTML puro. El archivo HTML incluye una estructura básica con un encabezado que contiene enlaces de navegación y una sección principal donde se insertará el contenido de manera dinámica.

El archivo JavaScript define dos funciones, loadHome y loadAbout, que son responsables de cargar contenido en la sección principal de la página web cuando se hacen clic en los enlaces de navegación correspondientes. Cuando la página se carga inicialmente, se llama a la función loadHome para llenar la sección principal con el contenido de la página de inicio. Esto ilustra cómo las SPA cargan contenido dinámicamente sin causar una recarga completa de la página.

En resumen, el modelo SPA ofrece ventajas significativas en términos de experiencia de usuario y rendimiento al reducir la necesidad de recargas completas de página y proporcionar una interacción fluida similar a una aplicación nativa. Entender e implementar las SPA requiere un buen dominio de JavaScript, AJAX y técnicas de gestión del estado.

El modelo SPA ofrece ventajas significativas en términos de experiencia de usuario y rendimiento al reducir la necesidad de recargas completas de página y proporcionar una interacción fluida similar a una aplicación nativa. Entender e implementar las SPA requiere un buen dominio de JavaScript, AJAX y técnicas de gestión del estado.

10.2 Enrutamiento en SPA

El enrutamiento en Aplicaciones de Una Sola Página (SPA) es un aspecto crítico que permite a los usuarios navegar fácilmente entre diferentes partes de la aplicación sin la necesidad de recargar la página completa cada vez que se accede a una nueva sección. Este método efectivo de enrutamiento mejora significativamente la experiencia general del usuario al crear un proceso de navegación fluido e intuitivo que refleja lo que los usuarios han llegado a esperar al usar una aplicación de escritorio tradicional.

En esta sección, profundizaremos en el funcionamiento del enrutamiento dentro del contexto de las SPA. Nos enfocaremos particularmente en la implementación del enrutamiento del lado del cliente, un aspecto que forma la base de la arquitectura SPA. El enrutamiento del lado del cliente juega un papel crucial en asegurar que la aplicación sea receptiva y fácil de usar, entregando contenido rápidamente sin la necesidad de solicitudes constantes al servidor que pueden ralentizar el rendimiento de la aplicación y perturbar la experiencia del usuario.

10.2.1 Entendiendo el Enrutamiento del Lado del Cliente

El enrutamiento del lado del cliente implica manipular la API del historial del navegador para actualizar la URL sin enviar una solicitud al servidor para cargar una nueva página. Este enfoque permite que diferentes "vistas" o "componentes" de la SPA estén asociados con URLs específicas. Cuando un usuario navega a una parte diferente de la aplicación, la SPA intercepta el cambio de URL, generalmente a través de un enrutador, y carga el contenido apropiado dinámicamente.

En el desarrollo web tradicional, cuando un usuario hace clic en un enlace para navegar a una parte diferente del sitio web, se envía una solicitud al servidor. El servidor luego responde con la página HTML relevante. Este proceso puede causar a menudo un retraso notable a medida que se carga la nueva página, interrumpiendo la experiencia del usuario.

Sin embargo, en las SPA, todo el código necesario (HTML, CSS, JavaScript) se carga en la carga inicial de la página, o se carga dinámicamente según sea necesario, y se añade a la página. Por lo tanto, cuando un usuario navega a una parte diferente de la SPA, no se necesita una solicitud al servidor para cargar una nueva página. En su lugar, JavaScript que se ejecuta en el lado del cliente gestiona la navegación, actualiza la URL en el navegador y cambia la vista en el navegador, todo sin una actualización de la página. Esto lleva a una experiencia de usuario mucho más fluida, ya que no hay retrasos causados por recargas de página.

El enrutamiento del lado del cliente se implementa utilizando la API de Historial de HTML5, que permite cambios en la URL sin recargar la página. Diferentes vistas o componentes de la SPA están asociados con URLs específicas. Cuando un usuario navega a una parte diferente de la aplicación, la SPA intercepta el cambio de URL y carga el contenido apropiado dinámicamente.

Entender el enrutamiento del lado del cliente implica aprender sobre cómo las SPA gestionan la navegación en el lado del cliente utilizando JavaScript, cómo utilizan la API de Historial de HTML5 para cambiar la URL sin refrescar la página y cómo diferentes vistas o componentes están asociados con URLs específicas.

Conceptos Clave:

API de Historial

Las SPA modernas usan la API de Historial de HTML5 para interactuar con el historial del navegador de manera programática. Esta API permite cambios en la URL sin recargar la página, lo cual es esencial para el enrutamiento del lado del cliente.

La API de Historial es una herramienta poderosa proporcionada por los navegadores web modernos, diseñada para permitir a los desarrolladores manipular la URL de un sitio web e interactuar con el historial del navegador sin causar una recarga de página o dirigir a una nueva página. Esto es particularmente crucial para las Aplicaciones de Una Sola Página (SPA), donde es esencial proporcionar una experiencia de usuario fluida y continua.

La API de Historial comprende varios métodos y propiedades que permiten a los desarrolladores crear estructuras de navegación más complejas. Por ejemplo, incluye métodos como pushState y replaceState que se usan para añadir y modificar entradas en el historial respectivamente. Estos métodos no recargan la página, sino que actualizan la URL y pueden almacenar objetos de estado con cualquier tipo de datos que necesiten ser preservados.

Otro componente crítico de la API de Historial es el evento popstate. Este evento se dispara cada vez que cambia la entrada activa del historial, y si la entrada del historial que se está activando fue creada por una llamada a pushState o replaceState, el evento también contendrá el objeto de estado que fue creado con la llamada.

Al usar la API de Historial, los desarrolladores pueden tomar control total de la navegación del navegador y gestionar efectivamente cómo los usuarios interactúan con la aplicación. Esto incluye manejar los botones de adelante y atrás, cambiar la URL según el estado de la aplicación e incluso almacenar información de estado que puede ser usada cuando el usuario navega de vuelta a un estado anterior.

La API de Historial es una parte clave para crear aplicaciones web interactivas y amigables para el usuario, proporcionando las herramientas necesarias para gestionar y manipular el historial y la URL del navegador de una manera que mejora la experiencia general del usuario.

Rutas y Vistas

Las rutas definen los patrones de URL que están asociados con diferentes vistas en tu aplicación. Una vista es una representación de una parte particular de la aplicación (por ejemplo, una página de perfil, una página de configuración).

Las rutas definen los patrones de URL que los usuarios siguen al navegar por una aplicación web. Cada ruta corresponde a una parte específica de la aplicación, como una página o una característica particular. Por ejemplo, en un sitio web de blogs, podrías tener rutas como /posts para la lista de publicaciones, /posts/new para crear una nueva publicación y /posts/:id para ver una publicación específica.

Por otro lado, las vistas representan las plantillas visuales o componentes que se muestran a los usuarios cuando navegan a una ruta específica. Las vistas son responsables de definir lo que los usuarios ven e interactúan en la pantalla. Por ejemplo, la ruta /posts podría mostrar una lista de publicaciones de blog, la ruta /posts/new podría mostrar un formulario para crear una nueva publicación de blog y la ruta /posts/:id podría mostrar el contenido completo de una publicación específica de blog.

En el contexto de las SPA, las rutas y las vistas se gestionan en el lado del cliente. La SPA carga una única página HTML y utiliza JavaScript para actualizar las vistas dinámicamente en función de las interacciones del usuario y la ruta actual, sin necesidad de cargar nuevas páginas desde el servidor. Esto proporciona una experiencia de usuario más fluida y rápida, similar a una aplicación de escritorio.

Sin embargo, gestionar rutas y vistas en las SPA puede ser complejo, ya que implica manipular la API de historial del navegador para actualizar la URL sin enviar una solicitud al servidor y actualizar dinámicamente el Document Object Model (DOM) para cambiar las vistas. Por lo tanto, entender e implementar rutas y vistas de manera efectiva en las SPA requiere un sólido dominio de JavaScript y técnicas de gestión del estado.

10.2.2 Ejemplo: Implementando Enrutamiento Básico en JavaScript Puro

Para ilustrar el enrutamiento del lado del cliente en una SPA, implementemos un enrutador simple utilizando JavaScript puro:

Estructura HTML (index.html):

```html
<div id="app">
    <nav>
        <ul>
            <li><a href="#/home">Home</a></li>
            <li><a href="#/about">About</a></li>
        </ul>
    </nav>
    <div id="view"></div>
</div>

<script src="router.js"></script>
```

JavaScript Router (router.js):

```javascript
const routes = {
    '/home': '<h1>Home Page</h1><p>Welcome to the Home Page.</p>',
    '/about': '<h1>About Page</h1><p>Learn more about us here.</p>'
};
```

```
function router() {
    const path = window.location.hash.slice(1) || '/home';
    const route = routes[path];
    document.getElementById('view').innerHTML = route || '<h1>404 - Page Not
Found</h1>';
}

window.addEventListener('load', router);
window.addEventListener('hashchange', router);
```

En esta configuración:

- **HTML** define un menú de navegación simple con enlaces basados en hash para Home y About.
- **JavaScript** configura una función router que maneja la carga de diferentes vistas según el valor actual del hash en la URL. Escucha tanto los eventos load como hashchange para manejar la carga inicial de la página y los cambios de hash posteriores.

Esta es una forma simple pero efectiva de crear SPAs, que son aplicaciones web que cargan una sola página HTML y actualizan dinámicamente esa página a medida que el usuario interactúa con la aplicación.

En la estructura HTML, tenemos dos enlaces: Home y About. Estos enlaces tienen atributos href que cambiarán el hash de la URL a #/home y #/about cuando se haga clic. El div con el id view es el área donde se insertará dinámicamente el contenido de las páginas.

En el enrutador de JavaScript, las rutas se definen para '/home' y '/about'. Cada ruta está asociada con una cadena HTML que se insertará en el div view cuando se active la ruta.

La función router es responsable de gestionar la carga de diferentes vistas según el valor actual del hash en la URL. Obtiene la ruta actual tomando el hash de la URL actual y eliminando el '#'. Si el hash está vacío, por defecto se asigna a '/home'. Luego, obtiene la cadena HTML asociada con la ruta actual del objeto routes y la inserta en el div view. Si ninguna ruta coincide con la ruta actual, se muestra un mensaje de error en su lugar.

Esta función router se llama cuando la página se carga (evento load) y cuando cambia el hash de la URL (evento hashchange). Esto significa que la vista correcta se muestra cuando la página se carga por primera vez y la vista se actualiza cada vez que el usuario hace clic en un enlace.

En conclusión, este ejemplo ilustra cómo se puede implementar una SPA básica con enrutamiento del lado del cliente utilizando HTML y JavaScript. Demuestra cómo se pueden asociar diferentes vistas con diferentes hashes de URL y cargarlas dinámicamente, proporcionando una experiencia de usuario continua en la que el contenido de la página cambia sin tener que recargar toda la página.

10.2.3 Enrutamiento Avanzado del Lado del Cliente con Frameworks

Si bien JavaScript puro es capaz de manejar los aspectos rudimentarios del enrutamiento, los frameworks contemporáneos como React, Vue y Angular proporcionan soluciones de enrutamiento mucho más sofisticadas. Estas soluciones modernas vienen equipadas con características adicionales como carga perezosa, rutas anidadas y guardias de ruta que mejoran significativamente la funcionalidad y la experiencia del usuario de las aplicaciones web.

React Router

Esta es una biblioteca ampliamente utilizada diseñada específicamente para el enrutamiento dentro de las aplicaciones React. Ofrece capacidades de enrutamiento dinámico que se sincronizan perfectamente con el estado de tu aplicación, proporcionando así una experiencia de enrutamiento eficiente e intuitiva.

React Router es una poderosa biblioteca de enrutamiento diseñada específicamente para aplicaciones que usan React, una biblioteca de JavaScript ampliamente utilizada para crear interfaces de usuario dinámicas. El rol fundamental de React Router es facilitar a los desarrolladores la implementación de enrutamiento dinámico en sus aplicaciones.

El enrutamiento se refiere a la capacidad de una aplicación para cambiar entre diferentes estados o vistas en respuesta a las interacciones del usuario. Esto es un aspecto crucial de las aplicaciones de una sola página (SPAs), donde en lugar de obtener una nueva página HTML del servidor cada vez que el usuario navega a una parte diferente de la aplicación, se obtiene y se actualiza dinámicamente el contenido de la página actual.

React Router facilita esto al permitir a los desarrolladores asociar diferentes componentes (que representan diferentes vistas o partes de la aplicación) con diferentes rutas URL. Cuando un usuario navega a una ruta específica, React Router se asegura de que el componente asociado se renderice, actualizando efectivamente el contenido visible de la página.

Lo que distingue a React Router es su naturaleza dinámica. Los enfoques de enrutamiento tradicionales definen rutas estáticas que solo son capaces de renderizar componentes específicos cuando la ruta de la aplicación coincide con una URL específica. React Router, por otro lado, permite enrutamiento dinámico, donde las rutas pueden cambiarse y configurarse en tiempo de ejecución, proporcionando una experiencia de usuario más flexible y receptiva.

Además, React Router está diseñado para sincronizarse con el estado actual de la aplicación. Esto significa que la interfaz de usuario de la aplicación y la URL siempre están sincronizadas, permitiendo a los desarrolladores crear aplicaciones complejas con vistas y rutas anidadas, manteniendo al mismo tiempo una experiencia de navegación sencilla e intuitiva para el usuario.

Usando React Router, los desarrolladores también pueden implementar características como protección de rutas (restringiendo el acceso a ciertas partes de la aplicación según la autenticación del usuario) y carga perezosa (cargando componentes solo cuando se necesitan), lo que lo convierte en una solución versátil y robusta para gestionar la navegación en aplicaciones React.

React Router es una solución de enrutamiento completa para aplicaciones React que permite a los desarrolladores crear experiencias de navegación dinámicas, receptivas y amigables para el usuario.

Vue Router

Vue Router es la biblioteca de enrutamiento oficial diseñada específicamente para Vue.js, un popular framework de JavaScript para construir interfaces de usuario. Proporciona a los desarrolladores las herramientas necesarias para construir Aplicaciones de una Sola Página (SPA) con enrutamiento dinámico y anidado, así como un control de navegación detallado.

En una Aplicación de una Sola Página, todo el HTML, CSS y JavaScript necesarios se cargan en la carga inicial de la página, o se cargan dinámicamente y se añaden a la página según sea necesario. En lugar de cargar nuevas páginas desde un servidor cuando el usuario navega, las SPA actualizan la página actual en tiempo real en respuesta a las interacciones del usuario. Esto proporciona una experiencia de usuario más fluida, similar a una aplicación de escritorio.

Vue Router desempeña un papel crítico en la gestión de este proceso de actualización dinámica. Mapea rutas URL específicas a componentes en la aplicación Vue.js. Cuando un usuario navega a una URL particular, el componente Vue asociado se carga y se renderiza, actualizando el contenido visible en la página sin requerir una recarga completa de la página.

Además, Vue Router admite características avanzadas de enrutamiento como rutas anidadas y vistas nombradas. Las rutas anidadas permiten a los desarrolladores construir interfaces de usuario más complejas con jerarquías de vistas anidadas, donde ciertos componentes están anidados dentro de otros. Las vistas nombradas permiten a los desarrolladores tener múltiples "vistas" en la misma ruta, cada una con su propio componente asociado.

Además de estas características, Vue Router también proporciona transiciones suaves entre rutas con un sistema de transición integrado y ofrece un control de navegación detallado al permitir a los desarrolladores reaccionar a los cambios de ruta e incluso prevenir un cambio de ruta si no se cumplen ciertas condiciones.

Vue Router es una herramienta esencial para desarrollar Aplicaciones de una Sola Página con Vue.js. Proporciona capacidades de enrutamiento robustas y flexibles que mejoran la experiencia del usuario al facilitar la carga dinámica de contenido y la navegación fluida.

Angular Router

Incorporado directamente en el framework Angular, Angular Router proporciona soporte para conceptos de enrutamiento avanzados. Esto incluye guardias de rutas, resolución de datos y múltiples outlets de enrutador nombrados, asegurando así un entorno de enrutamiento versátil y seguro para aplicaciones Angular complejas.

Angular Router es una característica integral del framework Angular que proporciona capacidades avanzadas de enrutamiento, permitiendo una navegación fluida dentro de Aplicaciones de una Sola Página (SPA). Una SPA es un tipo de aplicación web que carga una sola página HTML y actualiza dinámicamente esa página a medida que el usuario interactúa con la aplicación.

Angular Router gestiona las transiciones entre diferentes vistas o componentes que los usuarios ven a medida que interactúan con la aplicación. Puede mapear diferentes rutas URL a componentes específicos, asegurando que se cargue el contenido correcto cuando un usuario navega a una ruta en particular. También mantiene el historial del navegador para cada vista, permitiendo a los usuarios usar los botones de avanzar y retroceder del navegador como lo harían en una aplicación web tradicional de múltiples páginas.

Además, Angular Router admite características avanzadas de enrutamiento, incluyendo guardias de rutas, resolución de datos y múltiples outlets de enrutador nombrados. Las guardias de rutas permiten a los desarrolladores agregar comprobaciones de autenticación y autorización antes de que una ruta se active o desactive. La resolución de datos permite a los desarrolladores obtener datos antes de navegar a una ruta en particular, asegurando que todos los datos necesarios estén disponibles cuando se active una ruta. Los múltiples outlets de enrutador nombrados permiten a los desarrolladores tener múltiples "vistas" en la misma ruta, cada una con su propio componente asociado.

Angular Router es una herramienta poderosa dentro del framework Angular que proporciona una variedad de capacidades para gestionar la navegación en las SPA, desde el enrutamiento básico y la navegación hasta características más complejas y avanzadas, mejorando la experiencia general del usuario.

En conclusión, el enrutamiento es un aspecto fundamental en el desarrollo de SPA que facilita la navegación del usuario dentro de una aplicación sin necesidad de recargar páginas. Implementar un enrutamiento efectivo del lado del cliente asegura que tu SPA se comporte más como una aplicación de múltiples páginas tradicional desde la perspectiva del usuario, pero con transiciones mucho más suaves y un mejor rendimiento. Ya sea que elijas implementar el enrutamiento desde cero o usar un enrutador específico del framework, entender estos conceptos mejorará enormemente tu capacidad para desarrollar SPA dinámicas e interactivas.

10.3 Gestión del Estado

La gestión del estado es un aspecto integral de las Aplicaciones de una Sola Página (SPA). Desempeña un papel crucial en la gestión del estado de la aplicación de una manera predecible y consistente. A medida que aumenta la complejidad de las SPA, la necesidad de una gestión eficiente del estado se vuelve más pronunciada. Esto es vital para asegurar interacciones fluidas y mantener la consistencia de los datos en toda la aplicación.

En esta sección, profundizaremos en los fundamentos de la gestión del estado. Veremos en qué consiste y por qué es tan crucial en el desarrollo y mantenimiento de las SPA. También discutiremos los desafíos comunes que enfrentan los desarrolladores al tratar con la gestión del estado. Estos desafíos pueden variar desde mantener la sincronización del estado entre múltiples componentes hasta gestionar el uso de memoria de la aplicación.

Además, exploraremos diversas estrategias para manejar el estado de manera efectiva en las SPA. Diferentes aplicaciones pueden requerir diferentes enfoques dependiendo de su complejidad y los requisitos específicos del proyecto. Al entender estas estrategias, los desarrolladores pueden tomar decisiones más informadas sobre la mejor manera de gestionar el estado en sus aplicaciones, mejorando así la experiencia del usuario y el rendimiento general de las SPA.

10.3.1 Entendiendo la Gestión del Estado

El estado en una SPA representa los datos o condiciones de la interfaz de usuario en cualquier momento dado. Esto puede incluir entradas del usuario, respuestas del servidor, controles de la interfaz de usuario como botones o deslizadores, o cualquier otro factor que pueda afectar la salida de la aplicación.

Las SPA son únicas porque cargan una sola página HTML cuando la aplicación se inicia y actualizan dinámicamente esa página a medida que el usuario interactúa con la aplicación. Esto requiere una gestión cuidadosa del estado de la aplicación, ya que cualquier cambio en el estado impacta directamente lo que el usuario ve en la pantalla.

En el contexto de las SPA, el estado representa datos o condiciones de la Interfaz de Usuario (UI) en cualquier momento dado. Esto podría incluir entradas del usuario, respuestas del servidor, controles de la UI como botones o deslizadores, o cualquier otro factor que afecte la salida de la aplicación. La gestión del estado, por lo tanto, implica rastrear estos cambios y actualizar la UI para reflejarlos.

Existen varios desafíos clave cuando se trata de la gestión del estado. A medida que las aplicaciones crecen en complejidad, el estado puede volverse profundamente anidado y difícil de gestionar. Sin un enfoque estructurado, los cambios de estado pueden ser impredecibles y difíciles de rastrear, lo que lleva a posibles errores. La gestión ineficiente del estado también puede llevar a re-renderizados o actualizaciones innecesarias, lo que puede afectar el rendimiento de la aplicación.

Diferentes estrategias pueden ser usadas para gestionar el estado de manera efectiva en las SPA. Un enfoque común es distinguir entre el estado local y el global. El estado local se gestiona dentro de un componente específico y no necesita ser compartido a través de la aplicación. Por otro lado, el estado global necesita ser accedido y mutado por múltiples componentes a través de la aplicación.

Otra estrategia implica el uso de bibliotecas de gestión del estado. Estas bibliotecas proporcionan herramientas y patrones para ayudar a los desarrolladores a gestionar el estado de la aplicación de manera más efectiva. Ejemplos de bibliotecas de gestión del estado incluyen Redux para aplicaciones React, Vuex para aplicaciones Vue.js y NgRx para aplicaciones Angular.

Las técnicas avanzadas para la gestión del estado incluyen el uso de middleware para manejar acciones asíncronas o el registro, el uso de bibliotecas como Immer o Immutable.js para manejar datos de manera inmutable, y aprovechar las capacidades de gestión del estado reactivo de bibliotecas como RxJS de Angular o el sistema de reactividad de Vue.

En conclusión, entender la gestión del estado es una parte crítica del desarrollo de SPA. Implica rastrear los cambios en el estado de la aplicación y actualizar la UI para reflejar estos cambios. Al elegir el enfoque y las herramientas adecuadas, los desarrolladores pueden asegurar que el estado de su aplicación sea manejable, predecible y escalable, lo que lleva a aplicaciones más eficientes, mantenibles y de alto rendimiento.

Desafíos Clave en la Gestión del Estado:

Complejidad

A medida que las aplicaciones crecen, el estado puede volverse profundamente anidado y difícil de gestionar. En el ámbito de las Aplicaciones de una Sola Página (SPA) y la gestión del estado, la complejidad a menudo se refiere al aumento de la intricacia o complicación que surge a medida que las aplicaciones crecen y evolucionan. Esta complejidad puede manifestarse de varias maneras, particularmente en cómo se gestiona el estado de una aplicación.

El estado de una aplicación representa los datos o condiciones de la Interfaz de Usuario (UI) en cualquier momento dado. En las SPA, esto podría incluir entradas del usuario, respuestas del servidor, controles de la UI como botones o deslizadores, o cualquier otro factor que afecte la salida de la aplicación. A medida que las aplicaciones crecen, el estado puede volverse profundamente anidado y difícil de gestionar. Aquí es donde entra la complejidad.

Un desafío clave en la gestión del estado es lidiar con esta complejidad. A medida que las aplicaciones se expanden, introduciendo más características y funcionalidades, el estado se vuelve cada vez más intrincado. Este estado anidado puede ser difícil de gestionar sin un enfoque estructurado.

Los cambios de estado también pueden volverse impredecibles y difíciles de rastrear, lo que lleva a posibles errores y fallos. Además, la gestión ineficiente del estado puede llevar a re-renderizados o actualizaciones innecesarias, afectando el rendimiento de la aplicación.

La complejidad en la gestión del estado se refiere a la intricacia incrementada que surge a medida que las aplicaciones crecen y el estado se vuelve más profundamente anidado y difícil de gestionar. Esta complejidad plantea varios desafíos, incluyendo la mantenibilidad y el rendimiento de la aplicación, que los desarrolladores deben abordar eficazmente para construir SPA eficientes y de alto rendimiento.

Mantenibilidad

La mantenibilidad, en el contexto del desarrollo de software, se refiere a la medida en que un sistema o componente de software puede ser modificado para corregir fallos, mejorar el rendimiento u otros atributos, o adaptarse a un entorno cambiado. Es un atributo clave de la calidad del software y es crucial para el éxito a largo plazo y la usabilidad de las aplicaciones de software.

La mantenibilidad involucra varios aspectos:

1. **Mantenimiento Correctivo**: Esta es quizás la forma más común de mantenibilidad, e involucra la corrección de errores, defectos u otros problemas que se identifican después de que el software ha sido lanzado. Cuanto más fácil sea aislar la causa de un error y corregirlo, más mantenible se considera el software.
2. **Mantenimiento Adaptativo**: A medida que el entorno del software cambia (por ejemplo, si el software necesita ser portado a un nuevo sistema operativo), el software necesita adaptarse. Cuanto más fácil sea realizar estas adaptaciones, más mantenible será el software.
3. **Mantenimiento Perfectivo**: Esto se refiere a las mejoras realizadas en el software para aumentar su rendimiento, mantenibilidad u otros atributos. Podría implicar optimizaciones de código, refactorización u otras técnicas.
4. **Mantenimiento Preventivo**: Esto implica realizar cambios para prevenir problemas futuros. Por ejemplo, un fragmento de código puede estar funcionando bien ahora, pero si se anticipa que podría causar problemas en el futuro, podría reescribirse.

Varios factores pueden afectar la mantenibilidad de un sistema o componente de software:

- **Complejidad del Código**: Un código más complejo generalmente es más difícil de mantener. Un código más simple y limpio es más fácil de entender y modificar.
- **Documentación**: Un código bien documentado, con explicaciones claras de lo que hacen las diferentes partes del programa, puede mejorar en gran medida la mantenibilidad.
- **Estándares de Codificación**: El uso consistente de estándares de codificación puede hacer que el código sea más fácil de entender y mantener.
- **Modularidad**: El software dividido en módulos separados e independientes generalmente es más fácil de mantener.

La mantenibilidad es una característica clave del buen diseño de software y es esencial para el éxito a largo plazo de una aplicación de software.

En el contexto de las Aplicaciones de una Sola Página (SPA), el "Rendimiento" es un aspecto crucial y se refiere a la velocidad y eficiencia con la que estas aplicaciones renderizan y responden a las interacciones del usuario. Un buen rendimiento es esencial en las SPA para proporcionar una experiencia de usuario fluida, eficiente y continua.

El rendimiento puede verse afectado por una variedad de factores, incluida la eficiencia del código subyacente, el tamaño y la complejidad de la aplicación, la carga en el servidor y la velocidad de la conexión a Internet del usuario, entre otros.

Uno de los factores clave que afectan el rendimiento en las SPA es la gestión del estado. La gestión ineficiente del estado puede llevar a re-renderizados o actualizaciones innecesarias, lo que puede ralentizar la aplicación y degradar la experiencia del usuario.

En el contexto de la gestión del estado, existen varias estrategias que pueden usarse para mejorar el rendimiento. Por ejemplo, usar el estado local para datos que solo se necesitan dentro de un componente específico puede reducir actualizaciones innecesarias en otras partes de la aplicación. Por otro lado, el estado global puede usarse para datos que necesitan ser compartidos entre múltiples componentes, pero se debe tener cuidado de gestionar este estado global de manera eficiente para evitar problemas de rendimiento.

Las bibliotecas de gestión del estado, como Redux para aplicaciones React, Vuex para aplicaciones Vue.js y NgRx para aplicaciones Angular, también pueden ayudar a mejorar el rendimiento al proporcionar métodos eficientes para gestionar el estado.

Las técnicas avanzadas para la gestión del estado, como el uso de middleware para manejar acciones asíncronas o el registro, el uso de bibliotecas como Immer o Immutable.js para manejar datos de manera inmutable, y el aprovechamiento de las capacidades de gestión del estado reactivo de bibliotecas como RxJS de Angular o el sistema de reactividad de Vue, también pueden mejorar el rendimiento.

El rendimiento es un aspecto crítico en el desarrollo de SPA y puede afectar en gran medida la experiencia del usuario. La gestión efectiva del estado es clave para asegurar un buen rendimiento y construir aplicaciones robustas, eficientes y fáciles de usar.

10.3.2 Estrategias para una Gestión Efectiva del Estado

Estado Local vs. Estado Global:

Estado Local

En el ámbito de la programación y el desarrollo de software, particularmente en el contexto del diseño y la construcción de Aplicaciones de una Sola Página (SPA), el término "Estado Local" se utiliza para referirse al estado de un componente o función específica dentro de la aplicación.

A diferencia del estado global, el estado local no es accesible ni compartido en toda la aplicación. En su lugar, se contiene dentro del alcance del componente o función específica donde se ha definido y solo es accesible dentro de ese contexto particular.

Este concepto es particularmente importante al trabajar con marcos modernos de JavaScript como React, Vue o Angular, donde las aplicaciones generalmente se construyen utilizando una arquitectura basada en componentes. Cada uno de estos componentes individuales puede tener su propio estado local, que utiliza para gestionar sus datos y operaciones internas.

Por ejemplo, imagine un componente de formulario simple en una aplicación React. Este formulario podría tener su propio estado local para realizar un seguimiento de los datos ingresados en los campos del formulario por el usuario. Este estado solo es relevante y necesario dentro del alcance del componente de formulario y no necesita ser compartido ni estar disponible para otros componentes de la aplicación. Por lo tanto, se gestiona como estado local.

El estado local es un concepto fundamental en la construcción de SPA, ayudando a gestionar y regular el comportamiento de componentes individuales o funciones dentro de la aplicación, contribuyendo así a la operación eficiente y efectiva de la aplicación en su conjunto.

Estado Global

El Estado Global en el contexto del desarrollo de software, particularmente en las Aplicaciones de una Sola Página (SPA), se refiere al estado que es accesible y mutable desde cualquier parte de la aplicación. Este concepto es especialmente importante en marcos modernos de JavaScript como React, Vue o Angular, que adoptan una arquitectura basada en componentes para construir aplicaciones.

A diferencia del estado local, que se confina dentro de un componente o función específica, el estado global se comparte en toda la aplicación. Generalmente contiene datos que necesitan ser accedidos por múltiples componentes. Por ejemplo, el estado de inicio de sesión del usuario, la configuración del tema o la configuración de la localidad a menudo se almacenan en el estado global, ya que generalmente son necesarios en varias partes de una aplicación.

Gestionar el estado global de manera eficiente es crucial para el rendimiento y la mantenibilidad de una aplicación. Requiere un manejo cuidadoso para asegurar la consistencia de los datos y evitar re-renderizados o actualizaciones innecesarias que pueden degradar el rendimiento de una aplicación. Hay varias estrategias y bibliotecas disponibles para manejar el estado global de manera efectiva, como Redux para aplicaciones React, Vuex para aplicaciones Vue.js y NgRx para aplicaciones Angular.

El Estado Global es un aspecto fundamental de la gestión del estado en las SPA. Juega un papel crucial en el intercambio de datos entre diferentes partes de una aplicación, contribuyendo así a la operación eficiente y efectiva de la aplicación en su conjunto.

Ejemplo de Estado Local en un Componente React:

```javascript
import React, { useState } from 'react';

function LoginForm() {
    const [username, setUsername] = useState('');
    const [password, setPassword] = useState('');

    const handleSubmit = (event) => {
        event.preventDefault();
        console.log(username, password);
    };

    return (
        <form onSubmit={handleSubmit}>
            <input      type="text"      value={username}      onChange={e      =>
setUsername(e.target.value)} />
            <input      type="password"      value={password}      onChange={e      =>
setPassword(e.target.value)} />
            <button type="submit">Login</button>
        </form>
    );
}
```

Este fragmento de código representa un componente funcional en React llamado "LoginForm". La función LoginForm() es la función principal del componente.

En React, los componentes son piezas reutilizables de código que devuelven un elemento React para ser renderizado en la página. En este caso, LoginForm es un componente funcional que devuelve un elemento form.

El hook useState se utiliza para declarar y gestionar variables de estado en componentes funcionales. Aquí se está utilizando para declarar y gestionar el estado de dos variables: 'username' y 'password'.

useState('') crea una variable de estado y la inicializa con una cadena vacía. El primer elemento del array que devuelve useState es el valor actual del estado (username o password), y el segundo elemento es una función que permite actualizarlo (setUsername o setPassword).

La función handleSubmit es un manejador de eventos que se activa cuando se envía el formulario. Se le pasa el objeto evento y se llama a event.preventDefault() para evitar que el formulario se envíe de la manera predeterminada, lo que causaría que la página se recargue. En su lugar, se registra el estado actual de 'username' y 'password' en la consola.

La declaración return de la función LoginForm devuelve código JSX, que es una extensión de sintaxis para JavaScript que produce elementos React.

El elemento form tiene un atributo onSubmit, que es un atributo JSX que define el manejador de eventos para el evento de envío del formulario. Está configurado para la función handleSubmit.

Dentro del formulario, hay dos elementos input y un elemento button. Los elementos input son de tipo texto y contraseña respectivamente. Cada input tiene un atributo value que se establece en la variable de estado respectiva, lo que significa que el valor del campo de entrada siempre es el estado actual de 'username' o 'password'.

El atributo onChange de cada campo input se establece en una función de flecha que toma el objeto evento y llama a setUsername o setPassword con el valor actual del campo de entrada. Esto significa que cada vez que el usuario escribe en el campo de entrada, la variable de estado correspondiente se actualiza con ese valor.

El elemento button es de tipo submit, lo que significa que al hacer clic en él se enviará el formulario y se activará la función handleSubmit.

En resumen, este componente LoginForm es un formulario simple con campos de entrada para nombre de usuario y contraseña, y un botón de envío. El estado de los campos de entrada se gestiona utilizando el hook useState de React, y el envío del formulario se maneja con una función personalizada que registra el estado actual del nombre de usuario y la contraseña en la consola.

Uso de Bibliotecas de Gestión de Estado:

React

En el contexto del diseño y construcción de Aplicaciones de una Sola Página (SPAs) con React, gestionar el estado de la aplicación de manera efectiva es crucial. React es una biblioteca popular de JavaScript para construir interfaces de usuario, y su estructura basada en componentes requiere una gestión eficiente del estado.

El estado en una aplicación se refiere a los datos o condiciones de la interfaz de usuario (UI) en un momento dado. Esto puede incluir entradas de usuario, respuestas del servidor, controles de la UI como botones o deslizadores, u otros factores que afectan la salida de la aplicación. La gestión del estado, por lo tanto, implica rastrear estos cambios y actualizar la UI para reflejarlos.

Gestionar el estado en aplicaciones React puede volverse complejo cuando el estado necesita ser compartido y manipulado a través de múltiples componentes o cuando la estructura de los datos del estado es anidada o complicada. En tales casos, usar bibliotecas de gestión de estado como Redux o Context API puede ser de gran ayuda.

Redux proporciona una tienda centralizada para el estado de la aplicación, permitiendo que el estado se gestione de manera predecible. Sigue un flujo de datos unidireccional estricto y usa conceptos como acciones y reducers para manejar los cambios de estado. Esto hace que las actualizaciones de estado sean predecibles y transparentes, facilitando la prueba y depuración de la aplicación.

Por otro lado, Context API es una característica proporcionada por el propio React para gestionar el estado global. Permite compartir datos de estado y funciones para manipular esos datos, sin tener que pasar props a través de múltiples niveles de componentes. Esto se logra utilizando un objeto Context y proporcionándolo donde sea necesario mediante un Provider y Consumer o el hook useContext.

Al construir aplicaciones con React, gestionar el estado de manera efectiva es clave para crear aplicaciones suaves, eficientes y robustas. Herramientas como Redux y Context API pueden proporcionar soluciones para gestionar estados globales complejos, mejorando la legibilidad, mantenibilidad y rendimiento de tus aplicaciones React.

Vue

VueX es un patrón de gestión de estado y biblioteca diseñada específicamente para aplicaciones Vue.js. Proporciona una tienda centralizada para todos los componentes en una aplicación, lo que significa que la información del estado se gestiona en un lugar unificado y puede ser accedida y manipulada desde cualquier componente dentro de la aplicación.

El objetivo principal de VueX es proporcionar una única fuente de verdad para los datos del estado, asegurando que el estado de la aplicación permanezca consistente en todos los componentes. Esto facilita el rastreo y la depuración de los cambios de estado, mejorando la mantenibilidad de la aplicación.

En VueX, el patrón de gestión de estado consta de cuatro partes principales: state, getters, mutations y actions.

- El state contiene los datos reales.
- Los getters son similares a las propiedades computadas en Vue y se usan para recuperar datos del estado.
- Las mutations se usan para modificar el estado y son la única forma de cambiar datos en el estado en una tienda VueX.
- Las actions son funciones donde pones tu lógica de negocios. Las acciones cometen mutaciones y pueden contener operaciones asíncronas arbitrarias.

Al manejar los cambios de estado de manera predecible, VueX ayuda a gestionar la complejidad que surge a medida que las aplicaciones Vue.js crecen en tamaño y funcionalidad. Esto hace que VueX sea una herramienta esencial para desarrollar aplicaciones Vue.js a gran escala, donde la gestión eficiente del estado es clave para mantener el rendimiento y la experiencia del usuario.

Angular

En el contexto de Angular, un marco de aplicación web de código abierto altamente popular desarrollado por Google, NgRx es una biblioteca extremadamente efectiva que proporciona soluciones reactivas de gestión de estado.

La gestión del estado es un aspecto crucial de cualquier aplicación web. Se refiere al manejo de datos o condiciones de la interfaz de usuario (UI) en un momento dado, incluidas las entradas del usuario, las respuestas del servidor, los controles de la UI como botones o deslizadores, o cualquier otro factor que afecte la salida de la aplicación.

NgRx se alinea efectivamente con el flujo de datos unidireccional de Angular. Este es un diseño donde los datos fluyen en una dirección desde la fuente, a través de la lógica de la aplicación, y finalmente a la vista. Este enfoque asegura un comportamiento consistente y predecible de la aplicación, lo que facilita la depuración y prueba.

NgRx utiliza un patrón inspirado en Redux, otra biblioteca de gestión de estado, pero con el poder de la programación reactiva proporcionada por las corrientes Observable de RxJS, una biblioteca para la programación reactiva. Esto significa que NgRx puede manejar datos que llegan de forma asíncrona, y puede crear estructuras de flujo de datos complejas de una manera más sencilla y fácil de entender.

En esencia, NgRx proporciona una única fuente de verdad para el estado, lo que permite a los desarrolladores escribir código más limpio y mantenible, ayuda a evitar errores relacionados con el estado y facilita el rastreo de los cambios en el estado de la aplicación a lo largo del tiempo. Es una herramienta poderosa para los desarrolladores que buscan construir aplicaciones Angular robustas y de alto rendimiento.

Ejemplo de Gestión de Estado Global con Redux:

```
// Action Type
const SET_USER = 'SET_USER';

// Action Creator
function setUser(user) {
    return {
```

```
        type: SET_USER,
        payload: user
    };
}

// Reducer
function userReducer(state = {}, action) {
    switch (action.type) {
        case SET_USER:
            return {...state, ...action.payload};
        default:
            return state;
    }
}

// Store
import { createStore } from 'redux';
const store = createStore(userReducer);

// Dispatching an action
store.dispatch(setUser({ name: 'Jane Doe', isLoggedIn: true }));
```

Este código es un ejemplo básico de cómo gestionar el estado global con Redux en una aplicación JavaScript, específicamente una aplicación React. Redux es un contenedor de estado predecible diseñado para ayudarte a escribir aplicaciones JavaScript que se comporten de manera consistente en diferentes entornos y sean fáciles de probar.

El código comienza con la definición de un tipo de acción 'SET_USER'. En Redux, las acciones son objetos JavaScript simples que tienen un campo 'type'. Este campo de tipo generalmente debe ser una cadena que le dé a esta acción un nombre descriptivo, como 'SET_USER'. Es una práctica común almacenar estos tipos de acción como constantes para evitar errores causados por errores tipográficos.

A continuación, se define un creador de acciones llamado 'setUser'. Un creador de acciones es simplemente una función que crea una acción. En Redux, los creadores de acciones no necesariamente tienen que ser funciones puras y a menudo se utilizan con middleware 'thunk' para acciones retardadas, como la obtención de datos. Sin embargo, en este caso, 'setUser' es un creador de acciones simple que devuelve una acción. Esta acción es un objeto que contiene un campo 'type' y un campo 'payload'. El campo 'payload' es el nuevo dato que queremos almacenar en el estado de Redux.

Luego, se define un reductor llamado 'userReducer'. Los reductores son funciones que especifican cómo cambia el estado de la aplicación en respuesta a las acciones enviadas a la tienda. El propósito de un reductor es devolver un nuevo objeto de estado basado en el tipo de acción que recibe. La función del reductor alterna entre los tipos de acción; en el caso de 'SET_USER', devuelve un nuevo estado que es una combinación de todo el estado existente y los nuevos datos del payload de la acción. Si el reductor recibe un tipo de acción que no comprende, debe devolver el estado existente sin cambios.

Después de definir el tipo de acción, el creador de acciones y el reductor, se crea la tienda Redux. La tienda Redux es esencialmente un objeto JavaScript que contiene el estado de la aplicación. La función 'createStore' de la biblioteca Redux se utiliza para crear la tienda Redux. Se pasa 'userReducer' como argumento a 'createStore', conectando el reductor a la tienda.

Finalmente, se envía una acción utilizando el método 'dispatch' de la tienda Redux. El creador de acciones 'setUser' se llama con un objeto que contiene la información del usuario como argumento. Este objeto representa el payload de la acción 'SET_USER'. El método dispatch toma este objeto de acción devuelto por 'setUser' y lo pasa al 'userReducer'. El reductor maneja la acción y actualiza el estado en la tienda Redux.

En conclusión, este código proporciona un ejemplo simple pero completo de cómo se puede usar Redux para gestionar el estado global en una aplicación JavaScript. Representa algunos de los conceptos fundamentales de Redux: acciones, creadores de acciones, reductores, la tienda y el envío de acciones a la tienda.

10.3.3 Técnicas Avanzadas

Middleware

En el contexto de la gestión de estado en Aplicaciones de una Sola Página (SPAs), el middleware puede ofrecer funcionalidad adicional que mejora la forma en que se gestiona el estado dentro de la aplicación. Una de las formas en que lo hace es manejando acciones asíncronas. Las acciones asíncronas son tareas que comienzan ahora pero terminan más tarde, permitiendo que otras tareas se ejecuten mientras tanto sin ser bloqueadas. Manejar estas acciones correctamente es fundamental para mantener el rendimiento y la experiencia del usuario de la aplicación.

Por ejemplo, supongamos que una SPA necesita obtener datos de un servidor. Esta operación es típicamente asíncrona porque puede tardar un tiempo, y no querrías que toda la aplicación se congele mientras espera la respuesta del servidor. El middleware puede gestionar esta operación, asegurando que el resto de la aplicación pueda continuar funcionando mientras se espera que se obtengan los datos.

El middleware también puede proporcionar funcionalidad de registro. El registro es una forma de registrar las actividades dentro de una aplicación. Esto puede ser increíblemente útil para la depuración, ya que los registros pueden proporcionar una visión detallada de lo que sucedió antes de un problema. En el contexto de la gestión de estado, el registro puede ayudar a rastrear cómo cambia el estado con el tiempo, qué acciones llevaron a esos cambios de estado y cualquier error que ocurrió durante esos cambios de estado.

En resumen, el middleware en la gestión de estado puede mejorar la funcionalidad de las SPAs al proporcionar herramientas y servicios para manejar acciones asíncronas y el registro, que son clave para construir aplicaciones eficientes, mantenibles y de alto rendimiento.

Patrones de Datos Inmutables

Los Patrones de Datos Inmutables son técnicas de programación que enfatizan la inmutabilidad en las estructuras de datos de tu aplicación. Estos patrones implican el uso de bibliotecas como Immer o Immutable.js, que proporcionan APIs para trabajar con estructuras de datos de manera inmutable.

La inmutabilidad es un principio central en la programación funcional, lo que significa que una vez que se crea una estructura de datos, no se puede cambiar. Cualquier modificación o actualización de los datos resultará en una nueva copia de la estructura de datos, dejando la original intacta. Este principio tiene varios beneficios para el desarrollo de aplicaciones.

En primer lugar, puede mejorar enormemente la predictibilidad de tu aplicación. Dado que los datos no se pueden cambiar una vez que se crean, puedes estar seguro de que no serán alterados inesperadamente en otra parte de tu aplicación. Esto puede hacer que el código sea más fácil de entender y reducir la probabilidad de errores.

En segundo lugar, los Patrones de Datos Inmutables pueden mejorar el rendimiento de tu aplicación. Bibliotecas como Immer e Immutable.js utilizan técnicas sofisticadas para evitar la copia innecesaria de datos. Por ejemplo, cuando se realiza una actualización, solo copiarán la parte de la estructura de datos que cambió, mientras comparten las partes no modificadas entre la versión antigua y la nueva. Esto se conoce como compartición estructural y puede resultar en optimizaciones significativas de memoria y rendimiento.

Por último, los Patrones de Datos Inmutables pueden hacer que tu aplicación sea más fácil de trabajar cuando se usan ciertas herramientas o marcos. Por ejemplo, funcionan excelentemente con Redux, una popular biblioteca de gestión de estado para React. Redux se basa en la inmutabilidad para funciones como la depuración de viajes en el tiempo, donde puedes avanzar y retroceder a través del estado de tu aplicación para entender la secuencia de cambios de estado.

En conclusión, los Patrones de Datos Inmutables, facilitados por bibliotecas como Immer e Immutable.js, proporcionan una estrategia robusta para gestionar datos en tu aplicación. Al asegurar la inmutabilidad de los datos, mejoran tanto el rendimiento como la predictibilidad, lo que lleva a aplicaciones más robustas y mantenibles.

Gestión Reactiva del Estado

La Gestión Reactiva del Estado es un concepto en programación que se refiere a un modelo donde los cambios en el estado de una aplicación se gestionan de manera reactiva. El estado de la aplicación se refiere a la información almacenada en cualquier momento dado que puede cambiar a lo largo del ciclo de vida de una aplicación. Es una parte integral de las aplicaciones interactivas, ya sean web, de escritorio o móviles. Este estado puede incluir entradas de usuario, respuestas del servidor, controles de la interfaz de usuario o cualquier otro factor que afecte la salida de la aplicación.

Angular's RxJS y el sistema de reactividad de Vue son dos ejemplos de bibliotecas que proporcionan capacidades de gestión reactiva del estado. Estas bibliotecas ofrecen una forma de gestionar los cambios de estado de manera reactiva, lo que conlleva una serie de beneficios.

En un sistema reactivo, cuando cambia el estado de la aplicación, estos cambios se propagan automáticamente a través del sistema a todas las partes interesadas de la aplicación. Esto significa que, en lugar de que los componentes tengan que preguntar sobre los cambios de estado, se les informa de estos cambios. Esto puede simplificar enormemente el paradigma de codificación porque los desarrolladores ya no necesitan escribir código para verificar constantemente los cambios de estado.

El modelo reactivo también facilita el seguimiento y la gestión de los cambios de estado, haciendo que la aplicación sea más eficiente. En lugar de tener que gestionar manualmente cuándo y dónde actualizar la interfaz de usuario u otras partes de la aplicación en función de los cambios de estado, el sistema reactivo maneja estas actualizaciones automáticamente. Esto puede resultar en aplicaciones más receptivas y de mejor rendimiento, ya que las actualizaciones se manejan tan pronto como ocurren los cambios de estado, y solo se actualizan las partes de la aplicación que dependen del estado cambiado.

Angular's RxJS (Extensiones Reactivas para JavaScript) es una biblioteca para la programación reactiva que utiliza Observables, lo que facilita componer código asíncrono o basado en callbacks. Esto se alinea muy bien con el modelo de gestión reactiva del estado, convirtiendo los cambios de estado en una corriente de eventos que pueden ser observados y reaccionados.

Por otro lado, el sistema de reactividad de Vue está integrado en el núcleo de Vue. Utiliza un sistema de dependencias reactivas que se rastrean y actualizan automáticamente cada vez que cambia el estado. Esto hace que sea increíblemente fácil construir interfaces de usuario dinámicas que reaccionan a los cambios de estado, ya que Vue maneja toda la complejidad de rastrear dependencias y actualizar el DOM.

En conclusión, la Gestión Reactiva del Estado, facilitada por bibliotecas como Angular's RxJS o el sistema de reactividad de Vue, proporciona un modelo poderoso para gestionar los cambios de estado en aplicaciones modernas e interactivas. Al reaccionar a los cambios de estado de manera automática y eficiente, simplifica el proceso de desarrollo y resulta en aplicaciones más performantes y mantenibles.

En conclusión, la gestión efectiva del estado es clave para construir SPAs robustas. Al elegir la estrategia y las herramientas adecuadas, puedes asegurar que el estado de tu aplicación sea manejable, predecible y escalable. Ya sea que optes por capacidades integradas como el hook useState de React, uses bibliotecas completas como Redux o VueX, o aproveches todo el poder reactivo de Angular con NgRx, entender estos conceptos es crucial para cualquier desarrollador de SPA que busque construir aplicaciones eficientes, mantenibles y de alto rendimiento.

Ejercicios Prácticos para el Capítulo 10: Desarrollando Aplicaciones de una Sola Página

Para solidificar tu comprensión de los conceptos clave cubiertos en el Capítulo 10, presentamos varios ejercicios prácticos. Estos ejercicios están diseñados para ayudarte a adquirir experiencia práctica en el desarrollo de Aplicaciones de una Sola Página (SPA), centrándose en el enrutamiento, la gestión de estado y el modelo SPA.

Ejercicio 1: Enrutamiento Simple de SPA

Objetivo: Implementar un enrutamiento simple del lado del cliente en una SPA con JavaScript puro sin usar ningún marco.

Solución:

```html
<!-- index.html -->
<!DOCTYPE html>
<html lang="en">
<head>
    <meta charset="UTF-8">
    <title>Simple SPA Routing</title>
</head>
<body>
    <nav>
        <ul>
```

```
            <li><a href="#home">Home</a></li>
            <li><a href="#about">About</a></li>
        </ul>
    </nav>
    <div id="content"></div>

    <script src="router.js"></script>
</body>
</html>
// router.js
const routes = {
    'home': '<h1>Home Page</h1><p>Welcome to the home page.</p>',
    'about': '<h1>About Page</h1><p>Learn more about our SPA.</p>'
};

function handleRouting() {
    let hash = window.location.hash.substring(1);
    document.getElementById('content').innerHTML = routes[hash] || '<h1>404 Not
Found</h1><p>The requested page does not exist.</p>';
}

window.addEventListener('hashchange', handleRouting);
window.addEventListener('load', handleRouting);
```

Ejercicio 2: Gestión de Estado con Redux

Objetivo: Crear una aplicación simple en React que use Redux para la gestión de estado para manejar un contador.

Solución:

```
# First, set up a new React app and install Redux
npx create-react-app redux-counter
cd redux-counter
npm install redux react-redux
// src/redux/store.js
import { createStore } from 'redux';

function counterReducer(state = { count: 0 }, action) {
    switch (action.type) {
        case 'INCREMENT':
            return { count: state.count + 1 };
        case 'DECREMENT':
            return { count: state.count - 1 };
        default:
            return state;
    }
}
```

```javascript
const store = createStore(counterReducer);
export default store;
// src/App.js
import React from 'react';
import { useSelector, useDispatch } from 'react-redux';

function App() {
    const count = useSelector(state => state.count);
    const dispatch = useDispatch();

    return (
        <div>
            <h1>Count: {count}</h1>
            <button onClick={() => dispatch({ type: 'INCREMENT' })}>Increment</button>
            <button onClick={() => dispatch({ type: 'DECREMENT' })}>Decrement</button>
        </div>
    );
}

export default App;
// src/index.js
import React from 'react';
import ReactDOM from 'react-dom';
import { Provider } from 'react-redux';
import store from './redux/store';
import App from './App';

ReactDOM.render(
    <Provider store={store}>
        <App />
    </Provider>,
    document.getElementById('root')
);
```

Ejercicio 3: Carga Dinámica de Componentes en Vue.js

Objetivo: Implementar una aplicación en Vue.js que cargue componentes dinámicamente según la ruta.

Solución:

```vue
<!-- App.vue -->
<template>
  <div id="app">
    <nav>
      <button @click="currentView = 'home'">Home</button>
      <button @click="currentView = 'about'">About</button>
    </nav>
    <component :is="currentView"></component>
```

```
    </div>
</template>

<script>
import Home from './components/Home.vue'
import About from './components/About.vue'

export default {
  data() {
    return {
      currentView: 'home'
    }
  },
  components: {
    Home,
    About
  }
}
</script>
<!-- components/Home.vue -->
<template>
  <div>
    <h1>Home</h1>
    <p>This is the home page.</p>
  </div>
</template>

<script>
export default {
  name: 'Home'
}
</script>
<!-- components/About.vue -->
<template>
  <div>
    <h1>About</h1>
    <p>This is the about page.</p>
  </div>
</template>

<script>
export default {
  name: 'About'
}
</script>
```

Estos ejercicios están diseñados para mejorar tus habilidades en el desarrollo de SPA, enfocándose en la implementación de funcionalidades centrales como el enrutamiento y la gestión del estado en diferentes frameworks y bibliotecas. Al completar estas tareas, obtendrás una comprensión más profunda de cómo funcionan las SPA y cómo gestionar eficazmente los estados y rutas de la aplicación, componentes clave en la construcción de aplicaciones web modernas.

Resumen del Capítulo 10: Desarrollo de Aplicaciones de Página Única

Este capítulo se adentró en el mundo de las Aplicaciones de Página Única (SPA), un enfoque moderno para construir aplicaciones web dinámicas e interactivas que ofrecen una experiencia de usuario fluida similar a las aplicaciones de escritorio. A lo largo de este capítulo, exploramos los conceptos esenciales, técnicas y mejores prácticas fundamentales para diseñar, implementar y optimizar las SPA.

Conceptos y Técnicas Clave

Comenzamos definiendo el modelo SPA, que gira en torno a cargar una única página HTML y actualizar dinámicamente esa página a medida que el usuario interactúa con la aplicación. Este enfoque minimiza las recargas de página, reduce la carga del servidor web y proporciona una respuesta instantánea a las acciones del usuario, lo cual es crucial para mejorar la experiencia del usuario.

El Enrutamiento en las SPA fue un enfoque importante, donde discutimos cómo gestionar la navegación dentro de una SPA sin recargas completas de la página. Exploramos la implementación del enrutamiento del lado del cliente utilizando tanto JavaScript puro como frameworks populares como React, Vue y Angular. Cada uno ofrece herramientas para definir rutas navegables, manejar cambios de ruta y renderizar dinámicamente contenido que corresponde a URLs específicas. Esto permite a las SPA mantener URLs marcables, mejorar el SEO y soportar la navegación del historial del navegador, haciéndolas comportarse más como sitios web tradicionales de varias páginas desde la perspectiva del usuario.

La Gestión del Estado emergió como un aspecto crítico del desarrollo de SPA, dada la complejidad e interactividad de estas aplicaciones. Una gestión eficiente del estado asegura que la UI permanezca consistente con los modelos de datos subyacentes y la lógica de la aplicación. Examinamos diferentes estrategias para la gestión del estado local y global, discutiendo cómo se puede manejar el estado utilizando el contexto, las props y bibliotecas avanzadas de gestión del estado como Redux para React, VueX para Vue y NgRx para Angular. Estas herramientas ayudan a gestionar el estado de una aplicación de manera predecible, haciendo las aplicaciones más escalables y mantenibles.

Aplicación Práctica

A través de ejercicios prácticos, aplicaste lo aprendido construyendo características como mecanismos simples de enrutamiento y soluciones de gestión del estado. Estos ejercicios estaban diseñados para proporcionar experiencia práctica con funcionalidades clave de las SPA, mejorando tu comprensión y habilidades en escenarios del mundo real.

Desafíos y Soluciones

El desarrollo de SPA no está exento de desafíos. Abordamos problemas comunes como la gestión de estados complejos, la optimización del rendimiento para prevenir retrasos en la UI y la configuración de SPA para mejorar la visibilidad en los motores de búsqueda. Se discutieron soluciones como el renderizado del lado del servidor, la división del código y la carga dinámica de datos para mitigar estos desafíos.

Direcciones Futuras

Mirando hacia el futuro, la arquitectura SPA sigue evolucionando con los avances en tecnologías web. Las Aplicaciones Web Progresivas (PWA), por ejemplo, extienden el concepto de SPA ofreciendo capacidades offline, notificaciones push y acceso a hardware del dispositivo, lo que difumina las líneas entre aplicaciones web y nativas.

Conclusión

Las Aplicaciones de Página Única representan un cambio significativo en el desarrollo web, enfocándose en experiencias centradas en el usuario. A medida que continúes explorando y construyendo SPA, mantente al tanto de los últimos desarrollos en frameworks de JavaScript, técnicas de optimización de rendimiento y nuevos estándares web que podrían impactar cómo se diseñan e implementan las SPA. Las habilidades y conocimientos adquiridos en este capítulo proporcionan una base sólida para crear aplicaciones web sofisticadas y eficientes que se adaptan bien a las necesidades de los usuarios y empresas modernos.

Capítulo 11: JavaScript y el Servidor

Bienvenido al Capítulo 11, titulado acertadamente "JavaScript y el Servidor". En este capítulo esclarecedor, vamos a sumergirnos profundamente en el papel versátil y poderoso de JavaScript, que se extiende mucho más allá de los confines tradicionales de las operaciones en el navegador.

Nos adentraremos en los matices de cómo JavaScript, con la ayuda de plataformas robustas como Node.js, logra expandir sus capacidades para abarcar la programación del lado del servidor. Esta característica única de JavaScript allana el camino para capacidades de desarrollo full-stack, todo posible con un solo lenguaje de programación.

Este cambio de paradigma en la forma en que abordamos el desarrollo web ha tenido un impacto profundo y transformador. Ha abierto un mundo completamente nuevo de posibilidades, permitiendo a los desarrolladores construir aplicaciones web mucho más escalables, eficientes e integradas que nunca. Al fusionar el front-end y el back-end, ha permitido un flujo de datos y lógica sin interrupciones, revolucionando el proceso de desarrollo web.

11.1 Fundamentos de Node.js

Node.js es un entorno de ejecución poderoso que extiende las capacidades de JavaScript más allá de los confines del navegador y hacia el desarrollo del lado del servidor. Esta herramienta innovadora fue desarrollada magistralmente por Ryan Dahl en 2009, en respuesta a la creciente necesidad de un enfoque más unificado del desarrollo web.

Lo que hace único a Node.js es su utilización del motor de JavaScript V8. Este motor, que también impulsa el popular navegador web Google Chrome, permite que JavaScript se ejecute fuera del navegador. Esta innovación crucial cierra significativamente la brecha notable entre el desarrollo front-end y back-end, haciendo posible que los desarrolladores usen JavaScript en todo el stack de desarrollo.

Por lo tanto, con Node.js, los desarrolladores web ahora pueden escribir código del lado del servidor utilizando el mismo lenguaje que usan para la codificación del lado del cliente, fomentando un enfoque más integrado y fluido del desarrollo web. Esto tiene la ventaja adicional de reducir la curva de aprendizaje para los desarrolladores y promover la reutilización y eficiencia del código.

11.1.1 Características Principales de Node.js

Modelo de E/S No Bloqueante y Basado en Eventos

Node.js opera en un solo hilo, utilizando llamadas de E/S no bloqueantes, lo que le permite manejar decenas de miles de conexiones concurrentes, resultando en una alta escalabilidad.

En la programación informática, un hilo es la secuencia más pequeña de instrucciones programadas que pueden ser gestionadas independientemente por un planificador del sistema operativo. En un entorno tradicional de múltiples hilos, se crean nuevos hilos para cada tarea. Sin embargo, Node.js utiliza un enfoque diferente. En lugar de crear un nuevo hilo para cada solicitud de cliente (lo cual puede ser muy intensivo en memoria), Node.js opera en un solo hilo, utilizando lo que se conoce como un "bucle de eventos". Esto permite que Node.js maneje múltiples operaciones simultáneamente, sin esperar a que las tareas se completen y sin consumir grandes cantidades de recursos del sistema.

La parte de "llamadas de E/S no bloqueantes" de la descripción se refiere a cómo Node.js maneja las operaciones de Entrada/Salida (E/S), que incluyen tareas como leer de la red, acceder a una base de datos o al sistema de archivos. En un modelo de E/S bloqueante, el hilo de ejecución se detiene hasta que la operación de E/S se completa, lo cual puede ser ineficiente. Sin embargo, Node.js utiliza un modelo de E/S no bloqueante. Esto significa que el sistema no espera a que una operación de E/S se complete antes de seguir adelante para manejar otras operaciones. Como resultado, puede seguir procesando solicitudes entrantes mientras las operaciones de E/S se manejan en segundo plano.

La combinación de estas características permite que Node.js maneje decenas de miles de conexiones concurrentes. Aquí es donde entra en juego la "alta escalabilidad". La escalabilidad, en el contexto de los servidores, se refiere a la capacidad de un sistema para manejar una cantidad creciente de trabajo añadiendo recursos. Dado que Node.js puede manejar un gran número de conexiones con un solo hilo y no bloquea las operaciones de E/S, puede servir una gran cantidad de solicitudes de clientes sin degradar el rendimiento, lo que lo hace altamente escalable.

Estos atributos contribuyen a hacer de Node.js una herramienta poderosa para desarrollar aplicaciones del lado del servidor, particularmente para aplicaciones en tiempo real, microservicios y otros sistemas que requieren manejar un gran número de conexiones simultáneas con baja latencia.

NPM (Node Package Manager)

Una parte integral de Node.js, npm es un administrador de paquetes robusto y dinámico que es crucial para el funcionamiento sin problemas y las capacidades avanzadas de Node.js. Sirve como una puerta de acceso accesible a una vasta colección de bibliotecas y herramientas, sumando más de 800,000. Esta vasta colección no solo es un testimonio de la diversidad y alcance de npm, sino que también coloca a npm entre los registros de software más grandes a nivel mundial.

Las bibliotecas y herramientas accesibles a través de npm abarcan una amplia gama de funcionalidades, atendiendo virtualmente a todos los aspectos de la programación y el desarrollo web. Van desde bibliotecas de utilidades simples que ayudan en las tareas de codificación diarias, hasta marcos complejos que proporcionan la columna vertebral para aplicaciones enteras. Esta multitud de recursos facilita el desarrollo de aplicaciones de todos los tamaños y complejidades, ofreciendo soluciones y herramientas disponibles para una gran variedad de necesidades y desafíos de programación.

Además, npm también sirve como una plataforma para que los desarrolladores compartan y distribuyan sus paquetes, fomentando una comunidad de programación abierta y colaborativa. Los desarrolladores pueden publicar sus paquetes en el registro de npm, haciéndolos disponibles para que otros los usen, contribuyendo así al crecimiento exponencial y la diversidad del ecosistema npm.

Además, npm también incluye características para el control de versiones y la gestión de dependencias. Permite a los desarrolladores especificar las versiones de los paquetes de los que depende su proyecto, evitando así posibles conflictos y asegurando el funcionamiento sin problemas de sus aplicaciones. También soporta la instalación de paquetes globalmente, haciéndolos disponibles en múltiples proyectos en el mismo sistema.

Por lo tanto, npm no solo mejora significativamente la utilidad y versatilidad de Node.js, sino que también contribuye a la comunidad de programación y desarrollo web en general. Reúne una diversa gama de herramientas y bibliotecas, facilita el intercambio y reutilización de código, y proporciona mecanismos robustos para la gestión de paquetes, agilizando así el proceso de desarrollo web y haciéndolo más eficiente y productivo.

11.1.2 Comenzando con Node.js

Instalación: Para comenzar a usar Node.js, necesitas instalarlo en tu sistema. Puedes descargarlo desde el sitio web oficial de Node.js.

Para una guía completa, paso a paso sobre cómo instalar Node.js, por favor visita nuestra publicación en el blog: https://www.cuantum.tech/post/how-to-install-nodejs-on-windows-mac-and-linux-a-stepbystep-guide

Hola Mundo en Node.js: Una vez instalado, puedes escribir tu primer programa simple en Node.js, que tradicionalmente comienza con un ejemplo de "Hola Mundo".

Crea un archivo llamado app.js:

```javascript
const http = require('http');

const server = http.createServer((req, res) => {
    res.statusCode = 200;
    res.setHeader('Content-Type', 'text/plain');
    res.end('Hello World\\\\n');
});

const port = 3000;
server.listen(port, () => {
    console.log(`Server running at <http://localhost>:${port}/`);
});
```

El script comienza requiriendo el módulo 'http'. Este módulo es un módulo incorporado dentro de Node.js, utilizado para crear servidores HTTP y realizar solicitudes HTTP.

El método createServer se llama luego en el objeto http, lo cual crea un nuevo servidor HTTP y lo devuelve. Este método toma una función de devolución de llamada que se ejecuta cada vez que el servidor recibe una solicitud. Esta función de devolución de llamada toma dos argumentos: req (el objeto de solicitud) y res (el objeto de respuesta).

El objeto req representa la solicitud HTTP y tiene propiedades para la cadena de consulta de la solicitud, parámetros, cuerpo, encabezados HTTP y más. En contraste, el objeto res se usa para enviar de vuelta la respuesta HTTP deseada al cliente que hizo la solicitud. En este script, el estado de la respuesta se establece en 200 (lo que significa una solicitud HTTP exitosa) y el tipo de contenido se establece en 'text/plain'.

res.end('Hello World\\\\n'); se usa para finalizar el proceso de respuesta. Este método señala al servidor que todos los encabezados y el cuerpo de la respuesta han sido enviados, y que el servidor debe considerar este mensaje como completo. En este caso, envía la cadena 'Hello World\n' como el cuerpo de la respuesta.

Una constante, port, se declara y se asigna el valor de 3000. Este es el puerto en el cual nuestro servidor estará escuchando cualquier solicitud entrante.

Finalmente, se llama al método listen en el objeto server, lo que hace que el servidor espere una solicitud en el puerto especificado - 3000. Este método también toma una función de devolución de llamada que se ejecuta una vez que el servidor comienza a escuchar con éxito. Aquí, esta función de devolución de llamada simplemente registra un mensaje en la consola indicando que el servidor está en funcionamiento.

Ejecuta tu aplicación Node.js: Abre tu terminal, navega al directorio que contiene app.js y escribe:

```
node app.js
```

Este comando inicia un servidor en el puerto 3000 de localhost. Cuando visites http://localhost:3000 en tu navegador web, verás "Hello World".

11.1.3 Comprendiendo el Runtime de Node.js

Node.js ejecuta código JavaScript del lado del servidor, lo que significa que puedes escribir la lógica de tu servidor utilizando JavaScript. Esta capacidad es revolucionaria para los desarrolladores que ya están familiarizados con JavaScript, ya que elimina la necesidad de aprender un lenguaje separado para el desarrollo back-end.

Una de las características clave de Node.js es su modelo de E/S no bloqueante y basado en eventos. Esto significa que Node.js opera en un solo hilo, utilizando lo que se llama un "bucle de eventos". En lugar de crear un nuevo hilo para cada solicitud del cliente, lo cual puede ser intensivo en memoria, Node.js puede manejar múltiples operaciones concurrentemente sin esperar a que las tareas se completen. Además, su modelo de E/S no bloqueante permite que el sistema continúe procesando solicitudes entrantes mientras tareas como la lectura de un archivo o el acceso a una base de datos se manejan en segundo plano. Esta arquitectura permite a Node.js manejar decenas de miles de conexiones concurrentes, haciéndolo altamente escalable.

Otra característica significativa es el Node Package Manager (npm), un gestor de paquetes que sirve como una puerta de acceso a una amplia gama de bibliotecas y herramientas, y facilita el control de versiones y la gestión de dependencias.

Comprender el runtime de Node.js también implica aprender cómo instalar Node.js y escribir programas simples en él. Por ejemplo, el programa tradicional 'Hello World' en Node.js implica crear un servidor HTTP que responde a las solicitudes entrantes con el mensaje 'Hello World'.

Finalmente, Node.js sobresale en tareas relacionadas con la E/S, como la lectura de archivos de manera asíncrona. Esto se demuestra con el módulo fs (sistema de archivos) en Node.js, que puede leer un archivo y mostrar su contenido, o registrar un error si el archivo no existe.

Comprender el runtime de Node.js es conocer cómo Node.js ejecuta el código JavaScript del lado del servidor, sus características únicas y cómo usarlo para construir aplicaciones del lado del servidor.

Ejemplo: Lectura de Archivos de Manera Asíncrona: Node.js sobresale en tareas relacionadas con la E/S. Aquí hay un ejemplo de cómo Node.js maneja la lectura de archivos de manera asíncrona, que es una tarea común en aplicaciones web.

```javascript
const fs = require('fs');

fs.readFile('example.txt', 'utf8', (err, data) => {
    if (err) {
        console.error('Error reading file:', err);
        return;
    }
    console.log('File contents:', data);
});
```

Al inicio del script, se importa el módulo 'fs' (sistema de archivos). Este módulo proporciona varios métodos para interactuar con el sistema de archivos, lo que hace posible realizar operaciones de E/S, como leer y escribir archivos, directamente en JavaScript.

Luego, se utiliza la función fs.readFile para leer el contenido de un archivo llamado 'example.txt'. Esta función es asíncrona, lo que significa que devuelve de inmediato y no bloquea el resto del programa mientras se lee el archivo. En su lugar, toma una función de devolución de llamada que se invoca una vez que el archivo ha sido completamente leído.

La función de devolución de llamada proporcionada a fs.readFile acepta dos argumentos: err y data. Si ocurre un error durante la lectura del archivo, el argumento err contendrá un objeto de

Error que describe lo que salió mal. En este caso, el script registra el mensaje de error en la consola utilizando console.error.

Por otro lado, si el archivo se lee correctamente, el argumento data contendrá el contenido del archivo como una cadena. El script luego registra este contenido en la consola utilizando console.log.

En resumen, este script demuestra un aspecto básico pero fundamental de Node.js: la E/S de archivos asíncrona. Al usar el módulo 'fs' y las funciones de devolución de llamada, es posible leer archivos del sistema de archivos sin bloquear la ejecución del resto del programa, lo que hace que el código del servidor sea eficiente y receptivo.

Este ejemplo utiliza el módulo fs (sistema de archivos) de Node.js para leer un archivo de manera asíncrona. Si hay un error (como que el archivo no exista), registra el error; de lo contrario, imprime el contenido del archivo.

En conclusión, Node.js introduce JavaScript en el entorno del servidor, aprovechando la naturaleza basada en eventos de JavaScript para proporcionar una herramienta poderosa para construir aplicaciones del lado del servidor rápidas y escalables. Esta capacidad simplifica significativamente el proceso de desarrollo, permitiendo a los desarrolladores usar JavaScript en todo su stack completo.

11.2 Building a REST API with Express

As you continue your journey in exploring the depths of server-side JavaScript, you will find that one of the most common and powerful applications of Node.js is in creating RESTful APIs. REST, which stands for Representational State Transfer, is a widely-accepted architectural style that capitalizes on standard HTTP methods such as GET, POST, PUT, and DELETE for communication. This style is employed in the development of web services, and it facilitates the interaction between client and server in a seamless manner.

On the other hand, Express.js, often simply referred to as Express, is a minimalistic and flexible web application framework for Node.js. It is designed with the concept of simplicity and flexibility in mind, allowing developers to build web and mobile applications with ease.

Its robust set of features allows for the creation of single, multi-page, and hybrid web applications, thus making it an incredibly efficient tool for building REST APIs. With Express.js, developers can write less code, avoid repetition, and ultimately, save time. Its flexibility and minimalism, coupled with the power of Node.js, make for a feature-rich environment that is conducive for the development of robust web and mobile applications.

11.2.1 Why Express?

Express simplifies the process of building server-side applications with Node.js. It is designed for building web applications and APIs. It has been called the de facto standard server framework for Node.js due to its simplicity and the vast middleware ecosystem available.

The primary reason behind Express's popularity is its simplicity. It provides a straightforward and intuitive way of defining routes and handlers for various HTTP requests and responses. This simplicity accelerates the development process and allows developers to build applications more efficiently.

Express also introduces the concept of middleware. Middleware functions are essentially pieces of code that have access to the request object, the response object, and the next middleware function in the application's request-response cycle. They can execute any code, modify the request and response objects, end the request-response cycle, or call the next middleware function in the stack. This architecture allows developers to perform a wide variety of tasks, from managing cookies, parsing request bodies, to logging and more, simply by plugging in the appropriate middleware.

Moreover, Express is known for its scalability. Its lightweight nature, combined with the ability to manage server-side logic efficiently and integrate seamlessly with databases and other tools, makes Express an excellent choice for scaling applications. As the application's requirements grow, Express can easily handle the increased load, ensuring the application remains robust and performant.

Express has a large and active community. This means that it's easy to find solutions to problems, learn from others' experiences, and access a vast array of middleware and tools developed by the community. This support network can be invaluable for both novice and experienced developers.

In summary, Express simplifies the development of server-side applications with Node.js by providing a simple, scalable, and flexible framework with a robust middleware ecosystem. Its active community also ensures support and continuous development, making it an excellent choice for building web applications and APIs.

Key Features of Express:

- **Simplicity**: Express.js offers an uncomplicated, straightforward way to set up routes that your API can use for effective communication with clients. The simplicity of Express.js allows developers to handle requests and responses without unnecessary complexity, thus enhancing productivity.

- **Middleware**: Express.js has a robust middleware framework which allows developers to use existing middleware to add functionality to Express applications. Alternatively, you can write your own middleware to perform an array of functions like parsing request bodies, handling cookies, managing sessions or logging. This flexibility empowers developers to extend the functionality of their applications as per their specific needs.
- **Scalability**: Express.js exhibits efficient handling of server-side logic and offers seamless integration with databases and other tools, making it an excellent choice for scaling applications. Its lightweight architecture and high performance make it the preferred choice for developing applications that can handle a large number of requests without sacrificing speed or performance.

11.2.2 Setting Up an Express Project

To start, you'll need Node.js installed on your system. Then, you can set up an Express project with some initial setup:

```
mkdir myapi
cd myapi
npm init -y
npm install express
```

Los comandos crean un nuevo directorio llamado 'myapi', navegan dentro de ese directorio, inicializan un nuevo proyecto Node.js con configuraciones predeterminadas (debido al indicador '-y'), y luego instalan la biblioteca Express.js, que es un marco popular para construir aplicaciones web en Node.js.

Crea un archivo llamado app.js y añade la siguiente configuración básica:

```
const express = require('express');
const app = express();
const PORT = process.env.PORT || 3000;

app.get('/', (req, res) => {
    res.send('Hello World from Express!');
});

app.listen(PORT, () => {
    console.log(`Server running on <http://localhost>:${PORT}`);
});
```

El fragmento de código de ejemplo utiliza el marco de Express.js, un marco de aplicación web Node.js popular y flexible, para configurar un servidor web simple.

En primer lugar, importa el módulo 'express'. Esto se logra utilizando la función require(), que es una función integrada en Node.js utilizada para importar módulos (bibliotecas o archivos). El módulo 'express' importado se almacena luego en la variable constante 'app'.

A continuación, se configura una variable constante 'PORT'. Esta variable se asigna al valor de la variable de entorno 'PORT' si existe, o por defecto a 3000 si no existe. Esto se hace utilizando el operador '||' (OR lógico). Las variables de entorno son un mecanismo universal para transmitir información de configuración a los programas Unix. Forman parte del entorno en el que se ejecuta un proceso.

La función app.get() se utiliza luego para configurar una ruta para solicitudes HTTP GET. En este caso, especifica que cuando el servidor reciba una solicitud GET en la URL raíz ('/'), debe ejecutar la función de devolución de llamada proporcionada. La función de devolución de llamada toma dos argumentos: 'req' (el objeto de solicitud) y 'res' (el objeto de respuesta). En este caso, la función simplemente utiliza 'res.send()' para enviar la cadena 'Hola Mundo desde Express!' de vuelta al cliente que hace la solicitud.

Finalmente, se llama a app.listen() con la constante 'PORT' como argumento, lo que le indica al servidor que comience a escuchar conexiones entrantes en ese puerto. Este método también toma una función de devolución de llamada como argumento, que se ejecutará una vez que el servidor comience a escuchar con éxito. En este caso, registra un mensaje en la consola, indicando que el servidor está funcionando y en qué puerto, utilizando una cadena de plantilla e incluyendo la variable 'PORT' dentro de ella.

Ejecuta tu aplicación usando node app.js y visita http://localhost:3000 para verla en acción.

11.2.3 Construyendo una API REST Simple

Ampliemos nuestra aplicación para incluir una API REST para un recurso simple, como los usuarios.

Paso 1: Define Datos y Rutas

Primero, crea un arreglo simple para servir como nuestra base de datos:

```
let users = [
    { id: 1, name: 'Alice' },
    { id: 2, name: 'Bob' },
```

```
    { id: 3, name: 'Charlie' }
];
A continuación, define rutas para manejar operaciones CRUD:
// Get all users
app.get('/users', (req, res) => {
    res.status(200).json(users);
});

// Get a single user by id
app.get('/users/:id', (req, res) => {
    const user = users.find(u => u.id === parseInt(req.params.id));
    if (!user) res.status(404).send('User not found');
    else res.status(200).json(user);
});

// Create a new user
app.use(express.json()); // Middleware to parse JSON bodies
app.post('/users', (req, res) => {
    const user = {
        id: users.length + 1,
        name: req.body.name
    };
    users.push(user);
    res.status(201).send(user);
});

// Update existing user
app.put('/users/:id', (req, res) => {
    let user = users.find(u => u.id === parseInt(req.params.id));
    if (!user) res.status(404).send('User not found');
    else {
        user.name = req.body.name;
        res.status(200).send(user);
    }
});

// Delete a user
app.delete('/users/:id', (req, res) => {
    users = users.filter(u => u.id !== parseInt(req.params.id));
    res.status(204).send();
});
```

Este código de ejemplo define varios puntos finales HTTP para un recurso de usuario:

- GET /users: Este punto final recupera todos los usuarios. Cuando se realiza una solicitud GET a '/users', la función responde con el estado 200 (OK) y envía de vuelta el array 'users' en formato JSON.

- GET /users/:id: Este punto final recupera un único usuario por su ID. La ID se accede a través de los parámetros de ruta en el objeto de solicitud. La función luego encuentra al usuario en el array 'users' que coincide con esta ID. Si se encuentra un usuario, la función responde con el estado 200 y envía de vuelta al usuario en formato JSON. Si no se encuentra un usuario, responde con el estado 404 (No Encontrado) y envía un mensaje de 'Usuario no encontrado'.
- POST /users: Este punto final crea un nuevo usuario. El middleware 'express.json()' se utiliza para analizar los cuerpos de las solicitudes JSON entrantes, permitiendo que la función acceda al nombre solicitado a través de 'req.body.name'. Se crea un nuevo objeto de usuario con una ID de 'users.length + 1' y el nombre solicitado, y este usuario se añade al array 'users'. La función responde con el estado 201 (Creado) y envía de vuelta al nuevo usuario.
- PUT /users/:id: Este punto final actualiza el nombre de un usuario existente por su ID. Similar al punto final GET '/users/', la función encuentra al usuario con la ID coincidente. Si se encuentra un usuario, actualiza el nombre del usuario con el nombre solicitado y responde con el estado 200, enviando de vuelta al usuario actualizado. Si no se encuentra un usuario, responde con el estado 404 y un mensaje de 'Usuario no encontrado'.
- DELETE /users/:id: Este punto final elimina a un usuario por su ID. La función filtra el array 'users' para eliminar al usuario con la ID coincidente, eliminando efectivamente al usuario. La función luego responde con el estado 204 (Sin Contenido) y no envía de vuelta ningún contenido.

Este ejemplo proporciona una simple muestra de una API RESTful con Express.js, demostrando cómo manejar diversas solicitudes HTTP, manipular datos y responder a los clientes de manera efectiva. Sirve como base para construir APIs más complejas con funcionalidades adicionales como manejo de errores, autenticación, integración de bases de datos y más.

En conclusión, Express facilita la configuración de rutas y middleware, creando una estructura limpia y mantenible para tu API. Siguiendo estos pasos, has construido una API REST básica que puede manejar diversas solicitudes HTTP, manipular datos y responder a los clientes de manera efectiva. A medida que expandas tus aplicaciones Express, puedes integrar funcionalidades más complejas, como la conexión a bases de datos, manejo de autenticación y más. Esta configuración forma una base sobre la cual puedes construir a medida que tus aplicaciones crecen en complejidad y escala.

11.3 Comunicación en Tiempo Real con WebSockets

En el ámbito de las aplicaciones web modernas, la comunicación en tiempo real no es solo un lujo, sino una necesidad crítica. Esta característica esencial da vida a experiencias dinámicas e interactivas como mensajería en vivo, juegos inmersivos y edición colaborativa, todas esperadas en el paisaje digital actual.

Una de las tecnologías clave que permite este tipo de interactividad en tiempo real son los WebSockets. Los WebSockets proporcionan un método para establecer una sesión de comunicación bidireccional entre el navegador del usuario – el cliente – y un servidor. A diferencia de las solicitudes HTTP tradicionales, donde el cliente debe iniciar la comunicación, los WebSockets permiten que tanto el cliente como el servidor envíen mensajes de forma independiente, rompiendo así el ciclo convencional de solicitud-respuesta. Este enfoque innovador allana el camino para una comunicación más rápida y eficiente, facilitando el tipo de interacción instantánea y fluida que los usuarios demandan.

Esta sección tiene como objetivo familiarizarte con los fundamentos de los WebSockets. Profundizaremos en la mecánica de cómo funcionan los WebSockets, elucidaremos los principios que sustentan esta tecnología y proporcionaremos una guía práctica sobre cómo puedes implementar WebSockets en tus propias aplicaciones web. Ya sea que estés construyendo una aplicación de chat, una plataforma de juegos en tiempo real o cualquier otra experiencia web interactiva, entender y aprovechar los WebSockets puede mejorar drásticamente la capacidad de respuesta y la experiencia del usuario de tus aplicaciones.

11.3.1 Entendiendo los WebSockets

Los WebSockets son una mejora significativa sobre las comunicaciones HTTP tradicionales ya que proporcionan un canal de comunicación full-duplex que opera sobre una única conexión de larga duración. Esto significa que tanto el cliente como el servidor pueden enviar datos el uno al otro de manera independiente y concurrente, sin la necesidad de establecer nuevas conexiones para cada interacción. Este es un cambio dramático respecto al ciclo convencional de solicitud-respuesta de HTTP donde el cliente debe iniciar todas las comunicaciones.

Esta característica única de los WebSockets los hace particularmente útiles en escenarios donde el intercambio de datos en tiempo real es crítico. Por ejemplo, se emplean intensivamente en aplicaciones como sistemas de chat en vivo, juegos multijugador en línea, actualizaciones de deportes en vivo, actualizaciones de datos de mercados en tiempo real y herramientas de edición colaborativa, entre otros.

Entender cómo funcionan los WebSockets, cómo pueden ser implementados en una aplicación web y cómo difieren de las comunicaciones HTTP tradicionales es clave para aprovechar todo su potencial y crear experiencias web interactivas en tiempo real.

Características clave de los WebSockets:

Conexión Persistente

A diferencia del HTTP, que es sin estado, los WebSockets mantienen una conexión abierta, lo que permite latencias más bajas y una mejor gestión de los datos en tiempo real. En una comunicación HTTP típica, el cliente establece una nueva conexión cada vez que necesita comunicarse con el servidor. Esto es porque el HTTP es sin estado: no mantiene ningún tipo de conexión ni recuerda ninguna información entre diferentes solicitudes del mismo cliente.

Sin embargo, los WebSockets operan de manera diferente. Una vez que se establece una conexión WebSocket entre un cliente y un servidor, esa conexión se mantiene viva, o "persistente", hasta que es cerrada explícitamente por el cliente o el servidor. Esto es lo que se refiere como una "Conexión Persistente".

Esta conexión persistente permite latencias más bajas porque el cliente y el servidor no necesitan establecer y cerrar constantemente conexiones para cada intercambio de datos. En cambio, los datos pueden enviarse de ida y vuelta en la conexión abierta mientras permanezca abierta, lo que lleva a un proceso de comunicación más eficiente.

Además, esta conexión persistente permite una mejor gestión de los datos en tiempo real. Las aplicaciones que requieren un intercambio de datos en tiempo real, como sistemas de chat en vivo, juegos multijugador en línea o actualizaciones de deportes en vivo, pueden beneficiarse enormemente de esta característica de los WebSockets. Al mantener una conexión abierta, estas aplicaciones pueden proporcionar actualizaciones instantáneas y en tiempo real e interactividad, mejorando la experiencia del usuario y la capacidad de respuesta.

La conexión persistente proporcionada por los WebSockets ofrece mejoras significativas en términos de eficiencia y manejo de datos en tiempo real sobre las comunicaciones HTTP tradicionales, lo que la hace una opción preferida para construir aplicaciones web interactivas en tiempo real.

Comunicación Full-Duplex

La Comunicación Full-Duplex es una característica crítica en las aplicaciones web modernas y se refiere a un sistema de comunicación donde la transmisión de datos puede ocurrir simultáneamente en dos direcciones. En el contexto del desarrollo web, esto significa que tanto el cliente (generalmente un navegador web) como el servidor pueden enviar y recibir datos al mismo tiempo, independientemente uno del otro.

Este es un cambio significativo respecto al modelo tradicional de solicitud-respuesta de la comunicación HTTP, donde el cliente inicia una solicitud y luego espera una respuesta del servidor. En un sistema full-duplex como los WebSockets, una vez que se establece una conexión, tanto el cliente como el servidor pueden iniciar la comunicación de manera independiente, enviando y recibiendo datos sin esperar que el otro responda.

Esto permite la interacción en tiempo real y mejora la eficiencia de la comunicación, lo que lo hace particularmente útil para aplicaciones que requieren un intercambio de datos instantáneo como chats en vivo, juegos en línea y herramientas de edición colaborativa.

Eficiencia

Los WebSockets son ideales para escenarios donde la sobrecarga del HTTP sería demasiado alta, como mensajes frecuentes y pequeños en aplicaciones de chat o actualizaciones deportivas en vivo. Esto se vuelve particularmente significativo en situaciones donde la comunicación involucra el intercambio frecuente de pequeños paquetes de datos, como aplicaciones de chat o actualizaciones deportivas en vivo.

En tales escenarios, la sobrecarga del HTTP, que incluye establecer una conexión, enviar la solicitud, esperar la respuesta y luego cerrar la conexión, puede ser considerablemente alta. Cada uno de estos pasos toma tiempo y recursos, que pueden acumularse rápidamente cuando la comunicación involucra intercambios frecuentes y pequeños de datos. Esta sobrecarga puede afectar el rendimiento de la aplicación, haciéndola más lenta y menos receptiva.

Por otro lado, los WebSockets mantienen una conexión abierta entre el cliente y el servidor, permitiendo que los datos se envíen de ida y vuelta sin la necesidad de abrir y cerrar constantemente conexiones. Esta conexión persistente reduce significativamente la sobrecarga involucrada en el proceso de comunicación, lo que lleva a un intercambio de datos más eficiente.

Además, los WebSockets admiten comunicación full-duplex, lo que significa que tanto el cliente como el servidor pueden enviar y recibir datos simultáneamente. Esto es una mejora significativa sobre la comunicación half-duplex del HTTP, donde el cliente envía una solicitud y luego espera una respuesta del servidor antes de poder enviar otra solicitud.

La eficiencia de los WebSockets proviene de su capacidad para mantener una conexión persistente y full-duplex, lo que reduce la sobrecarga y permite una transmisión de datos más eficiente. Esto los hace una opción ideal para aplicaciones que requieren intercambios frecuentes y pequeños de datos.

11.3.2 Configurando un Servidor WebSocket con Node.js

Cuando se trata de implementar WebSockets en Node.js, hay varias bibliotecas disponibles para ayudar en el proceso. A menudo, los desarrolladores recurren a bibliotecas como ws o socket.io para este propósito.

Estas bibliotecas ofrecen un alto grado de funcionalidad y están bien adaptadas para manejar las complejidades de los WebSockets. Por ejemplo, socket.io proporciona características adicionales sobre el marco básico de WebSocket. Estas características añadidas incluyen reconexión automática, que asegura que tu aplicación siga funcionando sin problemas incluso cuando surjan problemas de conexión.

También ofrece salas, una característica que permite un flujo de datos y comunicación más organizados en tu aplicación. Por último, socket.io proporciona eventos, un aspecto crucial que permite una programación efectiva basada en eventos. Al usar estas bibliotecas, puedes mejorar significativamente el rendimiento y la funcionalidad de tu aplicación Node.js.

Aquí hay un ejemplo:

Paso 1: Instalar ws

```
npm install ws
```

Paso 2: Crear un Servidor WebSocket Crea un archivo llamado websocket-server.js y añade el siguiente código:

```javascript
const WebSocket = require('ws');
const server = new WebSocket.Server({ port: 8080 });

server.on('connection', socket => {
    console.log('A new client connected!');

    socket.on('message', message => {
        console.log('Received message: ' + message);
        server.clients.forEach(client => {
            if (client.readyState === WebSocket.OPEN) {
                client.send("Someone said: " + message);
            }
        });
    });

    socket.on('close', () => {
        console.log('Client has disconnected.');
```

```
    });
});
```

El código de ejemplo es un simple script del lado del servidor escrito en Node.js usando WebSocket para comunicación en tiempo real. Utiliza el módulo ws, una biblioteca popular de WebSocket para Node.js.

Desglosemos el código:

```
const WebSocket = require('ws');
```

Esta línea importa la biblioteca WebSocket, que se almacena en la variable constante 'WebSocket'.

```
const server = new WebSocket.Server({ port: 8080 });
```

Aquí, se crea una nueva instancia del servidor WebSocket. El servidor escucha conexiones WebSocket en el puerto 8080.

```
server.on('connection', socket => {
    console.log('A new client connected!');
```

El servidor escucha cualquier nueva conexión de un cliente. Cuando un cliente se conecta al servidor, se dispara un evento 'connection' y el servidor registra el mensaje "¡Un nuevo cliente conectado!".

```
socket.on('message', message => {
    console.log('Received message: ' + message);
```

El servidor escucha un evento 'message' en el socket conectado. Este evento se dispara cuando se recibe un mensaje del cliente. El servidor luego registra el mensaje recibido.

```
server.clients.forEach(client => {
    if (client.readyState === WebSocket.OPEN) {
        client.send("Someone said: " + message);
    }
});
```

```
    });
```

Aquí, el servidor itera sobre cada cliente que está conectado a él. Si el estado de preparación del cliente es WebSocket.OPEN, lo que significa que la conexión está abierta, el servidor envía un mensaje al cliente. El mensaje se precede con "Alguien dijo: " para mayor claridad.

```
  socket.on('close', () => {
        console.log('Client has disconnected.');
    });
});
```

El servidor también escucha un evento 'close' en el socket conectado. Este evento se dispara cuando el cliente se desconecta del servidor. Cuando esto sucede, el servidor registra "El cliente se ha desconectado.".

En resumen, este ejemplo configura un servidor WebSocket que acepta conexiones de clientes, recibe mensajes de los clientes, transmite esos mensajes a todos los clientes conectados y escucha desconexiones de los clientes. Es un simple ejemplo de cómo se pueden usar los WebSockets para comunicación en tiempo real en una aplicación de JavaScript del lado del servidor usando Node.js.

Este servidor escucha nuevas conexiones, registra mensajes recibidos de los clientes y transmite estos mensajes a todos los clientes conectados.

11.3.3 Implementando un Cliente Simple

Un cliente HTML simple puede ser usado para conectarse a este servidor y enviar mensajes.

Cliente HTML (index.html):

```
<!DOCTYPE html>
<html lang="en">
<head>
    <meta charset="UTF-8">
    <title>WebSocket Client</title>
</head>
<body>
    <input type="text" id="messageInput" placeholder="Type a message">
    <button onclick="sendMessage()">Send</button>
    <ul id="messages"></ul>
```

```
    <script>
        const socket = new WebSocket('ws://localhost:8080');

        socket.onmessage = function(event) {
            const messageList = document.getElementById('messages');
            const msg = document.createElement('li');
            msg.textContent = event.data;
            messageList.appendChild(msg);
        };

        function sendMessage() {
            const input = document.getElementById('messageInput');
            if (input.value) {
                socket.send(input.value);
                input.value = '';
            }
        }
    </script>
</body>
</html>
```

La estructura del documento comienza con la declaración <!DOCTYPE html>, que se utiliza para informar al navegador web sobre la versión de HTML en la que está escrita la página, en este caso, HTML5.

Dentro de las etiquetas <html>, hay dos secciones principales: <head> y <body>. La sección <head> contiene información meta sobre el documento y puede incluir el título del documento (que se muestra en la barra de título o pestaña del navegador), enlaces a hojas de estilo, scripts y más. En este caso, incluye una declaración de codificación de caracteres (<meta charset="UTF-8">), que especifica la codificación de caracteres para el documento HTML, y el título del documento (<title>Cliente WebSocket</title>).

La sección <body> contiene el contenido principal del documento HTML, lo que ves renderizado en el navegador. En este caso, incluye un campo de entrada donde los usuarios pueden escribir sus mensajes, un botón 'Enviar' para despachar esos mensajes, y una lista desordenada (<ul id="messages"></ul>) donde se mostrarán los mensajes entrantes del servidor WebSocket.

El bloque de script dentro de la sección <body> establece una conexión con el servidor WebSocket, configura los oyentes de eventos y define la función sendMessage.

La línea const socket = new WebSocket('ws://localhost:8080'); crea una nueva conexión WebSocket al servidor ubicado en 'ws://localhost:8080'.

El oyente de eventos socket.onmessage espera mensajes del servidor. Cuando se recibe un mensaje, se crea un nuevo elemento de lista (<li>), se establece el mensaje entrante como su contenido y se añade a la lista 'messages'.

La función sendMessage se llama cuando se hace clic en el botón 'Enviar'. Primero obtiene la entrada del usuario del campo de texto. Si la entrada no está vacía, envía el mensaje al servidor usando socket.send(input.value) y luego limpia el campo de entrada.

En esencia, este documento facilita la comunicación en tiempo real con un servidor WebSocket, permitiendo a los usuarios enviar mensajes al servidor y ver respuestas del servidor instantáneamente.

Esta página HTML incluye un campo de entrada para escribir mensajes y un botón para enviarlos. Utiliza la API WebSocket para abrir una conexión con el servidor, enviar mensajes y mostrar mensajes entrantes.

En conclusión, los WebSockets abren una plétora de posibilidades para el intercambio de datos en tiempo real en aplicaciones web, mejorando la interactividad y la capacidad de respuesta de las experiencias web modernas. Al entender y utilizar los WebSockets, puedes mejorar significativamente el rendimiento de aplicaciones que requieren capacidades en tiempo real, como aplicaciones de chat, notificaciones en vivo o juegos multijugador. Esta tecnología es una piedra angular para los desarrolladores que buscan construir aplicaciones web dinámicas, atractivas y receptivas.

Ejercicios Prácticos para el Capítulo 11: JavaScript y el Servidor

Estos ejercicios prácticos están diseñados para reforzar tu comprensión de los conceptos discutidos en el Capítulo 11, enfocándose en Node.js, la construcción de APIs REST con Express, y la implementación de comunicación en tiempo real usando WebSockets. Al completar estos ejercicios, ganarás experiencia práctica con JavaScript del lado del servidor, mejorando tu capacidad para desarrollar aplicaciones web dinámicas e interactivas.

Ejercicio 1: Servidor Node.js Básico

Objetivo: Crear un servidor Node.js simple que responda con "¡Hola, Node.js!" para cualquier solicitud.

Solución:

```javascript
// Create a file named server.js
const http = require('http');

const server = http.createServer((req, res) => {
    res.statusCode = 200;
    res.setHeader('Content-Type', 'text/plain');
    res.end('Hello, Node.js!');
});

const port = 3000;
server.listen(port, () => {
    console.log(`Server running at <http://localhost>:${port}/`);
});
```

Ejecuta este servidor con node server.js y navega a http://localhost:3000 en tu navegador para ver la respuesta.

Ejercicio 2: Construyendo una API REST Simple con Express

Objetivo: Crear una aplicación Express que gestione una lista de tareas, soportando operaciones para crear, leer, actualizar y eliminar tareas.

Solución:

```javascript
const express = require('express');
const app = express();
app.use(express.json()); // Middleware to parse JSON bodies

let tasks = [{ id: 1, task: 'Do laundry' }, { id: 2, task: 'Write code' }];

app.get('/tasks', (req, res) => {
    res.status(200).json(tasks);
});

app.post('/tasks', (req, res) => {
    const newTask = { id: tasks.length + 1, task: req.body.task };
    tasks.push(newTask);
    res.status(201).json(newTask);
});

app.put('/tasks/:id', (req, res) => {
    let task = tasks.find(t => t.id === parseInt(req.params.id));
    if (!task) res.status(404).send('Task not found');
    else {
        task.task = req.body.task;
        res.status(200).json(task);
    }
```

```javascript
});

app.delete('/tasks/:id', (req, res) => {
    tasks = tasks.filter(t => t.id !== parseInt(req.params.id));
    res.status(204).send();
});

const port = 3000;
app.listen(port, () => {
    console.log(`Server running on <http://localhost>:${port}`);
});
```

Ejercicio 3: Aplicación de Chat en Tiempo Real con WebSockets

Objetivo: Implementar una aplicación de chat simple en tiempo real utilizando WebSockets.

Solución:

```javascript
// Server setup (server.js)
const WebSocket = require('ws');
const wss = new WebSocket.Server({ port: 8080 });

wss.on('connection', function connection(ws) {
    ws.on('message', function incoming(message) {
        console.log('received: %s', message);
        wss.clients.forEach(function each(client) {
            if (client !== ws && client.readyState === WebSocket.OPEN) {
                client.send(message);
            }
        });
    });
});
```

HTML del Cliente (index.html):

```html
<!DOCTYPE html>
<html>
<head>
    <title>WebSocket Chat</title>
</head>
<body>
    <textarea id="messages" cols="30" rows="10" readonly></textarea><br>
    <input        type="text"        id="messageBox"        autocomplete="off"><button
onclick="sendMessage()">Send</button>

    <script>
        const ws = new WebSocket('ws://localhost:8080');
```

```
        const messages = document.getElementById('messages');

        ws.onmessage = function (event) {
            messages.value += event.data + '\\\\n';
        };

        function sendMessage() {
            const messageBox = document.getElementById('messageBox');
            ws.send(messageBox.value);
            messageBox.value = '';
        }
    </script>
</body>
</html>
```

Estos ejercicios ofrecen una forma práctica de aplicar las habilidades de JavaScript del lado del servidor que has aprendido en este capítulo. Desde configurar servidores básicos y crear servicios RESTful hasta implementar sistemas sofisticados de comunicación en tiempo real, ahora tienes las herramientas para construir aplicaciones web robustas, eficientes e interactivas.

Resumen del Capítulo 11: JavaScript y el Servidor

En el Capítulo 11, "JavaScript y el Servidor", exploramos las poderosas capacidades de JavaScript más allá de los confines del navegador, enfocándonos en el desarrollo del lado del servidor con Node.js y otras herramientas como Express y WebSockets. Este viaje hacia el JavaScript del lado del servidor ha proporcionado una visión completa de cómo se puede aprovechar JavaScript para crear servidores web robustos, eficientes y escalables y aplicaciones en tiempo real.

Expandiendo el Alcance de JavaScript con Node.js

Node.js ha revolucionado la forma en que los desarrolladores piensan sobre JavaScript. Tradicionalmente limitado a la programación del lado del cliente, JavaScript, con la ayuda de Node.js, se ha convertido en un actor importante en el desarrollo de aplicaciones del lado del servidor. Esta transición permite a los desarrolladores usar un único lenguaje de programación tanto en el front-end como en el back-end, simplificando el proceso de desarrollo y reduciendo la necesidad de cambiar de contexto entre diferentes lenguajes para diferentes partes de una aplicación.

Comenzamos introduciendo los conceptos básicos de Node.js, enfatizando su arquitectura no bloqueante y orientada a eventos que lo hace adecuado para operaciones intensivas de E/S. La capacidad de manejar numerosas conexiones simultáneas con una sola instancia de servidor

JAVASCRIPT DE CERO A SUPERHÉROE: DESBLOQUEA TUS SUPERPODERES EN EL DESARROLLO WEB

es un testimonio de su eficiencia y ha hecho que Node.js sea un entorno preferido para desarrollar aplicaciones y servicios web.

Construyendo APIs REST con Express

Express.js fue destacado como un marco minimalista pero poderoso para construir aplicaciones web y APIs. A través de ejemplos detallados, exploramos cómo construir APIs RESTful con Express, permitiendo la creación, recuperación, actualización y eliminación de recursos. Esta sección proporcionó conocimientos prácticos sobre la configuración de rutas, manejo de solicitudes e integración de middleware para funcionalidades extendidas, que son cruciales para construir APIs web modernas.

Implementando Comunicación en Tiempo Real

El capítulo también cubrió la comunicación en tiempo real usando WebSockets, una característica esencial para aplicaciones que requieren interacción en vivo, como aplicaciones de chat, plataformas colaborativas y notificaciones en vivo. Profundizamos en la configuración de un servidor WebSocket y clientes, demostrando cómo facilitar la comunicación bidireccional y de baja latencia. Esta capacidad es crítica en el paisaje web moderno, donde las expectativas de los usuarios están cambiando hacia experiencias interactivas y sin interrupciones.

Aplicación Práctica y Ejercicios

Los ejercicios prácticos reforzaron los conceptos discutidos guiándote a través de la creación de un servidor básico de Node.js, el desarrollo de una API REST con Express y la implementación de una aplicación de chat en tiempo real usando WebSockets. Estos ejercicios fueron diseñados para proporcionar experiencia práctica, mejorando tu comprensión y habilidades en escenarios del mundo real.

Conclusión

Este capítulo te ha equipado con el conocimiento y las herramientas para extender la funcionalidad de JavaScript al lado del servidor, abriendo un mundo de posibilidades para desarrollar aplicaciones de pila completa. A medida que continúes explorando el JavaScript del lado del servidor, recuerda que los principios de un buen desarrollo de software —mantener un código limpio, eficiente y escalable— son tan aplicables aquí como en cualquier otro entorno informático.

Avanzando, las habilidades adquiridas en este capítulo no solo te permitirán construir aplicaciones más dinámicas y receptivas, sino que también te permitirán abordar problemas complejos con soluciones integradas que abarcan tanto el lado del cliente como el del servidor.

A medida que JavaScript continúa evolucionando, mantenerse al día con estos desarrollos será crucial para avanzar en tus capacidades como desarrollador y enfrentar los desafíos del desarrollo web moderno de frente.

Capítulo 12: Despliegue de Aplicaciones JavaScript

Bienvenidos al Capítulo 12, "Despliegue de Aplicaciones JavaScript", donde profundizamos en las etapas cruciales para hacer que tus aplicaciones JavaScript estén disponibles para el mundo. Este capítulo aborda los pasos y herramientas esenciales para preparar y desplegar tus aplicaciones de manera eficiente y segura. Desde el control de versiones hasta el despliegue real en diversas plataformas, este capítulo proporciona una guía completa para asegurar que tus aplicaciones sean robustas, escalables y listas para la producción.

12.1 Control de Versiones con Git

Antes de explorar diversas técnicas de despliegue, es de suma importancia comprender el papel que los sistemas de control de versiones juegan en la gestión y protección de la base de código de tu aplicación.

Estos sistemas sirven como la columna vertebral del kit de herramientas de cualquier desarrollador, facilitando el proceso de seguimiento de los cambios realizados en el código, permitiendo la reversión a estados anteriores cuando sea necesario y proporcionando una plataforma para colaborar efectivamente con otros desarrolladores.

Entre la multitud de sistemas de control de versiones disponibles, Git se destaca como el más utilizado. Ha ganado una adopción generalizada en la industria debido a su flexibilidad inherente, inmenso poder y la capacidad de acomodar una variedad de flujos de trabajo. La popularidad de Git se ve aún más realzada por el robusto apoyo de su comunidad, proporcionando recursos y soluciones para cualquier desafío que pueda surgir en el proceso de desarrollo.

12.1.1 Entendiendo Git

Git es un sistema de control de versiones distribuido diseñado para manejar desde proyectos pequeños hasta muy grandes con rapidez y eficiencia. Permite que múltiples desarrolladores trabajen en el mismo proyecto sin interferir con los cambios de los demás. Git opera sobre el concepto de repositorios, donde se almacena el historial de tu proyecto.

Entender Git también implica configurarlo en tu máquina. Una vez instalado, puedes inicializar un nuevo repositorio en el directorio de tu proyecto y comenzar a usar las funcionalidades de Git como añadir archivos al área de preparación, realizar commits en el repositorio y ver el historial de commits.

Además, hay mejores prácticas para usar Git, que incluyen hacer commits frecuentes con mensajes claros y descriptivos, usar ramas para diferentes características o correcciones, y adoptar convenciones de nomenclatura consistentes para las ramas y los commits.

Entender Git es una parte crucial del desarrollo de software moderno. No solo ayuda en el seguimiento y gestión de los cambios en tu código, sino que también facilita la colaboración efectiva entre desarrolladores.

Conceptos Clave de Git:

- **Commit**: Un commit, en el contexto de Git, es esencialmente una instantánea del estado actual de tu proyecto en un momento específico. Este estado incluye todos los cambios que has realizado en tus archivos. Cada commit posee una ID única, también conocida como hash de commit, que permite rastrear cambios específicos realizados en el proyecto. Si alguna vez necesitas revertir a un estado anterior de tu proyecto, estos hashes de commit son útiles para tales instancias.
- **Rama**: La ramificación en Git es una característica poderosa que permite a los desarrolladores divergir de la línea principal de desarrollo y trabajar de manera independiente sin afectar otras partes del proyecto. Esto es extremadamente útil cuando quieres agregar una nueva característica o experimentar con algo, pero no quieres arriesgar la estabilidad del proyecto principal. Una vez que el trabajo en esta rama alcanza un nivel satisfactorio, puede ser fusionado de nuevo en la línea principal del proyecto.
- **Fusión**: La fusión es el método por el cual los cambios de diferentes ramas se juntan en una sola rama. Este proceso combina las historias divergentes de estas ramas y potencialmente resuelve cualquier conflicto que pueda surgir debido a diferencias en estas historias. Es una parte crítica de mantener el progreso coherente y unificado de un proyecto, asegurando que todos los cambios y avances beneficiosos se integren en el proyecto principal.

12.1.2 Configurando Git

Antes de que puedas comenzar a usar Git, el primer paso es instalarlo en tu computadora. Este programa de código abierto está disponible para una variedad de sistemas operativos, incluyendo Windows, Mac OS y Linux. Puedes encontrar las guías de instalación necesarias y enlaces de descarga para estos diferentes sistemas en el sitio web oficial de Git.

Simplemente dirígete al sitio web oficial de Git y sigue las instrucciones proporcionadas para tu sistema operativo específico. Esto asegurará que tengas el software necesario para comenzar a gestionar y rastrear cambios en tus proyectos de código fuente.

Inicializa un Nuevo Repositorio Git: Una vez instalado Git, puedes inicializar un nuevo repositorio en el directorio de tu proyecto:

```
cd path/to/your/project
git init
```

Estos comandos se utilizan en una shell bash. cd path/to/your/project se utiliza para cambiar el directorio actual al camino especificado donde se encuentra tu proyecto. git init se utiliza para inicializar un nuevo repositorio Git en el directorio actual.

Flujo de Trabajo Básico de Git: Aquí tienes un ejemplo simple de cómo gestionar tu proyecto con Git:

1. **Agregar Archivos**: Añade archivos al área de preparación. Esta área mantiene los archivos que quieres incluir en el próximo commit.

git add index.html app.js style.css

1. **Commit de Cambios**: Guarda los cambios en el área de preparación en el repositorio.

git commit -m "Initial commit: Add main project files"

1. **Ver Historial de Commits:** Revisa el historial de commits para ver qué cambios se han realizado.
2. git log

Este ejemplo proporciona instrucciones básicas para usar Git, un sistema de control de versiones.

1. **Agregar Archivos**: Este paso describe cómo añadir archivos al área de preparación, que es un espacio preparatorio para archivos que se incluirán en el próximo commit. El comando 'git add' seguido de los nombres de los archivos los añade al área de preparación.
2. **Commit de Cambios**: Este paso explica cómo guardar los cambios que has realizado en el repositorio. El comando 'git commit' seguido de '-m' y un mensaje registra los cambios en el repositorio con una descripción de lo que fue cambiado.

3. **Ver Historial de Commits**: Este paso describe cómo ver el historial de commits, que es esencialmente un registro de todos los cambios realizados en el repositorio. El comando 'git log' muestra este registro.

12.1.3 Mejores Prácticas para Usar Git

- **Commits Frecuentes**: Se recomienda encarecidamente hacer commits a menudo y asegurarse de que cada commit esté acompañado por mensajes claros y descriptivos. Esta práctica no solo facilita localizar y entender los cambios realizados, sino que también ayuda a identificar el momento exacto en que podrían haberse introducido problemas potenciales, simplificando así el proceso de depuración.
- **Estrategia de Ramificación**: Una de las mejores prácticas en control de versiones es el uso de ramas para diferentes propósitos como características, correcciones o experimentos. Esta estrategia contribuye a mantener la rama principal en un estado limpio y listo para despliegue, previniendo que se llene de trabajo en progreso o código experimental.
- **Convenciones de Nomenclatura Consistentes**: Para agilizar el proceso de desarrollo y la colaboración entre miembros del equipo, es importante adoptar una convención de nomenclatura consistente para las ramas y los commits. Esto mejora la claridad y legibilidad de tu control de versiones, facilitando que todos en el equipo entiendan para qué es cada commit y rama.

El control de versiones con Git es una parte indispensable del desarrollo de software moderno, particularmente cuando se prepara para desplegar aplicaciones. Gestionar adecuadamente tu base de código con Git no solo protege tu código, sino que también mejora la colaboración y la eficiencia.

12.2 Empaquetadores y Ejecutores de Tareas (Webpack, Gulp)

En el complejo y matizado viaje de desplegar aplicaciones JavaScript, existe un paso absolutamente esencial que no puede pasarse por alto: la optimización y organización meticulosa de tu código y recursos. Esta etapa particular es crucial para garantizar que tu aplicación funcione de manera suave y eficiente. Este es el punto exacto del proceso donde el papel de los empaquetadores y ejecutores de tareas se vuelve significativamente importante.

Estas poderosas herramientas simplifican enormemente el proceso de preparar tu aplicación para su etapa de producción final. Logran esto automatizando tareas rutinarias que de otro modo serían consumidoras de tiempo, agrupando activos esenciales y optimizando la salida para garantizar el mejor rendimiento. Al usar estas herramientas, puedes reducir drásticamente los recursos y el tiempo dedicado a preparar tu aplicación, permitiéndote concentrarte en aspectos más importantes de tu proyecto.

En esta sección, nos centraremos en dos herramientas pivotales y estándar en la industria que han ganado popularidad significativa debido a su eficiencia y facilidad de uso: Webpack y Gulp. Webpack es principalmente utilizado para agrupar archivos y módulos, mientras que Gulp es reconocido por su capacidad para automatizar tareas. Ambas herramientas juegan un papel integral en el proceso de construir aplicaciones eficientes, escalables y sostenibles y son consideradas indispensables en el desarrollo de aplicaciones JavaScript modernas.

12.2.1 Entendiendo los Empaquetadores: Webpack

Webpack es un potente empaquetador de módulos utilizado principalmente para JavaScript, pero también puede transformar activos de front-end como HTML, CSS e imágenes si se incluyen los cargadores correspondientes. Toma módulos con dependencias y genera activos estáticos que representan esos módulos.

Notablemente, Webpack trata cada pieza de tu aplicación, incluyendo JavaScript, CSS, fuentes e imágenes, como un módulo. Este enfoque modular permite una mejor gestión y mantenimiento del código en proyectos a gran escala.

Webpack también utiliza cargadores y complementos para mejorar su funcionalidad. Los cargadores permiten a Webpack procesar diferentes tipos de archivos y convertirlos en módulos que pueden ser incluidos en tus paquetes de salida. Los complementos, por otro lado, amplían las capacidades de Webpack, permitiéndote realizar una amplia gama de tareas como la optimización de paquetes, la gestión de activos y la inyección de variables de entorno.

En el contexto del despliegue de aplicaciones JavaScript, Webpack se demuestra como una herramienta crucial. Su capacidad para agrupar archivos y módulos ayuda a simplificar la preparación de tu aplicación para la etapa de producción final, asegurando que la aplicación funcione de manera suave y eficiente. Por lo tanto, se considera una herramienta indispensable en el desarrollo de aplicaciones JavaScript modernas.

Características Clave de Webpack:

- **Módulos**: Webpack, un empaquetador de módulos potente y flexible, trata cada componente de tu aplicación como un módulo. Esto incluye no solo archivos JavaScript, sino también hojas de estilo CSS, fuentes y archivos de imagen. Este enfoque permite un mayor control y organización de la estructura de tu aplicación.
- **Cargadores**: Los cargadores son una característica clave de Webpack. Proporcionan una manera para que Webpack procese y transforme diferentes tipos de archivos

antes de que se añadan al grafo de dependencia. Esto significa que pueden convertir archivos en módulos que luego pueden ser incluidos en tus paquetes de salida finales. Por ejemplo, un cargador podría transformar un archivo TypeScript en JavaScript, o convertir SASS en CSS.

- **Complementos**: Los complementos son otra parte fundamental de la arquitectura de Webpack. Mejoran las capacidades de Webpack más allá del empaquetado y construcción estándar. Los complementos te permiten realizar una amplia gama de tareas, incluyendo, pero no limitado a, la optimización de paquetes, la gestión de activos y la inyección de variables de entorno. Con los complementos, las posibilidades son casi ilimitadas, y puedes adaptar tu proceso de construcción para satisfacer tus requisitos únicos.

Ejemplo de Configuración Básica de Webpack: Crea un archivo llamado webpack.config.js en la raíz de tu proyecto:

```javascript
const path = require('path');

module.exports = {
  // Entry point of your application
  entry: './src/index.js',

  // Output configuration
  output: {
    path: path.resolve(__dirname, 'dist'),
    filename: 'bundle.js'
  },

  // Loaders and rules
  module: {
    rules: [
      {
        test: /\\\\.css$/,
        use: ['style-loader', 'css-loader']
      },
      {
        test: /\\\\.js$/,
        exclude: /node_modules/,
        use: {
          loader: 'babel-loader',
          options: {
            presets: ['@babel/preset-env']
          }
        }
      }
    ]
  }
};
```

Este ejemplo es una configuración básica para Webpack, un potente y popular empaquetador de módulos utilizado predominantemente en el desarrollo de aplicaciones JavaScript.

La configuración comienza requiriendo el módulo 'path', que proporciona utilidades para trabajar con rutas de archivos y directorios. Este módulo se usa más adelante en la configuración para resolver la ruta absoluta del directorio 'dist', donde se colocará el paquete de salida.

El objeto de configuración tiene tres secciones principales: 'entry', 'output' y 'module'.

La clave 'entry' especifica el punto de entrada de tu aplicación, './src/index.js'. Este es el archivo JavaScript que inicia tu aplicación y donde Webpack comienza su proceso de empaquetado. Este archivo típicamente incluye importaciones de otros módulos JavaScript. Webpack procederá a empaquetar este archivo junto con todos los módulos de los que depende.

La clave 'output' es un objeto que define dónde Webpack producirá los paquetes que crea y cómo los nombrará. Incluye 'path', que le dice a Webpack dónde colocar los archivos de salida en tu máquina local, y 'filename', que especifica el nombre del archivo de paquete de salida. En este caso, el paquete de salida se colocará en un directorio 'dist' en la raíz de tu proyecto con el nombre de archivo 'bundle.js'.

La clave 'module' contiene un objeto que define diferentes reglas para diferentes módulos. En el contexto de Webpack, un módulo puede ser un archivo JavaScript, un archivo CSS, un archivo de imagen o cualquier otro activo que desees incluir en tu aplicación. La clave 'rules' es un arreglo de objetos, cada uno definiendo una regla para un cierto tipo de módulo.

En esta configuración, podemos ver dos reglas. La primera regla indica a Webpack que use 'style-loader' y 'css-loader' para todos los archivos que terminen en '.css'. El 'style-loader' añade CSS al DOM inyectando una etiqueta 'style', mientras que el 'css-loader' interpreta '@import' y 'url()' como 'import/require()' y los resuelve.

La segunda regla apunta a archivos '.js', excluyendo aquellos en el directorio 'node_modules'. Para estos archivos, se utiliza 'babel-loader'. Este cargador utiliza Babel, una herramienta para transpilar sintaxis de ES6 y más allá a ES5, para asegurar la compatibilidad con navegadores más antiguos. La clave 'options' especifica que se debe usar el preset '@babel/preset-env', lo que te permite usar el JavaScript más reciente sin necesidad de microgestionar qué transformaciones de sintaxis son necesarias basadas en tu entorno objetivo.

12.2.2 Entendiendo los Ejecutores de Tareas: Gulp

Gulp es un potente ejecutor de tareas que utiliza Node.js como plataforma. Juega un papel significativo en el proceso de desarrollo automatizando tareas repetitivas, haciendo tu flujo de trabajo más rápido y eficiente.

Las tareas clave automatizadas por Gulp incluyen la minificación, compilación, pruebas unitarias, linting y más. La minificación es un proceso que elimina caracteres innecesarios del código para reducir su tamaño, mejorando así los tiempos de carga. La compilación es el proceso de transformar el código fuente escrito en un lenguaje de programación a otro lenguaje, a menudo lenguaje binario. Las pruebas unitarias implican probar componentes individuales del software para asegurarse de que funcionan como se espera. El linting, por otro lado, es el proceso de ejecutar un programa que analiza el código en busca de errores potenciales.

La popularidad de Gulp se deriva de algunas características clave. En primer lugar, aboga por la simplicidad al preferir el código sobre la configuración para definir tareas, lo que lo hace directo y más fácil de usar. En segundo lugar, Gulp es basado en flujos y aprovecha los flujos de Node.js, lo que te permite realizar múltiples operaciones en archivos sin la necesidad de escribir archivos intermedios en el disco. Esto resulta en un proceso de construcción más rápido y eficiente.

Por último, al igual que Webpack, Gulp tiene una amplia gama de complementos disponibles que pueden ser aprovechados para realizar diversas tareas, mejorando así su funcionalidad. Esto lo convierte en una herramienta versátil que puede configurarse para adaptarse a una variedad de necesidades de proyecto.

En un escenario práctico, después de instalar Gulp en tu proyecto, crearías un gulpfile.js en la raíz de tu proyecto. Este archivo se utiliza para definir tareas que Gulp ejecutará. Por ejemplo, podrías definir una tarea para minificar archivos JavaScript, que implica especificar los archivos fuente, aplicar el proceso de minificación usando un complemento como 'gulp-uglify', cambiar el nombre del archivo de salida y finalmente especificar el directorio de destino para el archivo de salida. También puedes definir una tarea predeterminada que se ejecute cuando simplemente uses el comando 'gulp'.

En conclusión, Gulp es una herramienta crucial en el desarrollo de aplicaciones JavaScript modernas. Su capacidad para automatizar numerosas tareas ahorra a los desarrolladores una cantidad significativa de tiempo, acelerando así el proceso de desarrollo. Al entender y utilizar efectivamente Gulp, los desarrolladores pueden concentrarse más en los aspectos centrales de sus aplicaciones y menos en tareas repetitivas.

Características Clave de Gulp:

- **Simplicidad**: Gulp está diseñado manteniendo la simplicidad en primer plano. Utiliza un enfoque de código sobre configuración para definir tareas. Esta filosofía de diseño lo hace directo y fácil de usar, incluso para principiantes. Los desarrolladores se propusieron crear una herramienta que no requeriría una configuración excesiva, permitiendo más tiempo para el trabajo de desarrollo real.
- **Basado en flujos**: Gulp utiliza el poder de los flujos de Node.js. Esta característica única permite a los desarrolladores realizar múltiples operaciones en los archivos de manera secuencial, eliminando la necesidad de escribir archivos intermedios en disco. Este enfoque no solo hace que el procesamiento sea más rápido, sino que también reduce significativamente la sobrecarga de E/S.
- **Complementos**: Similar a Webpack, Gulp es altamente extensible y tiene una amplia gama de complementos disponibles para diversas tareas. Estos complementos mejoran su funcionalidad, convirtiéndolo en una herramienta poderosa para el kit de cualquier desarrollador. Ya sea que necesites minificar tu código, compilar tus archivos Sass, o incluso optimizar tus imágenes, probablemente haya un complemento de Gulp que pueda hacer el trabajo.

Ejemplo de una Tarea de Gulp: Primero, instala Gulp en tu proyecto:

```
npm install --save-dev gulp
Crea un gulpfile.js en la raíz de tu proyecto:
const gulp = require('gulp');
const uglify = require('gulp-uglify');
const rename = require('gulp-rename');

// Define a task to minify JavaScript files
gulp.task('compress', function () {
  return gulp.src('src/*.js')
    .pipe(uglify())
    .pipe(rename({ suffix: '.min' }))
    .pipe(gulp.dest('dist'));
});

// Default task
gulp.task('default', gulp.series('compress'));
```

Este código de ejemplo demuestra el uso de Gulp, un potente ejecutor de tareas que puede automatizar tareas repetitivas para hacer tu flujo de trabajo más eficiente. En este fragmento específico de código, Gulp se utiliza para automatizar la tarea de minificar archivos JavaScript.

En las primeras tres líneas del código, se requieren tres paquetes: 'gulp', 'gulp-uglify' y 'gulp-rename'. El paquete 'gulp' es la biblioteca principal de Gulp. 'gulp-uglify' es un complemento de Gulp utilizado para minificar archivos JavaScript, y 'gulp-rename' es un complemento de Gulp utilizado para renombrar archivos.

A continuación, se define una tarea de Gulp llamada 'compress'. Esta tarea está diseñada para minificar archivos JavaScript. La función dentro de 'gulp.task' especifica qué hace la tarea. Devuelve un flujo de archivos del directorio 'src' con una extensión '.js'. Estos archivos se canalizan a la función 'uglify', que minifica los archivos JavaScript. Los archivos minificados se canalizan luego a la función 'rename', que añade un sufijo '.min' a los nombres de los archivos. Finalmente, estos archivos renombrados y minificados se canalizan a 'gulp.dest', que escribe los archivos en el directorio 'dist'.

La línea final del código define una tarea predeterminada. Las tareas predeterminadas son tareas que se ejecutan cuando se corre el comando 'gulp' sin especificar ninguna tarea. En este caso, la tarea predeterminada está configurada para ejecutar la tarea 'compress'. El método 'gulp.series' se utiliza para definir una serie de tareas que deben ejecutarse una tras otra. En este caso, la única tarea en la serie es 'compress'.

Por lo tanto, para resumir, este script define una tarea de Gulp que minifica todos los archivos JavaScript en el directorio 'src', los renombra añadiendo un sufijo '.min' y luego los envía al directorio 'dist'. Esta tarea también está configurada como la tarea predeterminada, por lo que se ejecutará cuando se corra el comando 'gulp' sin especificar ninguna tarea.

Este tipo de automatización puede ayudar a los desarrolladores a ahorrar tiempo y reducir el riesgo de errores que pueden ocurrir al realizar tareas repetitivas manualmente. Al comprender y utilizar ejecutores de tareas como Gulp, los desarrolladores pueden hacer que sus flujos de trabajo sean más eficientes y productivos.

En conclusión, Webpack y Gulp son fundamentales para preparar aplicaciones JavaScript para el despliegue. Optimizan el proceso, reducen los errores potenciales y aseguran que tus aplicaciones sean lo más eficientes posible. Al comprender y utilizar estas herramientas, puedes automatizar muchos aspectos del proceso de construcción, desde empaquetar y minificar código hasta ejecutar tareas predefinidas, facilitando significativamente el camino del desarrollo a la producción.

12.3 Despliegue y Alojamiento (Netlify, Vercel)

Después de que tu aplicación JavaScript haya sido empaquetada efectivamente y optimizada para la producción, la siguiente fase crucial en tu proceso de desarrollo es el despliegue y alojamiento. Esta etapa crucial requiere que hagas tu aplicación accesible a los usuarios a través de internet, llevando efectivamente tu proyecto del desarrollo a las manos de los usuarios finales.

En el panorama del desarrollo web, los últimos años han visto un cambio revolucionario en la forma en que se manejan los procesos de despliegue y alojamiento. Plataformas como Netlify y Vercel han surgido a la vanguardia de esta revolución, proporcionando a las aplicaciones web modernas un nivel de simplicidad, velocidad y un conjunto de características potentes diseñadas específicamente para proyectos de front-end. Estas plataformas han reformado el proceso de despliegue y alojamiento, alineándolo con las necesidades del web moderno.

En esta sección, profundizaremos más en estas plataformas, explorando sus características únicas y ventajas. Destacaremos cómo estas plataformas han sido diseñadas para atender los requisitos únicos del despliegue moderno, proporcionando un proceso fluido y eficiente que integra la integración y entrega continuas. Desde procesos de construcción automatizados hasta la invalidación instantánea de la caché, estas plataformas proporcionan las herramientas necesarias para un proceso de despliegue robusto y eficiente que cumple con las demandas de las aplicaciones web modernas.

12.3.1 Visión General de las Soluciones de Alojamiento Modernas

Netlify y **Vercel** representan dos de los servicios de alojamiento en la nube más populares en el mundo del desarrollo moderno. Ambos servicios son conocidos por sus generosos planes básicos gratuitos, que han atraído a un seguimiento significativo de desarrolladores. Estos desarrolladores confían frecuentemente en Netlify y Vercel para alojar una variedad de propiedades digitales, incluyendo sitios estáticos y backends sin servidor.

Una de las razones clave de su popularidad es la forma en que estas plataformas se integran con tus repositorios Git. Proporcionan servicios de despliegue continuo sin interrupciones que trabajan en armonía con tu flujo de trabajo de desarrollo.

Esto significa que cada vez que realizas actualizaciones en tu repositorio, quizás empujando un nuevo conjunto de cambios, la plataforma entra en acción. Despliega automáticamente la nueva versión de tu sitio, ahorrándote tiempo y reduciendo el potencial para errores humanos. Esta funcionalidad es un cambio de juego, haciendo que las actualizaciones y el mantenimiento del sitio web sean mucho más simplificados y manejables.

Características Clave

*   **Despliegue Continuo**: Ambas plataformas se integran perfectamente con tus repositorios Git, ya sea GitHub, GitLab o Bitbucket, para automatizar el proceso de despliegue. Esto significa que cada vez que realizas cambios en tu repositorio Git, se

desencadena automáticamente un nuevo despliegue, asegurando que tu aplicación en vivo esté siempre actualizada con los últimos cambios.

- **Funciones Sin Servidor**: Estas plataformas también admiten funciones sin servidor. Esta poderosa característica te permite ejecutar código de backend sin tener que gestionar todo un setup de servidor, simplificando tu proceso de desarrollo y reduciendo los costos generales.
- **Reversiones Instantáneas**: Otra característica destacada es la capacidad de revertir instantáneamente a versiones anteriores de tu aplicación. Esto elimina la necesidad de volver a desplegar tu aplicación, ahorrándote tiempo y esfuerzo, especialmente cuando se trata de problemas críticos que requieren correcciones inmediatas.
- **Dominios Personalizados y SSL**: Por último, puedes configurar fácilmente dominios personalizados en estas plataformas. También ofrecen emisión y renovación automática de certificados SSL, asegurando que tu sitio siempre esté seguro y que los datos de tus usuarios estén protegidos.

12.3.2 Desplegar con Netlify

Guía Paso a Paso:

1. **Crear una Cuenta en Netlify**: El primer paso es crear una cuenta en Netlify. Puedes hacer esto registrándote gratuitamente en Netlify.
2. **Nuevo Sitio desde Git**: Una vez que te hayas registrado e iniciado sesión en tu cuenta, navega al panel de control de Netlify. Aquí, debes elegir crear un nuevo sitio desde Git. Esto te permitirá desplegar directamente desde tu repositorio de Git, facilitando las actualizaciones y cambios de manera rápida y sencilla.
3. **Conectar Tu Repositorio**: El siguiente paso es conectar tu cuenta de GitHub, GitLab o Bitbucket a Netlify. Sigue las indicaciones proporcionadas por la plataforma para hacer esto. Asegúrate de seleccionar el repositorio que contiene el proyecto que deseas desplegar.
4. **Configuración de Construcción**: Antes de poder desplegar tu sitio, necesitas especificar tus comandos de construcción y el directorio de publicación. Por ejemplo, si estás trabajando en un proyecto con Webpack, podrías ingresar npm run build como tu comando de construcción y dist/ como tu directorio de publicación.
5. **Desplegar**: Con todo configurado, ahora puedes desplegar tu sitio. Netlify se encargará automáticamente del proceso de despliegue y proporcionará una URL donde puedes acceder a tu sitio recién desplegado.

Configuración de Construcción Ejemplo para una Aplicación React:

```
Build command: npm run build
Publish directory: build/
```

12.3.3 Desplegar con Vercel

Guía Paso a Paso: **Crear una Cuenta en Vercel**: Comienza registrándote para obtener una cuenta gratuita en Vercel. Esta plataforma alojará tu proyecto, por lo que crear una cuenta es un primer paso necesario.

1. **Importa Tu Proyecto**: Una vez que hayas creado tu cuenta e iniciado sesión, navega al panel de control de Vercel. Aquí, haz clic en el botón "Nuevo Proyecto", que te llevará a la opción "Importar Proyecto". Puedes importar tu proyecto directamente desde un repositorio de Git.
2. **Configura Tu Proyecto**: Vercel tiene la capacidad de detectar automáticamente los ajustes de construcción para una amplia variedad de frameworks, lo que puede simplificar el proceso de configuración. Sin embargo, si estás utilizando una configuración personalizada, necesitarás especificar el comando de construcción y el directorio de salida manualmente.
3. **Variables de Entorno**: El siguiente paso implica configurar las variables de entorno necesarias. Este es un paso importante porque estas variables pueden afectar la forma en que se ejecuta tu proyecto.
4. **Desplegar**: Finalmente, Vercel se encargará de construir y desplegar tu aplicación. Al completarse, proporcionará una URL en vivo donde podrás acceder a tu proyecto desplegado.

Configuración Ejemplo para una Aplicación Vue.js:

```
Build command: npm run build
Output directory: dist/
```

Estas instrucciones son para construir un proyecto de software. "Comando de construcción: npm run build" es el comando que ejecutas para iniciar el proceso de construcción usando npm (Node Package Manager). "Directorio de salida: dist/" indica que los resultados de la construcción (código compilado o archivo ejecutable) se almacenarán en un directorio llamado 'dist/'.

En conclusión, desplegar y alojar con plataformas como Netlify y Vercel simplifica el proceso de hacer que las aplicaciones web estén disponibles en línea. Estas plataformas no solo proporcionan soluciones de alojamiento robustas y escalables, sino que también integran prácticas modernas de desarrollo como la integración y despliegue continuos, funciones sin servidor y HTTPS automatizado.

Al utilizar estos servicios, los desarrolladores pueden concentrarse más en construir sus aplicaciones y menos en las complejidades del despliegue y la gestión de servidores. A medida que el desarrollo web sigue evolucionando, el papel de dichas plataformas se vuelve cada vez más crucial en el proceso de despliegue, asegurando que los desarrolladores tengan acceso a las mejores herramientas para ofrecer experiencias web de alta calidad de manera eficiente.

Ejercicios Prácticos para el Capítulo 12: Despliegue de Aplicaciones JavaScript

Estos ejercicios prácticos están diseñados para consolidar tu comprensión del despliegue de aplicaciones JavaScript, centrándose en el uso de control de versiones, empaquetadores, ejecutores de tareas y plataformas modernas de despliegue como Netlify y Vercel. Al completar estos ejercicios, ganarás experiencia práctica en la preparación y despliegue eficiente de aplicaciones web.

Ejercicio 1: Control de Versiones con Git

Objetivo: Inicializar un nuevo repositorio de Git, añadir los archivos de tu proyecto, hacer un commit y subirlos a un repositorio remoto en GitHub.

Solución:

1. **Crear un Repositorio Local:**

- Navega al directorio de tu proyecto en la terminal.
- Inicializa el repositorio:

```
git init
```

- Añade archivos al área de preparación:

```
git add .
```

- Realiza el commit de los cambios:

```
git commit -m "Initial commit"
```

2. **Crear un Repositorio Remoto en GitHub**:

- Ve a GitHub y crea un nuevo repositorio.
- Copia la URL del repositorio remoto proporcionada por GitHub.

3. **Vincular el Repositorio Local con el Remoto y Hacer Push**:
     1. Añade el repositorio remoto:

```
git remote add origin YOUR_REPOSITORY_URL
```

- Empuja tu código a GitHub:

```
git push -u origin master
```

Ejercicio 2: Configurando Webpack para un Proyecto Simple

Objetivo: Configurar Webpack para empaquetar archivos JavaScript y CSS para un proyecto simple.

Solución:

1. **Instalar Webpack y Cargadores**:
     o Instala Webpack y los cargadores necesarios:

```
npm install --save-dev webpack webpack-cli css-loader style-loader
```

2. **Crear webpack.config.js**:

- Configura la configuración:

```
const path = require('path');

module.exports = {
  entry: './src/index.js',
  output: {
    filename: 'bundle.js',
    path: path.resolve(__dirname, 'dist')
  },
  module: {
```

```
    rules: [
      {
        test: /\\\\.css$/,
        use: ['style-loader', 'css-loader']
      }
    ]
  }
};
```

- Añade un archivo CSS simple a tu proyecto y requiérelo en tu index.js.

3. **Ejecutar Webpack**:
   o Añade un script de construcción en tu package.json:

```
"scripts": {
  "build": "webpack"
}
```

- Construye el proyecto:

```
npm run build
```

Ejercicio 3: Desplegando un Sitio Estático en Netlify

Objetivo: Desplegar un sitio web estático simple en Netlify utilizando el despliegue continuo desde un repositorio de Git.

Solución:

1. **Prepara Tu Proyecto**:
   o Asegúrate de que tu proyecto tenga un index.html y cualquier archivo CSS/JS asociado.
   o Si aún no lo has hecho, sube tu proyecto a GitHub.
2. **Configura Netlify**:
   o Regístrate en Netlify e inicia sesión.
   o Haz clic en "Nuevo sitio desde Git" y selecciona tu repositorio de GitHub.
   o Configura los ajustes de construcción si es necesario (para sitios estáticos, típicamente no se necesita un comando de construcción; solo configura el directorio de publicación si tu index.html no está en la raíz).
3. **Desplegar**:

- o Sigue las indicaciones para desplegar tu sitio.
- o Netlify proporcionará una URL para ver tu sitio en vivo.

Estos ejercicios proporcionan escenarios prácticos para aplicar los conceptos aprendidos en el Capítulo 12, desde usar Git para control de versiones, configurar Webpack para el empaquetado de activos, hasta desplegar un sitio usando Netlify. Completar estas tareas mejorará tu capacidad para gestionar y desplegar aplicaciones web de manera efectiva, asegurando que sean accesibles y eficientes para los usuarios finales.

Resumen del Capítulo 12: Despliegue de Aplicaciones JavaScript

En el Capítulo 12, "Despliegue de Aplicaciones JavaScript," profundizamos en las etapas finales del ciclo de vida del desarrollo, enfocándonos en los aspectos cruciales de preparar y desplegar aplicaciones JavaScript para la producción. Este viaje te equipó con el conocimiento y herramientas necesarias para asegurar que tus aplicaciones no solo estén listas para el despliegue, sino también optimizadas para el rendimiento, la escalabilidad y la mantenibilidad.

Conceptos Clave y Tecnologías

Comenzamos explorando **control de versiones con Git**, enfatizando su papel crítico en cualquier proyecto de desarrollo. Git sirve como la columna vertebral para gestionar cambios, facilitar la colaboración y proteger tu base de código contra pérdidas o errores potenciales. Discutimos cómo configurar y gestionar un repositorio de Git, incluyendo realizar cambios, ramificaciones y fusiones, que son esenciales para mantener un historial de desarrollo limpio y eficiente.

Tras el control de versiones, examinamos **empaquetadores y ejecutores de tareas**, específicamente Webpack y Gulp. Estas herramientas agilizan el proceso de desarrollo automatizando tareas rutinarias como la minificación, compilación y transpilación. Webpack, un empaquetador de módulos, se centra en ensamblar y optimizar los activos de tu aplicación. Maneja todo, desde JavaScript y CSS hasta imágenes y fuentes, asegurando que los archivos de tu proyecto estén eficientemente empaquetados para el despliegue. Gulp, por otro lado, se destaca como un ejecutor de tareas, permitiéndote automatizar tareas repetitivas como la preprocesamiento de CSS y la optimización de imágenes, lo cual puede mejorar significativamente tu productividad.

El capítulo luego se trasladó a **despliegue y alojamiento**, donde cubrimos plataformas modernas como Netlify y Vercel. Estas plataformas revolucionan el despliegue integrándose directamente con tu sistema de control de versiones para automatizar el proceso de llevar tu aplicación en vivo. Detallamos los pasos para desplegar una aplicación web utilizando estos servicios, destacando sus capacidades de despliegue continuo, que actualizan automáticamente tu aplicación en vivo con cada commit a tu repositorio. Esta integración de los procesos de desarrollo y despliegue subraya el enfoque moderno del alojamiento web, donde la facilidad de uso, la escalabilidad y la integración con herramientas de desarrollo son primordiales.

Aplicación Práctica y Ejercicios

Los ejercicios prácticos proporcionaron experiencia práctica con las herramientas y conceptos discutidos a lo largo del capítulo. Desde inicializar y gestionar un repositorio de Git hasta configurar Webpack para el empaquetado de activos y desplegar un sitio estático con Netlify, estos ejercicios tenían como objetivo solidificar tu comprensión y mejorar tus habilidades en el despliegue de aplicaciones web.

Conclusión

Desplegar aplicaciones JavaScript implica más que simplemente transferir archivos a un servidor; requiere un enfoque integral que incluye control de versiones, optimización de código y despliegues automatizados. Las prácticas y herramientas que exploramos son fundamentales para los flujos de trabajo de desarrollo web modernos, asegurando que tus aplicaciones se entreguen a los usuarios de manera eficiente y confiable.

A medida que continúes desarrollando y desplegando aplicaciones, los conocimientos adquiridos en este capítulo servirán como base para adoptar mejores prácticas y aprovechar herramientas avanzadas para agilizar tus flujos de trabajo y mejorar la calidad de tus despliegues. La capacidad de gestionar y desplegar eficazmente aplicaciones es crucial en un paisaje digital en rápida evolución, y las habilidades que has adquirido aquí serán invaluables mientras abordas proyectos más complejos y desafíos en tu carrera de desarrollo.

Cuestionario Parte III: JavaScript y Más Allá

Este cuestionario está diseñado para evaluar tu comprensión de los conceptos clave discutidos en la Parte III del libro, que abarca frameworks modernos de JavaScript, desarrollo de aplicaciones de una sola página, JavaScript del lado del servidor y estrategias de despliegue. Cada pregunta está elaborada para ayudar a reforzar tu conocimiento y asegurar que has captado los elementos esenciales de cada capítulo.

Pregunta 1: Frameworks Modernos de JavaScript

¿Cuál declaración describe mejor el uso de Vue.js en el desarrollo de interfaces de usuario? A) Vue.js se usa exclusivamente para renderización del lado del servidor. B) Vue.js utiliza un DOM virtual para optimizar la renderización. C) Vue.js trata todo como un componente, incluyendo HTML, CSS y JavaScript. D) Vue.js no soporta el uso de componentes.

Pregunta 2: Desarrollando Aplicaciones de Una Sola Página

¿Cuál es el principal beneficio de usar enrutamiento del lado del cliente en una Aplicación de Una Sola Página (SPA)? A) Requiere que el servidor renderice y devuelva nuevo HTML en la navegación. B) Permite que la aplicación cargue nuevas páginas sin un refresco completo de la página, mejorando la experiencia del usuario. C) Aumenta significativamente la cantidad de datos transferidos entre el servidor y el cliente. D) Simplifica la arquitectura del backend manejando todo el renderizado en el lado del cliente.

Pregunta 3: JavaScript y el Servidor

¿Para qué se utiliza principalmente Node.js en el desarrollo web? A) Crear páginas web animadas. B) Editar código JavaScript directamente en el navegador. C) Ejecutar JavaScript en el servidor para construir aplicaciones de red escalables. D) Mejorar las capacidades de estilo CSS en aplicaciones web.

Pregunta 4: Desplegando Aplicaciones JavaScript

¿Qué herramienta se describe como un "empaquetador de módulos" y es particularmente efectiva en la gestión de activos de aplicaciones como JavaScript, CSS e imágenes? A) Gulp B) Jenkins C) Webpack D) Git

Pregunta 5: Tecnologías de Comunicación en Tiempo Real

¿Qué tecnología permite la comunicación bidireccional en tiempo real entre clientes web y servidores? A) HTTP/2 B) WebSockets C) AJAX D) API REST

Pregunta 6: Despliegue Continuo

¿Qué plataforma proporciona una característica de despliegue continuo que se integra directamente con los repositorios de código para actualizaciones automáticas tras los commits de código? A) Apache B) Netlify C) Servidores FTP D) Localhost

Pregunta 7: Ejecutores de Tareas

¿Cuál es el uso principal de Gulp en los flujos de trabajo de desarrollo web? A) Crear ramas privadas en el control de versiones. B) Automatizar tareas como la minificación, compilación y pruebas. C) Agrupar módulos y activos juntos. D) Desplegar aplicaciones a servidores de producción.

Respuestas:

1. C) Vue.js trata todo como un componente, incluyendo HTML, CSS y JavaScript.
2. B) Permite que la aplicación cargue nuevas páginas sin un refresco completo de la página, mejorando la experiencia del usuario.
3. C) Ejecutar JavaScript en el servidor para construir aplicaciones de red escalables.
4. C) Webpack
5. B) WebSockets
6. B) Netlify
7. B) Automatizar tareas como la minificación, compilación y pruebas.

Este cuestionario debería ayudar a solidificar tu comprensión de los conceptos avanzados de JavaScript cubiertos en la Parte III del libro, preparándote para proyectos más complejos y un mayor aprendizaje en el campo del desarrollo web moderno.

Proyecto 3: Aplicación de Toma de Notas Full-Stack

1. Objetivo

El objetivo de este proyecto es desarrollar una aplicación de toma de notas full-stack que permita a los usuarios gestionar eficientemente sus notas con operaciones como crear, leer, actualizar y eliminar (CRUD). La aplicación contará con una interfaz amigable, almacenamiento seguro y confiable, e interacción fluida entre los componentes del front-end y el back-end.

1.1 Características Clave

- **Operaciones CRUD**: Los usuarios podrán crear nuevas notas, leer notas existentes, actualizar su contenido y eliminarlas según sea necesario.
- **Diseño Responsivo**: La aplicación será responsiva, asegurando una interfaz funcional y atractiva en varios dispositivos y tamaños de pantalla.
- **Actualizaciones en Tiempo Real**: Los cambios realizados en las notas se actualizarán en tiempo real, mejorando la experiencia del usuario al proporcionar retroalimentación inmediata.
- **Funcionalidad de Búsqueda**: Los usuarios podrán buscar en sus notas usando palabras clave para encontrar rápidamente la información que necesitan.
- **Persistencia de Datos**: Las notas se almacenarán en una base de datos MongoDB, asegurando que los datos del usuario se guarden y persistan a través de las sesiones.

1.2 Tecnologías

- **Front-end**:
    - **React**: Utilizado por su arquitectura basada en componentes, que permite un código modular, reutilizable y un proceso de renderizado eficiente.
    - **Redux** (opcional): Para gestionar y centralizar el estado de la aplicación, facilitando la comunicación entre los componentes de React.
    - **Bootstrap** o **Material-UI**: Para ayudar con el estilo y acelerar el proceso de desarrollo con componentes listos para usar que también son responsivos.

- **Back-end**:
  - o **Node.js**: Como el entorno de ejecución para ejecutar JavaScript en el servidor.
  - o **Express**: Un marco de aplicación web minimalista y flexible para Node.js que proporciona un robusto conjunto de características para desarrollar aplicaciones web y móviles.
  - o **Mongoose**: Una biblioteca de Modelado de Datos de Objetos (ODM) para MongoDB y Node.js que gestiona las relaciones entre datos, proporciona validación de esquemas y se utiliza para traducir entre objetos en código y su representación en MongoDB.
- **Base de datos**:
  - o **MongoDB**: Una base de datos NoSQL conocida por su alto rendimiento, alta disponibilidad y fácil escalabilidad.

1.3 Herramientas de Desarrollo y Despliegue

- **Webpack**: Para empaquetar archivos JavaScript y activos, incluyendo transpilar código JavaScript y JSX más reciente.
- **Babel**: Transpilador para escribir JavaScript de próxima generación, especialmente JSX.
- **Git**: Para control de versiones, para gestionar y rastrear cambios en el código fuente.
- **Heroku** o **Netlify**: Para alojar la aplicación, ofreciendo procesos de despliegue fáciles e integración con Git.
- **MongoDB Atlas**: Para alojar la base de datos MongoDB en la nube, proporcionando escalabilidad y fácil acceso.

1.4 Objetivos del Proyecto

El objetivo final de este proyecto es proporcionar una plataforma robusta, intuitiva y completa para la toma de notas que aproveche las tecnologías web modernas y las mejores prácticas. La aplicación tiene como objetivo ofrecer a los usuarios una experiencia fluida en la gestión de sus notas, ya sea para fines personales, educativos o profesionales.

2. Configuración e Instalación

La configuración e instalación adecuadas son fundamentales para un proceso de desarrollo fluido para nuestra aplicación de toma de notas full-stack. Esta sección te guiará a través de la configuración del entorno de desarrollo, la estructuración del proyecto y la instalación de las dependencias necesarias.

2.1 Configuración del Entorno

1. **Instalación de Node.js**:
    o   Asegúrate de que Node.js esté instalado en tu máquina. Puedes descargarlo desde el sitio web oficial de Node.js.
    o   Verifica la instalación ejecutando node -v en tu línea de comandos para verificar la versión.
2. **Instalación de MongoDB**:
    o   Instala MongoDB localmente para fines de desarrollo desde el sitio web de MongoDB, o configura un clúster gratuito de MongoDB Atlas para desarrollo basado en la nube.
3. **Editor de Texto**:
    o   Elige un editor de texto o un Entorno de Desarrollo Integrado (IDE) como Visual Studio Code (VSCode), que soporte el desarrollo de JavaScript y extensiones para Node.js, React y Git.

2.2 Estructura del Directorio del Proyecto

Crear una estructura de directorio bien organizada es crucial para gestionar eficientemente las complejidades de una aplicación full-stack. Aquí tienes una estructura sugerida:

```
note-taking-app/

── client/              # Frontend React application
    ── public/
    ── src/
    ── package.json
    ── webpack.config.js

── server/              # Backend Node.js application
    ── config/
    ── models/
    ── routes/
    ── controllers/
    ── server.js
    ── package.json

── README.md            # Project documentation
```

2.3 Inicialización del Proyecto

1. **Crear las Carpetas del Proyecto**:

```
mkdir note-taking-app
cd note-taking-app
mkdir client server
```

2. **Inicializar Node.js en Cada Subdirectorio**:

- Navega a cada carpeta (client y server) y ejecuta:

```
npm init -y
```

- Este comando crea un archivo package.json para gestionar los metadatos del proyecto y las dependencias.

2.4 Instalación de Dependencias

1. **Dependencias del Servidor**:
   ○ Dentro del directorio server:

```
npm install express mongoose cors dotenv
```

- express: Marco de trabajo para construir el servidor.
- mongoose: ODM para interactuar con MongoDB.
- cors: Middleware para habilitar CORS (Compartición de Recursos de Origen Cruzado).
- dotenv: Módulo para cargar variables de entorno desde un archivo .env.

1. **Dependencias del Cliente:**
   ○ Dentro del directorio client:
   ○ npm install react react-dom react-router-dom axios
   ○ react y react-dom: Bibliotecas para construir la interfaz de usuario.
   ○ react-router-dom: Para el enrutamiento en la aplicación React.
   ○ axios: Para realizar solicitudes HTTP al servidor.
2. **Herramientas de Desarrollo:**
   ○ Instala Webpack, Babel y otras herramientas de desarrollo en el directorio client:

```
npm install --save-dev webpack webpack-cli webpack-dev-server babel-loader @babel/core
@babel/preset-env @babel/preset-react html-webpack-plugin css-loader style-loader
```

2.5 Configuración de Webpack y Babel

Crea un archivo webpack.config.js en la carpeta client con la siguiente configuración:

```javascript
const path = require('path');
const HtmlWebpackPlugin = require('html-webpack-plugin');

module.exports = {
  entry: './src/index.js',
  output: {
    path: path.resolve(__dirname, 'dist'),
    filename: 'bundle.js'
  },
  module: {
    rules: [
      {
        test: /\\\\.jsx?$/,
        exclude: /node_modules/,
        use: {
          loader: 'babel-loader',
          options: {
            presets: ['@babel/preset-env', '@babel/preset-react']
          }
        }
      },
      {
        test: /\\\\.css$/,
        use: ['style-loader', 'css-loader']
      }
    ]
  },
  plugins: [
    new HtmlWebpackPlugin({
      template: './public/index.html'
    })
  ],
  devServer: {
    historyApiFallback: true,
  }
};
```

Esta configuración garantiza que tu front-end y back-end estén bien preparados para el desarrollo, con todas las herramientas y dependencias necesarias instaladas.

3. Construyendo el Backend

El backend de nuestra aplicación de toma de notas manejará operaciones CRUD para las notas, gestionará la autenticación de usuarios (opcional) e interactuará con la base de datos MongoDB para almacenar y recuperar datos. Esta sección te guiará a través de la configuración del servidor Express, la definición del esquema de la base de datos con Mongoose e implementación de rutas API.

3.1 Inicialización del Servidor

1. **Crear el Archivo Principal del Servidor**:
   o En tu directorio server, crea un archivo llamado server.js.
   o Este archivo será el punto de entrada para tu servidor.
2. **Configuración Básica del Servidor**:

- Configura un servidor Express con configuraciones iniciales:

```javascript
const express = require('express');
const mongoose = require('mongoose');
const cors = require('cors');
const dotenv = require('dotenv');

dotenv.config(); // Load environment variables from .env file

const app = express();
const PORT = process.env.PORT || 5000;

app.use(cors());
app.use(express.json()); // Middleware to parse JSON

app.listen(PORT, () => {
  console.log(`Server running on port ${PORT}`);
});
```

3.2 Conexión a la Base de Datos

1. **Configura MongoDB con Mongoose**:
   o Asegúrate de tener la URI de conexión a MongoDB en tu archivo .env (por ejemplo, de MongoDB Atlas o tu configuración local de MongoDB).
   o Conéctate a MongoDB usando Mongoose:

```javascript
const dbURI = process.env.MONGODB_URI;
mongoose.connect(dbURI, { useNewUrlParser: true, useUnifiedTopology: true })
```

- o .then(() => console.log('Database connected successfully'))
- o .catch(err => console.error('MongoDB connection error:', err));

3.3 Modelos

1. **Define un Esquema de Mongoose para Notas**:
    - o En el directorio server/models, crea un archivo llamado Note.js.
    - o Define el esquema y el modelo para una nota:

```javascript
const mongoose = require('mongoose');

const noteSchema = new mongoose.Schema({
  title: {
    type: String,
    required: true,
    trim: true
  },
  content: {
    type: String,
    required: true
  },
  date: {
    type: Date,
    default: Date.now
  }
});

const Note = mongoose.model('Note', noteSchema);
module.exports = Note;
```

3.4 Rutas API

1. **Configura Rutas de Express para Operaciones CRUD**:

- Crea un directorio routes y un archivo para rutas de notas (notes.js):

```javascript
const express = require('express');
const router = express.Router();
const Note = require('../models/Note');

// GET all notes
router.get('/', async (req, res) => {
```

```javascript
  try {
    const notes = await Note.find();
    res.json(notes);
  } catch (err) {
    res.status(500).json({ message: err.message });
  }
});

// POST a new note
router.post('/', async (req, res) => {
  const note = new Note({
    title: req.body.title,
    content: req.body.content
  });
  try {
    const newNote = await note.save();
    res.status(201).json(newNote);
  } catch (err) {
    res.status(400).json({ message: err.message });
  }
});

// Additional routes for PUT and DELETE

module.exports = router;
```

2. **Integrar Rutas en el Servidor**:

• En server.js, importa y utiliza las rutas:

```javascript
const notesRouter = require('./routes/notes');
app.use('/api/notes', notesRouter);
```

Con la configuración del backend completa, tu servidor ahora es capaz de manejar solicitudes para gestionar notas, incluyendo crear, leer, actualizar y eliminarlas. Esta robusta arquitectura de backend asegura que tu aplicación pueda procesar y almacenar datos eficientemente, sirviendo como la columna vertebral de la funcionalidad de toma de notas.

4. Diseñando el Frontend

El frontend de nuestra aplicación de toma de notas proporcionará una interfaz amigable para interactuar con las notas. Utilizaremos React para construir una SPA (Aplicación de Una Sola Página) dinámica y responsiva. Esta sección te guiará a través de la configuración del entorno React, la creación de los componentes necesarios y su integración con la API del backend.

4.1 Configuración de React

1. **Crear Aplicación React:**
   o Navega al directorio client e inicializa una nueva aplicación React:

```
npx create-react-app .
```

   o Este comando configura un nuevo proyecto React con todas las configuraciones necesaria
2. **Limpieza:**
   o Elimina archivos y código innecesarios para comenzar con un lienzo limpio, simplificando la configuración inicial y asegurando que comiences el desarrollo solo con lo que necesitas.

4.2 Estructura de Componentes

1. **Diseño de Componentes**:
   o Planifica y crea los componentes necesarios para la aplicación:
     ▪ App: El componente principal que alberga la distribución general.
     ▪ NoteList: Muestra una lista de todas las notas.
     ▪ NoteItem: Representa una sola nota en la lista.
     ▪ NoteEditor: Utilizado para crear una nueva nota o editar una existente.
     ▪ SearchBar: Permite a los usuarios filtrar notas basadas en criterios de búsqueda.
2. **Configuración de Enrutamiento:**

- Utiliza react-router-dom para gestionar la navegación dentro de la aplicación:
- npm install react-router-dom
- Configura rutas básicas en App.js:

```
import React from 'react';
import { BrowserRouter as Router, Route, Switch } from 'react-router-dom';
import NoteList from './components/NoteList';
import NoteEditor from './components/NoteEditor';

function App() {
  return (
    <Router>
      <div>
        <Switch>
          <Route path="/" exact component={NoteList} />
```

```
          <Route path="/edit/:id" component={NoteEditor} />
          <Route path="/create" component={NoteEditor} />
        </Switch>
      </div>
    </Router>
  );
}

export default App;
```

4.3 Estilización

1. **CSS y Marcos de Trabajo**:

- Decide si usar CSS puro, un preprocesador de CSS como SASS, o un marco de trabajo de CSS como Bootstrap o Material-UI:

```
npm install @material-ui/core
```

- Utiliza el método de estilo elegido para crear componentes responsivos y estéticamente agradables.

4.4 Conexión con el Backend

1. **Integración de la API**:

- Usa axios para realizar solicitudes HTTP a tu backend:

```
npm install axios
Implementa llamadas API en NoteList y NoteEditor para operaciones CRUD:
import axios from 'axios';

// Example in NoteList for fetching notes
useEffect(() => {
  const fetchNotes = async () => {
    try {
      const response = await axios.get('/api/notes');
      setNotes(response.data);
    } catch (error) {
      console.error('Error fetching notes:', error);
    }
  };

  fetchNotes();
```

```
}, []);
```

4.5 Pruebas y Validación

1. **Pruebas de Componentes**:

- Escribe pruebas usando Jest y la Biblioteca de Pruebas de React para asegurar que los componentes se rendericen correctamente y que la funcionalidad funcione como se espera:

```
npm install --save-dev @testing-library/react
```

Con el frontend diseñado e integrado con el backend, tu aplicación ahora tiene una interfaz de usuario funcional y responsiva que permite a los usuarios gestionar sus notas eficazmente. Los siguientes pasos incluyen finalizar características, refinar la interfaz de usuario y prepararse para el despliegue.

5. Integración del Frontend con el Backend

Integrar el frontend con el backend es un paso crítico en el desarrollo de aplicaciones full-stack. Este proceso asegura que la interfaz de usuario interactúe efectivamente con las funcionalidades del lado del servidor, permitiendo una experiencia de usuario dinámica y responsiva. En esta sección, cubriremos cómo conectar el frontend de React de nuestra aplicación de toma de notas con el backend de Express, enfocándonos en la obtención de datos, la gestión del estado y el manejo de actualizaciones.

5.1 Integración de la API

1. **Usando Axios para Solicitudes HTTP**:
   - Instala Axios en el proyecto del cliente para manejar las solicitudes HTTP al servidor backend:

```
npm install axios
Crea una instancia de Axios configurada con la URL base de tu backend:
import axios from 'axios';

const api = axios.create({
  baseURL: '<http://localhost:5000/api>',
  headers: {
    'Content-Type': 'application/json'
```

```
  }
});
```

2. **Obteniendo Datos del Backend:**
   o Implementa la obtención de datos en el componente NoteList para recuperar notas desde el backend:

```javascript
import React, { useEffect, useState } from 'react';
import NoteItem from './NoteItem';
import api from './api';

function NoteList() {
  const [notes, setNotes] = useState([]);

  useEffect(() => {
    const fetchNotes = async () => {
      try {
        const response = await api.get('/notes');
        setNotes(response.data);
      } catch (error) {
        console.error('Error fetching notes:', error);
      }
    };

    fetchNotes();
  }, []);

  return (
    <div>
      {notes.map(note => (
        <NoteItem key={note._id} note={note} />
      ))}
    </div>
  );
}

export default NoteList;
```

   o
3. **Manejo de Operaciones de Creación, Actualización y Eliminación:**
   o En el componente NoteEditor, implementa la funcionalidad para añadir o actualizar notas:

```javascript
function NoteEditor({ history, match }) {
  const [note, setNote] = useState({ title: '', content: '' });
```

```javascript
const handleChange = (e) => {
  const { name, value } = e.target;
  setNote(prevNote => ({
    ...prevNote,
    [name]: value
  }));
};

const handleSubmit = async (e) => {
  e.preventDefault();
  try {
    if (match.params.id) {
      await api.put(`/notes/${match.params.id}`, note);
    } else {
      await api.post('/notes', note);
    }
    history.push('/');
  } catch (error) {
    console.error('Error saving the note:', error);
  }
};

return (
  <form onSubmit={handleSubmit}>
    <input name="title" value={note.title} onChange={handleChange} />
    <textarea name="content" value={note.content} onChange={handleChange} />
    <button type="submit">Save</button>
  </form>
);
}
```

5.2 Gestión del Estado

1. **Usando API de Contexto para el Estado Global**:
    - o Opcionalmente, implementa la API de Contexto de React para gestionar el estado globalmente a través de los componentes, lo cual es particularmente útil para manejar estados de autenticación o datos compartidos a través de los componentes.
    - o Define un contexto para las notas y envuelve tu jerarquía de componentes en este proveedor de contexto para hacer accesibles las notas a través del árbol de componentes.

5.3 Manejo de Errores y Retroalimentación al Usuario

1. **Implementación del Manejo de Errores**:
    - o Proporciona retroalimentación al usuario cuando las llamadas a la API fallen, usando mensajes de error mostrados en la UI.

o Usa bloques try-catch en tus operaciones asíncronas para capturar y manejar errores.
2. **Estados de Carga**:
   o Gestiona estados de carga en tus componentes para informar a los usuarios cuando los datos están siendo obtenidos o guardados. Muestra indicadores de carga o progreso para mejorar la experiencia del usuario.

Integrar el frontend con el backend es una fase crucial en el desarrollo full-stack, requiriendo atención cuidadosa a las interacciones API, la gestión del estado y los mecanismos de retroalimentación al usuario. Siguiendo las guías y ejemplos proporcionados, tu aplicación será capaz de manejar operaciones de datos en tiempo real eficientemente, proporcionando una experiencia de usuario sin interrupciones e interactiva.

6. Implementación de Características

Ahora que la integración básica entre el frontend y el backend de nuestra aplicación de toma de notas está completa, es momento de enfocarse en implementar características específicas que mejorarán la funcionalidad y experiencia del usuario. Esta sección cubrirá la adición de capacidades de búsqueda y filtro, la implementación de autenticación y otras características esenciales.

6.1 Operaciones CRUD

Asegúrate de que las operaciones CRUD básicas funcionen correctamente en toda tu aplicación. Esto incluye:

1. **Creación de Notas**: Los usuarios deberían poder crear nuevas notas a través de un formulario.
2. **Lectura de Notas**: Muestra todas las notas en una vista de lista o cuadrícula.
3. **Actualización de Notas**: Habilita la edición de notas existentes.
4. **Eliminación de Notas**: Permite a los usuarios eliminar notas que ya no necesiten.

6.2 Funcionalidad de Búsqueda

Implementar una característica de búsqueda permite a los usuarios encontrar rápidamente notas específicas basadas en palabras clave o contenido.

1. **Componente de Barra de Búsqueda**:
   o Añade una barra de búsqueda al componente NoteList que permita a los usuarios ingresar términos de búsqueda.

```javascript
function SearchBar({ setSearchTerm }) {
  return (
    <input
      type="text"
      onChange={(e) => setSearchTerm(e.target.value)}
      placeholder="Search notes..."
    />
  );
}
```

2. **Filtrar Notas Basadas en la Búsqueda:**
   o   Utiliza el término de búsqueda para filtrar las notas mostradas.

```javascript
const [searchTerm, setSearchTerm] = useState('');
const filteredNotes = notes.filter(note =>
  note.title.toLowerCase().includes(searchTerm.toLowerCase()) ||
  note.content.toLowerCase().includes(searchTerm.toLowerCase())
);

return (
  <div>
    <SearchBar setSearchTerm={setSearchTerm} />
    {filteredNotes.map(note => (
      <NoteItem key={note._id} note={note} />
    ))}
  </div>
);
```

6.3 Autenticación de Usuarios

Si tu aplicación requiere que los usuarios inicien sesión:

1. **Configuración de Rutas de Autenticación:**
   o   Implementa rutas en el backend para el registro y login de usuarios usando Express.
   o   Utiliza bibliotecas como bcrypt para el hash de contraseñas y jsonwebtoken para emitir JWTs.
2. **Autenticación en el Frontend:**
   o   Crea componentes de Login y Registro.
   o   Gestiona el estado de autenticación usando Context de React o Redux para almacenar la información del usuario y los tokens.
   o   Protege las rutas que requieren autenticación usando componentes de orden superior o hooks que redirigen a los usuarios no autenticados.

6.4 Características Adicionales

Considera implementar características adicionales que puedan mejorar la usabilidad y funcionalidad de la aplicación:

1. **Organización de Notas**:
   o Permite a los usuarios etiquetar notas o organizarlas en categorías o carpetas.
   o Implementa funcionalidad de arrastrar y soltar para reorganizar las notas.
2. **Edición de Texto Enriquecido**:
   o Integra un editor de texto enriquecido como react-quill o draft-js para permitir a los usuarios formatear sus notas, añadir enlaces, listas y otras características de texto enriquecido.
3. **Compartir y Colaborar**:
   o Habilita compartir notas con otros usuarios o la capacidad de colaborar en una sola nota en tiempo real.
4. **Notificaciones y Recordatorios**:
   o Añade la capacidad de establecer recordatorios para notas y enviar notificaciones al usuario por correo electrónico o notificaciones web.

La implementación de estas características transformará la aplicación básica de toma de notas en una aplicación robusta y completa que satisface una variedad de necesidades de los usuarios. Cada característica no solo mejora la experiencia del usuario, sino que también añade complejidad y oportunidades de aprendizaje a tu proyecto. Planificando y ejecutando cuidadosamente estas características, tu aplicación se destacará en términos de funcionalidad y usabilidad.

7. Pruebas

Las pruebas exhaustivas son cruciales para asegurar que tu aplicación de toma de notas fullstack funcione correctamente y proporcione una experiencia de usuario confiable. Esta sección te guiará a través de la configuración y realización de varios tipos de pruebas, cubriendo tanto los componentes del frontend como del backend de tu aplicación.

7.1 Pruebas Unitarias

1. **Pruebas del Backend**:
   o Usa marcos de pruebas como Mocha y Chai para el backend. Estas herramientas te ayudarán a probar tus rutas de Express y operaciones de la base de datos.
   o Ejemplo de una prueba básica para una ruta GET en una aplicación de Express:

```javascript
const chai = require('chai');
const chaiHttp = require('chai-http');
const server = require('../server');
const should = chai.should();

chai.use(chaiHttp);

describe('Notes', () => {
  describe('/GET notes', () => {
    it('it should GET all the notes', (done) => {
      chai.request(server)
        .get('/api/notes')
        .end((err, res) => {
          res.should.have.status(200);
          res.body.should.be.a('array');
          done();
        });
    });
  });
});
```

2. **Pruebas de Frontend:**

   o   Utiliza Jest y React Testing Library para probar tus componentes de React. Estas herramientas son ideales para asegurar que tus componentes se rendericen correctamente y manejen la gestión del estado como se espera.

   o   Ejemplo de una prueba para un componente de React que muestra una nota:

```javascript
import { render, screen } from '@testing-library/react';
import NoteItem from './NoteItem';

test('displays the correct note content', () => {
  const note = { title: 'Test Note', content: 'This is a test note' };
  render(<NoteItem note={note} />);

  expect(screen.getByText('Test Note')).toBeInTheDocument();
  expect(screen.getByText('This is a test note')).toBeInTheDocument();
});
```

7.2 Pruebas de Integración

Las pruebas de integración ayudan a asegurar que las diversas partes de tu aplicación funcionen bien juntas, desde la interacción del frontend con las APIs del backend hasta la integración con la base de datos.

1.   **Integración de API y Base de Datos**:

o Prueba la integración entre tus rutas de API y la base de datos para verificar que operaciones como crear, recuperar, actualizar y eliminar notas se realicen correctamente.

o Estas pruebas generalmente implican hacer solicitudes a tus endpoints de la API y verificar las respuestas y el estado de la base de datos.

7.3 Pruebas de Extremo a Extremo (E2E)

Las pruebas de extremo a extremo simulan escenarios reales de usuario de principio a fin. Herramientas como Cypress o Selenium pueden usarse para pruebas E2E para automatizar interacciones con la UI real y el backend.

1. **Configuración de Cypress**:
   o Instala Cypress en tu proyecto frontend:

```
npm install cypress --save-dev
Añade un script a tu package.json para abrir Cypress:
"scripts": {
  "cypress:open": "cypress open"
}
Escribe pruebas que interactúen con tu aplicación como lo haría un usuario:
describe('Note management', () => {
  it('creates a new note', () => {
    cy.visit('/');
    cy.contains('New Note').click();
    cy.get('[data-testid="note-title-input"]').type('New Note');
    cy.get('[data-testid="note-content-input"]').type('Note content here');
    cy.contains('Save').click();
    cy.contains('New Note').should('exist');
    cy.contains('Note content here').should('exist');
  });
});
```

7.4 Pruebas de Rendimiento

Considera realizar pruebas de rendimiento para tu aplicación para asegurar que maneja la carga de manera eficiente, especialmente si esperas un alto tráfico o operaciones intensivas en datos.

Pruebas de Carga:

Herramientas como JMeter o Artillery pueden simular múltiples usuarios o solicitudes a tu aplicación para probar cómo maneja el aumento de carga.

JAVASCRIPT DE CERO A SUPERHÉROE: DESBLOQUEA TUS SUPERPODERES EN EL DESARROLLO WEB

Las pruebas exhaustivas son esenciales para desarrollar una aplicación confiable y robusta. Implementando pruebas unitarias, de integración, E2E y de rendimiento, aseguras que cada componente de tu aplicación funcione como se espera y que trabajen de manera conjunta sin problemas. Este enfoque no solo minimiza errores y problemas en producción, sino que también aumenta la confianza en la calidad de tu aplicación.

8. Despliegue

El despliegue de tu aplicación de toma de notas full-stack es el paso final para hacer que tu aplicación sea accesible a los usuarios en la web. Esta sección te guiará a través de los procesos de preparación de tu aplicación para producción, elección de una solución de hosting y aseguramiento de un despliegue sin problemas.

8.1 Preparación para el Despliegue

1. **Variables de Entorno**:
   - Asegúrate de que toda la información sensible y las configuraciones específicas del entorno (como URLs de bases de datos) se almacenen en variables de entorno y no estén codificadas en tu base de código.
   - Crea archivos .env para diferentes entornos (por ejemplo, .env.production, .env.development).
2. **Optimización**:
   - Minimiza y optimiza tus recursos del frontend. Esto puede hacerse usando Webpack para empaquetar tu JavaScript, CSS y otros recursos.
   - Asegúrate de que las imágenes y otros medios estén comprimidos sin perder calidad.
3. **Mejoras de Seguridad**:
   - Implementa mejores prácticas de seguridad como HTTPS, validación de datos y configuraciones de CORS.
   - Usa encabezados HTTP relacionados con la seguridad como Strict-Transport-Security o Content-Security-Policy.

8.2 Elección de una Solución de Hosting

1. **Backend (Node.js + Express)**:
   - **Heroku**: Una opción popular para aplicaciones Node.js. Heroku simplifica los procesos de despliegue y ofrece un nivel gratuito para proyectos pequeños.
   - **DigitalOcean** o **AWS Elastic Beanstalk**: Estos servicios ofrecen más control sobre el servidor y son adecuados para escalar.
2. **Frontend (React)**:

books.cuantum.tech

601

- o **Netlify**: Ideal para alojar sitios estáticos y SPA construidos con React. Ofrece despliegue continuo desde repositorios Git, HTTPS automatizado y muchas más características de serie.
- o **Vercel**: Similar a Netlify, proporciona un excelente soporte para aplicaciones React con beneficios como SSR (Renderizado del Lado del Servidor) y SSG (Generación de Sitios Estáticos).

3. **Base de Datos**:
- o **MongoDB Atlas**: Un servicio de base de datos en la nube que se integra perfectamente con cualquier aplicación. Es fácil de configurar y conectar con Node.js.

8.3 Pasos para el Despliegue

1. **Despliegue del Backend**:
   - o **Heroku**:
     - Crea una cuenta en Heroku e instala el Heroku CLI.
     - Inicia sesión en tu CLI de Heroku y crea una nueva aplicación.
     - Configura las variables de entorno en el panel de Heroku.
     - Despliega tu aplicación usando Git:
     - git add .
     - git commit -m "Prepare for deployment"
     - git push heroku master
     - Heroku detecta automáticamente una aplicación Node.js y construye tu proyecto en consecuencia.

2. **Despliegue del Frontend**:

- **Netlify**:
  - o Sube tu código a un repositorio Git (GitHub, GitLab o Bitbucket).
  - o Conecta tu repositorio a Netlify desde la opción "New site from Git".
  - o Configura tus ajustes de compilación y directorio de publicación (build/ para create-react-app).
  - o Netlify desplegará tu sitio y proporcionará una URL tras un despliegue exitoso.

8.4 Post-Despliegue

1. **Monitoreo**:
   - o Monitorea el rendimiento y la estabilidad de tu aplicación usando herramientas como New Relic o Logentries.
   - o Configura alertas para tiempos de inactividad o errores críticos.
2. **Analíticas**:

- Integra Google Analytics o un servicio similar para entender el comportamiento de los usuarios y los patrones de tráfico.

3. **Integración Continua/Despliegue Continuo (CI/CD):**
    - Si aún no está configurado, configura pipelines de CI/CD para automatizar tus procesos de compilación y despliegue. Esto asegura que las actualizaciones en tu base de código desencadenen despliegues automáticos.

El despliegue es una fase crítica que hace que tu aplicación esté disponible para usuarios en todo el mundo. Al elegir las soluciones de hosting adecuadas y seguir los pasos detallados para desplegar tanto los componentes del frontend como del backend, aseguras que tu aplicación sea robusta, segura y escalable. Esta configuración no solo sirve a los usuarios actuales de manera eficiente, sino que también proporciona una base sólida para el crecimiento y las mejoras futuras.

9. Documentación y Mantenimiento

Una documentación exhaustiva y un mantenimiento diligente son cruciales para el éxito y la escalabilidad a largo plazo de tu aplicación de toma de notas full-stack. Esta sección te guiará a través de las mejores prácticas para crear documentación efectiva y estrategias para mantener tu aplicación para asegurar su mejora continua y fiabilidad.

9.1 Creación de Documentación

1. **Documentación para Usuarios**:
    - **Propósito y Audiencia**: Dirigido a los usuarios finales que interactuarán con la aplicación. Explica cómo usar la aplicación, detallando características como cómo crear, editar, eliminar y buscar notas.
    - **Formato**: Considera formatos fáciles de usar como páginas de ayuda en línea, guías en PDF o tutoriales interactivos. Herramientas como Adobe FrameMaker, MadCap Flare o opciones más simples como el wiki de un repositorio Git pueden ser efectivas.
2. **Documentación para Desarrolladores**:
    - **Documentación del Código**: Usa comentarios en línea y herramientas como JSDoc para anotar tu código fuente. Esto ayuda a los desarrolladores a entender partes complejas del código y el propósito de funciones y clases específicas.
    - **Documentación de la API**: Documenta los endpoints de tu API backend si tu aplicación expone una API. Herramientas como Swagger (OpenAPI) pueden generar automáticamente documentación interactiva de la API que ayuda a otros desarrolladores a entender y usar tu API correctamente.

- o **Visión General de la Arquitectura**: Proporciona una visión general de alto nivel de la arquitectura de la aplicación, incluyendo las configuraciones de frontend y backend, diseños de esquemas de bases de datos y las interacciones entre las diferentes partes de la aplicación.
3. **Guías de Mantenimiento**:
   - o Incluye directrices para actualizar bibliotecas y dependencias, procedimientos para probar después de actualizaciones y mejores prácticas para asegurar la compatibilidad y seguridad con cada nueva versión.

9.2 Estrategias de Mantenimiento

1. **Actualizaciones Regulares y Gestión de Dependencias**:
   - o Actualiza regularmente las dependencias de tu aplicación para aprovechar mejoras y parches de seguridad en las bibliotecas que utilizas.
   - o Usa herramientas como Dependabot o Snyk para automatizar las actualizaciones de dependencias y los controles de vulnerabilidades de seguridad.
2. **Seguimiento de Errores y Resolución de Problemas**:
   - o Implementa un sistema para rastrear y gestionar errores y problemas, utilizando plataformas como Jira, Trello o GitHub Issues.
   - o Anima a los usuarios a reportar problemas y proporcionar feedback a través de características de soporte integradas o plataformas externas como correo electrónico o un portal de soporte dedicado.
3. **Monitoreo de Rendimiento**:
   - o Utiliza herramientas como Google Analytics para la interacción del usuario, y New Relic o Datadog para el monitoreo del rendimiento del backend.
   - o Revisa regularmente los informes de rendimiento para identificar y resolver cuellos de botella o problemas de escalabilidad.
4. **Copias de Seguridad y Recuperación ante Desastres**:
   - o Implementa procedimientos regulares de copias de seguridad para tu base de datos y entornos de servidor.
   - o Desarrolla un plan de recuperación ante desastres que incluya pasos para restaurar datos y servicios en caso de fallos de hardware, corrupción de datos o brechas de seguridad.
5. **Prácticas de Seguridad**:
   - o Monitorea continuamente los avisos de seguridad relacionados con las tecnologías que utilizas.
   - o Realiza auditorías de seguridad y pruebas de penetración regulares para identificar y abordar vulnerabilidades.
6. **Compromiso con la Comunidad y Código Abierto** (si es aplicable):

- o Si tu proyecto es de código abierto, fomenta las contribuciones de la comunidad documentando claramente cómo configurar entornos de desarrollo, enviar cambios y comunicarse con tu equipo de proyecto.
- o Gestiona de manera efectiva las solicitudes de extracción y las contribuciones de la comunidad para asegurar que se alineen con los objetivos y estándares de calidad del proyecto.

La documentación efectiva y el mantenimiento proactivo son fundamentales para el funcionamiento fluido y el crecimiento futuro de tu aplicación. Al proporcionar documentación clara y completa, permites que los usuarios y desarrolladores entiendan y usen o contribuyan a tu aplicación de manera efectiva. Además, al adherirse a prácticas de mantenimiento robustas, aseguras que tu aplicación permanezca segura, eficiente y relevante para sus usuarios, extendiendo así su ciclo de vida y mejorando la satisfacción del usuario.

10. Extensiones y Mejoras

Después de desplegar tu aplicación de toma de notas full-stack, es importante considerar posibles mejoras y extensiones para mantener la aplicación relevante, mejorar la experiencia del usuario y satisfacer necesidades emergentes. Esta sección delineará posibles mejoras y nuevas características que se pueden integrar en tu aplicación para extender su funcionalidad y mantener su competitividad en el mercado.

10.1 Mejoras de Características

1. **Sistema de Etiquetado**:
    - o Implementa una función de etiquetado para permitir a los usuarios etiquetar sus notas para una mejor organización y recuperación. Los usuarios pueden filtrar notas por etiquetas, facilitando encontrar información relacionada rápidamente.
2. **Edición Colaborativa**:
    - o Introduce características de edición colaborativa en tiempo real, similares a Google Docs, permitiendo que múltiples usuarios editen la misma nota simultáneamente. Esto se puede lograr usando WebSockets o tecnologías como Firebase.
3. **Edición de Texto Enriquecido**:
    - o Actualiza el editor de notas para soportar características de texto enriquecido, incluyendo negrita, cursiva, subrayado, viñetas y fuentes personalizadas. Considera integrar una biblioteca de editores de texto enriquecido como Quill o CKEditor.
4. **Aplicación Móvil**:

   o Desarrolla una versión móvil de la aplicación usando React Native u otro marco móvil para proporcionar a los usuarios acceso a sus notas en movimiento.

5. **Integración con Servicios de Terceros**:
    - o Permite a los usuarios integrar sus notas con otros servicios como Google Calendar para recordatorios, Dropbox para copias de seguridad o Slack para compartir.

6. **Exportación e Importación de Notas**:
    - o Proporciona funcionalidad para que los usuarios exporten sus notas a formatos como PDF o Markdown e importen notas desde otras plataformas.

7. **Notas de Voz y Transcripción**:
    - o Implementa capacidades de notas de voz donde los usuarios pueden grabar memos de voz que se transcriben automáticamente en texto.

10.2 Mejoras de Rendimiento

1. **Optimizar Tiempos de Carga**:
    - o Analiza y optimiza los tiempos de carga usando herramientas como Google Lighthouse. Minimiza el tamaño de los recursos, utiliza la carga diferida para imágenes y componentes, y asegura tiempos de respuesta eficientes del servidor.

2. **Optimización de la Base de Datos**:
    - o Optimiza las consultas de la base de datos para mejorar los tiempos de respuesta y la escalabilidad. Implementa indexación para búsquedas más rápidas, especialmente si la aplicación maneja un gran volumen de notas.

3. **Estrategias de Caché**:
    - o Implementa mecanismos de caché tanto en el lado del cliente como en el servidor para almacenar temporalmente datos frecuentemente accedidos, reduciendo los tiempos de carga y las solicitudes al servidor.

10.3 Escalabilidad

1. **Arquitectura de Microservicios**:
    - o Si la aplicación crece significativamente, considera descomponer la arquitectura del servidor en microservicios. Este enfoque puede ayudar a gestionar las complejidades de la aplicación, mejorando la escalabilidad y el mantenimiento.

2. **Autoescalado en la Nube**:
    - o Utiliza características de autoescalado en la nube para manejar cargas variables de manera eficiente, asegurando que la aplicación permanezca receptiva bajo un uso intensivo.

10.4 Mejoras de Seguridad

1. **Auditorías de Seguridad Regulares**:
   o   Realiza auditorías de seguridad regulares y actualiza las prácticas de seguridad para proteger contra nuevas vulnerabilidades y amenazas.
2. **Mejoras en la Cifrado de Datos**:
   o   Implementa medidas de cifrado mejoradas para datos en reposo y en tránsito, particularmente para datos sensibles de los usuarios.
3. **Autenticación de Dos Factores (2FA)**:
   o   Ofrece autenticación de dos factores para las cuentas de usuario para proporcionar una capa adicional de seguridad.

10.5 Mejoras en la Experiencia del Usuario (UX)

1. **Bucle de Retroalimentación del Usuario**:
   o   Establece un bucle continuo de retroalimentación del usuario para recopilar y analizar sugerencias y quejas de los usuarios. Usa estos datos para priorizar nuevas características y mejoras.
2. **Personalización**:
   o   Implementa opciones de personalización como temas y diseños personalizables para mejorar el compromiso del usuario.

El proceso de extender y mejorar tu aplicación es continuo. Al introducir continuamente nuevas características, optimizar el rendimiento y mejorar la seguridad y usabilidad, aseguras que tu aplicación se adapte a las necesidades de los usuarios y a los avances tecnológicos. Estas mejoras no solo retienen a los usuarios existentes, sino que también atraen a nuevos usuarios, fomentando una base de usuarios en crecimiento y comprometida para tu aplicación.

Conclusión

Al concluir "JavaScript from Zero to Superhero: Unlock Your Web Development Superpowers" (JavaScript de Cero a Superhéroe: Desbloquea Tus Superpoderes de Desarrollo Web), es esencial reflexionar sobre el viaje que hemos emprendido juntos. Desde los conceptos fundamentales de JavaScript hasta las complejidades de desplegar una aplicación full-stack, este libro ha cubierto una amplia gama de temas diseñados para equiparte con las habilidades necesarias para sobresalir en el mundo del desarrollo web.

El Viaje a Través de JavaScript

Comenzamos nuestra exploración con los fundamentos de JavaScript, entendiendo su sintaxis, operadores, tipos de datos y estructuras. Estas habilidades fundamentales son cruciales para cualquier desarrollador y sirven como base para temas más avanzados. A medida que avanzamos, nos sumergimos en las funcionalidades que hacen de JavaScript una herramienta poderosa tanto en la programación del lado del cliente como del lado del servidor.

Exploramos cómo JavaScript maneja las operaciones asincrónicas, un concepto crítico en las aplicaciones web modernas. Entender callbacks, promesas y patrones async/await no solo desmitifica cómo JavaScript maneja operaciones que toman tiempo en completarse, sino que también ilustra el manejo robusto del lenguaje en tales escenarios, haciendo nuestras aplicaciones más eficientes y receptivas.

Sumergiéndonos en el DOM y Más Allá

El modelo de objetos del documento (DOM) fue otro tema fundamental. Al aprender cómo manipular el DOM, ganamos la capacidad de crear contenido dinámico y experiencias de usuario interactivas. Este conocimiento es vital para cualquier desarrollador web que busque construir sitios web atractivos e interactivos.

A medida que avanzamos hacia temas más avanzados, abordamos los marcos y bibliotecas modernos de JavaScript como React, Vue y Angular. Estas herramientas son indispensables en el panorama actual del desarrollo web, ofreciendo soluciones poderosas para construir aplicaciones escalables y mantenibles. Entender estos marcos permite a los desarrolladores mantenerse al día con la industria y satisfacer las demandas de proyectos complejos.

El Lado del Servidor de JavaScript con Node.js

Nuestro viaje también nos llevó a través de los aspectos del lado del servidor de JavaScript con Node.js, enriqueciendo tu conjunto de herramientas al permitirte desarrollar capacidades full-stack. Este conocimiento te permite manejar la secuencias de comandos del lado del servidor, APIs y bases de datos, convirtiéndote en un activo versátil en cualquier equipo de desarrollo.

El capítulo sobre el despliegue de aplicaciones JavaScript encapsuló los pasos cruciales finales necesarios para lanzar una aplicación web. Al cubrir plataformas de despliegue, optimizaciones y mejores prácticas, nos aseguramos de que estés bien preparado para llevar tus proyectos del desarrollo a la producción, mostrando tus aplicaciones al mundo.

Aplicación Práctica y Habilidades del Mundo Real

A lo largo de este libro, se integraron ejercicios prácticos y proyectos para proporcionar experiencia práctica. Los proyectos, que van desde simples scripts hasta una aplicación de toma de notas full-stack integral, fueron diseñados para desafiarte y mejorar tu aprendizaje a través de la aplicación en el mundo real de los conceptos discutidos. Estos ejercicios no son meramente académicos; son pasos para construir tu portafolio y mejorar tus habilidades de resolución de problemas en el desarrollo web.

El Futuro de JavaScript y el Desarrollo Web

De cara al futuro, el panorama del desarrollo web y JavaScript está en constante evolución. Nuevos marcos, herramientas y mejores prácticas están emergiendo continuamente. Como desarrollador, mantenerse actualizado con estos cambios es crucial. Participa con la comunidad, contribuye a proyectos de código abierto y nunca dejes de aprender. Tecnologías como WebAssembly y aplicaciones web progresivas (PWAs) están en el horizonte, prometiendo difuminar aún más las líneas entre aplicaciones de escritorio y web.

El Papel del Aprendizaje Continuo

El campo de la tecnología es uno de aprendizaje perpetuo. Lo que has aprendido de este libro es una base sólida, pero la arquitectura de tu carrera en el desarrollo web se construirá sobre la educación continua y la adaptación. Participa en bootcamps de codificación, cursos en línea y encuentros de desarrolladores. Lee blogs, mira tutoriales y sigue codificando. Cada línea de código que escribas, cada error que soluciones y cada proyecto que completes te impulsa más en tu viaje.

En Conclusión

Este libro fue creado no solo para enseñarte JavaScript, sino también para inspirarte a explorar las vastas posibilidades que presenta. Ya sea que aspires a ser un desarrollador front-end, un experto en Node.js o un ingeniero full-stack, las habilidades que has adquirido aquí son invaluables. JavaScript es más que solo un lenguaje de programación; es una puerta de entrada para cumplir tus aspiraciones creativas y profesionales en el mundo digital.

Al cerrar este libro, recuerda que el final de esta lectura es solo el comienzo de tu aventura en el desarrollo web. Con tus nuevas habilidades, una actitud proactiva y una pasión por construir y crear, ahora estás equipado para enfrentarte al mundo del desarrollo web. Abraza los desafíos, celebra tus éxitos y sigue creciendo. Tu viaje como desarrollador de JavaScript acaba de comenzar.

¿Dónde continuar?

Si has completado este libro y tienes hambre de más conocimientos en programación, nos gustaría recomendarte otros libros de nuestra empresa de software que podrían resultarte útiles. Estos libros cubren una amplia gama de temas y están diseñados para ayudarte a seguir ampliando tus habilidades en programación.

1. **"ChatGPT API Bible: Mastering Python Programming for Conversational AI"**: Proporciona una guía práctica y paso a paso para utilizar ChatGPT, cubriendo desde la integración de API hasta la afinación del modelo para tareas o industrias específicas.
2. **"Natural Language Processing with Python: Building your Own Customer Service ChatBot"**: Este libro ofrece una exploración profunda del procesamiento del lenguaje natural (NLP). Simplifica con éxito conceptos complejos mediante explicaciones atractivas y ejemplos intuitivos.
3. **"Data Analysis with Python"**: Python es un lenguaje poderoso para el análisis de datos, y este libro te ayudará a desbloquear todo su potencial. Cubre temas como limpieza de datos, manipulación de datos y visualización de datos, y te ofrece ejercicios prácticos para que apliques lo que has aprendido.
4. **"Machine Learning with Python"**: El aprendizaje automático es uno de los campos más emocionantes de la informática, y este libro te ayudará a comenzar a construir tus propios modelos de aprendizaje automático utilizando Python. Cubre temas como regresión lineal, regresión logística y árboles de decisión.
5. **"Mastering ChatGPT and Prompt Engineering"**: En este libro, te llevaremos en un viaje completo a través del mundo de la ingeniería de prompts, cubriendo desde los fundamentos de los modelos de lenguaje de IA hasta estrategias avanzadas y aplicaciones del mundo real.

Todos estos libros están diseñados para ayudarte a seguir ampliando tus habilidades en programación y profundizar tu comprensión del lenguaje Python. Creemos que la programación es una habilidad que se puede aprender y desarrollar con el tiempo, y estamos comprometidos a proporcionar recursos para ayudarte a alcanzar tus metas.

También nos gustaría aprovechar esta oportunidad para agradecerte por elegir nuestra empresa de software como tu guía en tu viaje de programación. Esperamos que hayas encontrado este libro de Python para principiantes como un recurso valioso, y esperamos seguir proporcionándote recursos de programación de alta calidad en el futuro. Si tienes algún comentario o sugerencia para futuros libros o recursos, no dudes en ponerte en contacto con nosotros. ¡Nos encantaría saber de ti!

Conoce más sobre nosotros

En Cuantum Technologies, nos especializamos en construir aplicaciones web que ofrecen experiencias creativas y resuelven problemas del mundo real. Nuestros desarrolladores tienen experiencia en una amplia gama de lenguajes de programación y frameworks, incluyendo Python, Django, React, Three.js, y Vue.js, entre otros. Estamos constantemente explorando nuevas tecnologías y técnicas para mantenernos a la vanguardia de la industria, y nos enorgullecemos de nuestra capacidad para crear soluciones que satisfacen las necesidades de nuestros clientes.

Si estás interesado en aprender más sobre Cuantum Technologies y los servicios que ofrecemos, por favor visita nuestro sitio web en books.cuantum.tech. Estaremos encantados de responder cualquier pregunta que puedas tener y de discutir cómo podemos ayudarte con tus necesidades de desarrollo de software.

www.cuantum.tech